有色金属行业教材建设项目

普通高等教育新工科人才培养
矿物加工工程专业精品教材

化学选矿

主　编　张国范
副主编　岳　彤　宋云峰
参　编　杨　越　张晨阳

中南大學出版社
www.csupress.com.cn
· 长沙

前言

Foreword

化学选矿是一门矿物加工专业技术基础课程，其目的是让学生系统掌握利用化学分离原理来处理复杂资源的相关知识，并了解相关知识的应用。与浮选、磁选、重选、电选等单一物理选矿方法相比，采用化学选矿方法或化学选矿和物理选矿联合来处理复杂矿石和二次资源更有优势，近年来化学选矿技术在工业生产中被大规模应用，如从红土镍矿、锂云母矿、复杂氧化铜矿、石煤钒矿、退役电池、电镀污泥等复杂矿石或二次资源中提取镍、锂、铜、钴、锌、铬等有色金属。

全书共分八章，第 1 章绪论主要介绍了化学选矿的基本概念和基本过程；第 2 章至第 7 章分别论述了化学选矿过程各工序(焙烧、浸出、固液分离、萃取、离子交换与吸附、化学选矿产品制备)的基本原理、技术方法、工艺流程与影响因素，并简要地介绍了各作业所用的主要设备；第 8 章较系统地介绍了金、铜、稀土、铀矿、二次资源等的化学选矿实践。本书可以作为高等院校矿物加工工程专业学生化学选矿专业课程的教材，亦可供从事选矿科研和生产的工程技术人员以及相关专业的师生参考。

本书由中南大学矿物工程系化学选矿教学团队共同编写，其中第 1 章“绪论”、第 8 章 8.1 节(铀矿化学选矿)和 8.4 节(稀土矿化学选矿)由张晨阳教授编写；第 2 章“原料焙烧”、第 7 章“化学选矿产品制备”、第 8 章 8.2 节(铜矿化学选矿)由岳彤副教授编写；第 3 章“原料浸出”、第 5 章“溶剂萃取”、第 8 章 8.3 节(金矿化学选矿)由宋云峰副教授编写；第 4 章“固液分离”、第 8 章 8.5 节(城市矿山的处置实践)由杨越教授编写；第 6 章“离子交换与吸附”由张国范教授编写。全书由张国范教授统编并定稿。

由于作者水平有限，时间仓促，书中难免存在不妥之处，恳请读者批评指正。

张国范

2024 年 3 月

目录

Contents

第1章 绪 论

随着传统矿产资源的日益减少、资源形势的不断恶化与选矿成本的不断增加，人们已面临复杂难处理矿产资源的综合利用问题。针对复杂难处理矿产资源具有的“贫、细、杂”等特点，单纯依靠传统的物理选矿方法难以达到提高资源综合利用效率、降低选矿成本的目标，为了合理开发利用矿产资源，适应社会与经济发展的需要，化学选矿的重要性日益凸显。化学选矿是基于矿石中矿物晶体和矿物组分化学性质的差异，用化学方法将矿石中的有用组分转化为易于物理分选的矿物形态或可溶性化合物，并采用溶剂将其选择性地溶解出来，实现有用组分与杂质组分或脉石组分的分离，最终达到富集有用组分的目的。由于化学选矿过程深入到矿物晶体结构的改变和矿物组分的化学反应中，可以在原子和分子层面精细调控分离过程，因而可以实现难选矿物资源的深度分离，是解决“贫、细、杂”难处理复杂矿物资源加工利用问题的重要途径。

1.1 化学选矿的发展简史

我国是世界上最早采用化学方法提取金属的国家。早在公元前2世纪，文献中就记载了用铁从硫酸铜溶液中置换铜的化学作用，西汉初年淮南王刘安（公元前179—前122年）及其门客李尚、苏飞等编著的《淮南万毕术》有“曾青得铁则化为铜”的记载，曾青又名白青，即水胆矾；唐末或五代十国（公元907—960年）时期出现了从含硫酸铜矿坑水中提取铜的生产方法，称为“胆水浸铜”，该方法在北宋得到发展，成为生产铜的重要工艺之一，当时用该法生产铜的矿场有11处，年产胆铜达50万~80万公斤，占当时全国总产量的15%~25%。在国外，西班牙的里奥廷托（Rio Tinto）早在1752年就采用了与我国北宋时的胆铜法工艺基本相同的浸铜法。其进步是采用焙烧法代替自然风化来处理硫化铜矿。

19世纪俄国科学家发现并提出了浸出铝土矿的拜耳法（1887年）和氰化提金法（1889年），成为现代化学选矿的标志。

20世纪30年代以来，为解决人类面临的资源、能源和环保方面的问题，选矿工作者不断利用近代科学成就，针对选矿学科要解决的“贫、细、杂”矿石的各种选矿难题，研究和应用了许多新的化学选矿方法和工艺，使化学选矿进入了一个新的发展阶段。20世纪30年代，我国已成功地应用了弱磁性贫铁矿石的还原磁化焙烧-磁选工艺。20世纪40年代起，随着原子能工业的发展，用酸浸法和碱浸法直接浸出铀矿石的工艺在工业上获得应用；硫酸浸出法及氨浸法处理次生铜矿的工艺实现工业化。20世纪60年代末期，处理难选氧化铜矿的离析法开始用于工业生产。

20世纪60年代以后，化学选矿除用于处理难选原矿外，还用于物理选矿产出的尾矿、中矿和混合精矿的处理以及粗精矿的除杂，化学选矿已被成功用于处理许多金属矿物和非金属矿物的原料，如铁、锰、铅、铜、锌、钨、铝、金、银、磷、稀土等固体矿物原料，还可从矿坑水、废水及海水中提取某些有用组分。

现在，化学选矿方法主要应用于从矿石中提取金、银、铜、铀、铝、锌、镍、钼、锰、钴以及稀土金属。几乎全部的铀，30%的铜，50%以上的金，是由化学方法提取的。

1.2 化学选矿的主要特点

化学选矿的目的和任务与传统的物理选矿相同，均是使有用组分与杂质分离，将共生的有用组分尽可能分离富集为单一产品，经济而合理地综合利用矿产资源，为后续的冶炼和化工作业提供“精料”。但是，化学选矿的处理对象一般为目前技术条件下用物理选矿法或传统冶炼(或化工)法无法处理或处理起来经济性不高的难选矿物原料，如低品位难选原矿、表外矿、废石，用物理选矿难处理的粗精矿、难选中矿和尾矿、采空区的残矿等。因此，化学选矿比物理选矿的适应性更强，应用范围更广。化学选矿的原理、方法和工艺与物理选矿不同，虽然化学选矿的产品和物理选矿的精矿一般需经冶炼(或化工)进一步加工才能供用户使用，但许多化学选矿过程也可直接产出供用户使用的产品。

化学选矿的原理与处理矿物精矿的传统冶金的原理(火法和湿法)基本相同，均是利用化学、物理化学和化工的基本原理解决矿物加工中的相关工艺问题，但其处理对象、产品形态和具体工艺又有较大差别。化学选矿处理的对象一般为“贫、细、杂”的难选矿物原料，其有用组分含量低，杂质含量高(难选粗精矿除杂例外)，组成复杂，各组分共生关系密切；而冶炼处理原料一般为选矿的精矿(矿物精矿或化学选矿产品)，精矿中有用组分含量高，杂质含量低，组成较简单，冶炼产品可直接供用户使用。因此，化学选矿过程在经济和技术上承受更大的“压力”，它必须采用有别于冶炼常用的工艺和方法的其他工艺和方法才能在处理低价值的难选矿物原料上取得经济效益。所以，化学选矿是介于传统的物理选矿和经典冶金之间的边缘交叉学科，是组成矿物加工工程学的主要内容之一。化学选矿和物理选矿及传统冶金的关系如表 1-1 所示。

表 1-1 化学选矿与物理选矿及传统冶金的关系

分离方式	原理	方法	对象	目的	产物
化学选矿	基于矿物组分化学性质差异，选矿过程中矿物晶体结构发生改变	化学	天然矿石、不合格冶金及化工原料、选矿或冶金的废水及废渣	使组分富集、分离及综合利用矿物资源	化学精矿
物理选矿	基于矿物物理性质差异，选矿过程中矿物晶体结构不发生改变	物理	相对易选的较高品位原矿	使组分富集、分离及综合利用矿物资源	物理精矿
传统冶金	与化学选矿相似	化学	高品位精矿(矿物分选精矿、化学精矿)	从精矿中提取高纯度产品	高纯产品

1.3 化学选矿的基本作业

典型的化学选矿过程一般包括六个基本作业流程:

(1)矿物原料准备:包括矿物原料的破碎筛分、磨矿分级、配料混匀等作业,目的是使物料碎磨至一定的粒度,以使物料分解更完全,为后续作业准备细度、浓度合适的物料或混合料。有时还需用物理选矿方法除去某些有害杂质,预先富集目的矿物,使矿物原料与化学试剂配料混匀,为后续作业创造较有利的条件。

(2)矿物原料焙烧:通过高温过程使物料的物理和化学性质发生改变,使有用组分矿物转变为易浸或易于物理分选的形态,使部分杂质矿物分解挥发或转变为难浸的形态,改变矿物原料的结构构造,使其疏松多孔,为浸出作业准备较好的条件。矿物原料焙烧的产物为焙烧矿(焙砂)、干尘、湿法收尘液和泥浆,可用相应的方法从这些产物中回收有用组分。

(3)矿物原料浸出:矿石浸取是根据原料性质和工艺要求,将一种或几种有用组分(或者是杂质)选择性地浸取溶出(溶解)使其进入溶液中,使有用组分与杂质分离,或多组分相互分离。浸出工艺的原料可以是矿物,也可以是焙烧后的焙砂和烟尘、废渣等物料,通过浸出可回收量少的各种有价金属组分,特别是稀贵金属组分。

(4)固液分离:浸出矿浆一般需进行固液分离才能得到供后续处理的澄清浸出液或含少量细矿粒的稀矿浆。浸出矿浆的固液分离一般采用沉降倾析、过滤或分级等方法。这些固液分离方法除用于处理浸出矿浆外,也用于化学选矿过程中的其他作业,使沉淀悬浮物与液体分离。为了提高有用组分的回收率和化学选矿产品的品位,固液分离所得的底流(滤饼)通常需进行洗涤,以洗除其中所夹带的溶液。

(5)浸出液的净化与富集:为了获得高品位的化学选矿产品,生产中常采用化学沉淀、萃取、离子交换等方法,将溶液中离子进行分离,除去矿物原料浸出液中某些杂质或使有用组分相互分离,产出有用组分含量较高的净化液。

(6)制取化学精矿:采用化学沉淀、电积等方法将溶液中的有价元素以固体的形式产出,从净化液中沉淀析出化学精矿。

化学选矿基本作业及原则流程如图 1-1 所示。

某一具体的化学选矿工艺不一定会具备上述所有基本作业流程,如有的可不经焙烧而直接浸出。难选粗精矿浸出时一般浸出易浸的组分,浸渣常为化学选矿产品。近三十多年来发展了许多一步法工艺,如炭浸法、矿浆树脂法、矿浆电积法等,这些工艺可在矿物原料浸出的同时,将有用组分不断地从浸出液中分离出来,不但可强化浸出过程和简化流程,还可省去昂贵的固液分离作业流程。原地浸出则不需经过采矿和选矿,直接浸出获得含有目的组分的浸出液,可大幅度地提高化学选矿过程的经济效益。

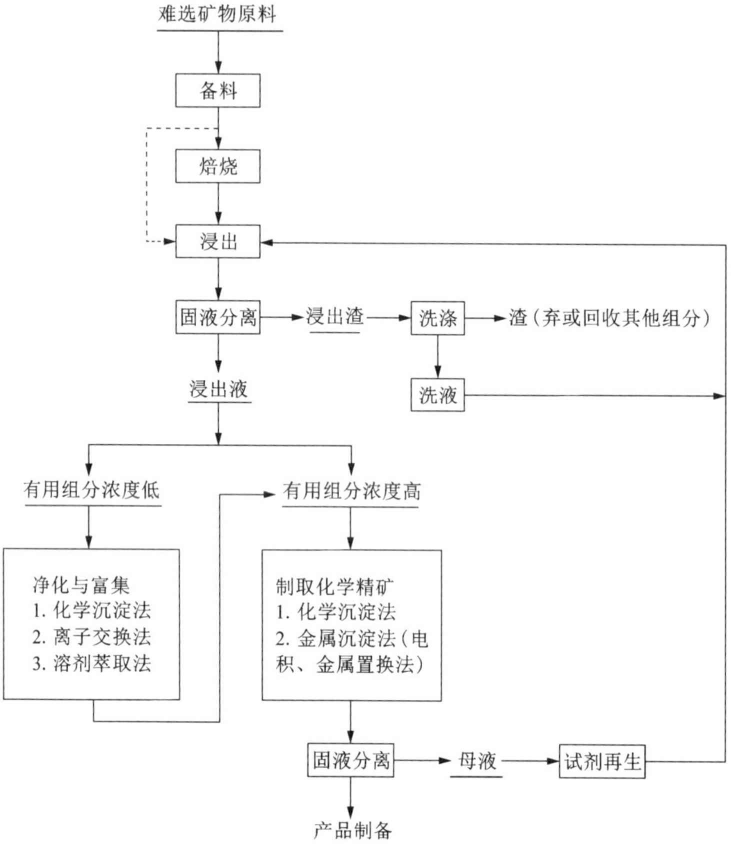

图1-1 化学选矿的基本作业及原则流程

1.4 化学选矿的主要应用

化学选矿的处理对象一般为有用组分含量低、杂质组分和有害组分含量高、组分复杂,各组分共生关系密切的难选矿物原料。化学选矿的主要应用包括以下几个方面:

(1)赋存状态复杂的难处理有色金属资源的提取。如铀矿、稀土、红土镍矿、石煤钒矿、复杂氧化铜矿、脉金等,这些资源中有价金属元素以矿物形式存在,但这些矿物采用常规物理分选方法难以分离出来,如铀矿、复杂氧化铜矿、脉金等;有些金属元素没有形成独立的矿物,往往以晶格取代的形式存在于其他矿物中,如吸附型稀土、红土镍矿、石煤钒矿等。

(2)低品位矿、剥离废石等的处理。这类资源一般品位低,经济价值不高,采用传统的分选方式需要较高的费用,现阶段往往采用堆浸的方式来提取其所含的有价金属元素。

(3)工业固废综合利用与无害化。工业固废主要包括矿山、冶金、材料、能源等工业过程产生的固体废弃物,如选矿过程产生的各种尾矿、氧化铝生产过程产生的赤泥、电解铝过程产生的铝灰、钢铁冶金过程产生的高炉烟尘、发电厂的粉煤灰等。

(4)二次资源循环利用。二次资源主要指废弃电器、汽车、废纸等在人们生产生活中产生的废弃物,这类资源含有的有价成分种类多,如一块线路板中包含有塑料等非金属和铜、铁、锡、贵金属等金属。目前此类资源的回收利用主要采用物理分离和化学分离相结合的方法。

另外，化学选矿在环境污染处理上也有利用，如土壤污染处置、水中重金属污染处置、工业生产中水的循环利用等。

1.5 化学选矿的发展趋势

(1)化学选矿理论和技术的精细化。随着传统矿产资源的减少、资源形势的不断恶化与选矿成本的不断增加，亟须化学选矿理论与技术的突破创新，以满足新形势的要求。化学选矿需要与其他学科深入交叉融合，进一步吸纳其他学科的先进理论和技术，促进化学选矿从传统工程学科向精细化、定量化的现代工程学科发展。比如通过与配位化学、结构化学、界面化学、量子化学、计算化学的交叉融合，建立基于矿物晶体配位结构及表界面配位结构的矿物化学精密分离理论与技术体系。

(2)化学选矿药剂及工艺的绿色化。面向“双碳”和“两山”国家战略，化学选矿过程需要实现绿色化，需要开发更加绿色环保的化学选矿试剂。采用化学选矿工艺时，也应尽可能采用物理选矿和化学选矿的联合流程，即通过多种选矿方法和工艺的高效协同，以期最经济地综合利用矿物资源。此外，还应尽可能地采用闭路流程，使试剂充分再生回收和水循环使用，以降低化学选矿的成本和减少环境污染，取得最好的经济效益、社会效益和环境效益。

(3)化学选矿装备和过程的智能化。随着人工智能(AI)技术的快速发展，AI对于化学选矿装备及过程的赋能，将极大地促进选矿装备的智能化和过程工程控制的自动化，从而有效加强化学选矿焙烧、浸出、净化等过程的在线监控和智能控制，实现非标准复杂矿物化学分离过程的精准调控和智能优化，有效提升化学选矿的过程效率。

本章习题

1. 化学选矿与物理选矿、传统冶金的区别和联系是什么?
2. 化学选矿的基本作业有哪些?
3. 化学选矿的主要应用有哪些?

参考文献

[1] 黄礼煌. 化学选矿[M]. 2版. 北京：冶金工业出版社，2012.
[2] 何东升. 化学选矿[M]. 北京：化学工业出版社，2020.
[3] 李洪桂. 冶金原理[M]. 2版. 北京：科学出版社，2018.

第2章 原料焙烧

2.1 概述

化学选矿的原料在浸出之前往往需要进行预处理，主要包括矿石原料的破碎筛分、磨矿分级、配料混匀、化学与生物预处理及焙烧等作业。

破碎筛分、磨矿分级、配料混匀作业统称为矿石原料粒度准备，为后续作业准备细度、浓度合适的物料或混合料。对于化学选矿来说，粒度准备的目的是使有用组分暴露，有利于后续化学提取过程的进行，不同的处理过程往往对粒度的要求也不同。以浸出为例，不同的浸出方式，对矿石的粒度要求差别很大，如堆浸，一般要求粒度较大；对于搅拌浸出过程，则要求粒度较小，但过细的粒度不利于后续的固液分离作业。原料粒度准备作业与物理选矿的破碎磨矿流程相同，如需要了解这方面的知识，可以阅读破碎与磨矿或粉碎工程等相关书籍。

化学选矿处理的矿石原料中存在包裹体结构，即目的矿物被其他矿物完全包裹，使其无法与浸出试剂接触，导致浸出效率低下。为使被包裹的目的矿物暴露出来，可采用化学或生物的方法破坏包裹体结构，该过程称为化学与生物预处理作业。如精矿中的包体金化学与生物预处理作业方法有：

(1)细菌氧化酸浸。细菌氧化酸浸可破坏含金黄铁矿、砷黄铁矿、碳酸盐矿物的结构，使这些矿物中的包体金单体解离或裸露。细菌氧化酸浸后的料浆经浓密、压滤、洗涤、滤饼制浆和适当处理以除去其他药剂后，可送浸出金银作业。

(2)热压氧化酸浸。含包体金的金属硫化矿精矿经热压氧化酸浸预处理，可获得残硫、残砷含量低的浸出料浆，且对原料中的硫、砷含量无特殊要求，硫、砷的转化率高，可使包体金单体完全解离或裸露。预处理后的料浆经浓密、压滤和洗涤，滤饼制浆后即可送浸出金银作业。

(3)硝酸浸出。含包体金的金属硫化矿精矿经硝酸浸出，可使硫化矿物分解和使银转入浸出液中，在预处理阶段即可分离银。浸出后的料浆经浓密、压滤和洗涤，滤饼制浆后即可送浸出金作业。浸出液中加入氯化钠可析出氯化银沉淀。此法适于预处理银含量高的含包体金的硫化矿精矿。

(4)高价铁盐酸浸。在常温常压条件下，高价铁盐酸性液可浸出分解金属硫化矿物，可使其中的包体金单体完全解离或裸露。浸出后的料浆经浓密、压滤和洗涤，滤饼制浆后即可送浸出金银作业。

矿物原料焙烧是在适宜的气氛和低于矿物原料熔点的温度条件下，使矿物原料中的目的组分矿物发生物理和化学变化的工艺过程，一般作为化学选矿的准备作业，使目的组分转变为易于浸出或易于物理分选的形态。焙烧作业产出焙砂或烧结块和烟尘，可用相应方法从各产物中回收有用组分。

根据焙烧的气氛条件及过程中目的组分发生的主要化学变化，可将矿物原料的焙烧过程大致分为氧化焙烧与硫酸化焙烧、还原焙烧、氯化焙烧、钠盐焙烧、煅烧。

2.2　焙烧过程理论基础

为了在工业上实施焙烧过程，必须首先考虑两个问题：一是在给定条件下焙烧过程的主要化学反应能否发生，若能发生又能进行到什么限度，外界条件和物质组成对于焙烧反应有什么影响；二是焙烧反应能以多快的速度进行和各种条件对于化学反应速度的影响。前者是化学热力学研究的对象，后者属于化学动力学的范畴。下面我们将扼要地介绍焙烧过程化学反应的热力学和动力学的一般原理。

2.2.1　焙烧过程热力学

焙烧过程在焙烧炉内完成，在控制一定的温度和气氛条件下，矿物原料与炉内气体在固气界面发生多相化学反应，并遵循热力学和质量守恒定律，反应过程自由能的变化可用下式表示：

$$\Delta G=\Delta G^{\ominus}+RT\ln Q=-RT\ln K+RT\ln Q=RT(\ln Q-\ln K) \tag{2-1}$$

式中：ΔG 为指定条件下的过程自由能变化，J/mol；$\Delta G^{\ominus}$ 为标准状态下的过程自由能变化，J/mol；Q 为指定条件下各组分的活度商；K 为标准条件下各组分的活度商；T 为绝对温度，K；R 为理想气体常数，$R=8.3143$ J/(K·mol)。

从式(2-1)可知，ΔG 为过程反应温度和活度商的函数，而 $\Delta G^{\ominus}$ 仅是反应温度的函数。因此，可用 $\Delta G^{\ominus}$ 比较相同温度下各反应过程自动进行的趋势，常用 $\Delta G^{\ominus}-T$ 曲线表示焙烧过程各化合物的稳定性及估计各化合物在焙烧过程中的行为。但必须指出，恒温恒压条件下判断过程能否自动进行的真正判据是 ΔG，不是 $\Delta G^{\ominus}$，但 $\Delta G^{\ominus}$ 可为预测反应能否自动进行提供最基本的条件。

例如：赤铁矿磁化焙烧

$$3Fe_2O_3+CO = 2Fe_3O_4+CO_2 \tag{2-2}$$

反应方程式(2-2)的反应过程自由能的变化为

$$\Delta G=\Delta G^{\ominus}+RT\ln Q=RT\ (\ln Q-\ln K)=RT\left(\ln\frac{P_{CO_2}}{P_{CO}}-\ln\frac{P^0_{CO_2}}{P^0_{CO}}\right) \tag{2-3}$$

已知反应(2-3)在 0~1100 ℃温度下的标准反应平衡常数(K)和标准吉布斯自由能变($\Delta G^{\ominus}$)如表 2-1 所示。在焙烧温度下赤铁矿被还原的标准反应平衡常数(K)均大于或等于 3.67×10^4，在还原焙烧条件下该反应的 $\Delta G^{\ominus}$ 均小于 0，说明赤铁矿在任何焙烧温度下均易被还原为磁铁矿，但温度低时的反应速率慢。

表 2-1 不同温度下赤铁矿还原焙烧为磁铁矿的 K 及 $\Delta G^{\ominus}$

温度/℃	0	100	200	300	400	500
K	1.03×10^{11}	5.15×10^{8}	2.51×10^{7}	3.58×10^{6}	9.35×10^{5}	3.72×10^{5}
$\Delta G^{\ominus}/(kJ\cdot mol^{-1})$	-57.59	-62.23	-67.03	-71.91	-76.94	-82.45
温度/℃	600	700	800	900	1000	1100
K	2.08×10^{5}	1.32×10^{5}	8.82×10^{4}	6.31×10^{4}	4.73×10^{4}	3.67×10^{4}
$\Delta G^{\ominus}/(kJ\cdot mol^{-1})$	-88.89	-95.39	-101.60	-107.80	-113.94	-119.99

2.2.2 焙烧过程动力学

焙烧过程主要为固-气多相化学反应过程，该反应过程包括几个中间步骤。典型的中间步骤可归纳如下：

(1)反应气体从气流本体扩散到固体的外表面，即外扩散；

(2)反应气体通过固体反应产物层的孔隙扩散到固体产物-固体反应物之间的界面，即内扩散；

(3)反应气体在固-固界面上吸附并与固体反应物发生化学反应，然后气体产物从反应界面上解吸；

(4)气体产物通过固体产物层的孔隙排到固体产物层的外表面(内扩散)；

(5)反应气体产物扩散到气流本体中去(外扩散)。

在有固体产物生成时，其反应的动力学比较复杂，往往伴随着晶格重建过程，尤其是在总反应的步骤多而各步骤的速度又相差不大时，每一步骤的速度都对总反应速度有影响。但在通常情况下往往只是某个步骤的速度要比其他步骤速度慢得多而成为总反应速度的控制步骤，它决定了总反应的速度。因此必须首先查明在一定条件下的控制步骤以便采取措施加快总反应速度。

上述步骤可分为两种类型(图 2-1)：气体的扩散和吸附-化学反应。低温时，总反应速度(K)取决于界面的化学反应速度(K_K)，与气流速度无关。高温时，总反应速度取决于扩散速度(K_D)。扩散又分为内扩散与外扩散，反应初期，反应速度主要与外扩散有关。外扩散速度取决于气流的运动特性(层流与紊流)。气体做紊流运动时，可大幅度提高扩散速度，但固体表面仍保持一层流气膜层，气体分子通过此流气膜层进行缓慢扩散，并最终限制外扩散速度。反应进行一定时间后，固体表面生成固体反应物，反应产生的气体经解吸后也在固相外面形成一层气膜，此时反应气体分子须通过气膜和固体反应物层才能到达固气表面，此扩散称为内扩散。因此，反应进行一定时间

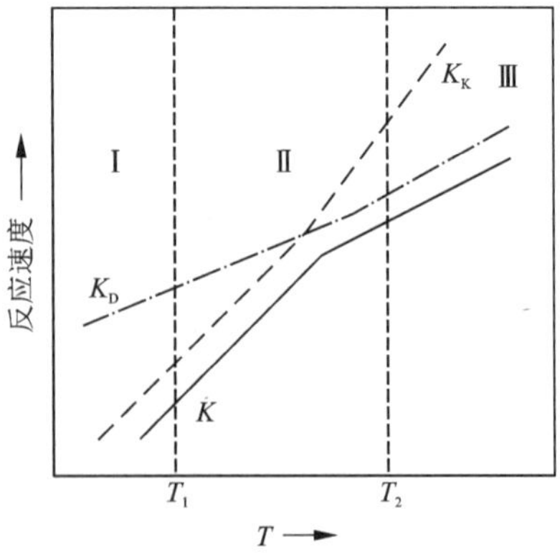

Ⅰ—动力学区；Ⅱ—过渡区；Ⅲ—扩散区。

图 2-1 反应速度(K、K_K、K_D)与温度 T 的关系

后，通常起决定作用的是内扩散，内扩散速度与表面固体产物层的厚度成反比。

影响焙烧反应速度的主要因素包括气相中反应气体的浓度、气流的运动特性(层流与紊流)、温度及物料的物理及化学性质(如粒度、孔隙度、矿物组成和化学组成等)。

2.3 氧化焙烧与硫酸化焙烧

2.3.1 氧化焙烧与硫酸化焙烧热力学分析

对于硫化矿物来说，氧化焙烧是物料在空气(或氧气)中和低于矿物原料熔点的温度条件下，脱除金属硫化矿物中的全部硫，使其转变为金属氧化物的焙烧方法也称为全脱硫焙烧。硫酸化焙烧是物料氧化焙烧过程中脱除部分硫，生成硫酸盐的焙烧方法也称为部分脱硫焙烧。氧化焙烧与硫酸化焙烧的目的是将难浸重金属硫化矿物转变为易浸的氧化物或硫酸盐，使硫化物转变为难浸的氧化物，另外焙烧过程也可改变物料的结构构造，使其疏松多孔，而且可使砷、锑、硒、铅等部分挥发。对于一些氧化矿物来说，氧化焙烧的目的是将难浸的低价态金属氧化矿物转变为易于浸出的高价态金属氧化物，如含矾矿物的氧化焙烧，是将难浸的 V_2O_3 转变为易于酸浸的 V_2O_5。

1)氧化(硫酸化)焙烧过程热力学分析

在焙烧条件下，金属硫化矿物转变为金属氧化物或金属硫酸盐的反应方程式可表示为

$$2MeS+3O_2 \longrightarrow 2MeO+2SO_2 \tag{2-4}$$

$$2SO_2+O_2 \rightleftharpoons 2SO_3 \tag{2-5}$$

$$MeO+SO_3 \rightleftharpoons MeSO_4 \tag{2-6}$$

在氧化焙烧时，金属硫化物与炉气中的氧气反应转变为金属氧化物和二氧化硫的反应是不可逆的[反应式(2-4)]；如果氧分压满足条件，产生的二氧化硫可以进一步被氧化为三氧化硫[反应式(2-5)]；产生的三氧化硫与金属氧化物接触可以生成金属硫酸盐[反应式(2-6)]。其中，反应式(2-5)和反应式(2-6)为可逆反应。上列各反应的平衡常数分别为

$$K_1=\frac{P_{SO_2}^2}{P_{O_2}^3} \tag{2-7}$$

$$K_2=\frac{P_{SO_3}^2}{P_{SO_2}^2 \cdot P_{O_2}} \tag{2-8}$$

$$K_3=\frac{1}{P_{SO_3(MeSO_4)}} \tag{2-9}$$

式中：P_{SO_3} 为炉气中 SO_3 的分压；P_{SO_2} 为炉气中 SO_2 的分压；P_{O_2} 为炉气中 O_2 的分压；$P_{SO_3(MeSO_4)}$ 为金属硫化物的 SO_3 分解压。

这些反应的发生由炉气中氧气、二氧化硫和三氧化硫的气体分压决定。当炉气中的三氧化硫分压大于金属硫酸盐的分解压，即 $P_{SO_2} \cdot \sqrt{K_2} \cdot P_{O_2}>P_{SO_3(MeSO_4)}$ 时，焙烧产物为金属硫酸盐，过程属硫酸化焙烧(部分脱硫焙烧)。反之，当 $P_{SO_2} \cdot \sqrt{K_2} \cdot P_{O_2}<P_{SO_3(MeSO_4)}$ 时，金属硫酸盐分解，焙烧产物为金属氧化物，过程属氧化焙烧(全脱硫焙烧)。因此，在一定温度下，硫化矿物氧化焙烧产物取决于气相组成，金属硫化物、氧化物的分压及金属硫酸盐的分解压。

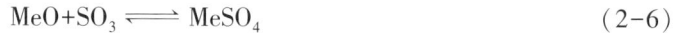

P_{SO_3} 和 $P_{SO_3(MeSO_4)}$ 与温度的关系如图 2-2 所示。图中实线表示 $P_{SO_3(MeSO_4)}$ 与温度的关系，虚线表示 P_{SO_3} 与温度的关系，曲线交点为 $P_{SO_3}=P_{SO_3(MeSO_4)}$。当温度较低及炉气中二氧化硫的浓度较高时，金属硫化物将转变为相应的金属硫酸盐。当温度升至 700~900 ℃时，金属硫酸盐将分解为相应的金属氧化物，如表 2-2 所示。由于各种金属硫酸盐的分解温度和分解自由能不同，因此控制焙烧温度和炉气成分即可控制焙烧产物组成，以达到选择性硫酸化焙烧的目的。如 680 ℃（约 950 K）时的 Cu-Co-S-O 系的状态图如图 2-3 所示，实线为 Co-S-O 系，虚线为 Cu-S-O 系，若炉气组成为 8% SO_2、4% O_2，则铜、钴硫化物均转变为相应的硫酸盐，可产出 97%的可溶铜和 93%的可溶钴。

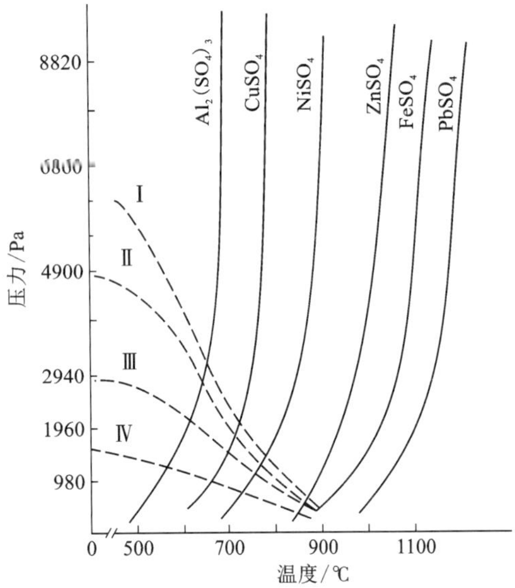

Ⅰ—10.1% SO_2+5.05% O_2；Ⅱ—7.0% SO_2+10% O_2；
Ⅲ—4.0% SO_2+14.6% SO_2；Ⅳ—2.0% SO_2+18% O_2。

图 2-2　硫酸盐分解及生成条件图

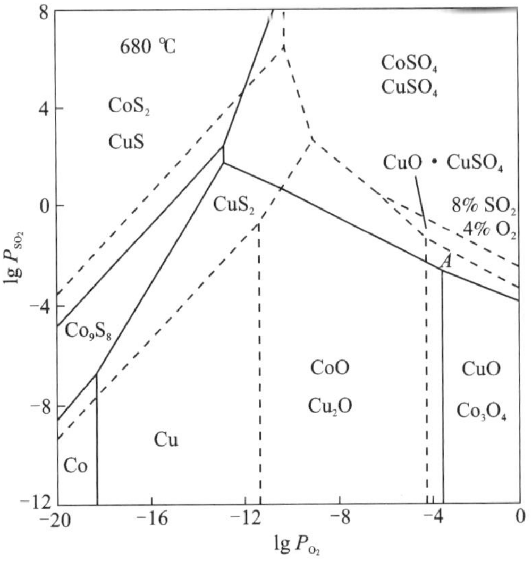

图 2-3　680 ℃时的 Cu-Co-S-O 系状态图

表 2-2　金属硫酸盐的分解温度及产物

硫酸盐	开始分解温度/℃	强烈分解温度/℃	分解产物
$FeSO_4$	167	480	$Fe_2O_3 \cdot 2SO_3$
$Fe_2O_3 \cdot 2SO_3$	492	560(708)	Fe_2O_3
$Al_2(SO_4)_3$	590	639	Al_2O_3
$ZnSO_4$	702	720	$3ZnO \cdot 2SO_3$
$3ZnO \cdot 2SO_3$	755	767(845)	ZnO
$CuSO_4$	653	670(740)	$2CuO \cdot SO_3$
$2CuO \cdot SO_3$	702	736	CuO
$PbSO_4$	637	705	$6PbO \cdot 5SO_3$

续表2-2

硫酸盐	开始分解温度/℃	强烈分解温度/℃	分解产物
$6PbO \cdot 5SO_3$	952	962	$2PbO \cdot SO_3$
$MgSO_4$	890	972	MgO
$MnSO_4$	699	790	Mn_3O_4
$CaSO_4$	1200	—	CaO
$CdSO_4$	827	—	$5CdO \cdot SO_3$
$5CdO \cdot SO_3$	878	—	CdO

2)典型金属硫化物的氧化(硫酸化)焙烧过程

(1)铁的硫化物：黄铁矿(FeS_2)和磁黄铁矿(FeS)在其着火点温度(300~500 ℃)或更高温度下，依下式进行反应：

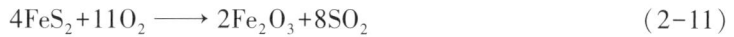

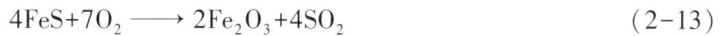

$$3FeS_2+8O_2 \longrightarrow Fe_3O_4+6SO_2 \tag{2-10}$$

$$4FeS_2+11O_2 \longrightarrow 2Fe_2O_3+8SO_2 \tag{2-11}$$

$$3FeS+5O_2 \longrightarrow Fe_3O_4+3SO_2 \tag{2-12}$$

$$4FeS+7O_2 \longrightarrow 2Fe_2O_3+4SO_2 \tag{2-13}$$

$$6Fe_2O_3 \rightleftharpoons 4Fe_3O_4+O_2 \tag{2-14}$$

$$2SO_2+O_2 \rightleftharpoons 2SO_3 \tag{2-15}$$

$$Fe_2O_3+3SO_3 \rightleftharpoons Fe_2(SO_4)_3 \tag{2-16}$$

$$2Fe_3O_4 \rightleftharpoons 6FeO+O_2 \tag{2-17}$$

铁的硫化物在氧化焙烧过程中，Fe-S-O 系基本反应如图 2-4 所示。当焙烧温度为 1100 K 时，黄铁矿(FeS_2)和磁黄铁矿(FeS)的焙烧产物有 $Fe_2(SO_4)_3$、Fe_2O_3、Fe_3O_4、FeO，其中反应(2-10)~(2-13)为不可逆反应，反应(2-14)~(2-17)为可逆反应。由图 2-4 可以看

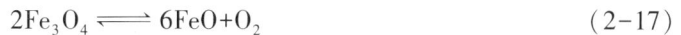

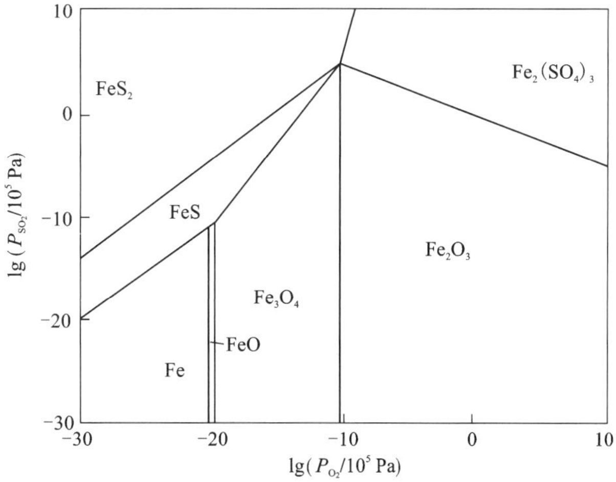

图 2-4　Fe-S-O 系等温平衡状态图(1100 K)

出，焙烧气氛中 O_2 和 SO_2 的气体分压决定了焙烧产物，在常规的铁的硫化物氧化焙烧气氛中，其焙烧产物主要为 Fe_2O_3 和 Fe_3O_4。

黄铁矿制硫酸工艺(接触法)是典型的铁硫化物氧化焙烧过程，如图 2-5 所示，生产过程分为三个主要阶段：

①二氧化硫的制取与净化(沸腾炉)：

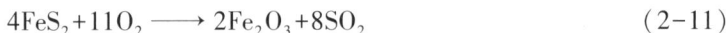

$$4FeS_2+11O_2 \longrightarrow 2Fe_2O_3+8SO_2 \tag{2-11}$$

②二氧化硫氧化为三氧化硫(接触室，触媒 V_2O_5)：

$$2SO_2+O_2 \longleftrightarrow 2SO_3 \tag{2-15}$$

③三氧化硫的吸收和硫酸的生成(吸收塔)：

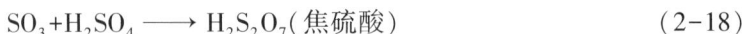

$$SO_3+H_2SO_4 \longrightarrow H_2S_2O_7(\text{焦硫酸}) \tag{2-18}$$

$$H_2S_2O_7+H_2O \longrightarrow 2H_2SO_4 \tag{2-19}$$

沸腾炉产出的 SO_2 经过净化才能通入接触室，在触媒 V_2O_5 的催化作用下与氧气反应形成 SO_3，SO_3 气体在吸收塔中被喷淋的浓硫酸溶液吸收形成焦硫酸，焦硫酸加水后便获得硫酸溶液，需要进一步蒸馏硫酸溶液，即产出浓度为 95%~98%的商品硫酸。沸腾炉的矿渣主要为 Fe_2O_3，可以作为铁精矿用于钢铁冶炼。

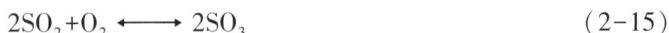

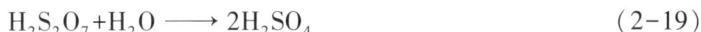

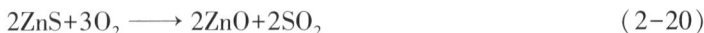

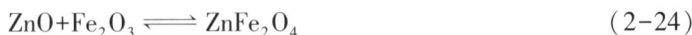

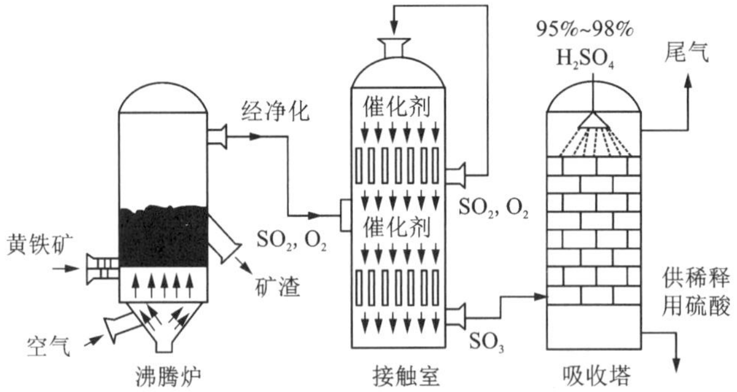

图 2-5 接触法制硫酸生产流程示意图

(2)锌的硫化物：闪锌矿(ZnS)在焙烧过程中发生的反应分为以下几类。

①硫化锌氧化生成氧化锌：

$$2ZnS+3O_2 \longrightarrow 2ZnO+2SO_2 \tag{2-20}$$

②硫酸锌和三氧化硫的生成与分解：

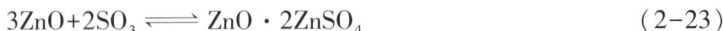

$$2SO_2+O_2 \rightleftharpoons 2SO_3 \tag{2-21}$$

$$ZnO+SO_3 \rightleftharpoons ZnSO_4 \tag{2-22}$$

$$3ZnO+2SO_3 \rightleftharpoons ZnO \cdot 2ZnSO_4 \tag{2-23}$$

③氧化锌与赤铁矿形成铁酸锌：

$$ZnO+Fe_2O_3 \rightleftharpoons ZnFe_2O_4 \tag{2-24}$$

在闪锌矿精矿氧化焙烧过程中，Zn-S-O 系主要反应如图 2-6 所示。当焙烧温度不变时，改变焙烧气氛中 O_2 和 SO_2 的气体分压可以改变焙烧产物。增加 O_2 气体分压、降低 SO_2 气体分压有利于 ZnO 产生；若 $\lg P_{SO_2}>-5$ Pa，将生成 $ZnO \cdot 2ZnSO_4$ 和 $ZnSO_4$。由于反应

(2-22)和反应(2-23)的 lg$K$ 随焙烧温度升高而减小，因此升高焙烧温度将使 ZnO 稳定区扩大，而 $ZnO \cdot 2ZnSO_4$ 和 $ZnSO_4$ 稳定区缩小。

由于硫化锌精矿中含有 FeS 或(Zn，Fe)S，焙烧过程中铁酸锌 $ZnFe_2O_4$ 的产生是不可避免的。由于 $ZnFe_2O_4$ 在后续酸浸中难以溶解，所以要尽量减少 $ZnFe_2O_4$ 的产生，可以通过减少 Fe_2O_3 的形成来实现。如图 2-4 所示，当体系中 $\lg P_{O_2}<-6$ Pa 时，Fe_2O_3 开始分解为 Fe_3O_4。这表明，要使焙烧产物中少生成 $ZnFe_2O_4$，必须维持焙烧气相中较低的氧分压。

在实际生产中，闪锌矿精矿氧化焙烧就是通过控制焙烧温度和气相组成来控制焙烧产物中锌的存在形式，其目的是将闪锌矿 ZnS 转化为易于酸浸的 ZnO，控制 $ZnO \cdot 2ZnSO_4$ 和 $ZnSO_4$ 的含量(质量分数)使其小于 5%，尽量避免 $ZnFe_2O_4$ 的形成。湿法炼锌用锌精矿的焙烧温度一般控制在 1143~1193 K，空气过剩系数一般控制在 1.20~1.30。

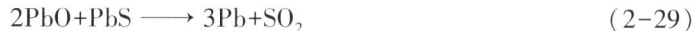

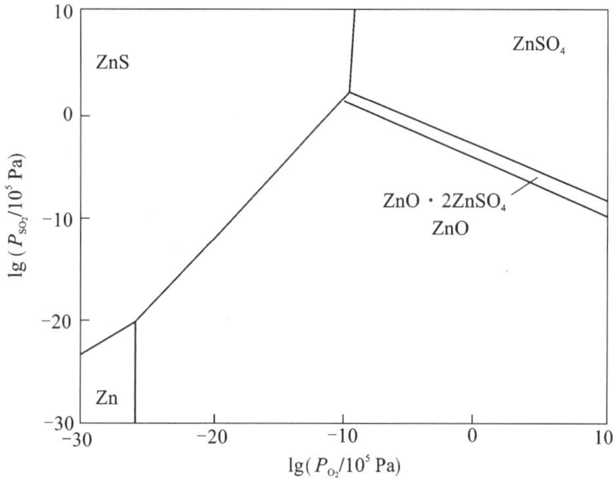

图 2-6　Zn-S-O 系等温平衡状态图(1100 K)

(3)铅的硫化物：方铅矿(PbS)在焙烧时的主要反应为

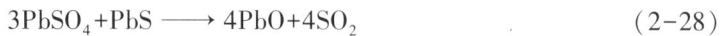

$$2PbS+3O_2 \longrightarrow 2PbO+2SO_2 \tag{2-25}$$

$$2SO_2+O_2 \rightleftharpoons 2SO_3 \tag{2-26}$$

$$PbO+SO_3 \rightleftharpoons PbSO_4 \tag{2-27}$$

$$3PbSO_4+PbS \longrightarrow 4PbO+4SO_2 \tag{2-28}$$

$$2PbO+PbS \longrightarrow 3Pb+SO_2 \tag{2-29}$$

方铅矿氧化焙烧生成 PbO 和 $PbSO_4$，并生成少量金属铅。若焙砂物料中含有硅、钙、铁、镁等组分，产生的 PbO 将与这些组分反应形成低熔点物质，如反应(2-30)~(2-33)，造成炉膛结瘤，因此方铅矿氧化焙烧工艺要求焙烧原料硅、钙、铁、镁等杂质含量要低于 2%。

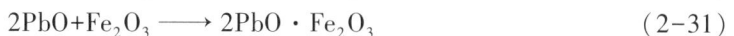

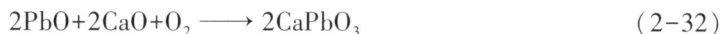

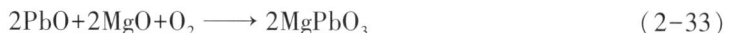

$$2PbO+SiO_2 \longrightarrow 2PbO \cdot SiO_2 \tag{2-30}$$

$$2PbO+Fe_2O_3 \longrightarrow 2PbO \cdot Fe_2O_3 \tag{2-31}$$

$$2PbO+2CaO+O_2 \longrightarrow 2CaPbO_3 \tag{2-32}$$

$$2PbO+2MgO+O_2 \longrightarrow 2MgPbO_3 \tag{2-33}$$

(4)银的硫化物和金：银常以辉银矿形态存在，其焙烧时的氧化反应为

$$Ag_2S+O_2 \longrightarrow 2Ag+SO_2 \tag{2-34}$$

氧化银(Ag_2O)在 250 ℃开始分解，300 ℃完全分解，故在焙烧条件下不可能生成氧化银。当炉气中有大量的三氧化硫时，可生成硫酸银，如反应(2-35)和(2-36)所示。当焙烧温度高于 950 ℃时，形成的硫酸银将再分解为单质银，如反应(2-37)所示。

$$2Ag+2SO_3 \longrightarrow Ag_2SO_4+SO_2 \tag{2-35}$$

$$Ag_2S+4SO_3 \longrightarrow Ag_2SO_4+4SO_2 \tag{2-36}$$

$$Ag_2SO_4 \longrightarrow 2Ag+SO_2+O_2 \tag{2-37}$$

因此，焙砂中银以未变化的辉银矿、金属银和硫酸银形态存在。

金常与金属硫化物伴生，且多以自然金形态存在，在焙烧过程中不发生任何变化。

(5)砷、锑的硫化物：砷常呈毒砂(FeAsS)和雌黄(As_2S_3)的形态存在。在氧化焙烧中，砷的硫化物发生以下反应：

$$2As_2S_3+9O_2 \longrightarrow 2As_2O_3+6SO_2 \tag{2-38}$$

$$2FeAsS+5O_2 \longrightarrow Fe_2O_3+As_2O_3+2SO_2 \tag{2-39}$$

$$As_2O_3+O_2 \rightleftharpoons As_2O_5 \tag{2-40}$$

生成的 As_2O_3 易挥发，在 120 ℃时已有明显的挥发现象，其挥发率随温度的升高而快速增大，500 ℃时的蒸气压可达 101325 Pa（约 1 个大气压）。生成的 As_2O_3 可与氧气或易还原的氧化物 Fe_2O_3、SO_3 等发生反应转变为挥发性小的 As_2O_5，升高温度和增大空气过剩量将促进 As_2O_5 的生成，且生成的 As_2O_5 将与金属氧化物(PbO、CuO、FeO 等)作用生成砷酸盐：

$$3PbO+As_2O_5 \rightleftharpoons Pb_3(AsO_4)_2 \tag{2-41}$$

$$3FeO+As_2O_5 \rightleftharpoons Fe_3(AsO_4)_2 \tag{2-42}$$

生成的砷酸盐很稳定，只在高温时才分解。因此，若在氧化焙烧过程中脱除物料中的砷，需要避免通入过量的氧气或空气。

锑主要以辉锑矿(Sb_2S_3)和脆硫锑铅矿($Pb_2Sb_2S_5$)等形态存在，其在焙烧过程中的行为与 As_2S_3 相似，氧化反应为

$$2Sb_2S_3+9O_2 \longrightarrow 2Sb_2O_3+6SO_2 \tag{2-43}$$

生成的 Sb_2O_3 在高温和大量过剩空气的条件下将部分转变为 Sb_2O_4 及 Sb_2O_5，这些高价态锑化合物在高温时相当稳定，它们可与金属氧化物生成锑酸盐：

$$Sb_2O_5+3PbO \rightleftharpoons Pb_3(SbO_4)_2 \tag{2-44}$$

锑酸盐很稳定。在同样温度下，Sb_2O_3 及 Sb_2S_3 较 As_2S_5 及 As_2S_3 的蒸气压小。因此，焙烧过程中的脱锑率较脱砷率低。

(6)其他金属硫化物：镉常以硫镉矿(CdS)形态存在，焙烧时氧化为氧化镉和硫酸镉。硫酸镉是很稳定的化合物，仅在焙烧末期的高温条件下才分解为氧化镉。氧化镉在 1000 ℃时开始挥发，1220 ℃时的蒸气压可达 0.1725 Pa(23 mmHg)。因此，高温焙烧使大量的镉挥发而富集于烟尘中。物料中的铊和铟在 800~1000 ℃时以氧化物形态存在。

(7)脉石矿物：脉石中的氧化物有石英、方解石、白云石、菱镁矿、石膏等，氧化焙烧时主要发生以下两类反应。

碳酸盐矿物热分解：

$$CaCO_3 \xrightarrow{900\ ℃} CaO+CO_2 \tag{2-45}$$

$$MgCO_3 \xrightarrow{600\ ℃} MgO+CO_2 \tag{2-46}$$

$$CaCO_3 \cdot MgCO_3 \xrightarrow{700\ ℃} CaO+MgO+2CO_2 \tag{2-47}$$

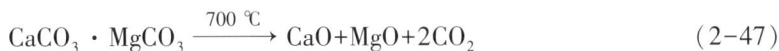

脉石氧化物与金属氧化物反应：

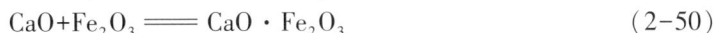

$$CaO+MSO_4 = CaSO_4+MO \tag{2-48}$$

$$CaSO_4 \xrightarrow{\geqslant 1250\ ℃} CaO+SO_3 \tag{2-49}$$

$$CaO+Fe_2O_3 = CaO \cdot Fe_2O_3 \tag{2-50}$$

$$SiO_2+2MO = 2MO \cdot SiO_2 \tag{2-51}$$

氧化钙与氧化铁作用生成亚铁酸钙将减少氧化铁的氧化作用，对脱硫不利。二氧化硅与金属氧化物可在较高温度下生成硅酸盐，使炉料结块，与氧化铅最易产生造渣作用。虽然有的金属氧化物与二氧化硅生成的硅酸盐在后续浸出时金属氧化物可转入溶液（如 $ZnO \cdot SiO_2$ 中的 ZnO 可溶于稀硫酸），但分解出来的 SiO_2 呈胶体存在于溶液中，使矿浆澄清过滤困难。因此，要尽量减少炉料中二氧化硅和铅的含量。

2.3.2　典型金属硫化物的着火温度

金属硫化物的氧化反应通常是放热反应，当温度达到其着火温度时，所产生的热量就能够维持炉内焙烧温度，在无其他热量供给下持续发生氧化反应。着火温度取决于炉料的矿物组成、化学组成和粒度。因此，氧化焙烧的温度应高于相应硫化物的着火温度，而硫化物的着火温度与其粒度有关（表 2-3）。实践中焙烧温度常波动于 580～850 ℃，一般不超过 900 ℃，否则炉料将熔结（表 2-4 和表 2-5）。

2.3.3　氧化焙烧过程的挥发组分

氧化焙烧可使重金属硫化矿物转变为易浸的氧化物或硫酸盐，使硫化铁转变为难浸的氧化铁，并可改变物料的结构，使其疏松多孔，而且可使砷、锑、硒、铅等部分挥发（表 2-6）。

氧化焙烧常用脱硫率或目的组分的硫酸化程度来衡量，广泛用于铁、铜、镍、钴、钼、锌、锑等硫化矿的处理，也可在炉料中加入硫化剂（元素硫、黄铁矿等）使某些重金属氧化物转变为相应的硫酸盐。

表 2-3　某些硫化物的着火温度

粒度/mm	不同粒度下着火温度/℃				
	黄铜矿	黄铁矿	磁硫铁矿	闪锌矿	方铅矿
0.1～0.15	364	422	460	637	720
0.15～0.2	375	423	465	644	730
0.2～0.3	380	424	471	646	730
0.3～0.5	385	426	475	646	735
0.5～1	395	426	480	646	740
1～2	410	428	482	646	750

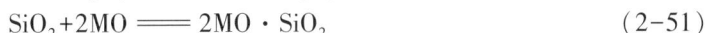

表 2-4　某些硫化物的熔化温度　　单位：℃

ZnS	1670	Na_2S	920
Ag_2S	812	MnS	1530
CoS	1140	CaS	1900

表 2-5　氧化焙烧中某些组分的熔化温度　　单位：℃

硫化物	熔化温度	硫化物	熔化温度
FeS	1171	Ni_3S_2	784
Cu_2S	1135	Sb_2S_3	546
PbS	1120	SnS	812

表 2-6　氧化焙烧时某些组分的挥发率　　单位：%

组分	挥发率	组分	挥发率
As	60~80	In	5~10
Sb	20~40	Ta	50~70
Bi	10~15	Cd	5~20
Se	25~50	Pb	5~10
Te	10~20	Zn	5~7

2.3.4　氧化矿的氧化焙烧

为提高氧化矿的浸出效率，某些氧化矿也需要预先氧化焙烧，其目的是提高目的元素的价态，使其转变为易浸出的高价态，如赤铜矿（Cu_2O）、低价钒矿（V_2O_3）。有时氧化焙烧的目的是破坏包裹目的元素的氧化矿物晶格结构，使目的元素充分暴露出来，如石煤钒矿中氧化钒主要被包裹在云母和石煤中。

石煤钒矿氧化焙烧，也称为空白焙烧、无盐焙烧，是在高温下通过空气中的氧直接将不溶性的低价钒 V(Ⅲ)氧化为易于酸溶解的 V(Ⅳ)和 V(Ⅴ)，使含钒云母和石煤被破坏暴露出被包裹的 V_2O_5，然后通过浸出得到含钒溶液。

钒氧化过程分为三个阶段：当焙烧温度低于 600 ℃时为第一阶段，主要发生 V(Ⅲ)氧化为 V(Ⅳ)的反应；当焙烧温度在 600~850 ℃时为第二阶段，同时发生 V(Ⅲ)和 V(Ⅳ)的氧化，以 V(Ⅳ)氧化为 V(Ⅴ)居多；当焙烧温度高于 850 ℃时为第三阶段，V(Ⅲ)和 V(Ⅳ)的氧化反应均达到平衡。含钒云母结构非常稳定，当焙烧温度低于 850 ℃时仅发生吸附水脱除和晶体结构调整；当焙烧温度在 850~1050 ℃时，层间的羟基脱除导致云母层间结合力减弱，矿物结构失去原有稳定性，利于浸出试剂渗入云母层间进行钒的浸出；当焙烧温度高于 1050 ℃时，云母晶体结构遭到破坏，向非晶态玻璃相转化，将暴露的 V_2O_5 重新包裹。石煤中通常含碳，主要为有机质中碳和碳酸盐中的碳，除少量石墨化碳外，这些碳在氧化焙烧过

程中均转化为 CO_2 气体。因此，石煤钒矿的氧化焙烧通常控制焙烧温度在 850 ℃左右。

2.4　还原焙烧

还原焙烧是矿物原料在低于炉料熔点和还原气氛条件下，使矿物原料中的金属氧化物转变为相应的低价金属氧化物或金属的焙烧工艺。除了汞和银的氧化物在低于 400 ℃的温度条件下在空气中加热可分解析出金属外，绝大多数金属氧化物不能用热分解的方法还原，只能采用添加还原剂的方法将其还原。

2.4.1　还原焙烧过程的热力学分析

金属氧化物的还原反应可用下式表示：

$$MeO + R \longrightarrow Me + RO \tag{2-52}$$

式中：MeO 为金属氧化物，在还原焙烧中通常为固态；Me 为金属单质，在还原焙烧中可为固态和气态；R、RO 分别为还原剂和还原剂氧化物。

式(2-52)可拆分为以下两式：

$$Me + O \longrightarrow MeO$$

$$R + O \longrightarrow RO$$

若 Me、MeO、R 和 RO 均为固态，其反应的标准吉布斯自由能分别为

$$\Delta G_1^{\ominus} = -RT\ln\frac{1}{P_{O_2(MeO)}}$$

$$\Delta G_2^{\ominus} = -RT\ln\frac{1}{P_{O_2(RO)}}$$

则式(2-52)的标准吉布斯自由能为

$$\Delta G^{\ominus} = -RT\ln\frac{P_{O_2(MeO)}}{P_{O_2(RO)}}$$

式中：$P_{O_2(MeO)}$ 为金属单质形成金属氧化物需要的氧气分压；$P_{O_2(RO)}$ 为还原剂形成其氧化物需要的氧气分压。

金属氧化物还原的必要条件为 $\Delta G^{\ominus}<0$，即 $P_{O_2(RO)}<P_{O_2(MeO)}$。因此，凡是对氧的亲和力比被还原的金属对氧的亲和力大的物质均可作为该金属氧化物的还原剂。金属氧化物的标准生成自由能随温度升高而急剧增大，而一氧化碳的标准生成自由能随温度升高而显著降低，故在较高温度条件下，碳可作为许多金属氧化物的还原剂。矿物原料还原焙烧时可采用固体还原剂、气体还原剂或液体还原剂。生产中常用的还原剂为 CO、固体碳和氢气。

1）用 CO 还原金属氧化物

在还原焙烧生产实践中常以各种气体还原剂如高炉煤气、焦炉煤气、混合煤气等作还原剂，其中 CO 均占有一定的比例。因气体还原剂易于向矿石的孔隙内扩散，所以能保证还原剂与矿石中的氧化物有较好的接触条件。另外，有固体碳存在时，CO 的还原能力可提高许多。因此，讨论 CO 还原金属氧化物的热力学有重要意义。用 CO 还原氧化物的反应又称为间接还原反应，可用下列反应式表示：

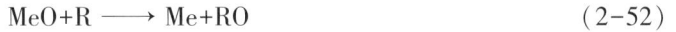

$$CO+\frac{1}{2}O_2 \xlongequal{\quad} CO_2 \qquad \Delta G_1^{\ominus} \tag{2-53}$$

$$MO \xlongequal{\quad} M+\frac{1}{2}O_2 \qquad \Delta G_2^{\ominus} \tag{2-54}$$

$$MO+CO \xlongequal{\quad} M+CO_2 \qquad \Delta G_3^{\ominus}=\Delta G_1^{\ominus}+\Delta G_2^{\ominus} \tag{2-55}$$

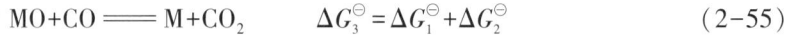

反应(2-55)是在 M-C-O 三元系中进行的。若 M 和 MO 是呈凝聚相存在，根据相律可知体系的自由度 $F=2$，它表明平衡气相浓度是温度和压力的函数。由于还原反应中 CO 和 CO_2 的摩尔体积相同，故压力的影响可不予考虑。

因焙烧过程中金属和它的氧化物之间一般不形成溶液，则活度 $a_M=a_{MO}=1$，所以：

反应(2-53)的平衡常数为

$$K_P=\frac{P_{CO_2}}{P_{CO}}$$

又由反应(2-55)知

$$\Delta G_3^{\ominus}=\Delta G_1^{\ominus}+\Delta G_2^{\ominus}=-RT\ln K_P$$

故

$$\lg\frac{P_{CO_2}}{P_{CO}}=\frac{\Delta G_1^{\ominus}}{2.303RT}+\frac{\Delta G_2^{\ominus}}{2.303RT}$$

当温度给定时，CO 燃烧反应的 $\Delta G_1^{\ominus}$ 为常数，故 $\frac{\Delta G_1^{\ominus}}{2.303RT}$ 亦是常数，设为 k，则上式可写作

$$\lg\frac{P_{CO_2}}{P_{CO}}=\frac{\Delta G_2^{\ominus}}{2.303RT}+k$$

从热力学数据手册中查出各种金属氧化物在该温度下的 $\Delta G_2^{\ominus}$ 值，然后便可做出以%CO 为纵坐标和以各种金属氧化物的 $\Delta G_2^{\ominus}$ 值为横坐标的还原等温线。用此等温线可以初步分析比较各种金属氧化物用 CO 还原的难易程度、还原反应进行的条件和限度，作为选择性还原焙烧的基础。

用 CO 还原金属氧化物的气相平衡浓度与温度的关系如图 2-7 所示。如果还原反应是放热反应($\Delta^{\ominus}H<0$)，则平衡常数 K_P 随温度升高而减小，亦即平衡气相中 CO 浓度增大；若反应是吸热反应($\Delta^{\ominus}H>0$)，体系的温度升高则有利于还原反应进行，即平衡气相组成中 CO 分压随温度升高而降低。

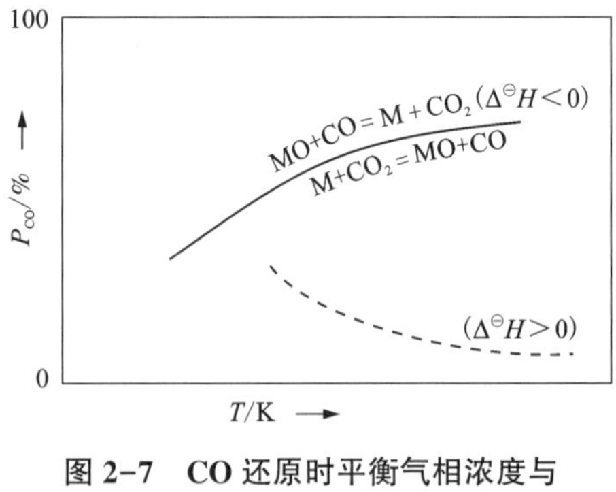

图 2-7　CO 还原时平衡气相浓度与温度的关系示意图

2)用固体碳还原金属氧化物

生产上常把有固体碳参加的还原反应称为直接还原。在讨论金属氧化物用 CO 还原时已提到，由于有固体碳的存在，CO 的还原能力将提高许多。其原因就在于，固体碳在高温下(900~1000 ℃)有较强的碳的气化反应 $CO_2+C \xlongequal{\quad} 2CO$ 发生，导致气氛中二氧化碳减少，一氧化碳增加。现已由实验证实，碳对金属氧化物的还原[式(2-56)]实际上是碳先被氧化

为一氧化碳[式(2-57)]，产出的一氧化碳还原金属氧化物 MO[式(2-58)]，生成 CO_2；而 CO_2 又与碳作用生成 CO，CO 又用于还原 MO。结果消耗的不是 CO 而是 C，CO 的作用就是将 MO 中的氧传给固体碳。

$$MO+C \Longleftrightarrow M+CO \tag{2-56}$$

$$CO_2+C \Longleftrightarrow 2CO \tag{2-57}$$

$$MO+CO \Longleftrightarrow M+CO_2 \tag{2-58}$$

固体碳还原金属氧化物组成的 M-C-O 体系平衡图如图 2-8 所示，其中等压平衡线①、②分别表示反应(2-58)和(2-57)。通常反应(2-57)受温度的作用影响较大；反应(2-58)受温度的作用影响较小，所以等压平衡线①、②存在交点 a。由相律可知：因为由此二反应组成的体系有 3 个独立组分及 4 个相，故自由度 $F=3-4+2=1$。若压力不变，则体系的自由度为零，即体系的四相平衡共存只能在一定温度和一定气相组成条件下达到；即在压力不变时，除了 a 点以外，其他任何一点都表示体系处于非平衡状态。

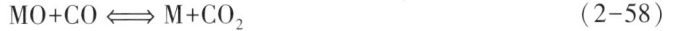

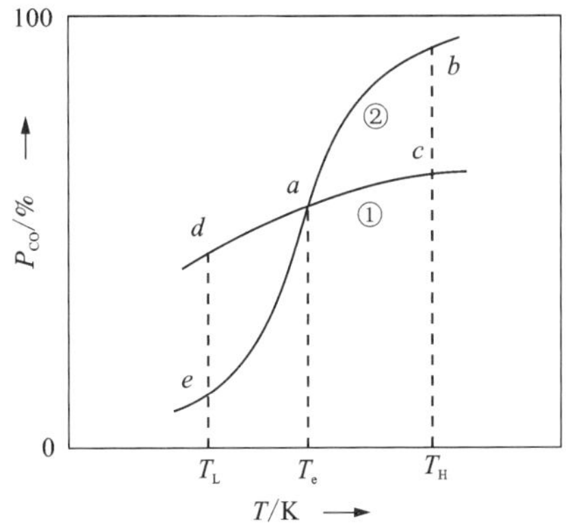

图 2-8　直接还原反应平衡示意图

在固体碳充足的条件下，M-C-O 体系中不同温度下一氧化碳的分压如曲线②所示。当体系温度小于交点 a 对应的温度 T_e 时，体系内一氧化碳的分压在曲线①之下，即小于金属氧化物被还原所需的一氧化碳的分压，故金属氧化物将不会被还原。当体系温度大于交点 a 对应的温度 T_e 时，体系内一氧化碳的分压在曲线①之上，即大于金属氧化物被还原所需的一氧化碳的分压，故金属氧化物将会被还原。

由上述讨论可见，仅当温度高于 a 点所示温度时，金属氧化物才能被还原。a 点所对应的温度 T_e 一般称为直接还原开始的温度(亦称理论还原温度)。显然，对于不同的氧化物而言，此温度不相同。此外，压力能影响反应②曲线的位置，故直接还原的开始温度与压力有关，压力增大，曲线②下移，交点温度升高。

固体碳还原金属氧化物的开始还原温度可用下法计算。若已知反应 MO+C ══ M+CO 的标准自焓变化 $\Delta G^{\ominus}=A-BT$

式中：A、B 是用最小二乘法求出的常数。当反应处于平衡时，则 $A-BT=0$；$T_{开始}=A/B$；$T_{开始}$ 为 $P_{CO}=1$ 大气压时的开始还原温度。

金属氧化物除以纯态存在外，还以结合状态存在，结合态的金属氧化物较纯态稳定，较难被还原，须在较高的还原温度条件下才能被还原。

3)用氢气还原金属氧化物

相较于碳系还原剂在焙烧过程中产生大量温室气体 CO_2 和有毒气体 CO，氢气作为还原剂更为绿色清洁，因此越来越受到关注。在还原焙烧的热力学分析中，H_2-H_2O 的气体还原体系与 CO-CO_2 的气体还原体系是十分类似的，只与体系中温度、氢气和水蒸气的分压有关。

2.4.2　还原焙烧典型案例

还原焙烧目前主要用于处理难选的铁、锰、镍、铜、锡、锑等矿物原料。

1) 弱磁性贫铁矿石的还原磁化焙烧

我国铁矿资源中，弱磁性贫铁矿占相当大的比例，目前常用浮选、重选、强磁选或还原焙烧-磁选等工艺处理。虽然强磁选工艺显示了巨大的优越性，但还原焙烧-磁选工艺仍是处理这类矿石的有效方法之一。磁化焙烧实质上也是一种选择性还原焙烧，即在一定条件下将弱磁性的氧化铁矿物还原成强磁性的磁铁矿（Fe_3O_4）或磁赤铁矿（$\gamma-Fe_2O_3$）。它处理的原料主要是贫赤铁矿（Fe_2O_3）、褐铁矿（$2Fe_2O_3 \cdot 3H_2O$）和针铁矿（$Fe_2O_3 \cdot H_2O$）等。经焙烧-磁选后可得到品位达60%左右的铁精矿。

工业上用的还原剂主要为各种煤气、天然气及焦炭、煤粉等，起还原作用的主要是CO和H_2。用CO和H_2还原氧化铁的反应及其平衡常数计算式列于表2-7，以此绘制成氧化铁热还原相图（图2-9）。当温度高于570 ℃时，若CO（或H_2）的含量高，可产生过还原反应而生成弱磁性的FeO；当温度低于572 ℃时，若CO（或H_2）的含量高，同样可产生过还原反应而生成金属铁。因此氧化铁矿石磁化焙烧时应严格控制炉温及煤气流量，而且焙烧时间不宜过长。当温度低于810 ℃时，CO的还原能力较H_2强；当温度高于810 ℃时，则H_2的还原能力较CO强。

表2-7　氧化铁还原反应及其平衡常数

还原反应	平衡常数 K_P
CO为还原剂	$\lg K_P = \lg \frac{P_{CO_2}}{P_{CO}}$
$3Fe_2O_3 + CO = 2Fe_3O_4 + CO_2$　(1)	$\lg K_P = \frac{1440}{T} + 2.98$
$Fe_3O_4 + CO = 3FeO + CO_2$　(2)	$\lg K_P = -\frac{1834}{T} + 2.17$
$FeO + CO = Fe + CO_2$　(3)	$\lg K_P = -\frac{914}{T} - 1.097$
$\frac{1}{4}Fe_3O_4 + CO = \frac{3}{4}Fe + CO_2$　(4)	$\lg K_P = -0.009$
H_2为还原剂	$\lg K_P = \lg \frac{P_{H_2O}}{P_{H_2}}$
$3Fe_2O_3 + H_2 = 2Fe_3O_4 + H_2O$　(5)	$\lg K_P = -\frac{297}{T} + 4.56$
$Fe_3O_4 + H_2 = 3FeO + H_2O$　(6)	$\lg K_P = -\frac{3577}{T} + 3.75$
$FeO + H_2 = Fe + H_2O$　(7)	$\lg K_P = -\frac{827}{T} + 0.468$
$\frac{1}{4}Fe_3O_4 + H_2 = \frac{3}{4}Fe + H_2O$　(8)	$\lg K_P = -\frac{1742}{T} + 1.557$

褐铁矿和针铁矿的还原焙烧，首先脱除结晶水，然后按赤铁矿的反应被还原为磁铁矿。

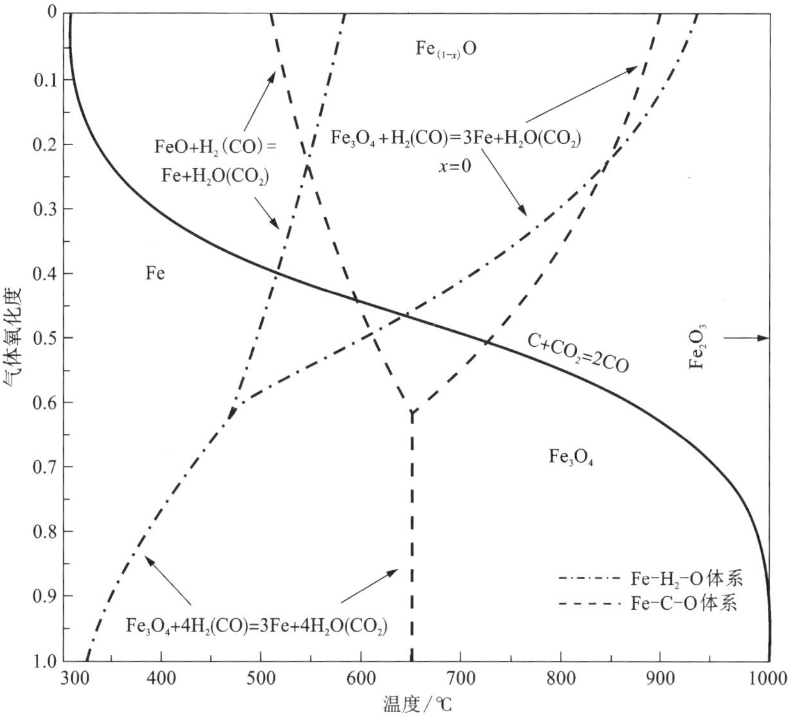

图 2-9　氧化铁热还原相图

菱铁矿则可采用中性磁化焙烧法，在不通空气或通入少量空气的条件下将其分解为磁铁矿：

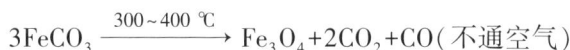

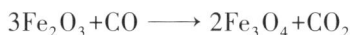

$$3FeCO_3 \xrightarrow{300\sim400\ ℃} Fe_3O_4+2CO_2+CO(\text{不通空气})$$

$$2FeCO_3+\frac{1}{2}O_2 \longrightarrow Fe_2O_3+2CO_2(\text{通少量空气})$$

$$3Fe_2O_3+CO \longrightarrow 2Fe_3O_4+CO_2$$

生产中采用还原度来衡量还原磁化焙烧过程，它是还原焙烧矿中 FeO 含量与全铁含量比值的百分数：

$$R=\frac{w(FeO)}{w(T_{Fe})}\times100\% \tag{2-59}$$

一般认为 $R=42\%\sim52\%$ 时焙烧矿的磁性最强，选别指标最高（磁铁矿的还原度为 42.8%）。但还原度不能真正反映焙烧矿的质量，不过此法简单易行，有一定的实用价值。

影响还原磁化焙烧产品质量的主要因素为矿石的物化性质（矿物组成、结构构造、粒度特性等）、焙烧温度、气相组成、还原剂类型及设备类型等，焙烧块矿常用竖炉，焙烧粉矿可采用斜坡炉、沸腾炉等。

国内所用煤气的大致组成列于表 2-8 中，不同气体还原剂所得焙烧矿的分选指标列于表 2-9 中。由表中数据可知，水煤气的还原效果最好，因为其有效还原组分高（占 87%）、热损少（因 CH_4 及高级碳氢化合物含量少）、放热量大（CO 含量高），可减少煤气用量。但生产中一般采用混合煤气，既可得到较好的分选指标，又有利于整个冶金企业的煤气平衡，减少基建投资。

表 2-8　各种煤气的主要成分

煤气种类	煤气成分(体积分数)/%							Q_H/(kJ·m^{-3})
	CO_2	C_nH_{2n}	O_2	CO	H_2	CH_4	N_2	
焦炉煤气	3.0	2.8	0.4	8.8	58	26	1.1	4800
混合煤气	13.0	0.4	0.5	22.3	14.3	5.1	44.4	1552
高炉煤气	15.36	—	—	25.37	2.11	0.36	56.8	830
水煤气	8.0	—	0.6	37.0	50.0	0.4	4.0	2430

表 2-9　不同气体还原剂所得焙烧矿的分选指标　单位：%

煤气种类	原矿品位	精矿品位	尾矿品位	铁回收率
混合煤气	36.95	62.55	10.94	85.30
焦炉煤气	35.24	56.27	11.95	83.91
水煤气	33.02	63.20	8.04	86.40

2)含镍红土矿的还原焙烧

目前已探明的镍储量中氧化镍矿约占70%，硫化矿约占30%，含镍红土矿是世界上最大的氧化镍矿资源，因其品位低，镍呈化学浸染状态存在，目前无法用物理选矿法富集。工业上一般可采用高压氧化酸浸、还原焙烧-常压氨浸、还原熔炼镍铁等方法回收其中的镍。采用氨浸则须预先将氧化镍还原为活性金属镍、钴镍合金。还原焙烧-常压氨浸工艺出现于1924年，但至1944年才用于工业上。

常用气体还原剂(含 $CO-CO_2$、H_2-H_2O 的混合煤气)进行选择性还原焙烧，其主要反应可分为以下三类。

镍钴氧化物的还原反应：

$$NiO+H_2 = Ni+H_2O \tag{2-60}$$

$$NiO+CO = Ni+CO_2 \tag{2-61}$$

$$CoO+H_2 = Co+H_2O \tag{2-62}$$

$$CoO+CO = Co+CO_2 \tag{2-63}$$

铁氧化物的还原反应：

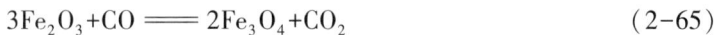

$$3Fe_2O_3+H_2 = 2Fe_3O_4+H_2O \tag{2-64}$$

$$3Fe_2O_3+CO = 2Fe_3O_4+CO_2 \tag{2-65}$$

$$Fe_3O_4+H_2 = 3FeO+H_2O \tag{2-66}$$

$$Fe_3O_4+CO = 3FeO+CO_2 \tag{2-67}$$

$$FeO+H_2 = Fe+H_2O \tag{2-68}$$

$$FeO+CO = Fe+CO_2 \tag{2-69}$$

其他反应：

$$H_2O+CO = H_2+CO_2$$

$$CO_2+C = 2CO$$

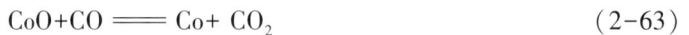

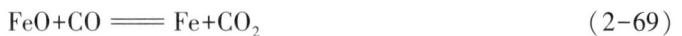

反应(2-60)~(2-69)的 K_P 值为

$$K_P=\frac{\%CO_2}{\%CO} \quad 或 \quad \frac{\%H_2O}{\%H_2}$$

973~1073 K 范围内反应(2-60)~(2-69)的 $\Delta G^{\ominus}$ 及 K_P 值列于表 2-10 中。从表中数值可知反应(2-60)~(2-65)的 $\Delta G^{\ominus}$ 值较反应(2-66)~(2-69)的 $\Delta G^{\ominus}$ 值负得多，相应的 K_P 值要大得多，若控制气相组成$\%CO_2/\%CO$ 大于 2.53 或$\%H_2O/\%H_2$ 大于 2.45，镍钴氧化物可优先还原为金属镍、钴，氧化铁大部分被还原为磁铁矿而不生成金属铁。由于矿石中金属氧化物的结合状态较复杂，且为提高反应速度，上述比值应相应小些，当控制$\%CO_2:\%CO=1:1$ 时，难免会生成少量的氧化亚铁和金属铁。

表 2-10　反应(2-60)~(2-69)的 $\Delta G^{\ominus}$ 和 K_P 值与温度的关系

反应	700 ℃		730 ℃		750 ℃		800 ℃	
	$\Delta G^{\ominus}$/(kJ·mol^{-1})	K_P	$\Delta G^{\ominus}$/(kJ·mol^{-1})	K_P	$\Delta G^{\ominus}$/(kJ·mol^{-1})	K_P	$\Delta G^{\ominus}$/(kJ·mol^{-1})	K_P
(2-60)	-38.54	117.7	-39.57	115.6	-40.18	113.2	-41.53	105.7
(2-61)	-42.13	183.6	-42.09	156.5	-44.31	141.3	-41.97	109.7
(2-62)	-31.60	50.09	-31.76	45.27	-31.89	42.64	-32.14	36.8
(2-63)	-34.79	73.45	-34.01	59.29	-33.55	51.88	-32.62	38.09
(2-64)	-62.57	2330	-64.08	2194	-64.87	21.43	-67.42	1928
(2-65)	-85.36	38990	-87.07	34510	-88.11	31920	-90.83	26670
(2-66)	-17.66	1.245	-3.62	1.545	-4.87	1.774	-6.07	2.449
(2-67)	-4.54	1.754	-5.66	1.927	-6.40	2.075	-8.25	2.523
(2-68)	6.20	0.4634	6.02	0.4856	5.89	0.4991	5.58	0.5347
(2-69)	3.07	0.6839	3.72	0.6794	3.73	0.6138	5.25	0.5572

还原焙烧含镍红土矿，国外一般采用多层焙烧炉，也可采用回转窑。国内采用沸腾炉的工业试验也取得了较好的指标，采用颗粒粒径为-0.3 mm 和-0.074 mm 两种含镍红土矿的还原焙烧试验表明，适宜的焙烧温度为 710~730 ℃，在 700~800 ℃范围内，镍、钴的浸出率随温度的升高而降低，温度超过 900 ℃时降低更明显，细粒矿石较粗粒矿石降低的幅度更大。

3)还原焙烧的其他应用案例

此外，还原焙烧工艺还可用于精矿除杂、粗精矿精选、强化氧化铜矿浮选、处理氧化镍钴矿。如锡粗精矿的还原焙烧可排除生成五氧化二砷、砷酸盐及重金属硫酸盐的副反应，可提高脱砷率和脱硫率，但焙烧温度不宜过高，以免物料熔化及造成硫化锡及氧化亚锡挥发损失。

2.5　氯化焙烧

氯化焙烧是在一定的温度和气氛中，用氯化剂使矿物原料中的目的组分转变为气相或凝聚相氯化物，而与其他组分分离富集的工艺过程。

根据焙烧温度的不同，氯化焙烧分为中温氯化焙烧及高温氯化焙烧两类。中温氯化焙烧时，金属氯化物呈固态留于焙砂中，继而用水或其他溶剂浸出焙砂，再从浸出液中提取与分离金属，此法通常称为氯化焙烧-浸出法。高温氯化焙烧时，金属氯化物呈气态挥发而直接与脉石分离，挥发出来的金属氯化物于冷凝系统收集后，再用化学方法提取与分离金属，此法又称为氯化挥发法。根据焙烧过程是否加入还原剂，氯化焙烧又可分为还原氯化焙烧与直接氯化焙烧。还原剂在氯化焙烧气相中与游离氧结合，使体系含氧量降低，从而促使某些难于直接氯化的金属氧化物转变为挥发性的金属氯化物。若在还原氯化焙烧过程中，在有价金属氯化挥发的同时，发生金属氯化物在碳粒表面还原析出，则此过程称为氯化离析(或称离析法)。

早在18世纪人们就用直接氯化法处理金银矿石，以后逐渐用于处理重有色金属原料，目前已成功地用于处理黄铁矿烧渣以提取其中的铁、铜、铅、锌、钴、镍、金、银等。较难被氯化的高钛渣、钛铁矿、菱镁矿、贫锡矿以及钽、铌、铍、锂等氧化物的氯化挥发也已大规模工业化。难选氧化铜矿石的氯化离析在20世纪70年代已入规模工业化。研究表明，许多能生成挥发性氯化物或氯氧化物的金属如锡、铋、钴、铜、铅、锌、镍、锑、铁、金、银、铂等矿物原料，均可采用离析法处理。

氯化焙烧中应用的氯化剂有氯、氯化氢、四氯化碳、氯化钙、氯化钠、氯化铵等，最常用的是氯、氯化氢、氯化钙和氯化钠。

焙烧作业常在多膛炉、竖炉、回转窑或沸腾炉中进行；使用的氯化剂有氯、氯化氢、氯化钠和氯化钙等。影响氯化焙烧的主要因素有温度、氯化剂种类和用量、气相组成、气流速度、物料的矿物组成和化学组成、物料粒度及孔隙度等。

2.5.1 氯化物的热稳定性

氯化物受热时分解的难易程度，称为氯化物的热稳定性。在氯化焙烧中，根据生成的金属氯化物的热稳定性，可定性地判断氯化反应进行的方向及结果：金属氯化物的热稳定性愈高，表明生成此种金属氯化物的可能性愈大；反之，则生成此种金属氯化物的可能性小，或者该氯化反应不能进行。

氯化物的热稳定性，可直接用其分解压表示：分解压低，热稳定性就高；分解压高，热稳定性则低。若焙烧过程的外加氯气压力高于分解压，则氯化反应生成的金属氯化物可稳定存在，反之则会分解。如表2-11所示为某些金属氯化物的分解平衡压力(又称分解压)数据。

表2-11 某些金属氯化物的分解平衡压力(大气压)

$CoCl_2$		$NiCl_2$		$CuCl_2$		CuCl	
t/℃	$\lg P_{Cl_2}$	t/℃	$\lg P_{Cl_2}$	t/℃	$\lg P_{Cl_2}$	t/℃	$\lg P_{Cl_2}$
300	−20.66	300	−19.59	219	−3.18	250	−21.66
350	−18.52	350	−15.00	267	−2.71	300	−19.02
400	−16.67	400	−14.10	340	−2.01	401	−15.47
500	−13.70	500	−13.55	420	−1.36	507	−12.98
600	−11.40	600	−11.74	458	−1.10	595	−11.42
700	−9.63	700	−11.71	495	−0.58	726	−9.61

分解压表中氯化物的分解压都随温度增加而升高，说明氯化物的热稳定性随温度增加而降低。

定量分析氯化物的热稳定性，可用标准状态下氯化物的生成自由焓 $\Delta G^{\ominus}$ 值的大小来判断。$\Delta G^{\ominus}$ 愈小，表明金属与氯结合的能力愈大，生成金属氯化物的热稳定性愈高；$\Delta G^{\ominus}$ 愈大，则相反。图 2-10 为某些金属及单质与氯反应的 $\Delta G^{\ominus}-T$ 关系图。由图 2-10 可知，在一般焙烧及冶金温度下，反应生成的各金属氯化物的 $\Delta G_{\mathrm{T}}^{\ominus}$ 均为负值，表明金属能被氯气所氯化；$\Delta G_{\mathrm{T}}^{\ominus}$ 的负值愈大，氯化反应愈易进行，所生成的金属氯化物的热稳定性则愈高；但随着反应温度的升高，$\Delta G_{\mathrm{T}}^{\ominus}$ 值增大，金属氯化物的热稳定性则降低。

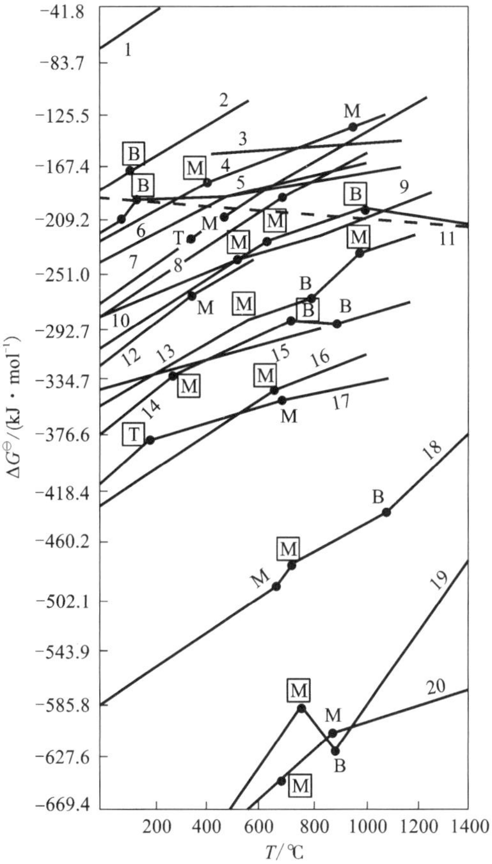

状态变化	元素	氯化物
熔点	M	[M]
沸点	B	[B]
晶体转变点	T	[T]

1—$1/2C+Cl_2 \xlongequal{} 1/2CCl_4$；2—$Cu+Cl_2 \xlongequal{} CuCl_2$；3—$2/3Fe+Cl_2 \xlongequal{} 2/3FeCl_3$；4—$2Ag+Cl_2 \xlongequal{} 2AgCl$；5—$2/3Sb+Cl_2 \xlongequal{} 2/3SbCl_3$；6—$2Cu+Cl_2 \xlongequal{} 2CuCl$；7—$Ni+Cl_2 \xlongequal{} NiCl_2$；8—$2Co+Cl_2 \xlongequal{} CoCl_2$；9—$1/2Si+Cl_2 \xlongequal{} 1/2SiCl_4$；10—$Fe+Cl_2 \xlongequal{} FeCl_2$；11—$H_2+Cl_2 \xlongequal{} 2HCl$；12—$Pb+Cl_2 \xlongequal{} PbCl_2$；13—$Cd+Cl_2 \xlongequal{} CdCl_2$；14—$Zn+Cl_2 \xlongequal{} ZnCl_2$；15—$1/2Ti+Cl_2 \xlongequal{} 1/2TiCl_4$；16—$Mn+Cl_2 \xlongequal{} MnCl_2$；17—$2/3Al+Cl_2 \xlongequal{} 2/3AlCl_3$；18—$Mg+Cl_2 \xlongequal{} MgCl_2$；19—$2Na+Cl_2 \xlongequal{} 2NaCl$；20—$Ca+Cl_2 \xlongequal{} CaCl_2$。

图 2-10　某些金属及单质与氯反应的 $\Delta G^{\ominus}-T$ 关系图

2.5.2 氯化物的蒸气压

在氯化焙烧过程中形成的金属氯化物，其质点处于不停的热运动状态，在一定的温度下会发生熔化(达熔点温度)、蒸发气化(达沸点温度)的相态转变，其转变趋势的大小通常以氯化物的蒸气压表示。金属氯化物的蒸气压随温度的升高而增大，达到相同蒸气压时，不同金属氯化物的温度各不相同，如表2-12所示。显然，在一定的温度下，易挥发的金属氯化物具有较大的蒸气压。而氯化物的挥发速度，既与氯化物的饱和蒸气压有关，又与挥发表面上炉气的实际压力有关。前者取决于氯化物的特性和温度，后者取决于挥发气体排出的速度。因此，在一定条件下进行氯化挥发焙烧时，可以根据生成金属氯化物的蒸气压力，判断不同金属氯化物的挥发能力及速度大小的趋势。

表2-12 某些氯化物不同温度下的蒸气压

氯化物	蒸气压/mmHg									
	1 ℃	5 ℃	10 ℃	20 ℃	40 ℃	60 ℃	100 ℃	200 ℃	400 ℃	760 ℃
AgCl	912	1019	1074	1134	1200	1242	1297	1379	1476	1564
$AlCl_3$	100	116.4	123.8	131.3	139	145.4	152	162	172	180
$AsCl_3$	—	11.4	23.5	36	50	58.7	70.9	89	110	130
$BeCl_2$	11.4	328	346	365	384	395	411	435	461	487
$BiCl_3$	291	242	264	287	311	324	343	372	405	441
$CdCl_2$	—	618	656	695	736	762	797	847	908	967
$CoCl_2$	—	—	—	—	770	801	843	909	974	1050
CuCl	—	645	702	766	838	886	960	1077	1249	1490
$FeCl_2$	546	—	706	737	779	805	842	897	961	1026
$FeCl_3$	—	221.8	235.5	246	257	263.8	272.5	285	298	319
$MnCl_2$	194	736	778	825	879	913	960	1028	1108	1196
$NiCl_2$	—	731	759	789	821	840	866	904	945	987
$TiCl_4$	671	9.4	21.3	34.2	78	58	71	91	113	136

假定氯化物为纯物质，且其蒸气服从理想气体规律，则根据克劳修斯-克莱普朗方程可推导出如下关系：

$$\frac{\mathrm{d}\ln P}{\mathrm{d}T}=\frac{\Delta H_S}{RT^2}$$

式中：ΔH_S 为升华热(当为液-气平衡时用蒸发潜热 ΔH_V 代替 ΔH_S)。

若不考虑 ΔH_S 随温度的变化，上式积分结果为

$$\lg P=-\frac{\Delta H_S}{2.303RT}+I$$

式中：I 为积分常数。

若考虑 ΔH_S 随温度的变化，则可利用基尔戈夫方程求出 ΔH_S 与温度的关系。

$$\left(\frac{d\Delta H_S}{dT}\right)_P=\Delta C_P$$

$$\Delta H_S=\int \Delta C_P dT+C_1$$

式中：C_1 为积分常数。

当不考虑 C_P 与温度的关系时，将上式代入克劳修斯-克莱普朗方程后再积分得

$$\lg P=-\frac{C_1}{2.303RT}+\frac{\Delta C_P}{R}\lg T+C_2$$

或写成

$$\lg P=AT^{-1}+B\lg T+C_2$$

如果进一步考虑 C_P 也会随温度变化[$C_P=f(T)$]，则可得到

$$\lg P=AT^{-1}+B\lg T+CT+D$$

此为蒸气压与温度关系的通式，其中 A、B、C、D 为常数，对于大多数氯化物来说，均已由实验测得，可由参考书查得。

应当指出，当两种氯化物组成混合熔体时，其蒸气压与单一氯化物的蒸气压是不相同的。如果氯化物相互形成复杂的化合物，情况比较复杂，本书不做进一步讨论。

2.5.3　金属氧化物的氯化

1）$MO-Cl_2$ 系的氯化反应

金属氧化物与氯的氯化反应，可以看作是金属的氯化反应与金属的氧化反应的加和：

$$M+Cl_2=\!=\!=MCl_2\quad \Delta G_1^{\ominus} \tag{2-70}$$

$$M+\frac{1}{2}O_2=\!=\!=MO\quad \Delta G_2^{\ominus} \tag{2-71}$$

式(2-70)与式(2-71)相减可得

$$MO+Cl_2=\!=\!=MCl_2+\frac{1}{2}O_2\quad \Delta G_3^{\ominus} \tag{2-72}$$

根据反应的自由焓变化在数值上等于生成物的生成自由焓减去反应物的生成自由焓，以及单质的标准生成自由焓为零，则有

$$\Delta G_3^{\ominus}=\Delta G_1^{\ominus}-\Delta G_2^{\ominus}=\Delta G_{MCl_2}^{\ominus}-\Delta G_{MO}^{\ominus}$$

而根据 $\Delta G_{MCl_2}^{\ominus}$ 及 $\Delta G_{MO}^{\ominus}$ 的数值可计算出某金属氧化物与氯反应的 $\Delta G_T^{\ominus}$ 值，用以判断氯化反应(2-72)能否进行及进行的趋势情况。例如，反应

$$ZnO+Cl_2=\!=\!=ZnCl_2+\frac{1}{2}O_2$$

在 500 ℃ 进行时，$\Delta G_{ZnCl_2}^{\ominus}=-74$ kJ/mol，$\Delta G_{ZnO}^{\ominus}=-65$ kJ/mol，所以 $\Delta G_3^{\ominus}=\Delta G_{ZnCl_2}^{\ominus}-\Delta G_{ZnO}^{\ominus}=-74-(-65)=-9$ kJ/mol。

同理，反应在 1000 ℃下进行时，$\Delta G_3^{\ominus}=-68-(-50)=-18$ kJ/mol。

氧化物氯化反应的 $\Delta G^{\ominus}-T$ 关系如图 2-11 所示。由图 2-11 可知各种氧化物在一定温度

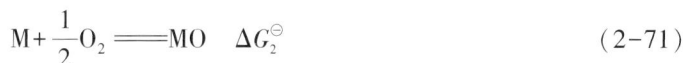

下与氯反应的趋势：位于图下方的氧化物容易被氯化，位于图上方的氧化物则难以被氯化；Ag、Hg、Cd、Pb、Zn、Cu 等金属氧化物与氯反应的 $\Delta G^{\ominus}$ 负值较大，它们在氯化焙烧时较易被氯化；Sn、Ni、Co 等金属氧化物的氯化较难一些；铁的低价氧化物 FeO 能被氯化，但比上述金属氧化物的氯化能力小；Fe_2O_3、SiO_2、Al_2O_3、MgO 等与氯反应的 $\Delta G^{\ominus}$ 为正值，氯化极为困难。不同氧化物氯化难易程度不仅和氧化物元素种类有关，也和其价态有关，这是进行选择性氯化焙烧的基础。

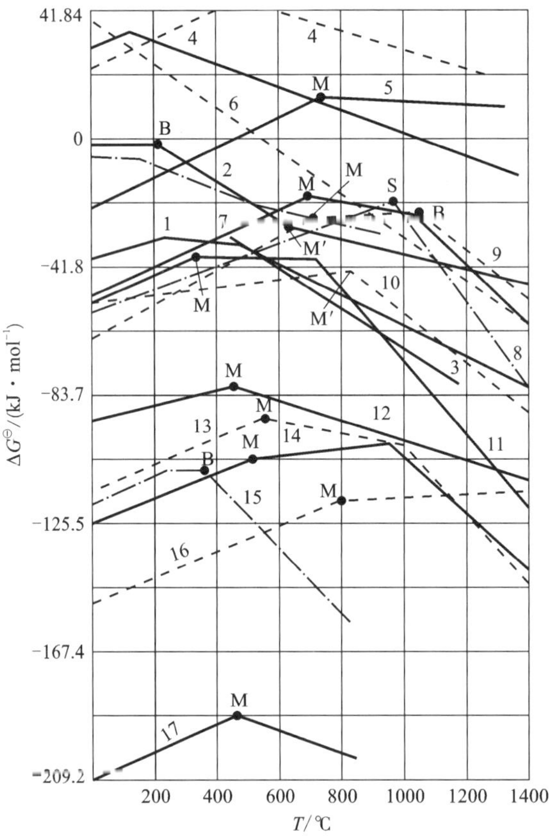

1—$2/3BiO_3+Cl_2 = 2/3BiCl_3+O_2$；2—$1/3Sb_2O_3+Cl_2 = 2/3SbCl_3+1/2O_2$；3—$SnO+Cl_2 = SnCl_2+1/2O_2$；

4—$1/3Fe_2O_3+Cl_2 = 2/3FeCl_3+1/2O_2$；5—$MgO+Cl_2 = MgCl_2+1/2O_2$；

6—$H_2O+Cl_2 = 2HCl+1/2O_2$；7—$FeO+Cl_2 = FeCl_2+1/2O_2$；8—$NiO+Cl_2 = NiCl_2+1/2O_2$；

9—$CoO+Cl_2 = CoCl_2+1/2O_2$；10—$CuO+Cl_2 = CuCl_2+1/2O_2$；11—$ZnO+Cl_2 = ZnCl_2+1/2O_2$；

12—$CuO+Cl_2 = CuCl_2+1/2O_2$；13—$CdO+Cl_2 = CdCl_2+1/2O_2$；14—$PbO+Cl_2 = PbCl_2+1/2O_2$；

15—$HgO+Cl_2 = HgCl_2+1/2O_2$；16—$CaO+Cl_2 = CaCl_2+1/2O_2$；17—$AgO+Cl_2 = AgCl_2+1/2O_2$。

M、B、S 分别代表氯化物的熔点、沸点和升华温度；M′、B′分别代表氧化物的熔点和沸点。

图 2-11　某些氧化物氯化反应的 $\Delta G^{\ominus}$-T 关系图

比较图 2-10 与图 2-11 可知，MO-Cl_2 系的氯化难易次序正好与 M-Cl_2 系的氯化次序相反，原因在于 MO-Cl_2 系中不仅有 M-Cl_2 系而且有 M-O_2 系存在，即氧和氯同时作用于金属。金属氧化物的氯化反应，实际上是可逆反应，决定氯化或氧化何者占主导趋势的，是反应体

系 $MO-Cl_2-MCl_2$ 中氯与氧的分压(或浓度)的比值，即氯氧比。氯浓度愈高，氯氧比愈大，氯化趋势则占优势，反应向生成氯化物的方向进行；反之，则氧化反应占优势，反应向生成氧化物的方向进行。因此，氯化反应既与温度条件有关，又与体系的氯、氧浓度有关。在热力学上，衡量氯化反应的真实量度的是 ΔG 而不是 $\Delta G^{\ominus}$。对反应(2-72)而言：

$$\Delta G=\Delta G^{\ominus}-RT\ln\frac{a'_{MO}\cdot P'_{Cl_2}}{a'_{MCl_2}\cdot P'^{1/2}_{O_2}}$$

假设 MO、MCl_2 为凝聚相，令它们的活度 $a'=1$，则

$$\Delta G=\Delta G^{\ominus}-RT\ln\frac{P'_{Cl_2}}{P'^{1/2}_{O_2}}$$

P'_{Cl_2}、P'_{O_2} 分别为反应体系中氯、氧的实际分压。反应平衡时，$\Delta G=0$，于是

$$\Delta G^{\ominus}=RT\ln\frac{P_{Cl_2}}{P^{1/2}_{O_2}}$$

P_{Cl_2}、$P^{1/2}_{O_2}$ 为平衡时氯、氧的分压。显然，欲使反应向生成氯化物的方向进行，必须使 $\Delta G<0$，即

$$RT\ln\frac{P_{Cl_2}}{P^{1/2}_{O_2}}-RT\ln\frac{P'_{Cl_2}}{P'^{1/2}_{O_2}}<0 \quad 或 \quad \frac{P'_{Cl_2}}{P^{1/2}_{O_2}}>\frac{P_{Cl_2}}{P^{1/2}_{O_2}}$$

反之，氯化物被氧分解的条件为

$$\frac{P'_{Cl}}{P'^{1/2}_{O_2}}<\frac{P_{Cl_2}}{P^{1/2}_{O_2}}$$

在一定的温度下，氧化物氯化所需的最小的氯氧比，即为反应平衡时的氯氧比，可由下式对 $\Delta G^{\ominus}$ 作出估算：

$$\Delta G^{\ominus}=4.576\lg\frac{P_{Cl_2}}{P^{1/2}_{O_2}}$$

假设体系气相仅由氯和氧所组成，即 $P_{Cl_2}+P_{O_2}=1$，则平衡时气相的氯氧比便可确定。例如，ZnO 在 500 ℃氯化反应的 $\Delta G^{\ominus}$ 值为

$$\Delta G^{\ominus}=-8900\ \mathrm{J/mol}$$

按上式求得平衡时气相组成为 99.68% O_2、0.32% Cl_2。

用 $\Delta G^{\ominus}$ 判断氧化物氯化的难易，与用反应平衡时的氯氧比来判断，结果是一致的，而用氯氧比更为实用、直观。当改变焙烧过程的气相成分，使之超过某一氧化物氯化所需的最低氯氧比时，就可使之氯化。欲使矿物原料达到选择性氯化和分离的目的，可由控制焙烧温度与气相组成来实现。

对于在氯气中比较稳定而难以氯化的氧化物，如 MgO、Al_2O_3、TiO_2、Cr_2O_3 等，欲使氯化反应向生成氯化物的方向进行，则需气相中具有很高的氯氧比。为了提高氯氧比，在氯化过程中常采用加入还原剂的办法来降低反应体系的含氧量，促使氯化反应的 $\Delta G^{\ominus}$ 向负值转化，从而使氯化物的生成反应得以进行：

$$MO+C+Cl_2 = MCl_2+CO$$

$$MO+\frac{1}{2}C+Cl_2 = MCl_2+\frac{1}{2}CO_2$$

$$MO+CO+Cl_2 = MCl_2+CO_2$$

在氯化过程中能与 O_2 结合生成稳定化合物的还原剂有 C、CO、S、H_2 等，生产中常用的是 C 和 CO。它们与 O_2 反应的 $\Delta G^{\ominus}$ 值如表 2-13 所示。

表 2-13　各种还原剂与 O_2 反应的 $\Delta G^{\ominus}$ 值

反应	$\Delta G^{\ominus}/(kJ\cdot mol^{-1})$	
	500 ℃	1000 ℃
$C+1/2O_2 = CO$	-180.158	-224.341
$1/2C+1/2O_2 = 1/2CO_2$	-197.589	-197.881
$CO+1/2O_2 = CO_2$	-214.977	-171.38
$1/2S+1/2O_2 = 1/2SO_2$	-152.570	-134.596
$H_2+1/2O_2 = H_2O$	-203.775	-202.019

还原剂在氯化过程中的作用，可以 TiO_2、SnO_2 的氯化为例说明。TiO_2 直接氯化与加碳氯化在 500 ℃和 1000 ℃的 $\Delta G^{\ominus}$ 值对比如下：

反应	$\Delta G^{\ominus}_{500\ ℃}$	$\Delta G^{\ominus}_{1000\ ℃}$
$\frac{1}{2}TiO_2+Cl_2 \Longleftrightarrow \frac{1}{2}TiCl_4+\frac{1}{2}O_2$	+19.00	+15.900
$C+\frac{1}{2}O_2 \Longleftrightarrow CO$	-43.100	-53.670
$\frac{1}{2}TiO_2+Cl_2+C \Longleftrightarrow \frac{1}{2}TiCl_4+CO$	-24.100	-37.770

可见，难以直接氯化的 TiO_2 在还原剂 C 的存在下，反应的 $\Delta G^{\ominus}$ 由正值转变为较大的负值，从而易于氯化。表 2-14 的数据表明，C 的存在使 SnO_2 的氯化效果显著增强。某些氧化物加碳氯化的 $\Delta G^{\ominus}-T$ 关系如图 2-12 所示。

表 2-14　SnO_2 氯化反应的 $\Delta G^{\ominus}$ 值

氯化反应	$\Delta G^{\ominus}/(kJ\cdot mol^{-1})$	
	527 ℃	927 ℃
$SnO_2+2Cl_2 \Longleftrightarrow SnCl_4+O_2$	+34.598	+9.781
$SnO_2+C+2Cl_2 \Longleftrightarrow SnCl_4+CO_2$	-355.463	-370.586
$SnO_2+2C+2Cl_2 \Longleftrightarrow SnCl_4+2CO$	-318.052	-393.079
$SnO_2+Cl_2 \Longleftrightarrow SnCl_2+O_2$	+168.328	+97.988
$SnO_2+C+Cl_2 \Longleftrightarrow SnCl_2+CO_2$	-122.537	-129.12
$SnO_2+2C+Cl_2 \Longleftrightarrow SnCl_2+2CO$	-180.041	-323.173

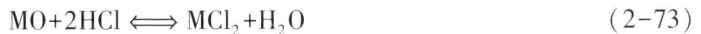

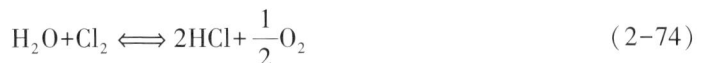

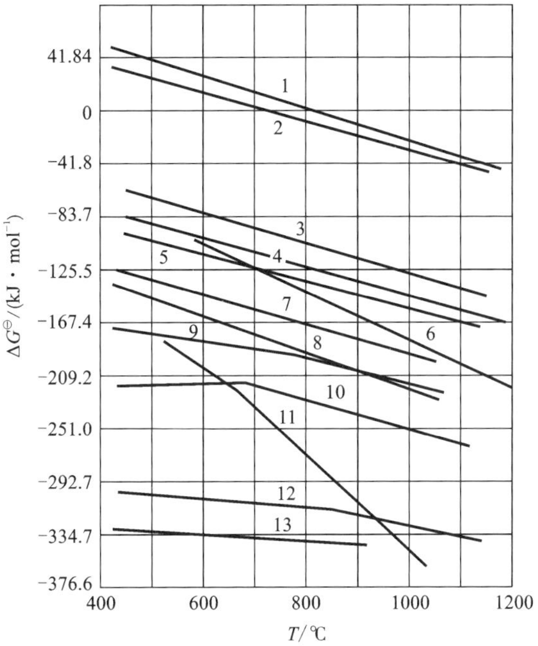

1—$1/5Ta_2O_5+Cl_2+C=2/5TaCl_5+CO$；2—$1/5Nb_2O_5+Cl_2+C=2/5NbCl_5+CO$；

3—$1/2SiO_2+Cl_2+C=1/2SiCl_4+CO$；4—$1/2ZrO_2+Cl_2+C=1/2ZrCl_4+CO$；

5—$1/2TiO_2+Cl_2+C=1/2TiCl_4+CO$；6—$1/3Al_2O_3+Cl_2+C=2/3AlCl_3+CO$；

7—$1/2HfO_2+Cl_2+C=1/2HfCl_4+CO$；8—$1/3Fe_2O_3+Cl_2+C=2/3FeCl_3+CO$；

9—$MgO+Cl_2+C=MgCl_2+CO$；10—$MnO+Cl_2+C=MnCl_2+CO$；

11—$SnO_2+Cl_2+2C=SnCl_2+2CO$；12—$CaO+Cl_2+C=CaCl_2+CO$；

13—$Na_2O+Cl_2+C=2NaCl+CO$。

图 2-12 某些氧化物加碳氯化的 $\Delta G^{\ominus}-T$ 关系图

对比图 2-11、图 2-12 可知，在有碳存在的条件下，原来易被直接氯化的氧化物变得更易被氯化，原来难以被氯化的氧化物也变得易被氯化。因此，加碳氯化获得广泛应用。

2) MO-HCl 系的氯化反应

金属氧化物与氯化氢反应的通式为

$$MO+2HCl \Longleftrightarrow MCl_2+H_2O \tag{2-73}$$

$$\Delta G_4^{\ominus}=\Delta G_{MCl_2}^{\ominus}+\Delta G_{H_2O}^{\ominus}-\Delta G_{MO}^{\ominus}-2\Delta G_{HCl}^{\ominus}$$

$\Delta G_{MCl_2}^{\ominus}-\Delta G_{MO}^{\ominus}=\Delta G_3^{\ominus}$ 为 $MO-Cl_2$ 系反应的标准自由焓变化，可由图 2-11 查得。图 2-11 中还有一条重要的 H_2O-Cl_2 关系线，它反映水蒸气与氯反应的 $\Delta G^{\ominus}$ 随温度变化的情形：低温时，反应向生成 Cl_2 的方向进行；600 ℃以上(或当有硫酸盐做催化剂，400 ℃以上)时，反应向生成 HCl 的方向进行。

$$H_2O+Cl_2 \Longleftrightarrow 2HCl+\frac{1}{2}O_2 \tag{2-74}$$

$$\Delta G_5^{\ominus}=2\Delta G_{HCl}^{\ominus}-\Delta G_{H_2O}^{\ominus}$$

于是 $\Delta G_4^{\ominus}=\Delta G_3^{\ominus}-\Delta G_5^{\ominus}$，即 MO-HCl 系反应的 $\Delta G_4^{\ominus}$ 等于 $MO-Cl_2$ 系反应的 $\Delta G_3^{\ominus}$ 减去

H_2O-Cl_2 系反应的 $\Delta G_5^{\ominus}$。$\Delta G_3^{\ominus}$ 可由图 2-11 中查得数据作出估算。H_2O-Cl_2 线在图 2-11 中是自左向右下方倾斜的，表明反应(2-74)在高温下 $\Delta G_5^{\ominus}$ 负值更大，即反应生成物 HCl 高温时比低温时更稳定，说明 HCl 做氯化剂时，随着反应温度的升高，HCl 的氯化能力下降。从图 2-11 中可以看出，位于 H_2O-Cl_2 线下方可被 Cl_2 氯化的氧化物，均可被 HCl 氯化；易被 Cl_2 氯化的 Ag、Cu、Pb、Zn 等的氧化物亦易被 HCl 氯化，难以被 Cl_2 氯化的 SiO_2、Al_2O_3、MgO 等，同样难以被 HCl 氯化；NiO、CoO、FeO 在低温时可被 HCl 氯化，高温时则较难。

MO-HCl 系反应也是可逆反应。当反应(2-73)自右向左进行时，金属氯化物发生氧化反应，其水解常数即为反应(2-73)的逆平衡常数。表 2-15 为某些氯化物的氧化反应常数 K_W 值。K_W 愈小，氯化物愈难氧化。经验表明，$K_W<1$ 的氯化物，如 AgCl、$PbCl_2$、Cu_2Cl_2 等比较稳定，它们在湿气相中也能存在，但 $ZnCl_2$、$NiCl_2$ 等在湿气相中会有部分氧化；而 $K_W>1$ 的氯化物，如 $MgCl_2$、$SnCl_2$、$FeCl_3$ 等，即使气相水蒸气很少，也会发生氧化。因此，根据 K_W 值，同样可以判断 MO-HCl 系氯化反应的难易程度。

表 2-15　某些氯化物的氧化反应常数 K_W 值(100 ℃)

水解反应	K_W
$2AgCl+H_2O \longrightarrow Ag_2O+2HCl$	4×10^{-8}
$2CuCl+H_2O \longrightarrow Cu_2O+2HCl$	1.6×10^{-3}
$CdCl_2+H_2O \longrightarrow CdO+2HCl$	1.6×10^{-3}
$PbCl_2+H_2O \longrightarrow PbO+2HCl$	2.5×10^{-2}
$ZnCl_2+H_2O \longrightarrow ZnO+2HCl$	3.0
$MgCl_2+H_2O \longrightarrow MgO+2HCl$	30
$\frac{2}{3}FeCl_3+H_2O \longrightarrow \frac{1}{3}Fe_2O_3+2HCl$	140
$SnCl_2+H_2O \longrightarrow SnO+2HCl$	1.2×10^{4}
$CuCl_2+H_2O \longrightarrow CuO+2HCl$	3×10^{5}

在 MO-HCl 系氯化过程中，为了避免氯化物的氧化，须保证气相中 HCl 与 H_2O 的含量比值足够大。例如，当 $HCl/H_2O=20\%$时，便能防止 $SnCl_2$ 氧化。为此，应尽可能使焙烧物料干燥及采用含氢量低的燃料，以减少气相中的水分含量；也可提高 HCl 的浓度，但这要耗用较多的氯化剂。

用 HCl 做氯化剂时，添加还原剂也能使难以氯化的氧化物变得易于氯化。例如：

$$SnO_2+2HCl \Longleftrightarrow SnCl_2+H_2O+\frac{1}{2}O_2$$

$$\Delta G_T^{\ominus}=74230+5.06T\log T+2.22\times10^{-3}T^2-54.24T$$

当 $T=1000$ K($t=727$ ℃)时，$\Delta G_{1000}^{\ominus}=37310$ J/mol，反应平衡常数 K_P 为

$$K_P=\frac{P_{SnCl_2}\cdot P_{H_2O}\cdot P_{O_2}^{1/2}}{P_{HCl}^2}=7\times10^{-9}$$

$$\because\ P_{H_2O}=P_{SnCl_2}$$

$$\therefore\ K_P=\left(\frac{P_{SnCl_2}}{P_{HCl}}\right)^2\cdot P_{O_2}^{1/2}=7\times10^{-9}$$

显然，用 HCl 直接氯化 SnO_2 比较困难。若加入碳质还原剂，则炉气有如下平衡：

$$2CO_2 \Longleftrightarrow 2CO+O_2$$

此反应在 1000 K 时，$\Delta G^{\ominus}_{1000}=93220$ J/mol，而反应平衡常数 $K_P=\left(\frac{P_{CO}}{P_{CO_2}}\right)^2\cdot P_{O_2}=4.17\times10^{-21}$。因此，只要控制炉气中的$\frac{P_{CO}}{P_{CO_2}}$值，便可控制炉气中氧的分压，从而在较低的 HCl 浓度下，保证炉气中有足够的 $SnCl_2$ 蒸气压。

2.5.4　金属硫化物的氯化

1) $MS-Cl_2$ 系的氯化反应

金属硫化物与氯气反应的通式为

$$MS+Cl_2 = MCl_2+\frac{1}{2}S_2 \tag{2-75}$$

由图 2-13 可见，许多金属硫化物较氧化物易被氯气氯化。这是因为，金属与硫的亲和力较之与氧的亲和力小，因而氯从金属硫化物中取代硫要比从金属氧化物中取代氧容易。

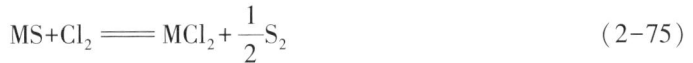

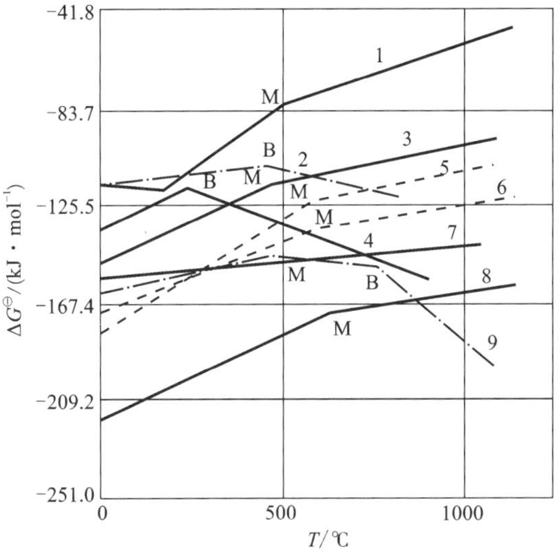

1—$Cu_2S+Cl_2 = 2CuCl+1/2S_2$；2—$1/3Bi_2S_3+Cl_2 = 2/3BiCl_3+1/2S_2$；3—$Ag_2S+Cl_2 = 2AgCl+1/2S_2$；4—$1/3Sb_2S_3+Cl_2 = 2/3SbCl_3+1/2S_2$；5—$FeS+Cl_2 = FeCl_2+1/2S_2$；6—$CdS+Cl_2 = CdCl_2+1/2S_2$；7—$PbS+Cl_2 = PbCl_2+1/2S_2$；8—$MnS+Cl_2 = MnCl_2+1/2S_2$；9—$ZnS+Cl_2 = ZnCl_2+1/2S_2$。

图 2-13　某些硫化物氯化反应的 $\Delta G^{\ominus}-T$ 关系图

2)MS-HCl 系的氯化反应

$$MS+2HCl \xlongequal{} MCl_2+H_2S$$

$$\Delta G_7^{\ominus}=\Delta G_{MCl_2}^{\ominus}+\Delta G_{H_2S}^{\ominus}-\Delta G_{MS}^{\ominus}-2\Delta G_{HCl}^{\ominus} \tag{2-76}$$

式中，$\Delta G_{MCl_2}^{\ominus}$、$\Delta G_{HCl}^{\ominus}$ 可在图 2-10 中查得，$\Delta G_{MS}^{\ominus}$、$\Delta G_{H_2S}^{\ominus}$ 可在图 2-13 中查得。当 $t=500$ ℃及 1000 ℃时，反应(2-76)的 $\Delta G_7^{\ominus}$ 的计算结果如表 2-16 所示。由表 2-16 可知，许多金属硫化物与 HCl 反应的 $\Delta G^{\ominus}$ 为正值，说明 MS-HCl 系的氯化反应难以发生。这是因为反应生成的 H_2S 为不稳定化合物，$\Delta G_{H_2S}^{\ominus}$ 远比 $2\Delta G_{HCl}^{\ominus}$ 大，因而金属硫化矿的氯化焙烧不采用 HCl 而用 Cl_2 做氯化剂。

表 2-16　MS 与 HCl 反应的 $\Delta G^{\ominus}$ 值

反应	$\Delta G^{\ominus}/(kJ\cdot mol^{-1})$	
	500 ℃	1000 ℃
$Cu_2S+2HCl \xlongequal{} 2CuCl+H_2S$	+58.520	+121.220
$\frac{1}{3}Bi_2S_3+2HCl \xlongequal{} \frac{2}{3}BiCl_3+H_2S$	+38.874	—
$CdS+2HCl \xlongequal{} CdCl_2+H_2S$	+2.926	+48.906
$Ag_2S+2HCl \xlongequal{} 2AgCl+H_2S$	+28.215	+75.240
$FeS+2HCl \xlongequal{} FeCl_2+H_2S$	+10.450	+82.346
$\frac{1}{3}Sb_2S_3+2HCl \xlongequal{} \frac{2}{3}SbCl_3+H_2S$	+6.270	—
$ZnS+2HCl \xlongequal{} ZnCl_2+H_2S$	-8.360	-6.270
$PbS+2HCl \xlongequal{} PbCl_2+H_2S$	-8.360	-29.260
$MnS+2HCl \xlongequal{} MnCl_2+H_2S$	-41.800	+8.360

2.5.5　固体氯化剂的作用

有色金属及贵金属物料的氯化焙烧，常使用廉价的 NaCl、$CaCl_2$ 等固体氯化剂。它们的氯化作用，是通过氯化剂在焙烧体系其他组分的作用下分解产生 Cl_2 和 HCl 参加反应来实现。

在实际氯化焙烧体系中，除氧化物和氯化剂外，还有其他组分(特别是反应最活跃的气相中有 O_2、SO_2 等)存在，它们促使固体氯化剂发生分解反应：

$$CaCl_2+SO_2+O_2 \xlongequal{} CaSO_4+Cl_2 \tag{2-77}$$

$$2NaCl+SO_2+O_2 \xlongequal{} Na_2SO_4+Cl_2 \tag{2-78}$$

$$2SO_2+O_2 \xlongequal{} 2SO_3 \tag{2-79}$$

$$CaCl_2+2SO_3 \xlongequal{} CaSO_4+Cl_2+SO_2 \tag{2-80}$$

$$2NaCl+2SO_3 \xlongequal{} Na_2SO_4+Cl_2+SO_2 \tag{2-81}$$

式(2-79)可在 Fe_2O_3 的催化作用下发生。实验表明，固体氯化剂的分解随体系温度及 SO_2 含量的增加而加快。在氧化性气氛下，NaCl 主要是氧化分解。当 SO_2 与 O_2 的摩尔比为

20∶80 时，NaCl 分解速度最快。在温度较低的中温氯化焙烧条件下，促进 NaCl 分解的最有效成分是 SO_2，因此要求原料中含有足够的硫，不足时，需加入一定量的黄铁矿。焙烧物料中的 SiO_2、Fe_2O_3、Al_2O_3 等对 NaCl、$CaCl_2$ 的分解也有促进作用，其中酸性较强的 SiO_2 的促进作用更强。尤其是在高温下进行氯化焙烧，可借助 SiO_2 等脉石组分(不必添加含硫原料)促进分解反应：

$$CaCl_2+SiO_2+H_2O = CaSiO_3+2HCl \tag{2-82}$$

$$CaCl_2+SiO_2+\frac{1}{2}O_2 = CaSiO_3+Cl_2 \tag{2-83}$$

$$2NaCl+SiO_2+H_2O = Na_2SiO_3+2HCl \tag{2-84}$$

$$2NaCl+SiO_2+\frac{1}{2}O_2 = Na_2SiO_3+Cl_2 \tag{2-85}$$

由于焙烧物料含有水分及含氢燃料燃烧，气相中水蒸气含量有时高达 10%以上，因此，固体氯化剂高温下分解的主要产物是 HCl。

应当指出，$CaCl_2$ 在低温下过早分解，对氯化焙烧工艺是不利的。此时，虽分解析出的 Cl_2 可使目的组分氯化，但由于温度不高，氯化物不能挥发，当氯化物随同未分解的氯化剂进入炉内高温区时，$CaCl_2$ 因过早分解而不足，且很难避免已经生成的金属氯化物因 Cl_2 浓度不够而重新分解，从而影响氯化挥发的效果。此时，$CaCl_2$ 分解生成的 $CaSO_4$ 是稳定的硫酸盐，这使原料中的硫以 $CaSO_4$ 形态留于焙砂中，这对焙砂的进一步利用(如黄铁矿烧渣氯化焙烧后之焙砂用于炼铁)不利。因此，$CaCl_2$ 主要用作高温氯化焙烧的氯化剂，且不能指望原料中的硫对其分解的促进作用。

2.6　钠盐焙烧

钠盐焙烧是在难选的复杂氧化矿物原料中加入钠盐，在一定的温度和气氛下使难溶的目的矿物转变成可溶性钠盐的工艺过程。矿物原料中加入碳酸钠、氯化钠、苛性钠或硫酸钠等钠盐添加剂，经高温焙烧(或烧结)使之生成相应的可溶性钠盐，用水、稀酸或碱浸出焙砂(或烧结块)，使目的组分转入浸液而与杂质及脉石分离。

钠盐焙烧用于物理选矿精矿(或中矿)的除杂或从中提取分离相关有用组分，如钒钛磁铁矿精矿、钨精矿、锰精矿、铁精矿、石墨精矿、金刚石精矿的化学选矿等。

工业上常用此工艺提取钨、钒等有用组分。难处理的低品位钨矿物原料、钒矿、钒渣、废 SCR 催化剂等难选矿物原料的钠盐焙烧过程的主要反应为

$$2FeWO_4+2Na_2CO_3+\frac{1}{2}O_2 \longrightarrow 2Na_2WO_4+Fe_2O_3+2CO_2(700\sim850\ ℃)$$

$$3MnWO_4+3Na_2CO_3+\frac{1}{2}O_2 \longrightarrow 3Na_2WO_4+Mn_3O_4+3CO_2(700\sim850\ ℃)$$

$$2MnWO_4+2Na_2CO_3+\frac{1}{2}O_2 \longrightarrow 2Na_2WO_4+Mn_2O_3+2CO_2(700\sim850\ ℃)$$

$$CaWO_4+Na_2CO_3+SiO_2 \longrightarrow CaSiO_3+Na_2WO_4+CO_2\uparrow(860\ ℃)$$

$$V_2O_5+Na_2CO_3 \longrightarrow 2NaVO_3+CO_2(950\ ℃)$$

钠盐焙烧温度较一般焙烧温度高，它接近物料软化点，但仍低于物料的熔点，此时熔剂熔融形成部分液相，使反应试剂较好地与炉料接触，可加快反应速度。通过钠盐焙烧使难溶的目的组分矿物转变为相应的可溶性钠盐，烧结块可直接水淬浸出或冷却磨细后浸出。

此工艺除用于提取某些有用组分外，还常用于除去难选粗精矿中的某些杂质以提高精矿质量，如用于除去锰精矿、铁精矿、石墨精矿、金刚石精矿、高岭土精矿等粗精矿中的磷、铝、硅、钒、钼等杂质，其除杂质的主要反应为

$$SiO_2+Na_2CO_3 \longrightarrow Na_2SiO_3+CO_2(800\sim950\ ℃)$$

$$SiO_2+2NaOH \longrightarrow Na_2SiO_3+H_2O(300\sim550\ ℃)$$

$$Ca_3(PO_4)_2+3Na_2CO_3 \longrightarrow 2Na_3PO_4+3CaCO_3$$

$$MoS_2+3Na_2CO_3+4\frac{1}{2}O_2 \longrightarrow Na_2MoO_4+2Na_2SO_4+3CO_2(600\ ℃)$$

$$Al_2O_3+2NaOH \longrightarrow 2NaAlO_2+H_2O(500\sim800\ ℃)$$

$$Fe_2O_3+2NaOH \longrightarrow 2NaFeO_2+H_2O(500\sim800\ ℃)$$

$$Fe_2O_3+Na_2CO_3 \longrightarrow 2NaFeO_2+CO_2$$

……

所生成的钠盐在后续的浸出过程中均转入溶液，但铝酸钠和亚铁酸钠在弱碱介质中发生水解：

$$2NaFeO_2+2H_2O \longrightarrow Fe_2O_3\cdot H_2O+2NaOH$$

$$NaAlO_2+2H_2O \longrightarrow Al(OH)_3+NaOH$$

因此，浸出 pH 因除杂类型而异。

2.7 煅烧

煅烧是矿物原料在一定温度下，于空气或惰性气体中进行热处理，使矿物原料产生热分解或晶形转变的工艺过程。矿物原料在煅烧炉中受热分解为一种组分更简单的化合物或发生晶形转变，如碳酸盐的热分解。煅烧作业的目的是直接处理矿物原料(或化学精矿)，使其产物满足后续工艺要求，也可用于化学选矿后期处理，为满足用户要求而制取所需形态的化学精矿。

煅烧过程中主要发生的物理和化学变化有：(1)热分解，除去化学结合水、CO_2、NO_x等挥发性杂质，在较高温度下，氧化物还可能发生固相反应，形成有活性的化合物状态；(2)再结晶，可得到一定的晶形、晶体大小、孔结构和比表面；(3)微晶适当烧结，以提高机械强度。

煅烧过程的反应可表示为

$$MeCO_3 = MeO+CO_2$$

$$MeSO_4 = MeO+SO_2+\frac{1}{2}O_2$$

$$MeS_2 = MeS+\frac{1}{2}S_2$$

$$(NH_4)_2WO_4 = WO_3+2NH_3+H_2O$$

……

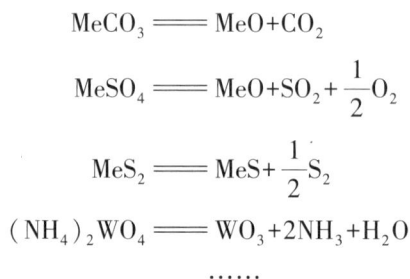

矿物原料煅烧的主要影响因素为煅烧温度、气相组成、化合物的热稳定性等。在大气中(P_{O_2}=0.02 MPa)，最稳定的氧化物是磁铁矿，而银、汞氧化物易热分解。因此银、汞可呈自然金属态存在于地壳中。

各种化合物热分解的基本规律大致相同，下面以碳酸盐为例讨论适用于各种化合物热分解的一般规律。化合物的热分解一般是可逆的，温度升高时化合物分解，而温度降低时分解产物又重新化合。对碳酸盐而言，可用下式表示：

$$MCO_3 \Longleftrightarrow MO+CO_2$$

在固相间无液相存在的最简单条件下，即碳酸盐和氧化物均呈纯结晶相存在时，上述反应的平衡常数仅取决于二氧化碳的分压：

$$K_P = P_{CO_2(MeCO_3)}$$

在碳酸盐焙解体系中，有 2 个独立组元和 3 个相，根据相律，该体系的自由度为 1，即 $f=c-p+2=2-3+2=1$——说明碳酸盐焙解体系中，在相成分不变的条件下，二氧化碳的平衡分压仅取决于温度。

一般将平衡分压称为该化合物的分解压。它不仅表示体系实际存在的平衡状态，而且可作为衡量该化合物热稳定性的标准。化合物的分解压愈高，则该化合物的热稳定性愈小，愈易热分解。化合物的分解压可由实验测定，也可用化学热力学的方法进行计算。当分解压的数值很小[如小于 1013.25 Pa(10^{-2} 大气压)]时，只能用计算法求得。

碳酸盐热分解的吉布斯自由能变化为

$$\begin{aligned}\Delta G &= \Delta G^{\ominus}+RT\ln Q=-RT\ln K_P+RT\ln Q=RT\ln P_{CO_2}-RT\ln P_{CO_2}(MeCO_3)\\ &=4.756T[\lg P_{CO_2}-\lg P_{CO_2(MeCO_3)}]\end{aligned}$$

式中：$P_{CO_2(MeCO_3)}$ 为碳酸盐的平衡分解压；P_{CO_2} 为气相中二氧化碳的实际分压。

碳酸盐焙解时体系自由能的变化值表示金属氧化物对二氧化碳亲和力的大小。当 P_{CO_2}= 101325 Pa(1 大气压)时，$\Delta G=\Delta G^{\ominus}$，此时的亲和力称为标准化学亲和力。因此，$\Delta G^{\ominus}$值可作为衡量碳酸盐的热稳定性或氧化物对二氧化碳的化学亲和力的标准。$\Delta G^{\ominus}$愈负或 P_{CO_2} 愈大，金属氧化物对二氧化碳的亲和力愈小，碳酸盐愈易热分解，热分解的温度愈低。当 $P_{CO_2}>P_{CO_2(MeCO_3)}$时，$\Delta G>0$，反应向生成碳酸盐的方向进行；当 $P_{CO_2}<P_{CO_2(MeCO_3)}$时，$\Delta G<0$，反应向碳酸盐热分解的方向进行。

根据上述原理即可选择碳酸盐的热分解条件。图 2-14 为某些碳酸盐的热分解压曲线，由图可知，在某一温度下，菱铁矿的分解压最大，菱镁矿次之，方解石的分解压最小。因此，菱铁矿的热稳定性最小，方解石的热稳定性最大，菱镁矿居中。如果热分解条件选在 a 区域，则菱铁矿和菱镁矿热分解而方解石不热分解。要使方解石热分解，可采用提高温度或降低气相中二氧化碳的

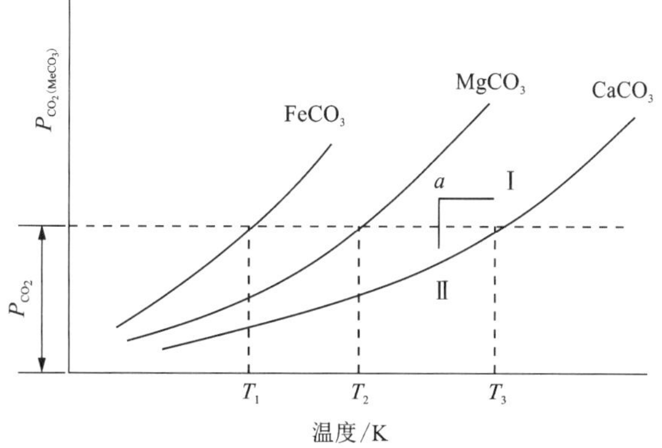

图 2-14　某些碳酸盐的热分解压曲线

分压的方法来实现。但在低温时碳酸盐的分解压很小，以致用降低二氧化碳的分压的方法来实现碳酸盐的热分解是不可能的，并且从动力学方面考虑，低温时也难保证碳酸盐的热分解速度。因此，工业上一般是将矿物原料加热至一定温度而使碳酸盐热分解。碳酸盐开始热分解的温度与气相中二氧化碳的分压有关，如当 $P_{CO_2}=101325$ Pa(1 大气压)时，碳酸钙的焙解温度为 910 ℃，而在空气中此时 $P_{CO_2}=294.199$ Pa(0.003 大气压)，碳酸钙开始焙解的温度为 530 ℃。但在低温时，由于 $P_{CO_2(MeCO_3)}<1$，要使碳酸盐焙解是相当困难的。而在高温时 $P_{CO_2(MeCO_3)}$ 相当大，所以要阻止碳酸盐焙解也相当困难。碳酸盐的热稳定性愈大，其焙解的开始温度和化学沸腾温度(分解压为 101325 Pa 时的焙解温度)也愈高。

由于各种化合物(如碳酸盐、氧化物、氢氧化物、硫化物、含氧酸盐等)的热稳定性不相同，控制煅烧温度和气相组成，可以选择性改变某些化合物的组成或发生晶形转变，再用相应方法处理，可以达到除去杂质和使有用组分分离富集的目的。

菱铁矿的煅烧-磁选：菱铁矿的化学组成为 $FeCO_3$，纯矿物含 Fe 48.2%，折合 FeO 62%、CO_2 38%；菱铁矿为弱磁性矿物，在中性或弱氧化性气氛条件下，加热到 570 ℃以上时，会使菱铁矿氧化-还原，转变为强磁性的 Fe_3O_4，然后用磁选法回收。

磷灰石的煅烧-消化：磷矿资源中含磷品位不高的矿石，不宜直接用于生产磷肥，特别是脉石矿物以白云石、石灰石为主的碳酸盐矿物，因为生产磷肥的过程中要消耗大量硫酸，一般的物理选矿方法难以分离这些脉石，采用煅烧-消化工艺可以有效去除碳酸盐杂质，提高精矿中的含磷品位。

菱锰矿的煅烧：锰矿物的可浮性随煅烧温度的升高而增大，最适宜的煅烧温度为 600～1000 ℃，此条件下锰矿物转变为稳定的黑锰矿。

锂辉石煅烧转型：在 1000 ℃左右的温度条件下，可使 α-锂辉石(不与硫酸反应)转变为能被硫酸分解的 β-锂辉石，且岩体体积发生变化，可用空气分级法从围岩中分离出细级别的 β-锂辉石。绿柱石在 1700 ℃条件下在电弧炉中进行热处理，随后进行制粒淬火，可使其转变为易溶于硫酸的无定形态(玻璃状)绿柱石。

2.8 常见焙烧工业炉

焙烧是在焙烧炉内进行的。为了在工业上顺利实现焙烧过程，焙烧炉应当满足许多工艺要求。从气固反应本身来看，最基本的要求就是能创造良好的气固接触条件。目前工业实践中常用的焙烧炉有如下几种类型。

1)回转窑

回转窑是一种空卧式圆筒形焙烧设备，也称为转床窑，最开始是用于水泥生产，1885 年由英国人兰萨姆(E. Ransome)发明，如图 2-15 所示。

回转窑主要由窑体、支撑装置、传动系统、密封装置及配套辅助装置组成，如图 2-16 所示。窑体为不同厚度的 A3 钢板卷制，焊接为长筒体，内衬一层耐火砖，并在二者间衬以绝热材料，冷高热低倾斜放置，倾斜角度一般为 1°～6°，便于物料输送。烧嘴可以装在窑的任意一端，以适应相对于固体物料走向的顺流或逆流加热的工艺要求。气体、液体或固体粉末燃料均可使用。支撑装置包括轮带、托轮和挡轮。传动系统由减速电极啮合大齿圈驱动窑体转动。为防止物料和烟气泄漏，在旋转窑体前后与窑头连接处配有密封装置。回转窑通常还配有预热塔、冷却剂、输送带、尾气处置系统等配套系统。

窑中炉料运动情况可随设计、操作方法而变。若窑回转速度小，则炉料层基本上保持安定状态，随着窑的回转向前运动；如有足够的回转速度与合适的提升装置，则可获得快速混合与良好的气固接触效果。

回转窑用于处理粉状、小块状或球团物料。总之，它适于处理易于流动的物料。其操作特点是简单，有良好的混合与气固接触的效果，易于控制温度和气氛，但生产率与热效率较低。

回转窑广泛用于水泥熟料煅烧、贫铁矿磁化焙烧、铬铁矿氧化焙烧、含锌铁渣还原焙烧等焙烧过程。

图 2-15　回转窑外形图

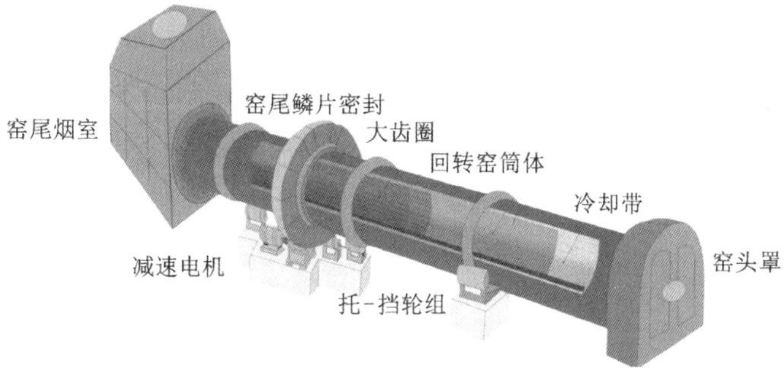

图 2-16　回转窑结构示意图

2) 多膛焙烧炉

多膛焙烧炉也称为多层焙烧炉，是一种适合粉状矿物原料焙烧的设备，早在 1916 年就被设计开发应用于汞矿石焙烧，如图 2-17 所示。

多膛焙烧炉有一系列由下而上重叠的圆形炉膛，如图 2-18 所示。贯穿于各层炉膛中心的空心轴带动伸入各层炉膛中的搅拌臂不断回转。搅拌臂与中心轴成一定的角度，使炉膛中的炉料在各层间交互向里和向外移动。搅拌臂上装有耙齿以耙动炉料使之不断有新鲜表面与上升的反应气体接触。炉料由炉顶中心加入，在第一层炉膛中由里向外运动，通过靠近炉膛外周边的落砂口落于下层炉膛。这层炉料向中心运动，从靠近中心轴的落砂口进入第三层；依此类推，直至排入最下面一层后，从排砂口排出炉外。

当炉料一层层向下运动时，被炉子下部焙烧反应产生的上升热气流逐渐加热，最后达到所要求的焙烧温度，并在不断被耙入下一层炉膛的运动中完成焙烧反应。焙烧过程中所需热量一般需要另烧燃料(煤或重油)来维持。不过焙烧硫化矿时补充热量较少，而还原焙烧需补充较多燃料。

多膛焙烧炉最大的缺点是炉气与炉料的接触面有限，过程时间长，生产率低，但在炉温分段控制和固固反应等方面有独特的优势。因此，多膛焙烧炉多应用于钠盐焙烧工艺(如攀钢钒渣钠盐焙烧过程)和含水率高的物料焙烧过程(如活性炭生产和活性污泥干化)。

图 2-17　多膛焙烧炉外形图

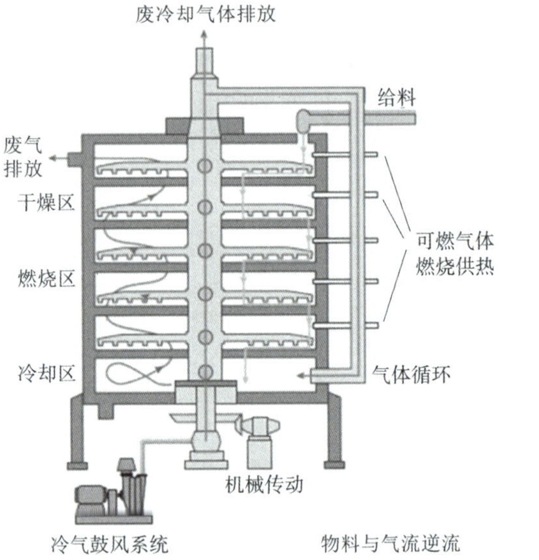

图 2-18　多膛焙烧炉结构示意图

3）沸腾焙烧炉

沸腾焙烧炉，又称为流化床焙烧炉，是19世纪50年代才发展起来的一种较新型的焙烧工艺设备，适合处理粉状物料，如图2-19所示。

一般的沸腾焙烧炉是一种横断面为圆形的竖式炉，如图2-20所示。炉底为装有风帽的空气分布板，下部是一锥形风箱，反应气体或空气由鼓风机送入风箱并经风帽进入炉内。气体与炉料的混合物具有流体的性质。由于每颗炉料在炉内气流中不断翻腾运动，故焙烧反应均匀迅速，传热好，炉气利用率高。排料时焙砂由卸料口自动溢出或由炉气带出。载尘气体经收尘设备分离焙砂后再回收炉气中有价组分。因为沸腾焙烧炉具有结构简单、气固接触充分、焙烧效率高的特点，其被广泛应用于硫化矿的氧化焙烧等自放热焙烧工艺。

图 2-19　沸腾焙烧炉外形图

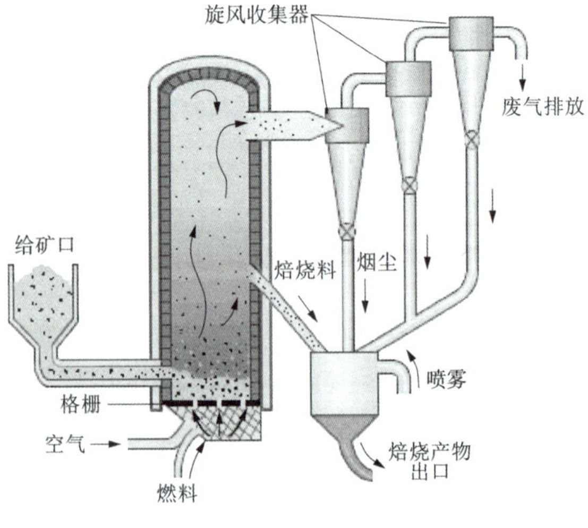

图 2-20　沸腾焙烧炉结构示意图

4) 竖炉

竖炉是指炉身直立，炉盖上带有竖井，并利用电弧炉排出的高温废气在竖井内预热废钢的超高功率电弧炉，如图 2-21 所示。

炉气在炉内向上运动，与炉料之间呈逆流换热；多数竖炉的炉料与燃料直接接触。这种焙烧设备适于焙烧粒度为 20~75 mm 的块矿或由粉矿制成的直径 10~15 mm 的球团矿，其纵断面示意图如图 2-22 所示。炉内容积为几十立方米至几百立方米不等，自上而下炉内分为三个工作带。

图 2-21　竖炉外形图

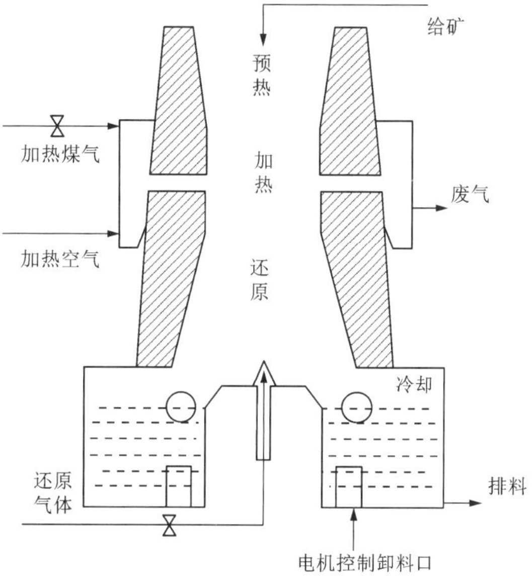

图 2-22　竖炉结构示意图

(1) 预热带。由炉顶料面至加热带顶部属于预热带，高约 2.5 m。入炉矿石首先在这一带中被加热带中上升的热气流预热。

(2) 加热带。预热带以下至导火孔为止为加热带，高约 1 m。焙烧炉料在此带中被加热至焙烧过程所要求的温度。加热带所需热量由设置于炉子两侧对称位置的燃烧室供给，每一燃烧室都装有一排煤气烧嘴，燃烧热气流通过设于燃烧室顶部的一排火孔进入炉内。

(3) 反应带。由加热带的火孔到炉底为反应带，高约 2.6 m。焙烧过程中的主要化学反应在此带完成，最后通过炉底的卸料口将焙烧好的炉料排出炉外。排料辊的作用是松动炉料以使炉内气流分布均匀和破碎被烧结的块料。

应当指出，上述工作带的划分是随焙烧反应类型而异的，通常预热带的作用变化不大。以上划分主要是就铁矿石的磁化焙烧而言的。在氯化焙烧中，加热带也是反应带，因为球团中的氯化剂($CaCl_2$)的分解与析出氯气的氯化反应也是在此带内完成的。上述划分中的反应带在氯化焙烧中的作用主要是冷却球团矿。

竖炉的优点主要是生产率及热效率较高，易于密封与调节炉内气氛和温度。但加热带横断面上温度分布不均匀，因而容易产生局部过烧和局部欠烧，这是竖炉的主要缺点。

竖炉常用于球团矿或烧结料的磁化焙烧、氯化焙烧等焙烧工艺过程。

除了上述四种类型的工业焙烧设备外，还有其他工业焙烧设备，如斜坡炉、飘悬焙烧炉、反射焙烧炉等，但应用均不甚广泛，在此就不一一赘述了。

本章习题

1. 何谓焙烧？焙烧的类型有哪些？
2. 影响焙烧反应速度的主要因素是什么？
3. 简述还原焙烧的理论基础，举出还原焙烧的实例。
4. 氯化焙烧使用的氯化剂有哪些？
5. 阐述氯化剂与金属氧化物、金属硫化物的反应过程。
6. 何谓钠盐烧结焙烧？举例说明钠盐烧结焙烧的应用。
7. 何谓煅烧？简述煅烧的应用。
8. 常见的焙烧工业炉有哪些？各有何特点？

参考文献

[1] 黄礼煌. 化学选矿[M]. 北京：冶金工业出版社，1990.
[2] 全宏东. 矿物化学处理[M]. 北京：冶金工业出版社，1984.
[3] 黄礼煌. 金银提取技术[M]. 北京：冶金工业出版社，1995.
[4] 聂树人，索有瑞. 难选冶金矿石浸金[M]. 北京：地质出版社，1997.
[5] A. C. 切尔尼亚科. 化学选矿[M]. 北京：中国建筑工业出版社，1982.
[6] 傅崇说. 有色冶金原理[M]. 2版. 北京：冶金工业出版社，1993.
[7] 王力军，刘春谦. 难处理金矿石预处理技术综述[J]. 黄金，2000(1)：38-45.
[8] 孙全庆. 难处理金矿石的碱法加压氧化预处理[J]. 湿法冶金，1999(2)：14-18.
[9] 熊大民，陈玉明，王勋业. 金矿石焙烧脱砷新技术试验研究[J]. 黄金，2001(9)：29-32.
[10] 訾建威，杨洪英，巩恩普，等. 细菌氧化预处理含砷难处理金矿的研究进展[J]. 贵金属，2005(1)：66-70.
[11] 吴仙花，张桂珍，盛桂云，等. 难浸金矿石焙烧固硫、砷剂的研究[J]. 黄金，2001(8)：27-30.
[12] 董风芝，姚德，孙永峰. 硫酸渣用磁化焙烧工艺分选铁精矿的研究与应用[J]. 金属矿山，2008(5)：146-148.
[13] 曾尚林，曾维龙. 攀枝花钒铁精矿钠化焙烧提钒新工艺研究[J]. 金属矿山，2008(5)：60-62.
[14]《矿山机械标准应用手册》编委会. 矿山机械标准应用手册：破碎粉磨设备与焙烧设备卷[M]. 北京：中国质检出版社，中国标准出版社，2011.
[15] 王吉坤. 铅锌冶炼生产技术手册[M]. 北京：冶金工业出版社，2012.

第 3 章　原料浸出

3.1　概述

矿物原料浸出是浸出剂选择性地溶浸矿石原料中某矿物组分的工艺过程。矿物原料浸出的目的，是选择性地溶解原料中的目的矿物，使目的组分转入溶液中，实现目的组分与杂质组分或脉石矿物相互分离。因此，矿物原料的浸出过程是目的组分提取、分离的过程。

浸出与溶解是两个不同的概念，其差异性的本质是推动力不同。浸出指的是用化学溶剂从固体中提取可溶物质的过程，溶解指的是一种液体对于固体/液体/气体产生物理或化学反应使其成为分子状态的均匀相的过程。溶解的推动力是离子的水化放出的能量大于晶格能，浸出的推动力是化学反应。

进入浸出作业的原料，通常为难以用物理选矿方法(如重选、浮选、电选、磁选和放射性选矿等)处理的原矿、物理选矿的中矿、尾矿、粗精矿、贫矿、表外矿和冶金过程的中间产品等。依据矿物原料特性，须经化学选矿处理的矿物原料可预先经焙烧作业处理而后进行浸出，也可不经焙烧作业而直接进行浸出。

用于浸出作业的试剂，称为浸出剂；浸出作业所得溶液，称为浸出液；浸出后的残渣，称为浸出渣。实践中常采用有用组分或杂质组分的浸出率、浸出的选择性、试剂耗量和吨矿成本等指标衡量浸出过程的效率。

某组分的浸出率，是指在该浸出条件下，转入浸出液中的量与其在被浸原料中的总量之比的百分数。设被浸原料干重为 Q(t)、某组分在原料中的品位为 α(%)、浸出液的体积为 V(m^3)，该组分在浸出液中的浓度为 C(t/m^3)，浸出渣干重为 M(t)，该组分在浸出渣中的含量为 δ(%)。则该组分的浸出率：

$$\varepsilon_{\text{leaching}}=\frac{VC}{Q\alpha}\times 100\%=\frac{Q\alpha-M\delta}{Q\alpha}\times 100\%$$

浸出过程中，组分 1 和组分 2 的浸出选择性系数：

$$\beta=\frac{\varepsilon_1}{\varepsilon_2}$$

浸出选择性系数为相同浸出条件下各组分的浸出率之比。此值愈接近 1，其浸出选择性愈差。

矿物原料的浸出方法较多，有各种不同的分类方法，依浸出试剂为无机物或有机物，可分为水溶剂浸出和非水溶剂浸出。前者是采用各种无机化学试剂的水溶液或水作浸出剂，后者是采用有机溶剂作浸出剂。详细分类见表 3-1。

表 3-1 浸出方法依浸出试剂分类

浸出方法		常用浸出试剂
水溶剂浸出	酸法	稀硫酸、浓硫酸、盐酸、硝酸、氢氟酸、亚硫酸等
	碱法	碳酸钠、苛性钠、氨水、硫化钠等
	盐浸	氯化钠、氯化铁、硫酸铵、氯化铜、次氯酸钠等
	热压浸出	酸或碱、水
	细菌浸出	硫化矿物+菌种+培养基
	氧化配合浸出	氧化剂+配合剂
	电化学浸出	用电解方法生成氧化剂和浸出剂
	水浸出	水
非水溶剂浸出		有机溶剂

按浸出过程中被浸物料和浸出剂的流动方式，浸出可分为渗滤浸出和搅拌浸出两大类。渗滤浸出是浸出剂在重力作用下自上而下或在压力作用下自下而上通过固定物料层的浸出过程。渗滤浸出可细分为就地渗滤浸出(地浸)、矿堆渗滤浸出(堆浸)和槽式渗滤浸出(槽浸)等。搅拌浸出是将磨细的矿物原料与浸出剂放入浸出搅拌槽中，在进行强烈搅拌的条件下完成浸出的过程。渗滤浸出法只适用于某些特定的条件，而搅拌浸出法使用非常普遍。

依浸出时的温度和气体压力条件，浸出可分为常温常压浸出和高温高压(热压)浸出两大类。目前，常温常压浸出较常见，但热压浸出可提高浸出速率和浸出率，其应用范围正日益扩大。

依浸出过程的化学反应原理，浸出可分为水浸出、酸浸出、碱浸出、盐浸出、配位浸出、热压浸出、细菌浸出等。

浸出方法和浸出剂的选择取决于被浸原料的矿物组成和化学组成、浸出目的、原料的结构构造、浸出剂的价格、对矿物原料的反应能力及对设备材质的要求等。如岩盐、芒硝、钾矿等水溶性矿物可采用水浸法直接就地溶浸进行开采；而金属铜、钴、镍在氨液中可形成稳定的可溶性氨配离子，扩大了它们在溶液中的稳定区并降低了它们被氧化成配合离子的还原电位，因此使用氨配合浸出法就可以选择性浸出铜、钴、镍。

常用浸出剂及其应用列于表 3-2 中。

表 3-2 常用浸出剂及其应用

浸出剂	浸出矿物类型	脉石
稀硫酸	铀、钴、镍、铜、磷等氧化矿，镍、钴、锰硫化物，磁黄铁矿	酸性
稀硫酸+O_2	有色金属硫化矿、晶质铀矿、沥青铀矿、含砷硫化矿	酸性

续表3-2

浸出剂	浸出矿物类型	脉石
盐酸	氧化铋、辉铋矿、磷灰石、白钨矿、氟碳铈矿、复稀金矿、辉锑矿、磁铁矿、白铅矿	酸性
热浓硫酸	独居石、易解石、褐钇铌矿、钇易解石、复稀金矿、黑稀金矿、氟碳铈矿、烧绿石、硅铍钇矿、榍石	酸性
硝酸	辉钼矿、银矿物、有色金属硫化矿物、氟碳铈矿、细晶石、沥青铀矿	酸性
王水	金、银、铂族金属	酸性
氢氟酸	钽铌矿物、磁黄铁矿、软锰矿、钍石、烧绿石、榍石、霓石、磷灰石、云母、石英、长石	酸性
亚硫酸	软锰矿、硬锰矿	酸性
氨水	铜、镍、钴氧化物，硫化铜矿物，铜、镍、钴金属，钼华	碱性
碳酸钠	白钨矿、铀矿	
Na_2S+NaOH	砷、锑、锡、汞硫化矿	
苛性钠	铝土矿、铅锌硫化矿、锑矿、含砷硫化矿、独居石	
氯化钠	白铅矿、氯化铅、离子吸附稀土矿、氧化焙砂、氧化焙烧烟尘	
氰化钠	金、银、铜矿物	
Fe^{3+}+酸	有色金属硫化矿、铀矿	
氯化铜	铜、铅、锌、铁硫化矿	
硫脲	金、银、铋矿、汞矿	
氯水	有色金属硫化矿、金、银	
热压氧浸	有色金属硫化矿、金、银、独居石、磷钇矿	
细菌浸出	铜、钴、锰、铀矿、有色金属硫化矿、硫砷铁矿、黄铁矿	
水浸	盐、芒硝、天然碱、钾矿、硫酸铜、硫酸化烧渣、钠盐烧结块	
硫酸铵等盐溶液	离子吸附型稀土矿	

3.2　浸出过程

3.2.1　水浸出

水浸是以水为浸出剂，在常温常压条件下进行的浸出过程，适用于浸出所有水溶性的矿物和化合物，如岩盐、芒硝、天然碱、钾矿等。水溶性矿物均采用水浸法直接就地溶浸进行开采，将水溶浸液抽至地面，从中回收有关组分。

有些氧化率高的硫化铜矿，其天然氧化产物为硫酸铜，在原矿破碎过程中在预检查筛分作业进行洗矿，洗矿筛下产物经螺旋分级机分级，返砂进细矿仓，分级溢流进浓密机，浓密机底流返球磨机给矿。浓密机溢流水中所含硫酸铜大于 0.5 g/L 时，可送去回收铜，处理量小时可产出海绵铜；处理量大时，可采用萃取–电积的工艺直接产出电解铜。

水浸过程就是溶解过程，浸出进行的程度仅取决于其反应平衡常数。溶解度大的矿物才能使用水浸出。在钠化焙烧中将难溶金属化合物转化为可溶性盐，用水浸出可将金属组分浸出。

由 A 物质变成 B 物质的通式可表示为

$$aA \longrightarrow bB$$

其平衡常数 K 为

$$K=\frac{[B]^b}{[A]^a}=\frac{\alpha_B^b}{\alpha_A^a}$$

$$\lg K=b\lg\alpha_B-a\lg\alpha_A$$

溶解过程进行的程度仅取决于其反应平衡常数。

3.2.2 酸性浸出

酸性浸出是指用无机酸的水溶液作浸出剂的矿物浸出工艺，一般分为简单酸浸、氧化酸浸、还原酸浸。酸性浸出是矿物原料化学选矿中最常用的浸出方法之一。三大强酸(硫酸、盐酸、硝酸)、氢氟酸、王水及中等强度的亚硫酸、磷酸、醋酸等皆可作为某些矿物原料的浸出剂。其中稀硫酸溶液是使用最广的浸出试剂。

稀硫酸溶液为非氧化酸，其特点是可用于处理含大量还原性组分(如有机质、硫化物、氧化亚铁等)的矿物原料；硫酸价廉易得，设备材质和防腐问题易解决；硫酸的沸点较高，在常压下可采用较高的浸出温度，以获得较高的浸出速率和浸出率。

热浓硫酸为强氧化酸，可将大部分金属硫化矿物氧化为相应的硫酸盐，还可分解某些难浸出的稀有金属矿物。

盐酸可与多种金属化合物作用，生成相应的可溶性金属氯化物。盐酸的反应能力比硫酸强，金属氯化物的溶解度比相应的硫酸盐高，可浸出某些硫酸无法浸出的含氧酸盐类矿物。依具体的浸出条件，盐酸可表现为还原性或氧化性。盐酸用作浸出剂的缺点是其价格比硫酸高、具挥发性，劳动条件比使用硫酸时差，设备材质和防腐蚀要求较硫酸高。

硝酸为强氧化剂，其分解能力比硫酸和盐酸强。硝酸价格较贵，对材质和防腐蚀要求较高，具挥发性。除特殊情况外，一般不单独采用硝酸作浸出剂，常将其用作氧化剂。

氢氟酸常用于浸出分解硅酸盐和铝硅酸盐矿物，如常用作钽铌、锂铍矿物的浸出剂，随后从硫酸和氢氟酸体系中萃取回收钽铌等有用组分。

王水常用于浸出铂族金属，可使铂、钯、金转入浸出液中，而铑、钌、锇、铱、银等呈不溶物留在浸渣中，然后采用相应的方法从浸液和浸渣中回收各有用组分。

中等强度的亚硫酸为还原性酸性浸出剂，可作为某些氧化性矿物原料的浸出剂。生产实践中可将二氧化硫气体直接充入矿浆中代替亚硫酸。亚硫酸浸出的选择性非常高，浸液较纯净。

3.2.2.1　简单酸浸

简单酸浸，也称为一般酸浸，实质上是酸碱反应过程，能够提供质子的浸出剂(酸)与能够接受质子的被浸出物料(碱)反应，生成能够溶于溶液的盐和水(或弱酸)从而实现浸出过程。通式可表示为

$$aA+mH^+ \longrightarrow bB+cH_2O$$

该反应的平衡常数为

$$K=\frac{[B]^b \cdot [H_2O]^c}{[A]^a \cdot [H^+]^m}=\frac{\alpha_B^b}{\alpha_A^a \cdot [H^+]^m}$$

$$\lg K=b\lg\alpha_B-a\lg\alpha_A+m\text{pH}$$

$$\text{pH}=\frac{1}{m}\lg K-\frac{1}{m}(b\lg\alpha_B-a\lg\alpha_A)$$

$$\text{当 } \alpha_A=\alpha_B=1 \text{ 时，} \text{pH}^\ominus=\frac{1}{m}\lg K$$

代入上式得

$$\text{pH}=\text{pH}^\ominus-\frac{1}{m}(b\lg\alpha_B-a\lg\alpha_A)$$

对有氢离子参加的非氧化-还原反应而言，本质是酸碱反应，反应进行的程度仅取决于溶液的 pH，氢离子浓度越高，反应进行得越彻底，浸出率越高。

简单酸浸的原料主要为某些金属氧化矿物和金属硫化矿物经氧化焙烧后的焙砂。原料中的主要矿物有自然金属、金属硫化矿物、金属氧化物和金属含氧酸盐等。浸出过程的主要化学反应可用下列反应方程式表示：

$$MeO+2H^+ \longrightarrow Me^{2+}+H_2O$$

$$Me_3O_4+8H^+ \longrightarrow 2Me^{3+}+Me^{2+}+4H_2O$$

$$Me_2O_3+6H^+ \longrightarrow 2Me^{3+}+3H_2O$$

$$MeO_2+4H^+ \longrightarrow Me^{4+}+2H_2O$$

$$MeO \cdot Fe_2O_3+8H^+ \longrightarrow Me^{2+}+2Fe^{3+}+4H_2O$$

$$MeAsO_4+3H^+ \longrightarrow Me^{3+}+H_3AsO_4$$

$$MeO \cdot SiO_2+2H^+ \longrightarrow Me^{2+}+H_2SiO_3$$

$$MeS+2H^+ \longrightarrow Me^{2+}+H_2S$$

常压简单酸浸时，目的组分矿物在酸浸出液中的稳定性决定其 $\text{pH}_T^\ominus$。$\text{pH}_T^\ominus$ 小的化合物难被酸液浸出，$\text{pH}_T^\ominus$ 大的化合物易被酸液溶解。

某些金属氧化物的酸溶 $\text{pH}_T^\ominus$ 列于表 3-3 中。

某些金属铁酸盐的酸溶 $\text{pH}_T^\ominus$ 列于表 3-4 中。

某些金属砷酸盐的酸溶 $\text{pH}_T^\ominus$ 列于表 3-5 中。

某些金属硅酸盐的酸溶 $\text{pH}_T^\ominus$ 列于表 3-6 中。

某些金属硫化物的酸溶 $\text{pH}_T^\ominus$ 列于表 3-7 中。

表 3-3 某些金属氧化物的酸溶 $pH_T^\ominus$

氧化物	MnO	CdO	CoO	NiO	ZnO	CuO	In_2O_3	Fe_3O_4	Ga_2O_3	Fe_2O_3	SnO_2
$pH_{298}^\ominus$	8.96	8.69	7.51	6.06	5.801	3.945	2.522	0.891	0.743	−0.24	−2.102
$pH_{373}^\ominus$	6.792	6.78	5.58	3.16	4.347	3.549	0.969	0.0435	−0.431	−0.991	−2.895
$pH_{473}^\ominus$			3.89	2.58	2.88	1.78	−0.453		−1.412	−1.579	−3.55

表 3-4 某些金属铁酸盐的酸溶 $pH_T^\ominus$

铁酸盐	$CuO\cdot Fe_2O_3$	$CoO\cdot Fe_2O_3$	$NiO\cdot Fe_2O_3$	$ZnO\cdot Fe_2O_3$
$pH_{298}^\ominus$	1.581	1.213	1.227	0.6747
$pH_{373}^\ominus$	0.560	0.352	0.205	−0.1524

表 3-5 某些金属砷酸盐的酸溶 $pH_T^\ominus$

砷酸盐	$Zn_3(AsO_4)_2$	$Co_3(AsO_4)_2$	$Cu_3(AsO_4)_2$	$FeAsO_4$
$pH_{298}^\ominus$	3.294	3.162	1.918	1.027
$pH_{373}^\ominus$	2.441	2.382	1.32	0.921

表 3-6 某些金属硅酸盐的酸溶 $pH_T^\ominus$

硅酸盐	$PbO\cdot SiO_2$	$FeO\cdot SiO_2$	$ZnO\cdot SiO_2$
$pH_{373}^\ominus$	2.636	2.86	1.791

表 3-7 某些金属硫化物的酸溶 $pH_T^\ominus$

硫化物	As_2S_3	HgS	Ag_2S	Sb_2S_3	Cu_2S	CuS	$CuFeS_2$①	PbS	NiS(γ)
$pH_{298}^\ominus$	−16.12	−15.59	−14.14	−13.85	−13.45	−7.088	−4.405	−3.096	−2.888
硫化物	CdS	SnS	ZnS	$CuFeS_2$②	CoS	NiS(α)	FeS	MnS	Ni_3S_2
$pH_{298}^\ominus$	−2.616	−2.028	−1.586	−0.7361	+0.327	+0.635	+1.726	+3.296	+0.474

注：①反应产物为 $Cu^{2+}+H_2S$；②反应产物为 $CuS+H_2S$；NiS 的 γ、α 为晶格形态。

从表 3-3 到表 3-7 中的 $pH_T^\ominus$ 可知，大多数金属氧化物、金属铁酸盐、金属砷酸盐和金属硅酸盐能溶于酸性液中；同一金属的铁酸盐、金属的砷酸盐和同一金属的硅酸盐均比其简单氧化物稳定，较难被酸液溶解；金属硫化矿物中只有 FeS、NiS(α)、CoS、MnS、Ni_3S_2 等能简单酸溶；随着浸出温度的升高，金属氧化物在酸液中的稳定性也相应增大。因此，钴、镍、锌、铜、镉、锰、磷等氧化矿，氧化焙烧的焙砂和烟尘可采用简单酸浸法浸出。氧化焙烧时须严格控制焙烧温度，以防止较易酸浸的简单金属氧化物转变为较难酸浸的金属含氧酸盐。简单酸浸时，只需适当控制酸度(pH)即可达到选择性浸出的目的。

稀硫酸溶液浸出时，游离态的二氧化硅脉石不溶解，但结合态的硅酸盐会部分溶解生成硅酸。其溶解量随浸出酸度和温度的升高而增大。当 pH 小于 2 时，硅酸会聚合生成硅胶，对后续作业的操作有一定的影响。因此，简单酸浸时，应尽量避免采用高酸度浸出。

3.2.2.2　氧化酸浸

氧化酸浸是以具有氧化能力的酸或将无氧化能力的酸与氧化剂一起用作浸出剂的酸浸工艺，是浸出金属硫化矿物及变价金属低价化合物常用的方法之一。

氧化酸浸的反应，可用下列通式表示：

$$aA+mH^++ne^-\longrightarrow bB+cH_2O$$

其平衡电极电位可用能斯特(Nernst)公式表示：

$$\varepsilon=\varepsilon^{\ominus}-\frac{RT}{nF}\ln Q$$

$$\varepsilon=\varepsilon^{\ominus}-\frac{RT}{nF}\ln\frac{[B]^b\cdot[H_2O]^c}{[A]^a\cdot[H^+]^m}=\varepsilon^{\ominus}+\frac{8.31\times298}{96500n}\times2.3\lg\frac{[A]^a\cdot[H^+]^m}{[B]^b}$$

$$=\varepsilon^{\ominus}+\frac{0.0591}{n}\lg\frac{[A]^a\cdot[H^+]^m}{[B]^b}=\varepsilon^{\ominus}+\frac{0.0591}{n}(a\lg\alpha_A-m\,pH-b\lg\alpha_B)$$

氧化酸浸反应进行的程度取决于溶液的平衡还原电位和溶液的 pH。控制反应的途径主要是调节电位和酸碱度。

氧化酸浸时，常用的氧化剂为三价铁离子、氯气、硝酸、氧气、次氯酸、二氧化锰。选矿中使用最多的是铁离子、氧气、二氧化锰。它们的电化学还原方程式如下：

$$Fe^{3+}+e^-=\!=\!=Fe^{2+}\qquad \varepsilon^{\ominus}=+0.771\ V$$

$$Cl_2+2e^-=\!=\!=2Cl^-\qquad \varepsilon^{\ominus}=+1.36\ V$$

$$O_2+4H^++4e^-=\!=\!=2H_2O\qquad \varepsilon^{\ominus}=+1.229\ V$$

$$NO_3^-+3H^++2e^-=\!=\!=HNO_2+H_2O\qquad \varepsilon^{\ominus}=+0.94\ V$$

$$2ClO^-+4H^++2e^-=\!=\!=Cl_2+2H_2O\qquad \varepsilon^{\ominus}=+1.63\ V$$

氧化浸出特别适用于金属硫化物及金属低价化合物的浸出。

如从图 3-1 中的曲线可知金属硫化矿物在水溶液中虽然比较稳定，但在有氧化剂存在的条件下，绝大多数的金属硫化矿物在酸溶液或碱溶液中均不稳定。此时发生两类氧化反应：

$$MeS+\frac{1}{2}O_2+2H^+\longrightarrow Me^{2+}+S^0+H_2O$$

$$MeS+2O_2\longrightarrow Me^{2+}+SO_4^{2-}$$

只有 $pH^{\ominus}_{下限}$ 较高的 FeS、NiS、MnS、CoS 等可以简单酸浸，大部分硫化物的 $pH^{\ominus}_{下限}$ 很负，只有使用氧化剂才能将硫化物中的硫氧化。据工艺要求，可以通过控制浸出 pH 和电位，使硫化物中的金属转入溶液，使硫氧化为元素硫或硫酸根。

此外，对于某些低价化合物，如 UO_2、Cu_2S、Cu_2O 等，也需使其氧化为高价后才能溶于酸液中。图 3-2 为 U-H_2O 系的 ε-pH 图，铀矿中的铀主要呈 UO_3、U_3O_8、UO_2 等形态存在，其中 UO_3 易溶于酸，而 UO_2 和 U_3O_8 只有添加氧化剂时才能溶于酸。其浸出反应可表示为

$$UO_3+2H^+ \longrightarrow UO_2^{2+}+H_2O \qquad pH=7.4-\frac{1}{2}\lg\alpha_{UO_2^{2+}}$$

$$U_3O_8+4H^+-2e^- \longrightarrow 3UO_2^{2+}+2H_2O \qquad \varepsilon=-0.40+0.12pH+0.0911\lg\alpha_{UO_2^+}$$

$$UO_2^{2+}+2H_2O \longrightarrow UO_2(OH)_2+2H^+ \qquad pH=2.5-\frac{1}{2}\lg\alpha_{UO_2^{2+}}$$

$$UO_2+4H^+ \longrightarrow U^{4+}+2H_2O \qquad pH=0.95-\frac{1}{4}\lg\alpha_{U^{4+}}$$

$$UO_2^{2+}+2e^- \longrightarrow UO_2 \qquad \varepsilon=0.22+0.031\lg\alpha_{UO_2^{2+}}$$

$$UO_2^{2+}+4H^++2e^- \longrightarrow U^{4+}+2H_2O \qquad \varepsilon=0.33-0.12pH+0.031\lg\frac{\alpha_{UO_2^{2+}}}{\alpha_{U^{4+}}}$$

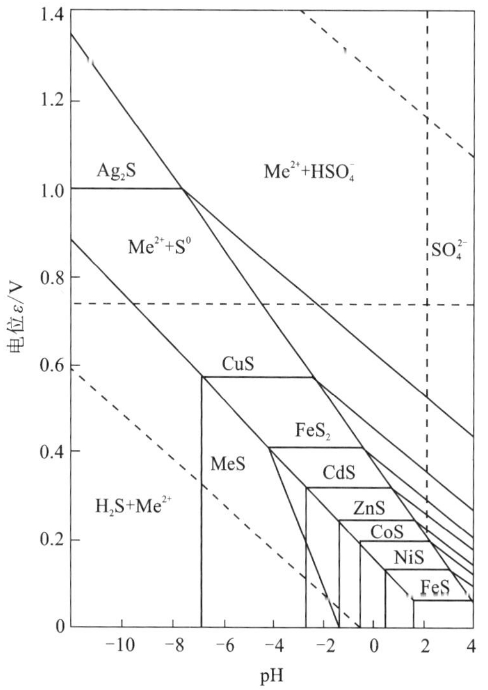

图 3-1　Me-H_2O 系的 ε-pH 图

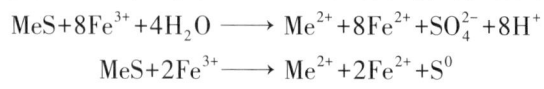

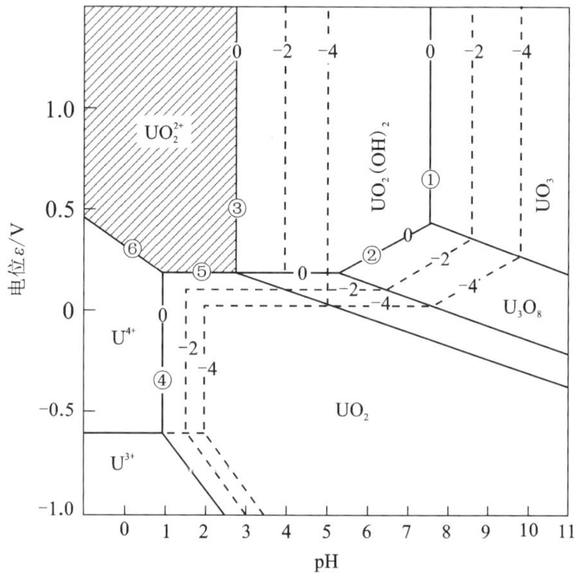

图 3-2　U-H_2O 系的 ε-pH 图

通常铀矿浸出液中的铀浓度为 1 g/L(约 10^{-2}mol/L)。由图 3-2 可知，UO_2 直接酸溶需较高的酸度(pH<1.45)。当加入氧化剂时，UO_2 则易氧化为 UO_2^{2+} 进入浸出液中(pH<3.5，ε>0.16 V)。工业生产中常采用 MnO_2 作氧化剂，Fe^{3+}/Fe^{2+} 作催化剂，在 1.45<pH<3.5 的条件下，用稀硫酸溶液在常温常压下氧化浸出铀矿石。MnO_2 用量为矿石质量的 0.5%～2.0%，Fe^{2+}来自矿石本身所含亚铁盐的溶解。

高价化合物是常见的氧化剂，如三价铁盐和氧化锰等。生产实践中常用高价铁盐溶液作金属硫化矿物的氧化剂。高价铁离子氧化浸出金属硫化矿物的反应可用下式表示：

$$MeS+8Fe^{3+}+4H_2O \longrightarrow Me^{2+}+8Fe^{2+}+SO_4^{2-}+8H^+$$

$$MeS+2Fe^{3+} \longrightarrow Me^{2+}+2Fe^{2+}+S^0$$

高价铁离子可使金属硫化矿物的硫氧化为硫酸根或元素硫。实际生成的硫酸根很少，硫主要氧化为元素硫。如用三氯化铁溶液浸出铜蓝时，只有 4%的硫氧化为硫酸根，大部分硫呈元素硫形态析出。高价铁离子很难再将硫氧化为硫酸根。

根据三氯化铁溶液浸出各种金属硫化矿物的试验结果，其从难到易的浸出顺序为：辉钼矿 → 黄铁矿 → 黄铜矿 → 镍黄铁矿 → 辉钴矿 → 闪锌矿 → 方铅矿 → 辉铜矿 → 磁黄铁矿。这一浸出顺序与金属硫化物的标准还原电位顺序不尽相同，可能是浸出速率不同的缘故。

采用高价铁盐溶液浸出金属硫化矿物时，可采用调整溶液 pH 和调整高价铁离子浓度的方法，控制溶液的还原电位和反应产物。欲使目的金属组分呈离子形态存在于溶液中，硫呈元素硫形态留在浸出渣中，除对不同的金属硫化矿物应满足其氧化的还原电位条件外，溶液的 pH 还应低于 $pH^{\ominus}_{上限}$而高于 $pH^{\ominus}_{下限}$。

采用高价铁盐溶液浸出金属硫化矿物时，应采用相应的方法进行试剂再生。常用的高价铁盐再生的方法为氧化法、隔膜电解法和软锰矿再生法等。

(1)氧化法。

氧化法是将一定压力的空气或氯气通入含亚铁离子的溶液中，将亚铁离子氧化为高价铁离子。其反应为：

$$2Fe^{2+}+\frac{1}{2}O_2+H_2O \longrightarrow 2Fe^{3+}+2OH^-$$

$$Fe^{2+}+\frac{1}{2}Cl_2 \longrightarrow Fe^{3+}+Cl^-$$

当高价铁离子浓度达到要求时，用酸调整溶液的 pH 后即可将其返回浸出作业循环使用。

(2)隔膜电解法。

隔膜电解时的电极反应为：

阳极反应：

$$2Cl^- -2e^- \longrightarrow Cl_2\uparrow \qquad \varepsilon^{\ominus}=+1.395\ V$$

$$Fe^{2+}-e^- \longrightarrow Fe^{3+} \qquad \varepsilon^{\ominus}=+0.771\ V$$

阴极反应：

$$FeCl_2+2e^- \longrightarrow Fe+2Cl^- \qquad \varepsilon^{\ominus}=-0.44\ V$$

$$2HCl+2e^- \longrightarrow H_2\uparrow+2Cl^- \qquad \varepsilon^{\ominus}=0.00\ V$$

从上述电极反应可知，阳极反应主要是亚铁离子被氧化为高价铁离子，而氯根氧化为氯气的反应非常缓慢。但新生成的初生态氯的氧化能力很强，足可将亚铁离子氧化为高价铁离子。当阴极室充入氯化亚铁溶液时，阴极反应主要为亚铁离子被还原为金属铁。当阴极室只充入稀盐酸溶液时，阴极反应主要为析氢反应。

当亚铁量不足时，可采用盐酸溶解铁屑的方法获得氯化亚铁溶液。当高价铁离子浓度过高时，可用石灰中和法除去多余的铁离子和其他杂质离子。

(3)软锰矿再生法。

软锰矿粉为中等强度的氧化剂，在氯化亚铁溶液中加入一定量的软锰矿粉，搅拌一定时间，当高价铁离子达到要求浓度后再调整 pH，然后即可将其返回浸出作业循环使用，难点在于锰难以分离。

除了前述的氧气、高价化合物等氧化剂之外，浓硫酸、硝酸等也是常用氧化剂。如热的浓硫酸也是强氧化酸，可将大多数金属硫化矿物氧化为相应的金属硫酸盐。其反应可表示为

$$MeS+2H_2SO_4 = MeSO_4+SO_2+S+2H_2O$$

在 200~250 ℃条件下，热浓硫酸还可分解某些稀有金属矿物，如可分解磷铈镧矿(独居石)、钛铁矿等。有时可直接用硝酸作浸出剂，浸出辉钼矿、有色金属硫化矿物、铜银矿物、含砷硫化矿物和稀有金属矿物。

3.2.2.3 还原酸浸

还原酸浸是采用还原性酸性溶剂作浸出剂，浸出某些高价金属氧化物或氢氧化物。如低品位锰矿，海底锰结核，净化钴渣、锰渣等，有用组分主要为 MnO_2、$Co(OH)_3$、Co_2O_3、$Ni(OH)_3$ 等，采用简单酸浸难以将其浸出，常将高价态金属离子还原成低价态金属离子后进行酸浸。

工业生产中常用的还原浸出剂为 Fe^{2+}、FeO、HCl、SO_2 等。其浸出反应为

$$MnO_2+2Fe^{2+}+4H^+ \longrightarrow Mn^{2+}+2Fe^{3+}+2H_2O$$

$$\varepsilon=0.457-0.118pH-0.0295\lg\alpha_{Mn^{2+}}+0.0591\lg\frac{\alpha_{Fe^{3+}}}{\alpha_{Fe^{2+}}}$$

$$MnO_2+\frac{2}{3}Fe+4H^+ \longrightarrow Mn^{2+}+\frac{2}{3}Fe^{3+}+2H_2O$$

$$\varepsilon=1.264-0.118pH-0.0295\lg\alpha_{Mn^{2+}}+0.0197\lg\alpha_{Fe^{3+}}$$

$$MnO_2+SO_2 \longrightarrow Mn^{2+}+SO_4^{2-}$$

$$\varepsilon=1.058-0.0295\lg\alpha_{Mn^{2+}}-0.0295\lg\alpha_{SO_4^{2-}}+0.0295\lg p_{SO_2}$$

$$2Co(OH)_3+SO_2+2H^+ \longrightarrow 2Co^{2+}+SO_4^{2-}+4H_2O$$

$$\varepsilon=1.578-0.0591pH-0.0295\lg\alpha_{Co^{2+}}-0.0295\lg\alpha_{SO_4^{2-}}+0.0295\lg p_{SO_2}$$

$$2Ni(OH)_3+SO_2+2H^+ \longrightarrow 2Ni^{2+}+SO_4^{2-}+4H_2O$$

$$\varepsilon=2.089-0.0591pH-0.0295\lg\alpha_{Ni^{2+}}-0.0295\lg\alpha_{SO_4^{2-}}+0.0295\lg p_{SO_2}$$

金属铁的还原能力比亚铁离子大，用量少，但其耗酸量大，铁会污染浸出液。二氧化硫的还原能力大，不耗酸，不污染浸出液。

二氧化硫的工业浸出工艺参数为：SO_2 含量为 6%~8%，浸出温度为 70~80 ℃，浸出 6~7 h，钴、镍、锰的浸出率均可达 98%~99%。盐酸主要用于浸出钴渣，但盐酸的还原能力较小，浸出温度较高(80~90 ℃)，浸出 pH 应小于 2。其浸出反应为

$$2Co(OH)_3+6HCl \longrightarrow 2CoCl_2+6H_2O+Cl_2\uparrow$$

$$2Ni(OH)_3+6HCl \longrightarrow 2NiCl_2+6H_2O+Cl_2\uparrow$$

盐酸还可浸出镍冰铜。其浸出反应为

$$Ni_3S_2+6HCl \longrightarrow 3NiCl_2+2H_2S+H_2\uparrow$$

由于 Cu_2S 的平衡 pH 较负，难酸溶，因此，采用盐酸浸出镍冰铜，可使镍、钴与铜基本分离。

3.2.3 碱性浸出

碱性浸出是指使用碱性浸出剂将矿石中的有用组分选择性地浸出到溶液中的过程。碱性浸出剂的反应能力较酸性浸出剂弱，但其浸出选择性较高，浸液中杂质含量较低、设备腐蚀

小。化学选矿中常用的碱性浸出试剂有氢氧化钠、氨、碳酸钠和硫化钠。

3.2.3.1 氢氧化钠溶液浸出

氢氧化钠溶液可直接用于浸出方铅矿、闪锌矿、黑钨矿、白钨矿、铝土矿、独居石和硫铁矿等，可使相应的目的组分转入浸出液或浸渣中。上述主要化学反应分别如下：

$$PbS+4NaOH \xlongequal{} Na_2PbO_2+Na_2S+2H_2O$$

$$ZnS+4NaOH \xlongequal{} Na_2ZnO_2+Na_2S+2H_2O$$

$$FeWO_4+2NaOH \xlongequal{} Na_2WO_4+Fe(OH)_2$$

$$MnWO_4+2NaOH \xlongequal{} Na_2WO_4+Mn(OH)_2$$

$$CaWO_4+2NaOH \xlongequal{} Na_2WO_4+Ca(OH)_2$$

$$Al_2O_3 \cdot nH_2O+2NaOH \xlongequal{} 2NaAlO_2+(n+1)H_2O$$

$$RPO_4+3NaOH \xlongequal{} R(OH)_3\downarrow+Na_3PO_4$$

$$FeS+2NaOH \xlongequal{} Fe(OH)_2+Na_2S$$

氢氧化钠溶液是拜耳法生产氧化铝的主要浸出试剂。若铝土矿中的铝呈三水铝石形态存在，在 110 ℃和氢氧化钠的浓度为 200~240 g/L 的条件下，铝可完全转入浸出液中。

3.2.3.2 硫化钠溶液浸出

硫化钠溶液可浸出分解砷、锑、锡、汞的硫化矿物，可使相应的目的组分呈可溶性硫代酸盐的形态转入浸出液中。上述主要化学反应分别如下：

$$As_2S_3+3Na_2S \longrightarrow 2Na_3AsS_3$$

$$As_2S_5+3Na_2S \longrightarrow 2Na_3AsS_4$$

$$Sb_2S_3+3Na_2S \longrightarrow 2Na_3SbS_3$$

$$Sb_2S_5+3Na_2S \longrightarrow 2Na_3SbS_4$$

$$SnS_2+Na_2S \longrightarrow Na_2SnS_3$$

$$HgS+Na_2S \longrightarrow Na_2HgS_2$$

$$As_2S_3+Na_2S \longrightarrow 2NaAsS_2$$

$$Sb_2S_3+Na_2S \longrightarrow 2NaSbS_2$$

为了防止硫化钠水解失效，以提高相应组分的浸出率，实践应用中常采用硫化钠与氢氧化钠的混合溶液作浸出剂。生产实践中，可利用上述反应原理进行精矿除杂或从矿物原料中提取这些有用组分，如从铜、钴、镍精矿中除砷，从锡矿中提取锡，从辰砂中提取汞等。

3.2.4 盐浸出

盐浸出是某些无机盐水溶液或其酸性液（或碱性液）作浸出剂，以浸出矿物原料中的某些目的组分。常用的盐浸试剂为 NaCl、$CaCl_2$、$MgCl_2$、$(NH_4)_2SO_4$、$FeCl_3$、$Fe_2(SO_4)_3$、$CuCl_2$、NaClO、NaCN 等。

3.2.4.1 钠盐浸出

氯化钠溶液可作为浸出剂或添加剂（配合剂）使用。用作浸出剂时，氯化钠溶液可直接与目的组分矿物作用，使目的组分呈可溶性氯化物的形态转入浸出液中。用作添加剂时，氯化钠溶液起配合剂作用，以提高被浸组分在浸出液中的溶解度。$CaCl_2$、$MgCl_2$ 的作用与 NaCl

相似。氯化钠的酸性液(pH 为 0.5~1.5)可作为铅矾、氯化铅、氯化银的浸出剂。浸出铅矾的反应为

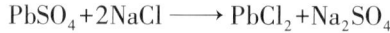

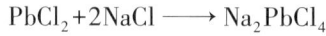

$$PbSO_4+2NaCl \longrightarrow PbCl_2+Na_2SO_4$$

$$PbCl_2+2NaCl \longrightarrow Na_2PbCl_4$$

在离子稀土矿开采初期，生产实践中采用 6%~7%的氯化钠水溶液作浸出剂浸出稀土。浸出稀土的主要反应是钠离子置换离子吸附型稀土矿中的稀土离子，使稀土离子转入浸出液中。采用此浸出工艺浸出离子吸附型稀土矿时，稀土的浸出率可达 95%以上。

3.2.4.2 铵盐浸出

稀土元素以吸附的形式吸附在黏土矿物夹层里，黏土矿物层间是分子键，由于晶格取代导致层间荷电，黏土矿物需要吸附稀土元素保持自身电中性。NH_4^+ 可以与稀土元素离子交换提取稀土元素，稀土浸出的方程式如下：

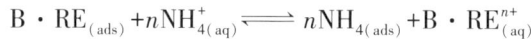

$$B \cdot RE_{(ads)}+nNH_{4(aq)}^{+} \rightleftharpoons nNH_{4(ads)}+B \cdot RE_{(aq)}^{n+}$$

方程式中：$B \cdot RE_{(ads)}$ 为吸附态的稀土离子化合物；$NH_{4(aq)}^{+}$ 为溶液中的氨根离子；$NH_{4(ads)}^{+}$ 为吸附态的氨根离子；$B \cdot RE_{(aq)}^{n+}$ 为溶液中的稀土离子；n 为反应物的摩尔比。

主要采用硫酸铵溶液作离子吸附型稀土矿的浸出剂，由于 NH_4^+ 的交换势比 Na^+ 的交换势大，故仅采用 1.5%~3.0%的硫酸铵水溶液即可将 95%以上的离子相稀土转入浸出液中。

3.2.5 配位浸出

配位浸出是当浸出剂中含有目的组分的配合剂时，某些难氧化的正电性金属可与配合剂作用，可大幅度降低其被氧化的还原电位，生成稳定的配合物转入浸出液中。生产中常利用此原理浸出某些标准电极电位较高、较难被常用氧化剂氧化的目的组分(如金、银、铜、钴、镍、铂族金属等)。常压配合浸出有常压碱性配合浸出与常压酸性配合浸出。

碱性配合浸出又分为：氨配合浸出、氰化配合浸出、硫代硫酸盐浸出。

酸性配合浸出有：液氯法浸出、硫脲法浸出、氯盐法浸出、王水浸出。

配合浸出方法广泛应用于金属及其化合物的浸出过程，以金属配合浸出过程为例，浸出体系反应可由下列反应合成：

$$Me+zL-ne^- \rightleftharpoons MeL_z^{n+} \tag{3-1}$$

$$\begin{cases} Me-ne^- \rightleftharpoons Me^{n+} & (3-2) \\ Me^{n+}+zL \rightleftharpoons MeL_z^{n+} & (3-3) \end{cases}$$

$$\Delta G^{\ominus}=-RT\ln K_f=-nF_{\varepsilon}^{\ominus}$$

$$\varepsilon_{Me^{n+}/MeL_z^{n+}}^{\ominus}=-\varepsilon_{MeL_z^{n+}/Me}^{\ominus}+\varepsilon_{Me^{n+}/Me}^{\ominus}=\frac{RT}{nF}\ln K_f$$

$$\varepsilon_{MeL_z^{n+}/Me}^{\ominus}=\varepsilon_{Me^{n+}/Me}^{\ominus}-\frac{RT}{nF}\ln K_f=\varepsilon_{Me^{n+}/Me}^{\ominus}+\frac{RT}{nF}\ln K_d=\varepsilon_{Me^{n+}/Me}^{\ominus}+\frac{0.0591}{n}\lg K_d$$

式中：Me^{n+} 为金属阳离子；L 为配合体(可带电或不带电)；z 为金属阳离子的配位数；K_f 为配合物的稳定常数；K_d 为配合物的解离常数。

金属离子与配合体生成的配合物愈稳定(即 K_f 愈大)，配离子与金属电对的标准还原电位值愈小，即相应的金属愈易被氧化而呈配离子形态转入浸出液中。

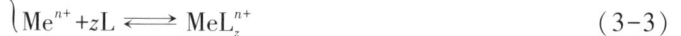

不同价态的同一金属离子的配合反应为

$$Me^{m+}+(m-n)e^{-} \longrightarrow Me^{n+} \quad m>n$$

$$MeL_p^{m+}+(m-n)e^{-} \longrightarrow MeL_p^{n+}$$

$$\varepsilon^{\ominus}_{MeL_p^{m+}/MeL_p^{n+}}=\varepsilon^{\ominus}_{Me^{m+}/Me^{n+}}-\frac{0.0591}{m-n}\lg\frac{K_m}{K_n}$$

式中：K_m 为同一金属高价离子的配合常数；K_n 为同一金属低价离子的配合常数。

同一金属的高价离子配合物比低价离子配合物稳定(即 $K_m>K_n$)，则其低价离子配合物愈易被氧化而呈高价离子配合物形态存在。

3.2.5.1 氨浸出

常压氨浸法是处理金属铜和氧化铜矿物原料的有效方法，常用碳酸铵和氢氧化铵的混合溶液作浸出试剂。当矿石中结合铜含量高时，可预先进行还原焙烧，使大部分结合氧化铜转变为游离氧化铜，少部分被还原为金属铜。常压氨浸时，硫化铜矿物溶解不完全，镍、钴的硫化矿物及贵金属留在浸出渣中，可采用浮选法从浸出渣中回收铜、镍、钴的硫化矿物及贵金属，浮选产出的硫化矿物精矿送冶炼厂处理。

常压氨浸出过程的主要化学反应为：

黑铜矿：

$$CuO+2NH_4OH+(NH_4)_2CO_3 \longrightarrow Cu(NH_3)_4CO_3+3H_2O$$

蓝铜矿：

$$2CuCO_3 \cdot Cu(OH)_2+12NH_4OH+2(NH_4)_2CO_3 \longrightarrow 4Cu(NH_3)_4CO_3+16H_2O$$

$$Cu+Cu(NH_3)_4CO_3 \longrightarrow Cu_2(NH_3)_4CO_3$$

$$Cu_2(NH_3)_4CO_3+2NH_4OH+(NH_4)_2CO_3+\frac{1}{2}O_2 \longrightarrow 2Cu(NH_3)_4CO_3+3H_2O$$

可见，$Cu^{+} \longrightarrow Cu^{2+}+e^{-}$之间的氧化还原反应起了催化作用，可加速金属铜的浸出溶解。

在有氧存在的条件下，镍、钴的浸出反应可表示为

$$Ni+\frac{1}{2}O_2+nNH_3+CO_2 \longrightarrow Ni(NH_3)_n^{2+}+CO_3^{2-}$$

$$Co+\frac{1}{2}O_2+nNH_3+CO_2 \longrightarrow Co(NH_3)_n^{2+}+CO_3^{2-}$$

在氨配离子中，通常镍、钴的配位数为 6，铜的配位数为 4。

浸出矿浆经固液分离，可获得较纯净的浸出液。将浸出液加热至沸点，氨配离子和碳酸铵被分解，氨及二氧化碳呈气体逸出。浸液中的铜呈氧化铜沉淀析出。浸液中的镍、钴则分别呈碱式碳酸镍和氢氧化钴的形态沉淀析出。含氨和二氧化碳的蒸气经冷凝吸收后转变为碳酸铵和氢氧化铵，可返回洗涤作业或浸出作业循环使用。过程的主要反应为

$$Cu(NH_3)_4CO_3 \xrightarrow{加热} CuO\downarrow+4NH_3\uparrow+CO_2\uparrow$$

$$2Ni(NH_3)_6CO_3+2H_2O \xrightarrow{加热} Ni(OH)_2 \cdot NiCO_3 \cdot H_2O\downarrow+12NH_3\uparrow+CO_2\uparrow$$

$$[Co(NH_3)_6]_2(CO_3)_3+3H_2O \xrightarrow{加热} 2Co(OH)_3\downarrow+12NH_3\uparrow+3CO_2\uparrow$$

$$(NH_4)_2CO_3 \xrightarrow{加热} 2NH_3\uparrow+CO_2\uparrow+H_2O$$

$$4NH_3+CO_2+3H_2O \longrightarrow (NH_4)_2CO_3+2NH_4OH$$

由于金属铜、钴、镍在氨液中形成了稳定的可溶性氨配离子，扩大了它们在溶液中的稳定区和降低了它们被氧化成配合离子的还原电位，因此它们较易转入氨浸出液中。Co-NH_3-H_2O 系、Ni-NH_3-H_2O 系、Cu-NH_3-H_2O 系和 Fe-NH_3-H_2O 系的 ε-pH 图分别如图 3-3～图 3-6 所示。

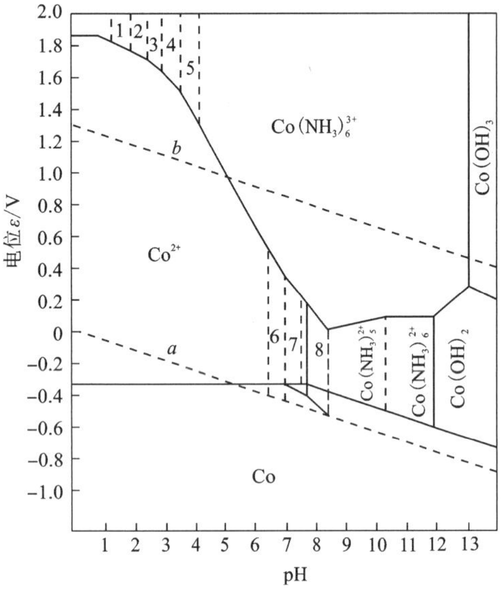

1—$Co(NH_3)^{2+}$；2—$Co(NH_3)_2^{2+}$；

3—$Co(NH_3)_3^{2+}$；4—$Co(NH_3)_4^{2+}$；

5—$Co(NH_3)_5^{2+}$；6—$Co(NH_3)_2^{2+}$；

7—$Co(NH_3)_3^{2+}$；8—$Co(NH_3)_4^{2+}$。

图 3-3　Co-NH_3-H_2O 系的 ε-pH 图

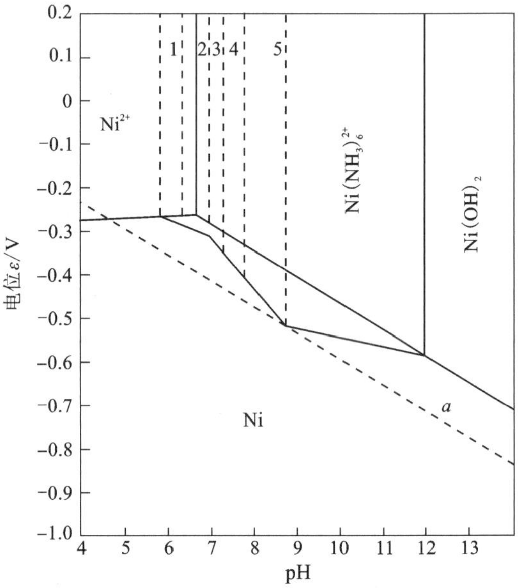

1—$Ni(NH_3)^{2+}$；2—$Ni(NH_3)_2^{2+}$；

3—$Ni(NH_3)_3^{2+}$；4—$Ni(NH_3)_4^{2+}$；

5—$Ni(NH_3)_5^{2+}$。

图 3-4　Ni-NH_3-H_2O 系的 ε-pH 图

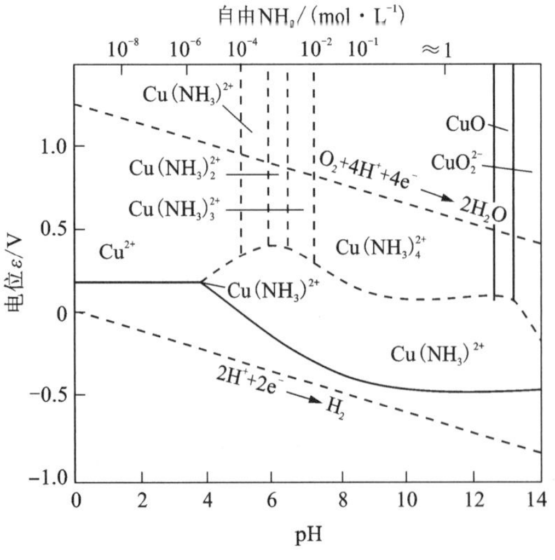

图 3-5　Cu-NH_3-H_2O 系的 ε-pH 图

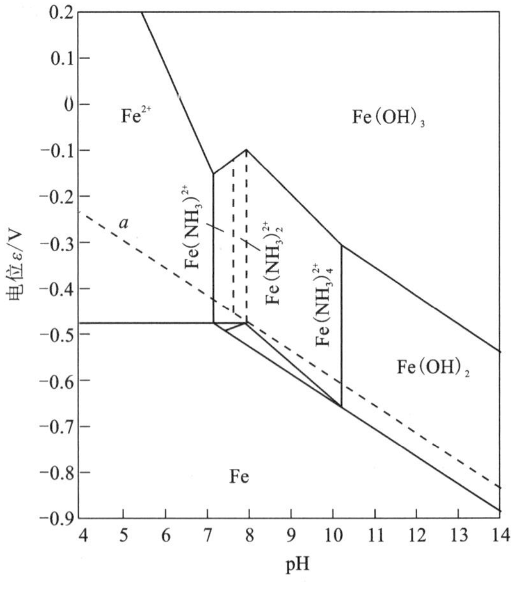

图 3-6　Fe-NH_3-H_2O 系的 ε-pH 图

从图中曲线可知，溶液中存在空气时，$Fe(NH_3)_n^{2+}$ 的稳定区相当小，极易被氧化为高价铁，当浸液 pH = 10 时，呈氢氧化铁沉淀析出。因此，在氨液中可选择性地浸出铜、钴、镍。

目前，已发现多种金属氨配离子，如锌、汞、银、镉、铜、镍、钴等的氨配离子。25 ℃时的铜、镍、钴的氨配离子生成反应的平衡常数的 $\lg K_f$ 和 $\varepsilon^{\ominus}_{Me(NH_3)_z^{2+}/Me}$ 值列于表 3-8 中。

表 3-8　$Me(NH_3)_z^{2+}$ 生成反应的 $\lg K_f$ 和 $\varepsilon^{\ominus}_{Me(NH_3)_z^{2+}/Me}$ 值

$Me(NH_3)_z^{2+}$ 中 z 值	$\lg K_f$			$\varepsilon^{\ominus}_{Me(NH_3)_z^{2+}/Me}$		
	Cu^{2+}	Ni^{2+}	Co^{2+}	Cu^{2+}	Ni^{2+}	Co^{2+}
0				0.337	−0.241	−0.267
1	4.15	2.80	2.11	0.214	−0.324	−0.329
2	7.65	5.04	3.47	0.111	−0.390	−0.378
3	10.54	6.77	4.52	0.026	−0.441	−0.409
4	12.68	7.96	5.28	−0.038	−0.477	−0.431
5		8.71	5.46		−0.499	−0.436
6		8.74	4.84		−0.500	−0.481

常压氨浸法的特点为：

(1)常压下的浸出速率相当快，浸出时间较短；

(2)浸出选择性大，可获得相当纯净的铜、镍、钴的浸出液；

(3)从浸液中制取铜、镍、钴的沉淀物的工序相当简单；

(4)浸出试剂易再生回收；

(5)适用于处理铁质含量高且以碳酸盐脉石为主的铜、镍、钴的矿物原料。

3.2.5.2　氰化浸出

氰化浸出提取金、银是目前国内外处理金、银矿物原料的常规方法，自 1887 年开始采用氰化物从矿石中浸金至今已有百余年的历史。氰化法提取金、银，工艺成熟，技术经济指标较理想。

氰化物是金、银、铜矿物的有效浸出剂。其浸出反应可表示为

$$Au(CN)_2^- + e^- \longrightarrow Au + 2CN^- \qquad \varepsilon = -0.64 + 0.0591\lg\alpha_{Au(CN)_2^-} + 0.118p_{CN^-}$$

$$Ag(CN)_2^- + e^- \longrightarrow Ag + 2CN^- \qquad \varepsilon = -0.31 + 0.0591\lg\alpha_{Ag(CN)_2^-} + 0.118p_{CN^-}$$

$$Cu_2S + 6CN^- - 2e^- \longrightarrow 2Cu(CN)_3^- + S^{2-} \qquad K_f = 1.85\times10^{28}$$

从金、银氰化浸出的电化学方程式可知，当 p_{CN^-} 相同时，金的平衡电位比银的平衡电位低。因此，当氰化物浓度相同时，金比银更易被氰化物浸出。同时，金、银的平衡电位皆随浸出剂中氰根浓度的增大而下降，金、银愈易被浸出。

实际氰化生产中，氰根浓度一般为 0.03%~0.25%，以 0.05%计算，相当于 10^{-2} mol/L，浸液中金、银的浓度分别为 2 g/m³ 和 20 g/m³，相当于 $\alpha_{Au} = 10^{-5}$ mol/L、$\alpha_{Ag} = 10^{-4}$ mol/L。锌置换时，溶液中锌离子的活度 $\alpha_{Zn^{2+}} = 10^{-4}$ mol/L。根据氰化浸出金、银的有关反应的平衡条件和上述所给定的具体条件，即可计算出有关的 ε_T、p_{CN^-} 和 pH，所绘制的 Au、Ag、Zn-CN⁻-H_2O 系的

ε-pH 图如图 3-7 所示。

图中还绘制了ⓐ、ⓑ、ⓒ、ⓓ线，其相应的平衡方程为

$$2H^++2e^- \longrightarrow H_2$$

$$\varepsilon_{H^+/H_2}=-0.0591pH-0.0295\lg p_{H_2} \tag{ⓐ}$$

当 $p_{H_2}=0.1$ MPa(1 atm)时，则 $\varepsilon_{H^+/H_2}=-0.0591pH$。

$$O_2+4H^++4e^- \longrightarrow 2H_2O$$

$$\varepsilon_{O_2/H_2O}=1.229-0.0591pH+0.0148\lg p_{O_2} \tag{ⓑ}$$

当 $p_{O_2}=0.1$ MPa(1 atm)时，则 $\varepsilon_{O_2/H_2O}=1.229-0.0591pH$。

$$O_2+2H^++2e^- \longrightarrow H_2O_2$$

$$\varepsilon_{O_2/H_2O_2}=0.68-0.0591pH-0.0295\lg \alpha_{H_2O_2}+0.0295\lg p_{O_2} \tag{ⓒ}$$

当 $\alpha_{H_2O_2}=10^{-5}$ mol/L，$p_{O_2}=0.1$ MPa(1 atm)时，则 $\varepsilon_{O_2/H_2O_2}=0.83-0.0591pH$。

$$H_2O_2+2H^++2e^- \longrightarrow 2H_2O$$

$$\varepsilon_{H_2O_2/H_2O}=1.77-0.0591pH+0.0295\lg\alpha_{H_2O_2} \tag{ⓓ}$$

当 $\alpha_{H_2O_2}=10^{-5}$ mol/L 时，则 $\varepsilon=1.62-0.0591pH$。

从图 3-7 中各线的相对位置可知，氰化液中溶解氧的氧化能力足可将金、银氧化使其呈金氰配离子和银氰配离子转入浸出液中。

金、银的氰化浸出机理属电化腐蚀-氧化配合机理，化学反应速率较快，氰化的效果与浸出溶液 pH、溶解氧和氰根离子的浓度密切相关。从图 3-7 中的曲线可知，当 pH=9.0 时，氰化浸出金、银的推动力最大。因此，生产实践中常加入石灰作保护碱，使浸出矿浆的 pH 维持在 10 左右，以稳定操作。用石灰为保护碱，当 pH 大于 11.5 时，金的氰化浸出速率明显下降，可能是石灰与矿浆中积累的过氧化氢作用生成过氧化钙的缘故。由于银的氧化线比氢线(ⓐ线)高，故氰化浸银时不会析出氢气。金的氧化线比氢线(ⓐ线)低，氰化浸金时有可能析出氢气，但析出氢气的 pH 范围较小。

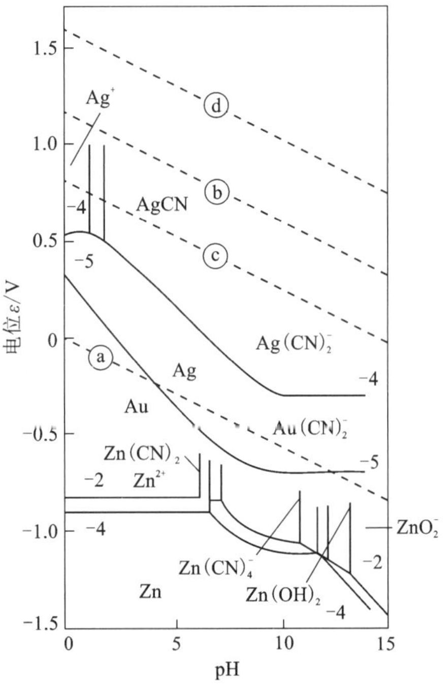

图 3-7 Au、Ag、Zn-CN^--H_2O 系的 ε-pH 图

氰化过程的速率取决于溶液中的氧和氰根的扩散速率。理论推导表明，当溶液中 [CN^-]：[O_2]=6：1 时，金的浸出速率达最大值。实际测定结果为：当 [CN^-]：[O_2]=4.69~7.4 时，金的氰化浸出速率达最大值。可以认为理论推导值与实际测量值是吻合的。在常压室温条件下，溶液中的溶解氧浓度为 8.2 mg/L，相当于 0.256×10^{-3} mol/L，相应的适宜氰根浓度为 $6\times0.256\times10^{-3}$ mol/L=1.54×10^{-3} mol/L，即相当于 0.01%的氰浓度时，金的氰化浸出速率达最大值。因此，金、银氰化浸出时，除应添加石灰维持矿浆的 pH 为 10 左右外，还应不断向浸出矿浆中鼓入空气，以使矿浆中的游离氰根浓度和溶解氧的浓度保持一定的比例。

金矿物原料中除含银外，一般均含有其他的伴生组分。这些伴生组分有的对金、银的氰化浸出可起促进作用，有的对金、银的氰化浸出起不利作用。试验研究表明，少量的铅、汞、铋、铊等盐类可加速金的氰化浸出。由于金只能从溶液中置换铅、汞、铋、铊这四种金属离子，可能是金与被置换所得金属形成合金，改变了金粒的表面状态，产生蚀变，因而加速金粒的氰化溶解。

与金伴生的磁黄铁矿，铜、锌、铁硫化矿物，砷、锑矿物和含碳物质等皆对金的氰化浸出起不利作用。因此，处理含以上不利于氰化浸金的组分时，应采取适当措施预先将其除去或将其不利作用降至最低，必要时可采用其他方法处理此类不宜氰化的含金、银矿物原料。

为了强化氰化浸出金、银过程，除了完善传统的二步法(CCD 流程)外，目前在工业生产中已广泛采用一步法提金工艺，其中包括氰化炭浆法(CCIP)、氰化炭浸法(CCIL)、氰化树脂矿浆法(CRIP)、氰化磁炭法(CmagcHal)等。在氰化浸出金、银的同时，金、银氰根配阴离子被活性炭或阴离子交换树脂所吸附，矿浆液相中已溶金、银的浓度始终维持最低值，故一步法提金工艺可强化浸出过程，提高氰化浸出金、银的速率和浸出率。

3.2.5.3　硫代硫酸盐浸出

浸出金、银时，采用的硫代硫酸盐主要为硫代硫酸铵或硫代硫酸钠。它们均含有 $S_2O_3^{2-}$ 基团，易溶于水，在干燥空气中易风化，在潮湿空气中易潮解。它们在酸性介质中将转变为硫代硫酸，并立即分解为元素硫和亚硫酸，亚硫酸又立即分解为二氧化硫和水。故硫代硫酸盐溶液浸出金、银只能在碱性介质中进行，而且一般采用氨介质。

硫代硫酸根离子中的两个硫原子的平均价态为+2 价，具有较强的还原性，易被氧化为+4 价和+6 价。其被氧化的反应可表示为

$$S_2O_3^{2-}+4Cl_2+5H_2O \longrightarrow 2SO_4^{2-}+8Cl^-+10H^+$$

$$2S_2O_3^{2-}+I_2 \longrightarrow S_4O_6^{2-}+2I^-$$

硫代硫酸根离子可与一系列金属阳离子生成配合离子。某些金属硫代硫酸盐配合离子和金属氨配合离子的稳定常数(*K* 值)列于表 3-9 中。

表 3-9　某些金属硫代硫酸盐配合离子和金属氨配合离子的稳定常数(*K* 值)

配合离子	*K* 值	配合离子	*K* 值
$Au(S_2O_3)_2^{3-}$	1.0×10^{28}	$Cu(S_2O_3)_2^{2-}$	2.0×10^{12}
	5.0×10^{28}	$Au(NH_3)_2^{+}$	1.1×10^{26}
$Ag(S_2O_3)^{-}$	6.6×10^{8}		1.1×10^{27}
$Ag(S_2O_3)_2^{3-}$	2.2×10^{18}	$Ag(NH_3)^{+}$	2.3×10^{8}
$Ag(S_2O_3)_3^{5-}$	1.4×10^{14}	$Ag(NH_3)_2^{+}$	1.6×10^{7}
$Cu(S_2O_3)^{-}$	1.9×10^{10}	$Cu(NH_3)_2^{+}$	7.2×10^{10}
$Cu(S_2O_3)_2^{3-}$	1.7×10^{12}	$Cu(NH_3)_4^{2+}$	4.8×10^{12}
$Cu(S_2O_3)_3^{5-}$	6.9×10^{18}		

浸出剂中存在铜、氨的条件下，硫代硫酸盐溶液浸出金的机理为电化学腐蚀-氧化配合机理。其浸出原理模型如图 3-8 所示。

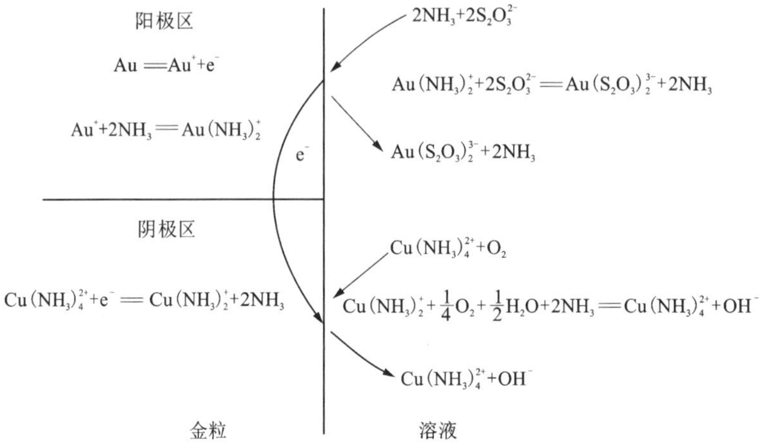

图 3-8　氨性硫代硫酸盐浸出金的电化学腐蚀-氧化配合模型

浸出过程的反应可表示为：

阳极反应：

$$Au \longrightarrow Au^{+}+e^{-}$$

$$Au^{+}+2NH_3 \longrightarrow Au(NH_3)_2^{+}$$

$$Au(NH_3)_2^{+}+2S_2O_3^{2-} \longrightarrow Au(S_2O_3)_2^{3-}+2NH_3$$

阴极反应：

$$Cu(NH_3)_4^{2+}+e^{-} \longrightarrow Cu(NH_3)_2^{+}+2NH_3$$

$$Cu(NH_3)_2^{+}+\frac{1}{4}O_2+\frac{1}{2}H_2O+2NH_3 \longrightarrow Cu(NH_3)_4^{2+}+OH^{-}$$

从上列反应式可知，氨在阳极催化了金离子与硫代硫酸根离子的配合反应，铜氨配离子在阴极催化了氧的还原反应。

3.2.5.4　硫脲法浸出

1868 年人们合成了硫脲，1869 年人们发现硫脲可以溶解金、银。由于 19 世纪中期氰化提金工艺的研究成功并迅速用于工业生产及不断完善，人们寻求非氰提金试剂的积极性不高，致使硫脲提金的试验研究工作长期处于停滞状态。直到 20 世纪 30 年代初期，由于氰化提金大量使用氰化物，环境污染问题开始引起各国的关注。1937 年美国罗斯等人首次采用硫脲从金矿石中浸出金并获得成功；1941 年苏联科学院公布了普拉克辛等人的研究成果；20 世纪下半期各国科学家广泛开展了硫脲浸出金、银的热力学、动力学和工艺条件的试验研究，取得了许多成果，有的已用于工业生产。

我国硫脲提金试验研究始于 20 世纪 70 年代初期，长春黄金研究所(现长春黄金研究院)成功研制了硫脲铁浆提金工艺(TfelP)，进行了大量的小型试验、工业试验，并于 1983 年在广西龙水金矿建成投产了处理 10 t 浮选金精矿的生产试验厂。20 世纪 70 年代后期，我国许多金矿山、研究院所和高等院校开展了硫脲提金的试验工作。

硫脲为金、银的有机配合剂，在有氧化剂存在的条件下，硫脲酸性溶液可从金、银矿物原料中浸出金、银，金、银分别呈金硫脲配阳离子 $Au(SCN_2H_4)_2^{+}$ 和银硫脲配阳离子 $Ag(SCN_2H_4)_3^{+}$ 的形态转入浸出液中。硫脲浸出金、银属电化学腐蚀-氧化配合机理。其浸金模型如图 3-9 所示。其电化学反应方程可表示为：

阳极反应：

$$Au-e^- \longrightarrow Au^+$$

$$Au^+ + 2SCN_2H_4 \longrightarrow Au(SCN_2H_4)_2^+$$

阴极反应：

$$\frac{1}{4}O_2 + H^+ + e^- \longrightarrow \frac{1}{2}H_2O$$

总反应式为

$$Au + 2SCN_2H_4 + \frac{1}{4}O_2 + H^+ \rightleftharpoons Au(SCN_2H_4)_2^+ + \frac{1}{2}H_2O \quad \Delta G^{\ominus} = +0.849\ V$$

25 ℃时测量 $Au(SCN_2H_4)_2^+/Au$ 电对的标准还原电位为(+0.38±0.01) V，故其平衡条件为

$$\varepsilon = 0.38 + 0.0591\lg\alpha_{Au(SCN_2H_4)_2^+} - 0.118\lg\alpha_{SCN_2H_4}$$

同理，硫脲酸性液浸出银的反应可表示为

$$Ag(SCN_2H_4)_3^+ + e^- \rightleftharpoons Ag + 3SCN_2H_4$$

25 ℃时测量电对 $Ag(SCN_2H_4)_3^+/Ag$ 的标准还原电位为(+0.12±0.01) V，故其平衡条件为

$$\varepsilon = 0.12 + 0.0591\lg\alpha_{Ag(SCN_2H_4)_3^+} - 0.177\lg\alpha_{SCN_2H_4}$$

由图 3-9 可知，金在阳极区失去电子与硫脲分子配合为金硫脲配阳离子转入溶液中，而氧在金的阴极区获得电子被还原转变为水。由于金的氧化和与硫脲分子配合及氧的被还原，硫脲浸出金的反应得以持续进行。

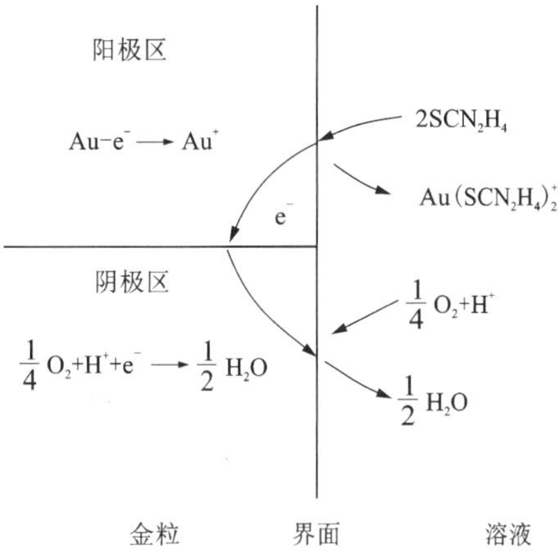

图 3-9　硫脲酸性液浸出金的模型

25 ℃ 时，$Au(Ag)-SCN_2H_4-H_2O$ 系的 ε-pH 图如图 3-10 所示。

从图 3-10 中可知，金溶解线①的标准还原电位为+0.38 V，由于生成金硫脲配阳离子，使 Au^+/Au 电对的标准还原电位从+1.58 V 降至 $Au(SCN_2H_4)_2^+/Au$ 电对的+0.38 V，采用普通的氧化剂即可将金氧化而溶于硫脲溶液中。银溶解线②的标准还原电位为+0.12 V，由于生成银硫脲配阳离子，Ag^+/Ag 电对的标准还原电位从+0.799 V 降至 $Ag(SCN_2H_4)_3^+/Ag$ 电对的+0.12 V，采用普通的氧化剂即可使银溶于硫脲溶液中。硫脲氧化线④的标准还原电位为+0.42 V，故硫脲浸出金、银时不宜使用强氧化剂，否则，硫脲将迅速氧化分解而失效。①线与④线相交，交点对应的 pH 为 1.78，即硫脲浸出金只能在酸性介质中进行，而且介质 pH 宜小于 1.78，否则，硫脲将氧化失效，硫脲氧化生成的二硫甲脒也将失去氧化剂的作用，硫脲浸出金的介质 pH 一般为 1~1.5。②线与④线相交，交点对应的 pH 为 6.17，即硫脲浸出银只能在酸性介质中进行，而且介质 pH 宜小于 6.17，否则，硫脲将氧化失效，硫脲氧化生成的

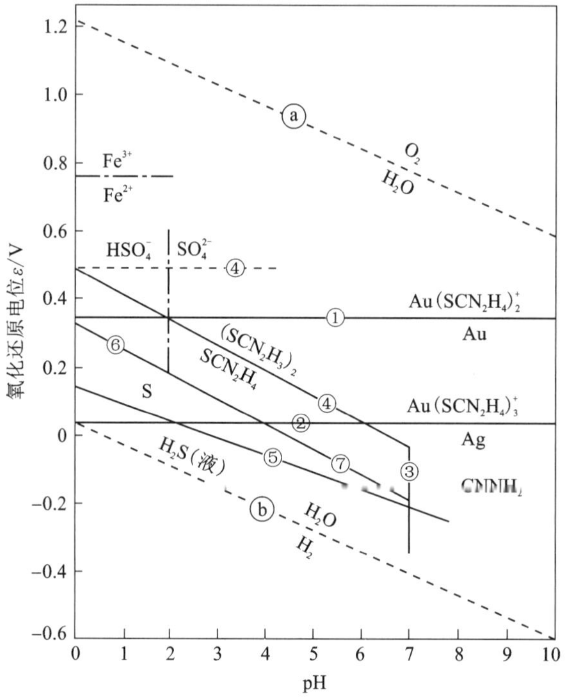

条件：$(SCN_2H_4)=(SCN_2H_3)=10^{-2}$ mol/L；

$[Au(SCN_2H_4)_2^+]=[Au(SCN_2H_4)_3^+]=10^{-4}$ mol/L；

$p_{O_2}=p_{H_2}=0.1$ MPa。④线由朱屯研究结果提供。

图 3-10　Au(Ag)−SCN_2H_4−H_2O 系的 ε−pH 图

二硫甲脒也将失去氧化剂的作用，硫脲浸出银的 pH 一般为 1~5。②线比①线低，即在相同的硫脲浸出条件下，银的浸出率将高于金的浸出率。

硫脲酸性液浸出金、银时，金、银的浸出率主要与物料的矿物组成、介质 pH、金粒大小、再磨细度、氧化剂类型与用量、还原剂类型与用量、硫脲用量、浸出液固比、浸出温度、搅拌强度、浸出时间及浸出工艺等因素有关。

3.2.5.5　王水浸出

王水为 1 份硝酸和 3 份盐酸的混合酸，常用作浸出剂以分离金、银和铂族金属。王水浸出时的主要反应为

$$HNO_3+3HCl \longrightarrow Cl_2+NOCl+2H_2O$$

$$2Au+3Cl_2+2HCl \longrightarrow 2H[AuCl_4]$$

$$Pt+2Cl_2+2HCl \longrightarrow H_2[PtCl_6]$$

$$Pd+2Cl_2+2HCl \longrightarrow H_2[PdCl_6]$$

王水浸出时，金、铂、钯、铅转入浸出液中，而铑、钌、锇、铱和氯化银留在浸出渣中。可用亚铁盐从浸液中还原沉析金，采用氯化铵从沉金后液中沉淀铂，用二氯二氨亚钯法从沉铂后液中沉淀钯，沉钯后液中还含有少量的贵金属，可采用锌粉置换法进行回收。

3.2.6　热压浸出

热压浸出是在高温高压条件下于密闭容器(压煮锅、高压釜)中使用浸出剂选择性地浸取矿物原料中某些矿物组分的工艺过程。工业上可采用热压技术浸出铀、钨、钼、铜、镍、钴、锌、锰、铝、钒、金等。

加压浸出的研究始于 1887 年 Karl Josef Bayer 在圣彼得堡开展的铝土矿加压碱浸研究，在加压釜中用氢氧化钠浸出铝土矿，在浸出温度为 170 ℃的条件下，获得铝酸钠溶液，加入晶种分离得到 $Al(OH)_3$。生产氧化铝的拜耳法的出现开创了加压浸出冶金，并使氧化铝的生产得到迅速发展。1903 年，M. Malzac 在法国进行了硫化物的氨浸研究。20 世纪 50 年代，加拿大、南非及美国采用碱性加压浸出铀矿实现了工业化。此外，加压浸出还用于钨、钼、钒、锌及其他有色金属的提取。

热压浸出可分为热压无氧浸出和热压氧浸两大类，后者又可分为热压氧酸浸和热压氧碱浸两小类。

3.2.6.1　热压无氧浸出

液体的沸点随蒸气压的增大而升高，纯水的沸点与蒸气压的关系如图 3-11 所示。水的临界温度为 374 ℃，热压浸出温度一般低于 300 ℃。因温度大于 300 ℃时，水的蒸气压大于 10 MPa(100 atm)。

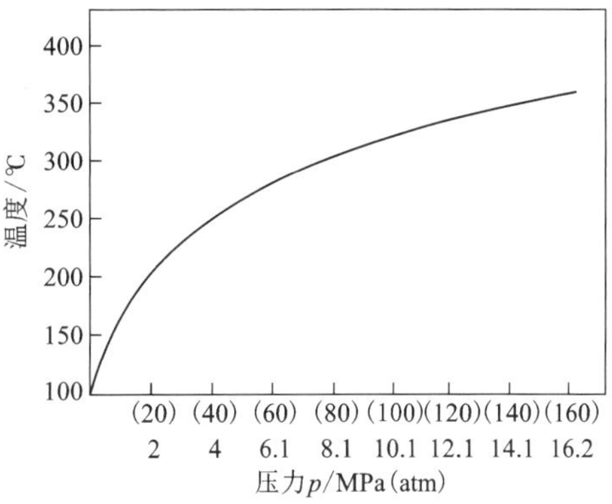

图 3-11　水的饱和蒸气压与温度的关系

热压无氧浸出是在不使用氧或其他气体试剂的条件下，采用单纯提高浸出温度，以增加被浸目的组分在浸出液中的溶解度的浸出方法，如铝土矿的热压无氧碱浸、钨矿物原料的热压无氧碱浸、钾钒铀矿的热压无氧碱浸等。其相应的反应可表示为：

三水铝石：

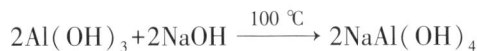

$$2Al(OH)_3+2NaOH \xrightarrow{100\ ℃} 2NaAl(OH)_4$$

一水软铝石：

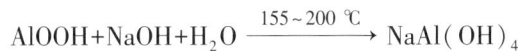

$$AlOOH+NaOH+H_2O \xrightarrow{155\sim200\ ℃} NaAl(OH)_4$$

一水硬铝石：

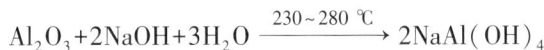

$$Al_2O_3+2NaOH+3H_2O \xrightarrow{230\sim280\ ℃} 2NaAl(OH)_4$$

白钨矿：

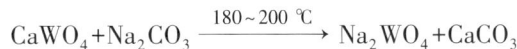

$$CaWO_4+Na_2CO_3 \xrightarrow{180\sim200\ ℃} Na_2WO_4+CaCO_3$$

钾钒铀矿：

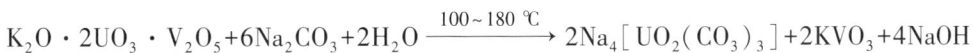

$$K_2O\cdot 2UO_3\cdot V_2O_5+6Na_2CO_3+2H_2O \xrightarrow{100\sim180\ ℃} 2Na_4[UO_2(CO_3)_3]+2KVO_3+4NaOH$$

3.2.6.2　热压氧酸浸

热压氧酸浸出反应与氧气在溶液中的溶解度有关，而氧气在溶液中的溶解度又与温度、压力及盐浓度有关。压力对气体溶解度的影响可用亨利定律来描述：

$$p_i = py_i = H_i x_i$$

式中：p 为总压；y_i 为气相中 i 组分的摩尔分数；p_i 为分压；x_i 为液相中 i 组分的摩尔分数；H_i 为亨利常数。

可见，x_i 将随 p 的上升而增加。

室温常压条件下，氧在水中的溶解度为 8.2 mg/L，沸腾时接近于零。但在密闭容器中，氧在水中的溶解度则随温度和压力而变化（见图 3-12）。图 3-12 的曲线表明，当温度一定时，氧在水中的溶解度随压力的增大而增大；当压力不变时，氧在水中的溶解度在 90～100 ℃时最低，然后随温度的升高而增大，至 230～280 ℃时达最高值，而后随温度的升高而急剧地降为零。

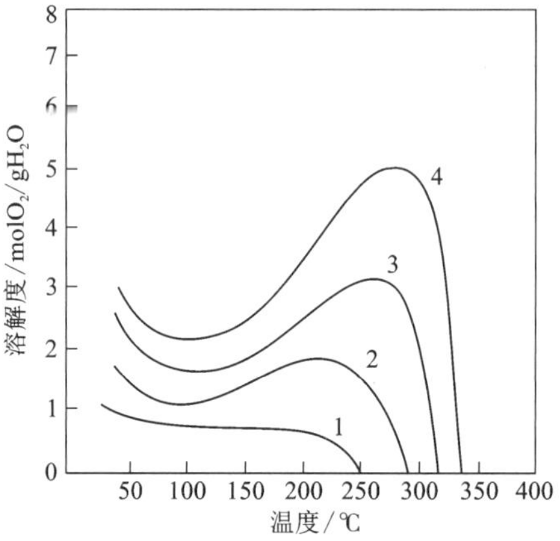

1—3.4 MPa(34 atm)；2—6.8 MPa(68 atm)；
3—10.3 MPa(103 atm)；4—13.7 MPa(137 atm)。

图 3-12　不同分压下氧在水中溶解度与温度的关系

虽然金属硫化矿物几乎不溶于水，但当有氧存在时，金属硫化矿物易被氧化浸出。当氧压为 1 MPa（10 atm），温度为 110 ℃，溶液中金属和硫的浓度为 0.1 mol/L 时，S-H-O 及 Me-S-H-O（Me 为 Zn、Cu、Ni、Co、Fe 等）系的 ε-pH 图如图 3-13～图 3-20 所示。

图 3-13～图 3-20 中曲线及试验结果表明，热压氧酸浸金属硫化矿物时，一般遵循下列规律：

(1)在浸出温度低于 120 ℃的酸性介质中，金属以离子形态进入溶液中，而硫呈元素硫形态析出，某些条件下会生成少量的硫化氢。各种金属硫化矿物析出元素硫的酸度不同，磁黄铁矿、镍黄铁矿和辉钴矿氧化时最易析出元素硫；黄铁矿氧化时析出元素硫则需低温、低氧压和高酸度（pH<2.5）；铜、锌硫化矿物仅在酸介质中就能析出元素硫。热压氧酸浸硫化铁矿时，铁被氧化为三价铁，三价铁离子完全或部分水解，呈氢氧化铁或碱式硫酸铁的形态沉淀析出。

(2)在浸出温度低于 120 ℃的中性介质中，金属以离子形式进入溶液中，硫呈硫酸根形式进入溶液中。

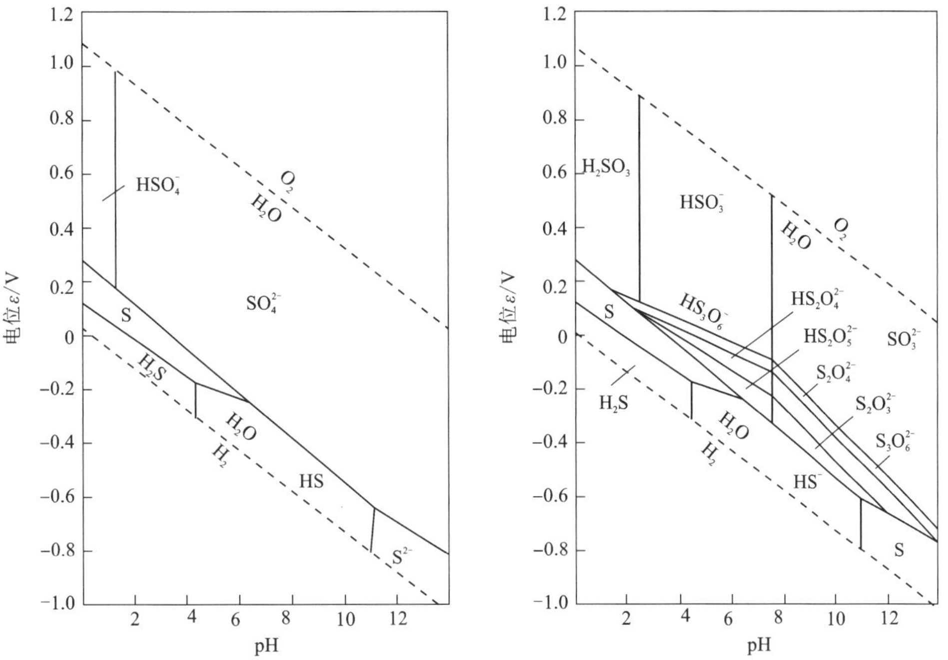

(a) 硫氧化为六价　　(b) 硫氧化为四价

图 3-13　110 ℃时 S-H-O 系的 ε-pH 图

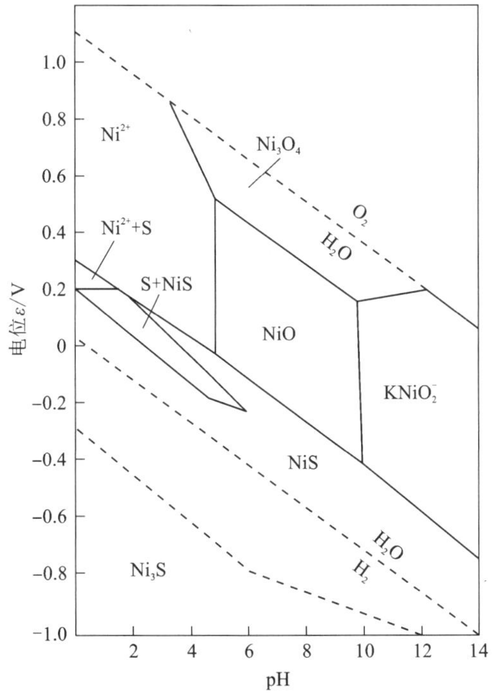

图 3-14　110 ℃时 Ni-S-H-O 系的 ε-pH 图

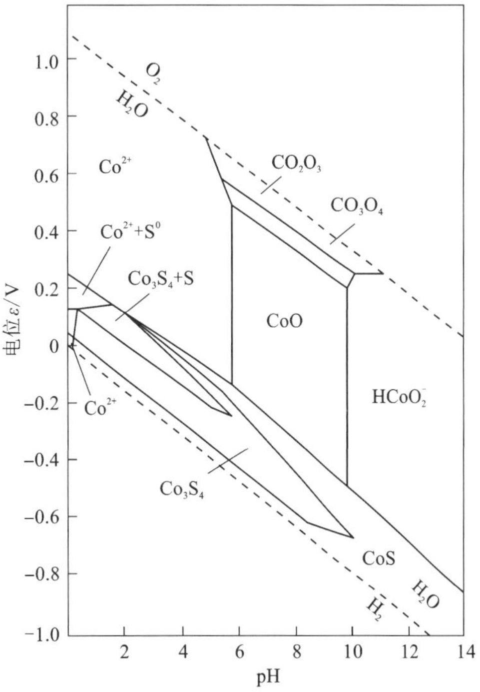

图 3-15　110 ℃时 Co-S-H-O 系的 ε-pH 图

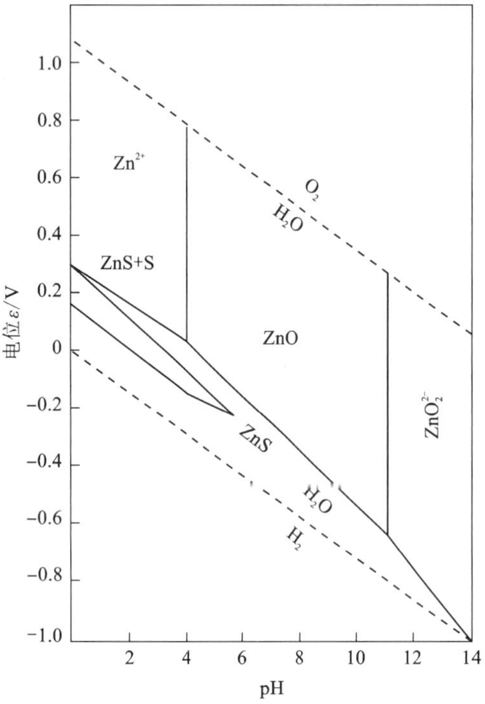

图 3-16　110 ℃时 Zn-S-H-O 系的 ε-pH 图

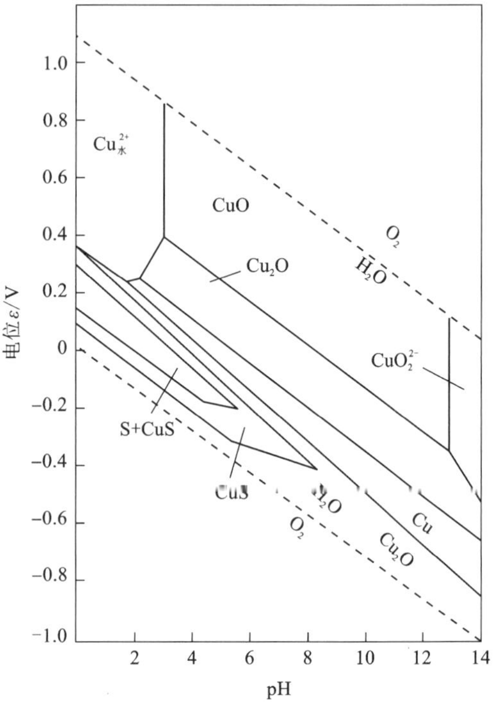

图 3-17　110 ℃时 Cu-S-H-O 系的 ε-pH 图

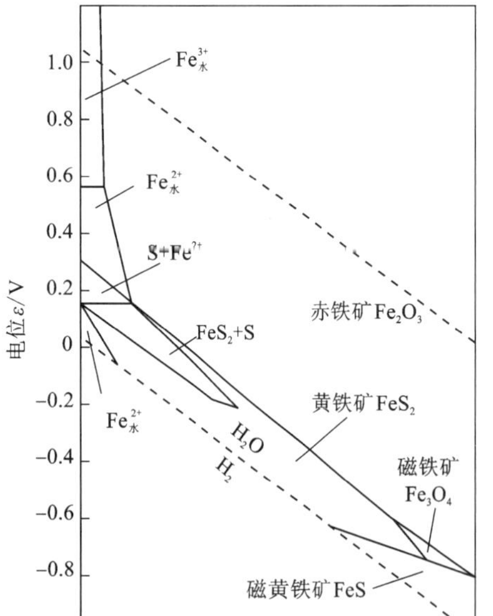

图 3-18　110 ℃时 Fe-S-H-O 系的 ε-pH 图

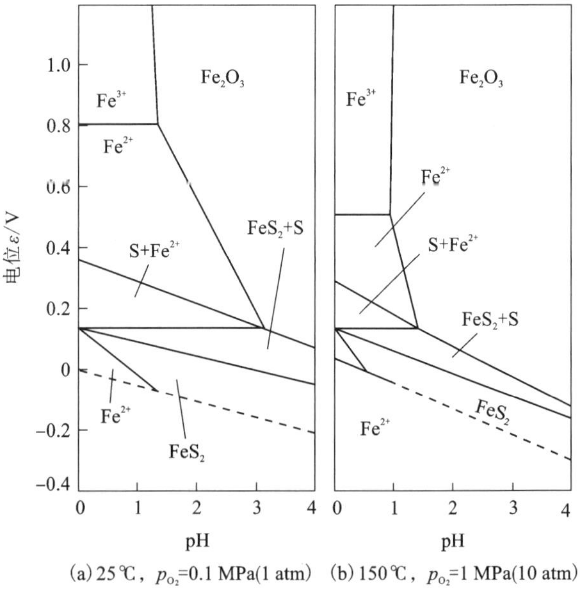

图 3-19　Fe-S-H-O 系酸性区的 ε-pH 图

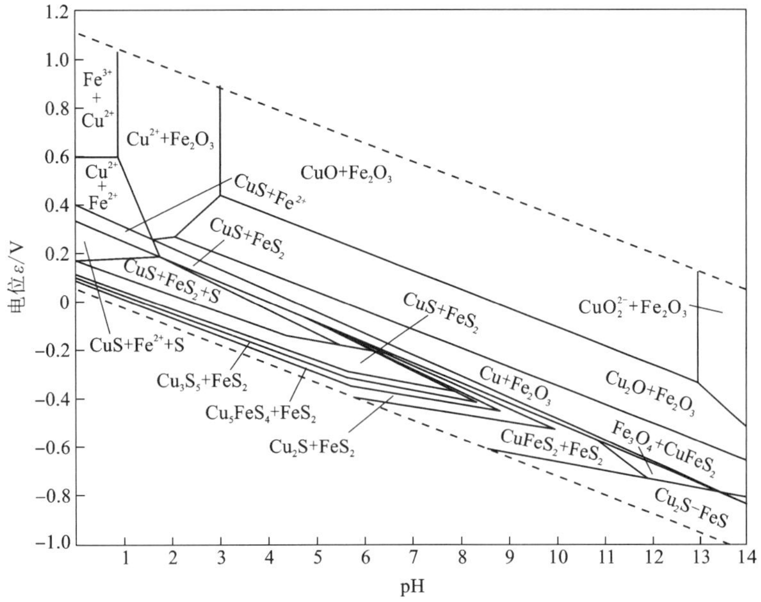

图 3-20　110 ℃时 Fe-Cu-S-H-O 系的 ε-pH 图

(3)浸出温度低于 120 ℃时，$S+1\frac{1}{2}O_2+H_2O \xlongequal{} H_2SO_4$ 的反应速度慢。浸出温度高于 120 ℃(120 ℃为硫的熔点)时，元素硫氧化为硫酸的反应加速。因此，在低温酸性介质中进行热压氧浸金属硫化矿物时，才能析出元素硫；高温条件下(大于 120 ℃)热压氧浸金属硫化矿物时，硫呈硫酸根形态转入浸液中，难以析出元素硫；

(4)热压氧浸低价金属硫化矿物时，可观察到浸出的阶段性，如热压氧浸 Cu_2S、Ni_3S_2 的反应为

$$Cu_2S+\frac{1}{2}O_2+2H^+ \longrightarrow CuS+Cu^{2+}+H_2O$$

$$Ni_3S_2+\frac{1}{2}O_2+2H^+ \longrightarrow 2NiS+Ni^{2+}+H_2O$$

当浸出温度高于 120 ℃时，CuS、NiS 可进一步氧化为硫酸盐：

$$CuS+2O_2 \longrightarrow CuSO_4$$

$$NiS+2O_2 \longrightarrow NiSO_4$$

(5)溶液中的某些金属离子对热压氧浸过程可起催化作用，如 Cu^{2+}能催化 ZnS、CdS 的热压氧浸过程。其反应可表示为

$$ZnS+Cu^{2+} \longrightarrow Zn^{2+}+CuS$$

$$CuS+2O_2 \longrightarrow CuSO_4$$

反应生成的细散的 CuS 的氧化速度相当大。

热压氧浸 CuS 时，使用盐酸比使用相同浓度的硫酸或高氯酸的热压氧浸速度大：

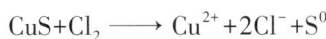

$$2Cl^-+2H^++\frac{1}{2}O_2 \longrightarrow Cl_2+H_2O$$

$$CuS+Cl_2 \longrightarrow Cu^{2+}+2Cl^-+S^0$$

此外，Fe^{2+}、Cu^{2+}、Zn^{2+}、Ni^{2+}等离子可催化元素硫的热压氧化反应，提高其氧化速度。

热压氧酸浸的影响因素很多，由于金属硫化矿物是在矿粒表面发生的多相化学反应过程，因此矿物的分解率和分解速度取决于氧的分压、浸出温度、相界面积、扩散层厚度和催化作用等因素。

其中，热压氧酸浸的作业温度视工艺要求而异。提高浸出温度无疑可以提高浸出速度，但温度的选择常受工艺条件的限制。

热压氧酸浸含包体金的浮选金属硫化矿物金精矿时，其作业温度常为180~220 ℃，总压为2~4 MPa(氧压为0.5~1 MPa)，此时金属硫化矿物可完全被分解，金属组分和硫均转入溶液中，包体金可单体解离或裸露；处理含硫低的物料(如多金属冰铜)时，应采用高的浸出温度(175~200 ℃)；热压氧酸浸浮选有色金属硫化矿物精矿时，宜采用110~115 ℃的浸出温度，此时要求金属组分转入浸液中，而大量的硫呈元素硫形态留在浸渣中，以便从浸渣中回收元素硫。

当浸出矿浆的酸度较低时，高价铁离子将发生水解，生成水合氧化铁；也可能发生成钒反应，生成碱式硫酸铁、水合氢黄钾铁钒(草铁钒)沉淀。其反应为

$$2Fe^{3+}+(3+n)H_2O \longrightarrow Fe_2O_3 \cdot nH_2O\downarrow +6H^+$$

$$Fe^{3+}+SO_4^{2-}+H_2O \longrightarrow Fe(OH)SO_4\downarrow +H^+$$

$$3Fe^{3+}+2SO_4^{2-}+7H_2O \longrightarrow (H_3O)Fe_3(SO_4)_2(OH)_6\downarrow +5H^+$$

砷的硫化物氧化生成的砷酸根将生成砷酸铁或臭葱石沉淀析出。其化学反应可表示为

$$Fe^{3+}+AsO_4^{3-} \longrightarrow FeAsO_4\downarrow$$

$$Fe^{3+}+AsO_4^{3-}+H_2O \longrightarrow FeAsO_4 \cdot H_2O\downarrow$$

提高被浸物料细度可增大矿粒的比表面积和增加相界面积，提高组分矿物的单体解离度，提高浸出速度和硫化矿物的分解率。

热压氧酸浸可用于处理金属硫化矿物原料和含铁矿的有色金属氧化矿物原料，举例如下。

(1)处理有色金属硫化矿浮选精矿。

热压氧浸还可浸出硫化钴矿、镍硫、硫化铅矿、铜锌硫化矿、铅锌硫化矿等。

$$ZnS+2H_2SO_4+\frac{1}{2}O_2 \xrightarrow{\text{热压}} ZnSO_4+H_2O+S^0\downarrow$$

浸出工艺参数：温度为110 ℃，P_m=0.14 MPa(1.4 atm)，粒度为325目，浸出2~4 h，锌的浸出率达99%。经固液分离，浸出液送电沉积可得电解锌，废电解液可返回浸出作业。

浸出黄铜矿精矿的反应为

$$CuFeS_2+H_2SO_4+1\frac{1}{4}O_2+\frac{1}{2}H_2O \xrightarrow{\text{热压}} CuSO_4+Fe(OH)_3\downarrow +2S^0\downarrow$$

浸出工艺参数：温度为110~120 ℃，P_m=1.4~3.4 MPa(14~34 atm)，粒度小于325目，浸出2~4 h，铜的浸出率大于99%。经固液分离，浸出液送电沉积可得电解铜，废电解液可返回浸出作业。

澳大利亚的Gordon铜厂的原则工艺流程如图3-21所示。

Gordon铜矿的主要铜矿物为辉铜矿，含少量的铜蓝、斑铜矿、黄铜矿和黝铜矿，其中黄铜矿与

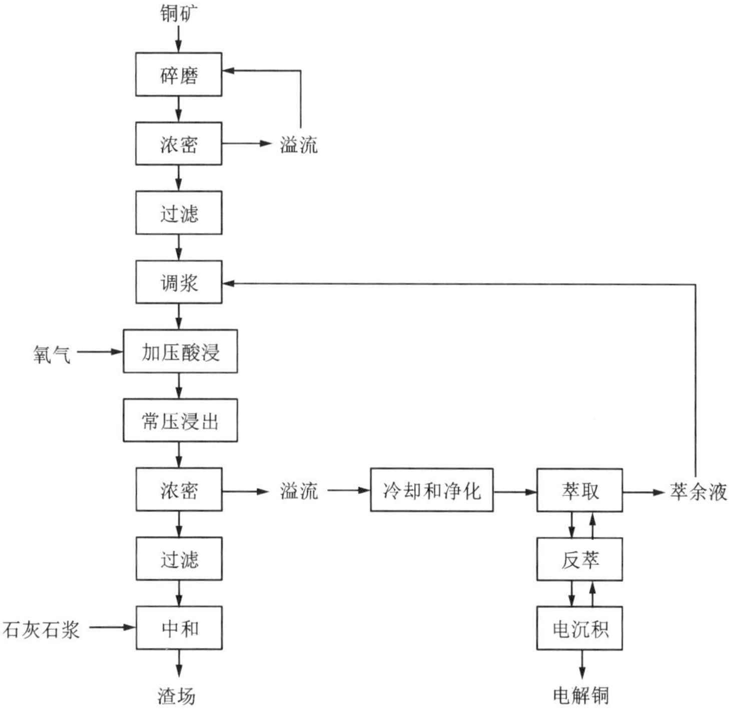

图 3-21　Gordon 铜厂的原则工艺流程

黄铁矿紧密共生，浮选法无法分离，热压氧浸的矿石为未经选矿的富矿，其组成为：Cu 8.8%、Fe 28%、S 37%、As 0.2%。铜矿物中辉铜矿占 90%以上。矿石破碎磨细至 80% -0.1 mm，分级溢流经浓密、过滤，滤饼含水 14%~18%，溢流和滤液返磨矿作业。滤饼用预热至 65 ℃的萃余液制浆，然后泵入高压釜进行浸出。高压釜分 5 室，前 3 室通氧气，氧分压为 0.42 MPa（总压为 0.77 MPa），反应热使矿浆温度升至 90 ℃，为了控制矿浆温度，第 3 室可喷入适量的冷萃余液，氧气纯度为 93%，浸出时间为 60 min。热压浸出矿浆减压后进入常压浸出槽继续浸出，槽中通过蛇形管预热萃余液和冷却槽中矿浆。冷却矿浆经浓密、冷却和净化，使溶液中的固体含量降至 10~30 mg/L，溶液含铜 25~30 g/L，含铁 35~40 g/L。高压釜进料速度为 76 t/h，萃余液组成为：Fe^{3+} 10 g/L、Fe^{2+} 35 g/L、H_2SO_4 70 g/L、$CuSO_4$ 10 g/L。流量为 240 m^3/h。浸出液含铜 35 g/L，铜浸出率为 91%~93%。

（2）难浸含金硫化矿物的热压氧化预处理。

含金硫化矿物原料直接进行氰化浸出，金的氰化浸出率低于 70%时，通常称其为难浸含金硫化矿物原料。难氰化浸出的主要原因在于金以细微粒状态呈包体金形态存在于黄铁矿、砷黄铁矿（毒砂）、硅酸盐脉石、碳酸盐矿物中，或与砷、锑、碲、铜、碳质物等紧密共生。

当金呈微细粒包体金形态存在于黄铁矿、砷黄铁矿、碳酸盐矿物中时，氰化浸出前需进行预处理，以使包体金能单体解离或裸露。热压氧浸技术是处理难浸含金硫化矿物原料的有效预处理方法。过程反应可表示为

$$2FeS_2+\frac{15}{2}O_2+H_2O+6H^+ \xrightarrow{热压} 4H_2SO_4+2Fe^{3+}$$

$$FeS_2+14Fe^{3+}+8H_2O \xrightarrow{热压} 2SO_4^{2-}+15Fe^{2+}+16H^+$$

$$2Fe^{2+}+\frac{1}{2}O_2+2H^+ \xrightarrow{热压} 2Fe^{3+}+H_2O$$

$$FeAsS+\frac{7}{2}O_2+3H^++H_2O \xrightarrow{热压} H_3AsO_4+H_2SO_4+Fe^{3+}$$

工艺参数：浸出温度为 180~220 ℃，总压为 2~4 MPa。在此条件下，硫化矿物、碳酸盐矿物被分解，硫化矿物中的硫氧化呈硫酸根进入浸液中，砷黄铁矿中的砷呈砷酸根形态进入浸液中。其中的包体金可单体解离或裸露，为后续的浸金作业准备了很好的条件。

热压氧浸过程中生成的高价铁离子是金属硫化矿物的氧化剂，亚铁离子氧化为高价铁离子成为氧的传递媒介，对金属硫化矿物的氧化分解可起促进作用。

(3)从黄铁矿浮选精矿中回收元素硫。

目前，黄铁矿浮选精矿主要用于生产硫酸。长期以来，人们期望能从黄铁矿精矿中回收元素硫，以降低运输费用。元素硫易储存和运输。在硫量相同的条件下，元素硫的质量仅为二氧化硫质量的 1/2，为硫酸质量的 1/3。需要时，元素硫可很方便地转变为二氧化硫或硫酸。

热压氧浸黄铁矿精矿的反应为

$$FeS_2 \xrightarrow{加热} FeS+\frac{1}{2}S_2$$

$$2FeS+1\frac{1}{2}O_2 \xrightarrow{热压} Fe_2O_3+2S^0$$

将黄铁矿精矿加热使其转变为硫化铁或磁黄铁矿，然后将其在 pH = 1 的稀酸液中制浆，用高压泵泵入高压釜中，在 110 ℃、$P_{O_2}=1$ MPa 的条件下浸出 4 h 即可。分离元素硫后的氧化铁渣中含铁量高，可用作炼铁原料。

3.2.6.3 热压氧碱浸

热压氧碱浸通常采用氨介质。热压氧氨浸时的反应为

$$MeS+zNH_3+2O_2 \xrightarrow{热压} [Me(NH_3)_z]^{2+}+SO_4^{2-}$$

$$2FeS_2+7\frac{1}{2}O_2+8NH_3+(4+m)H_2O \xrightarrow{热压} Fe_2O_3 \cdot mH_2O\downarrow+4(NH_4)_2SO_4$$

其中氧主要用于氧化硫元素或者金属元素，一部分氨用于中和酸而生成氨离子，一部分用于与金属离子生成金属氨配离子。热压氧氨浸金属硫化矿物时，氧在氨液中的溶解度随氨浓度的增大而增大。

热压氧氨浸金属硫化矿物时，金属硫化矿物中的硫经 $S_2^- \rightarrow S_2O_3^{2-} \rightarrow (S_2O_3^{2-})_n \rightarrow SO_3 \cdot NH_2^- \rightarrow SO_4^{2-}$ 等过程氧化为硫酸根。在 120 ℃，$P_{O_2}=1$ MPa(10 atm)，氨浓度为 1 mol/L，硫酸铵浓度为 0.5 mol/L 的条件下，金属硫化矿物的氧化顺序为：$Cu_2S>CuS>Cu_3FeS_4>CuFeS_2>PbS>FeS>FeS_2>ZnS$。

热压氧氨浸金属硫化矿物时，关键是控制游离氨的浓度，否则，易生成不溶性的高氨配合物，如 $Co(NH_3)_6^{2+}$。

热压氧氨浸金属硫化矿物的方法自1953年起已被成功地用于处理Ni-Cu-Co硫化矿物原料。其浸出工艺参数为：温度70~80 ℃，空气压力0.45~0.65 MPa(4.5~6.5 atm)，浸出20~24 h。最终产出镍粉、钴粉、硫化铜(CuS)和硫酸铵等产品。由于钴的浸出率较低，铂族金属分散于浸出液和浸出渣中。

热压氧氨浸金属硫化矿物的方法适于处理钴含量小于3%和铂族金属含量较低的矿物原料。此外，还可处理黄铜矿、方铅矿和铜锌矿等矿物原料。

3.2.7 细菌浸出

中国是世界上最早采用微生物湿法冶金技术的国家。早在公元前2世纪，就记载了用铁自硫酸铜溶液中置换铜的化学作用，而堆浸和筑堆浸出在当时已成为生产铜的普遍做法。到了唐朝末年或五代时期，出现了从含硫酸铜矿坑水中提取铜的生产方法，称为"胆水浸铜"法。到北宋时期，该方法已成为铜的重要生产手段之一。当时有十一处矿场用这种方法生产铜，产量达百万斤，占全国总产量的15%~25%。在欧洲，有记载的最早涉及细菌选矿活动是1670年在西班牙的里奥廷托(Rio Tinto)矿，人们利用酸性矿坑水浸出含铜黄铁矿中的铜。然而，在所有这些早期的溶浸采矿活动中，人们对浸出液中存在微生物且发挥着重要的浸矿作用却一无所知，只是不自觉地利用了它们。

1947年柯尔默(Colmer)和亨科尔(Hinkle)首次从酸性矿坑水中分离出一种微生物——氧化亚铁硫杆菌，并对其生理特性进行了鉴定。其后坦波尔(Temple)、莱顿(Leathen)等对这种自养菌的生理生态进行了详细研究。发现这种微生物能将矿物中硫化物组分氧化生成硫酸，并能将二价铁离子氧化为三价铁离子。

这些研究成果对促进微生物湿法冶金的发展具有重要意义。正是由于揭示了氧化亚铁硫杆菌这种生理特性，20世纪50年代掀起了生物湿法冶金研究的高潮。1954年布莱涅(Buyner)等人从废铜矿堆的流出水中分离出该种细菌。在实验室用此菌对多种含铜硫化矿进行浸出试验，证明该菌可以氧化大多数硫化矿。1958年美国肯尼柯特(Kennecott)铜矿公司的尤他(Utah)矿，首先利用该菌渗滤浸出硫化铜矿获得成功，并取得这项技术的专利。从此细菌浸出的研究和应用开始受到各国重视，许多国家相继开展了由贫矿、废矿及表外矿石细菌浸出回收铜和铀的研究工作。从20世纪60年代起细菌浸出铜和铀的技术开始应用于工业生产。近20年来，细菌冶金已成为湿法冶金领域的热门研究课题。研究内容包括浸矿细菌的分离和鉴定、细菌浸出工艺、浸出动力学及浸出机理等。细菌浸出金属的种类也增加了，除Cu、U外，还有Ni、Zn、Co、Mn等及某些稀有金属和Au，Ag等贵金属。如今细菌冶金已发展成为一种新的湿法冶金方法，它的内容既包括从矿物中提取各种金属，也包括用生物法除去其他工艺方法取得金属时的干扰组分。

3.2.7.1 细菌分类

生物在生长过程中需要能量，根据能量的来源，生物可分为两大类：一类是依靠物质氧化过程放出的能量，称为"化能营养型"生物。动物与很多微生物属于此类。另一类则是依靠光能进行生长，称为"光能营养型"生物，植物与小部分微生物属于此类，它们通过机体内的特殊色素，将光能转变为化学能，然后再供机体利用。

综上所述，生物根据营养物质与能源的不同可分为化能自养型、化能异养型、光能自养型、光能异养型四类。但是这种划分不是绝对的，它们在不同条件下往往可互相转变。

3.2.7.2 浸矿细菌

据报道可用于浸矿的微生物的细菌有几十种，按它们生长的最佳温度可以分为三类，即中温菌（*Mesophile*）、中等嗜热菌（*Moderate thermophile*）与高温菌（*Thermophile*）。硫化矿浸出常涉及的细菌如图 3-22 所示：

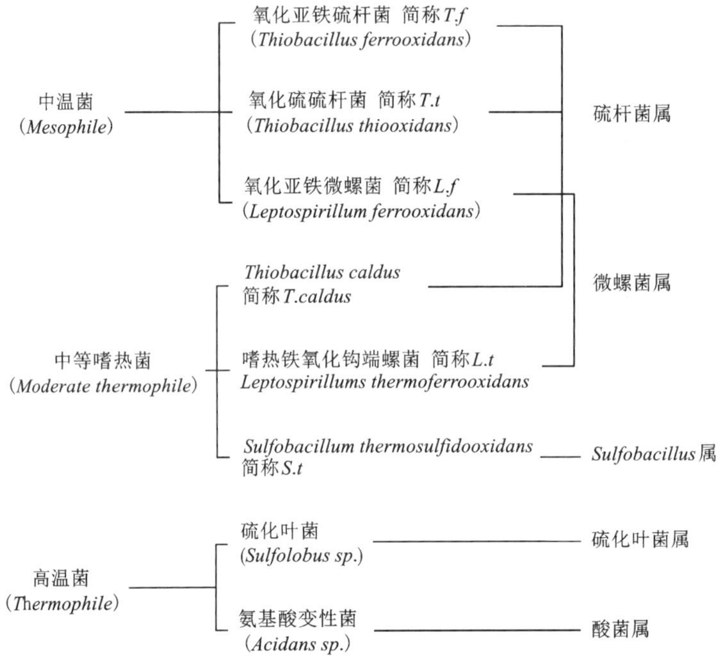

图 3-22　硫化矿浸出常涉及的细菌种类

（1）氧化亚铁硫杆菌。该菌属革兰氏阴性无机化能自养菌。其能源物质为 Fe^{2+} 和还原态硫，实际上可氧化 Fe^{2+}、元素硫与几乎所有的硫化矿物，能有效地分解黄铁矿。它栖居于含硫温泉、硫和硫化矿矿床、煤和含金矿矿床，也存在于硫化矿矿床氧化带中，能在上述矿的矿坑水中存活。

（2）氧化硫硫杆菌。氧化硫硫杆菌与 *T. f* 同属于硫杆菌属，属革兰氏阴性无机化能自养菌。栖居于硫和硫化矿矿床，能氧化元素硫与一系列硫的还原性化合物。*T. t* 在纯态下不能分解硫化矿，但当它与 *T. f* 或 *L. f* 混合存在时可以提高二者分解硫化矿的能力。

（3）氧化亚铁微螺菌。1972 年氧化亚铁微螺菌由美国矿床中分离析出，是属螺旋菌一种，严格好氧，仅能通过氧化溶液中的 Fe(Ⅱ)或矿物中的 Fe(Ⅱ)成分获得能量。

（4）*Sulfobacillus*，属革兰氏阳性，无机化能自养菌，极端嗜酸兼性自养的真细菌，以 Fe(Ⅱ)、元素硫、还原态硫作为其能源基质，可氧化 Fe(Ⅱ)、S^0、硫代硫酸根与一些硫化矿，如黄铁矿、黄铜矿、砷黄铁矿、亚锑盐酸矿、靛铜矿、铜铀云矿等。

（5）1992 年 Golovacheva R. S. 等分离出微螺菌属的一种中等嗜热菌 *L. thermoferrooxidans*，其适应温度为 45~50 ℃，最佳 pH 为 1.65~1.9，具有微螺菌的共同特征。

（6）*T. caldus* 属于硫杆菌属，不能氧化 Fe(Ⅱ)，可氧化还原态硫。

（7）*Thermoacidophilic archaebacteria*（嗜酸嗜高温古细菌）是微生物进化的一个独支系，共四个种属能氧化硫化物，即硫化叶菌（*Sulfololus*）、氨基酸变性菌（*Acidanus*）、金属球菌（*Metallospha-era*）和硫化小球菌（*Sulfurococcus*）。上面四个种属均极端嗜高温、嗜酸。

其中硫化叶菌表面具有纤毛样的结构。均属兼性化能自养菌，能在自养、异养、混养条件下生长。在自养条件下能催化硫、铁及硫化物的氧化，利用二氧化碳作为碳源。混养条件下在培养基中加入 0.01% ~ 0.02% 酵母提取物则生长最快。叶硫球菌（*Sul-fololus acidocaldarius*）还可在厌氧条件下以 Fe^{3+} 作电子受体氧化元素硫。叶硫球菌能在 pH 为 1~5.9 范围内生长，最佳 pH 为 2~3，生长温度为 55~80 ℃，而最佳生长温度是 70 ℃。*A. brierleyi* 的最佳 pH 为 1.5~2，温度为 45~75 ℃，最佳温度为 70 ℃。上述细菌大多分布在含硫温泉中，上面提到的两个代表物种是从美国黄石国家公园的高温泉水中找到的，水的 pH 为 1~5.9，温度为 43~100 ℃。其他物种发现于冰岛、意大利、亚速尔群岛、新西兰、日本、千岛群岛以及堪察加半岛的火山区。近来，在云南热温泉水中采集到了一种高温菌，在 65 ℃ 温度下浸出黄铜矿，其速率为氧化亚铁硫杆菌的 6 倍。

主要的常温浸矿细菌种类及其主要生理特征见表 3-10。

表 3-10　主要的常温浸矿细菌种类及其主要生理特征

特性	*T. f*	*T. t*	*L. f*	*Sulfobacillus*	*Sulfolobus*	*Acidanus*
营养类型	自养	自养	自养	兼性自养	兼性自养	兼性自养
外形	圆端短柄	圆端短柄	弯曲杆状	直棒状	球形	球形
大小/μm	(0.3~0.5)×(1~1.7)	0.5×1.2	0.5×	0.8×(1.6~3.2)	1.5~1.6	1.5~1.6
适宜 pH 范围	1.0~6.0	0.5~6.0			1~5.9	
最佳 pH	2~2.5	2~2.5	2.5~3.0		2~3	1.5~2
适宜温度范围/℃	2~40	2~40		45~50	55~80	45~75
最佳温度/℃	28~30	28~30	30	50	70	70
细菌分类	革兰氏阴性	革兰氏阴性	革兰氏阴性	革兰氏阴性	革兰氏阴性	革兰氏阴性
能氧化	Fe(Ⅱ) 还原态硫 硫化矿	元素硫 还原态硫 硫化矿	Fe(Ⅱ)	元素硫 还原态硫 Fe(Ⅱ) 一些硫化矿	硫 Fe(Ⅱ) 硫化矿	硫 Fe(Ⅱ) 硫化矿
x(G+C)/%	55~57	50~53	50	49~68	34~39	31~39

3.2.7.3　细菌浸矿机理

细菌的直接作用。在有水和空气的条件下，受氧化铁硫杆菌作用，金属硫化矿会被细菌缓慢地氧化，在此氧化过程中，破坏了硫化矿物的晶格构造，使硫化矿物中的铜等金属组分呈硫酸盐的形态转入溶液中。而当溶液中出现大量细菌时，浸出反应已经完成了。

$$2CuFeS_2+H_2SO_4+8\frac{1}{2}O_2 \xrightarrow{细菌} 2CuSO_4+Fe_2(SO_4)_3+H_2O$$

$$Cu_2S+H_2SO_4+2\frac{1}{2}O_2 \xrightarrow{细菌} 2CuSO_4+H_2O$$

$$2FeAsS+H_2SO_4+7O_2+2H_2O \xrightarrow{细菌} 2H_3AsO_4+Fe_2(SO_4)_3$$

细菌的间接催化作用。在多金属的硫化矿床中，通常都含有黄铁矿（FeS_2）。黄铁矿在自然条件下缓慢氧化生成 $FeSO_4$ 和 H_2SO_4，在有细菌的条件下，反应被催化快速进行，最终生成 $Fe_2(SO_4)_3$ 和 H_2SO_4。$Fe_2(SO_4)_3$ 是一种很有效的金属矿物氧化剂和浸出剂，铜及其他多种金属矿物都可被 $Fe_2(SO_4)_3$ 浸出，这就是细菌浸出间接作用机制的论点。

$$2FeS_2+7O_2+2H_2O \longrightarrow 2FeSO_4+2H_2SO_4$$

$$4FeSO_4+2H_2SO_4+O_2 \xrightarrow{细菌} 2Fe_2(SO_4)_3+2H_2O$$

所生成的硫酸铁为氧化剂，可氧化浸出许多硫化矿物。硫化矿物被浸出时生成的硫酸亚铁和元素硫可在细菌的催化作用下，被氧化为硫酸铁和硫酸。其反应式可表示为：

$$FeS_2+Fe_2(SO_4)_3 \longrightarrow 3FeSO_4+2S^0$$

$$CuFeS_2+Fe_2(SO_4)_3+2O_2 \longrightarrow CuSO_4+3FeSO_4+S^0$$

$$2S^0+3O_2+2H_2O \xrightarrow{细菌} 2H_2SO_4$$

$$4FeSO_4+2H_2SO_4+O_2 \xrightarrow{细菌} 2Fe_2(SO_4)_3+2H_2O$$

所生成的硫酸铁和硫酸可浸出许多金属硫化矿物和金属氧化矿物，是这些矿物的良好浸出剂。通常认为细菌的直接作用浸出速度缓慢，反应时间长。细菌浸出主要靠细菌的间接催化作用。复合作用机制是指在细菌浸出当中，既有细菌的直接作用，又有通过 Fe^{3+} 氧化的间接作用。有些情况下以直接作用为主，有时则以间接作用为主，但两种作用都不可排除，这是迄今为止绝大多数研究者都赞同的细菌浸出机制。

3.2.7.4 细菌浸矿实例

铜矿石的微生物浸出工艺，一般用来处理含铜贫矿石、尾矿、废矿和小而分散矿山的铜矿石，个别情况也用来浸出富铜矿和铜精矿。所采用的浸出方式有堆浸、槽浸、原位浸出和搅拌浸出。其中堆浸和槽浸的常用流程如图 3-23 所示。

当采用搅拌浸出工艺时，还须在流程中加入磨矿作业和固液分离工序。流程中的萃取-电沉积作业也可以用铁粉置换工艺来代替，直接得到海绵铜。萃取后的尾液经微生物氧化再生后，返回浸出工序。海绵铜再用火法或湿法加工，得到各种精铜产品。当然，也可以采用其他方法从浸出液中回收铜。

此外，用微生物浸出工艺还可以选择性地浸出复杂矿石或混合精矿中的部分矿物，使未浸出的矿物得到富集和纯化。图 3-24 所示的流程就是利用微生物浸出混合铜矿石，使其中的硫化铜矿物得以富集和纯化的生产工艺。利用微生物浸出含铜硫化钼精矿的生产流程如图 3-25 所示，微生物将其中的铜浸出后，得到高品位的钼精矿。

大多数铀矿石中都或多或少含有一些硫化物矿物，尤其是黄铁矿更为普遍，铀矿石的微生物浸出工艺正是基于这一事实而提出的。其浸出原理就是在微生物的作用下，黄铁矿首先氧化成 $Fe_2(SO_4)_3$，$Fe_2(SO_4)_3$ 在有硫酸存在的条件下，可以把元素铀从矿石中溶解出来，其

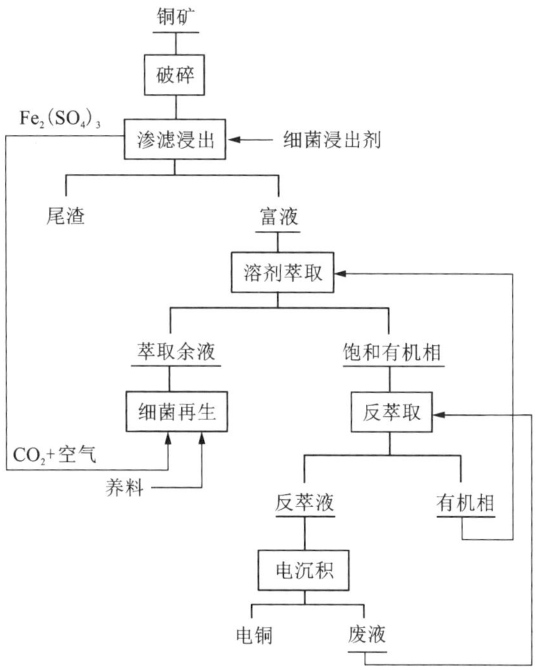

图 3-23　铜矿石的微生物渗滤浸出-萃取-电沉积流程图

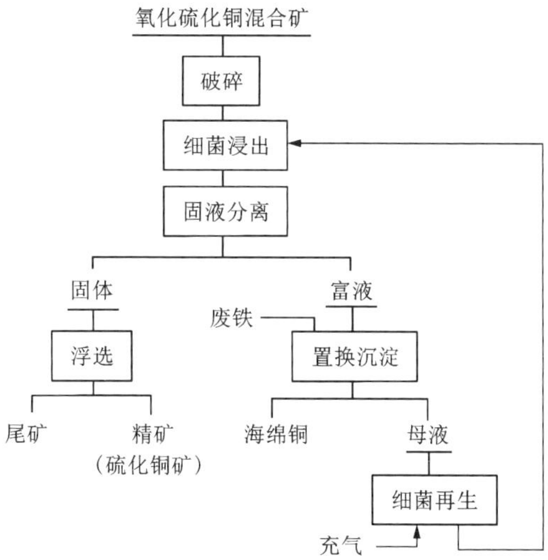

图 3-24　利用氧化亚铁硫杆菌浸出混合铜矿石的流程图

主要反应为

$$U_3O_8+Fe_2(SO_4)_3+2H_2SO_4 = 3UO_2SO_4+2FeSO_4+2H_2O$$

$$UO_2+Fe_2(SO_4)_3 = UO_2SO_4+2FeSO_4$$

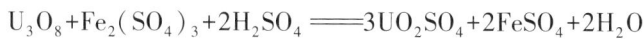

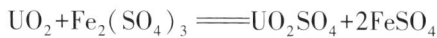

铀矿石微生物浸出工艺的基本流程如图 3-26 所示。

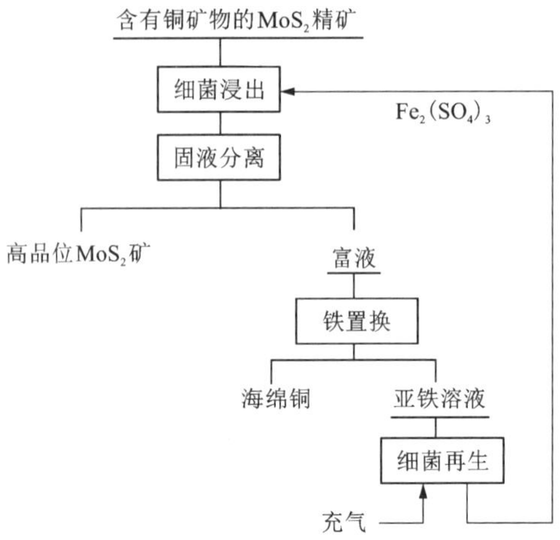

图 3-25　细菌浸出含铜硫化钼精矿的流程图

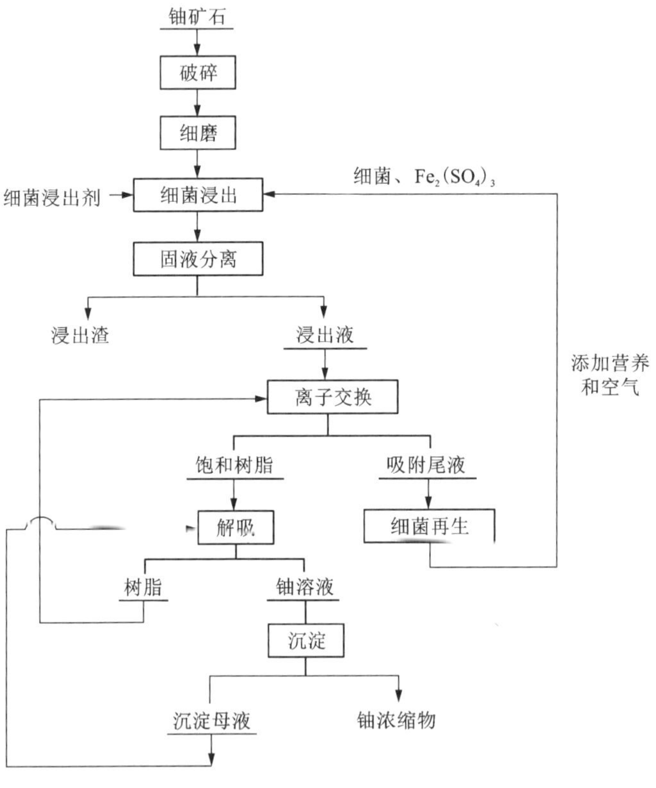

图 3-26　铀矿石微生物浸出工艺的基本流程

对于较富的铀矿石，要求的回收率比较高，多采用搅拌浸出工艺，浸出后进行固液分离或直接采用矿浆吸附工艺回收铀。提取铀以后的澄清尾液，可以全部用细菌氧化再生后送回浸出工序，也可以部分再生，部分排放，以维持流程中物料平衡，防止某些有害杂质产生积累，给浸出过程带来不利影响。

对于贫铀矿石、废铀矿石或小矿点采出的铀矿，常采用堆浸法或槽浸工艺，在这种情况下，可以省去流程中的细磨和固液分离工序。通过浸出直接得到浸出液，然后用离子交换法或溶剂萃取法从浸出液中回收铀。

3.3 浸出过程影响因素

影响浸出率和浸出速度的主要因素为矿物原料组成、浸出温度、磨矿细度、浸出方法、氧化剂、还原剂、配合剂、搅拌强度、浸出矿浆液固比和浸出时间等。

3.3.1 物料性质

3.3.1.1 矿物原料组成

被浸矿物原料组成是选择浸出方法的主要依据。若矿物原料中的脉石矿物主要为硅酸盐、铝硅酸盐等酸性矿物，则浸出作业可在酸性介质或碱性介质中进行；反之，若脉石矿物主要为碳酸盐类碱性矿物，则浸出作业适合在碱性介质中进行。除脉石矿物组成外，被浸组分的矿物组成也是决定浸出方法的关键因素之一。若被浸组分矿物易溶于水，一般仅用水浸就可达浸出目的；若被浸组分矿物易溶于稀酸溶液或稀碱溶液，则在常温常压条件下，采用稀酸溶液或稀碱溶液浸出即可达浸出目的；若被浸组分矿物呈难溶于酸、碱的金属硫化矿物形态存在，只能在添加氧化剂的条件下使硫化矿物氧化分解，才能使目的组分转入酸溶液或碱溶液中；若被浸组分矿物呈高价金属氧化物或氢氧化物形态存在，只能采用具有还原能力的试剂作浸出剂，采用还原浸出的方法才能使相应的被浸组分转入浸液中。此外，对于某些难以直接浸出的矿物，对其进行一次焙烧预处理，把目的组分矿物转变为易浸或易于物理分选的形态，而使部分杂质分解挥发或转变为难浸的形态，改变原料的结构构造可为后续的浸出作业提供良好的条件。

3.3.1.2 物料细度

浸出过程中在矿粒的固-液相界面进行多相反应，相界面积及浸出矿浆的黏度均与磨矿细度密切相关。浸出前的磨矿细度取决于被浸目的矿物的嵌布粒度、围岩特性、矿石结构和浸出方法等因素。一般要求目的矿物应解离或裸露，以使被浸目的矿物能与浸出剂接触。在一定范围内，增加磨矿细度可以提高浸出速度和浸出率。但磨矿粒度过细，易泥化，不仅会增加磨矿费用，而且会增加矿浆黏度，增大扩散阻力，还可能在被浸目的矿物表面形成泥膜，最终导致浸出速度和浸出率降低，同时细度太细也会造成后续固液分离困难，因此应该在保证浸出过程能顺利进行的条件下尽可能采用较粗的磨矿细度。

3.3.2 操作条件

3.3.2.1 浸出温度

浸出时，试剂的扩散系数与浸出温度呈直线关系，可用下式表示：

$$D=\frac{RT}{N}\cdot\frac{1}{2\pi r\mu}$$

式中：N 为阿伏伽德罗常数；r 为扩散物质粒子直径；μ 为扩散介质黏度。

而化学反应速率常数与温度呈指数关系。因此，在低温区，化学反应速率远低于扩散速度；在高温区，化学反应速率则高于扩散速度。所以在常温常压条件下，在接近于浸出剂沸点的条件下进行浸出，将有利于提高浸出速度和浸出率。热压条件下浸出，可以提高浸出矿浆的沸点，故热压浸出可以加速浸出过程和提高目的组分的浸出率。因此，在可能条件下，应采用沸点较高的试剂作浸出剂。

3.3.2.2 浸出矿浆液固比

浸出矿浆液固比对浸出速度和浸出率有较大的影响。浸出试剂用量与浸出矿浆的黏度、矿浆液固比密切相关。提高浸出矿浆液固比，可降低矿浆黏度，有利于试剂扩散，矿浆搅拌、输送和固液分离，其他浸出条件相同时可获得较高的浸出速度和浸出率。当浸出终了时的试剂剩余浓度相同时，提高矿浆液固比将增加浸出试剂耗量和降低浸液中的目的组分浓度，增大后续作业的处理量和试剂耗量。但浸出矿浆液固比不宜太小，否则，对矿浆搅拌、试剂传质、固液分离不利，甚至使已溶的目的组分沉淀析出，降低目的组分的浸出率。因此，选择矿浆液固比时，应考虑已溶目的组分在浸液中的溶解度，当其溶解度较小时，浸出矿浆的液固比宜大些。

3.3.2.3 搅拌强度

浸出过程中，搅拌矿浆除能防止矿粒沉降，还可减小扩散层厚度、增大扩散系数，提高浸出速度和浸出率。因此，搅拌浸出的浸出率常高于渗滤浸出的浸出率。当磨矿细度高，矿粒很细时，可采用低搅拌转速。此时细微矿粒易被液体的旋涡流吸住，使矿粒表面的液体更新速度随搅拌强度的增大而变化很小。当搅拌强度增至某值后，微细矿粒开始随液流一起运动，此时搅拌失去作用。同时，增大搅拌强度将增加动力消耗和设备磨损。目前搅拌浸出常采用双层搅拌桨的低速机械搅拌浸出槽和压缩空气搅拌浸出槽(巴槽)，搅拌的目的是使矿粒悬浮，充气靠压风实现。此类搅拌浸出槽的搅拌强度低，动力消耗低和磨损小。

3.3.2.4 浸出时间

当其他浸出条件相同时，浸出速度起始较高而后渐低，浸出率随浸出时间的延长而提高，但有峰值，且浸出时间过长会降低设备的处理能力和增加生产成本。

3.3.3 药剂条件

3.3.3.1 浸出试剂浓度

浸出过程中，浸出试剂的浓度梯度是影响浸出速度的主要因素之一。由于矿粒表面的浸出试剂浓度较小，所以浸出速度取决于浸出试剂的初始浓度。浸出试剂的初始浓度愈高，浸出速度愈大。随着浸出过程的进行，浸出试剂不断地被消耗，浸出速度也随之逐渐降低。浸出终了时，浸出矿浆中常要求保持一定的浸出试剂剩余浓度。因此，浸出过程中浸出试剂的用量取决于浸出目的组分的耗量、浸出杂质组分的耗量、试剂的氧化分解、剩余浓度和浸出矿浆的液固比因素。

3.3.3.2 氧化剂

浸出过程中，为了使被浸目的矿物氧化分解，常添加氧化剂。最常用的氧化剂为空气、过氧化氢、二氧化锰、氯气、次氯酸盐、高价铁盐等。有时浸出试剂本身既是浸出试剂又是氧化剂。常通过试验的方法决定氧化剂的类型和用量，尤其是浸出试剂易氧化分解时，氧化剂类型和用量的选择极为关键。

3.3.3.3 还原剂

被浸矿物原料中常含相当数量的还原组分，如硫化矿物中的硫和亚铁盐等。在浸出前的再磨作业中，由于球磨衬板和钢球的磨损，一般有0.5~1.5 kg/t的金属铁粉进入矿浆中。这些还原组分在浸出过程中将消耗氧化剂和浸出试剂，有的还原组分可使已溶的目的组分还原沉淀析出，如金属铁粉和亚铁离子可置换已溶金。因此，浸出前进行试验研究时，应查明主要的还原组分的数量及其有害影响的程度，有些有害组分须在浸出前将其除去。

有时还原剂本身就是浸出试剂，有时还须在浸出过程中加入一定数量的还原剂，以提高浸出试剂的有效浓度及降低其氧化分解的损耗。

3.3.3.4　配合剂

某些较难浸出的目的组分常采用配合浸出的方法使其转入浸液中。配合剂在化学选矿领域的应用相当普遍，不仅用于浸出，而且常用于浸液的净化、有用组分的分离富集和制取化学精矿等作业和工序中。浸出过程中常用的配合剂为NH_3、Cl^-、SO_4^{2-}、CO_3^{2-}、CN^-、SCN_2H_4、$S_2O_3^{2-}$等。

3.4　浸出工艺与设备

3.4.1　浸出流程

依据被浸物料与浸出剂溶液运动方向的差异，可将浸出流程分为顺流浸出、错流浸出和逆流浸出三种。

(1)顺流浸出：顺流浸出时，被浸物料与浸出剂溶液的运动方向相同(见图3-27)。

顺流浸出流程的特点是可获得被浸组分含量较高的浸出液，浸出试剂的耗量较低。但浸出速度较低，浸出时间较长。

(2)错流浸出：错流浸出时，被浸物料分别被几份新浸出剂溶液浸出，而每次浸出所得的浸出液均送后续作业处理以回收被浸组分(见图3-28)。

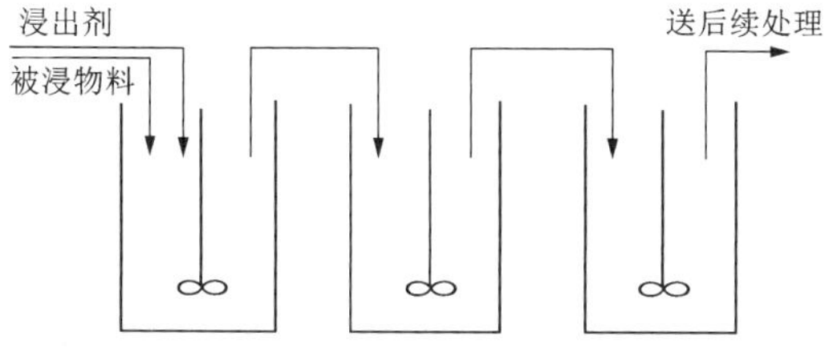

图3-27　顺流浸出流程

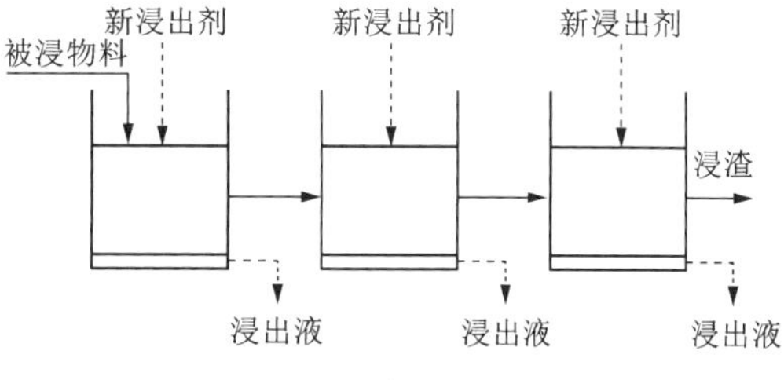

图3-28　错流浸出流程

错流浸出流程的特点是浸出速度较高，浸出液体积较大，浸出液中被浸组分含量较低，浸出液中剩余浸出剂含量较高，故浸出剂耗量较高。

(3)逆流浸出：逆流浸出时，被浸物料与浸出剂溶液的运动方向相反，即经几级浸出而贫化后的物料与新浸出剂溶液接触，而原始被浸物料则与经几级浸出后的浸出液接触(图3-29)。

逆流浸出流程的特点是可获得被浸组分含量较高的浸出液，可较充分地利用浸出液中的剩余浸出剂，浸出剂耗量较低但其浸出速度比错流浸出时的浸出速度低，其浸出级数较多。

渗滤槽浸出时，可采用顺流浸出、错流浸出或逆流浸出的浸出流程。堆浸和就地浸出皆采用顺流循环浸出的流程。

搅拌浸出一般采用顺流浸出流程。若要采用错流浸出或逆流浸出流程，则各级之间均应增加固液分离作业。间断作业的搅拌浸出一般为顺流浸出，但也可采用错流浸出或逆流浸出，只是每次浸出后均须进行固液分离，操作相当复杂，生产中应用极少。

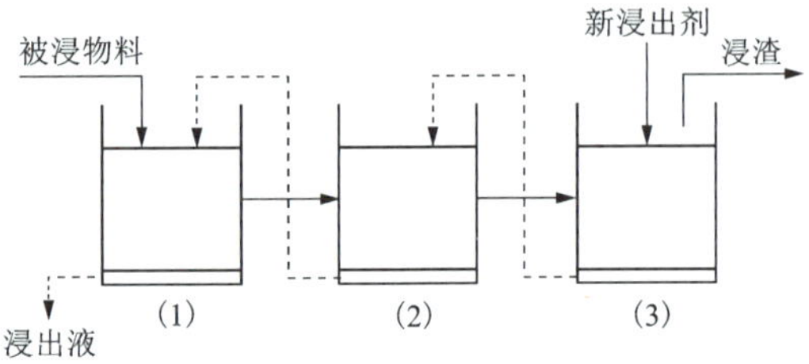

图 3-29　逆流浸出流程

渗滤浸出时，一般可直接获得澄清的浸出液，而搅拌浸出后的矿浆须经固液分离作业，才能获得供后续作业处理的澄清的浸出液或含少量矿粒的稀矿浆。

3.4.2　浸出设备

3.4.2.1　渗滤浸出设备与操作

1)渗滤槽(池)

渗滤槽(池)的结构如图 3-30 所示。

渗滤槽(池)的外壳可由碳钢、木料制成，也可用砖、石砌成，内衬防腐蚀层(瓷砖、塑料、环氧树脂等)。渗滤浸出槽应能承压、不漏液、耐腐蚀，底部略向出液口倾斜，底部装有假底。当浸出槽的面积大时，底部可制成多坡倾斜式，以使槽内矿石物料层的厚度较均匀。装料前先铺假底，将浸出液出口管关闭。然后采用人工或机械的方法将破碎后的矿石(粒度一般小于 10 mm)均匀地装入槽内。矿料装至规定的高度后，加入预先配制好的浸出剂溶液至浸没物料层，浸泡数小时或几昼夜后再放出浸出液。放出浸出液的速度由试验决定。生产中一般采用多个渗滤槽同时操作，以使浸出液中有用组分的含量比较稳定。有时为了加速被浸硫化矿物的氧化，浸出过程中可采用休闲或晒矿的方法，即物料渗滤浸出一定时间后，停止进浸出剂溶液，放出浸出液后休闲一定时间并翻晒表层物料，以加速被浸硫化矿物的氧化和破坏表层铁盐沉淀物。此方法对提高渗滤浸出速度和浸出率有一定的效果。

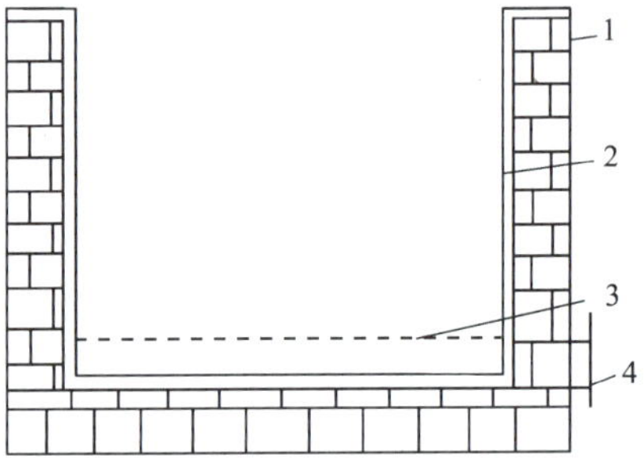

1—槽体；2—防腐蚀层；3—假底；4—浸出液出口

图 3-30　渗滤槽(池)的结构图

渗滤槽(池)浸出的主要工艺参数为浸出剂的浓度、放出浸出液的速度、浸出液中浸出剂的剩余浓度等。当浸出液中浸出剂的剩余浓度高时，可将其返回进行循环浸出。当浸出液中目的组分的浓度降至要求以下，可认为浸出已达终点，可以排出浸出渣，重新装料进行渗滤浸出。

2)堆浸场

堆浸的堆浸场可位于山坡、山谷或平地上，去除地表草皮树根等杂物后，应平整和压实地面并进行防渗漏处理，如铺设防渗漏防腐蚀层(如油毛毡沥青胶结物、耐酸水泥、塑料膜、塑料板等)。铺层除具有防渗漏、防腐蚀性能外，还应能承受矿堆的压力。为保护铺层，常在其上铺以细粒废矿石和0.5~2.0 m厚的粗粒废石，然后用汽车、矿车将待浸的贫矿石运至堆浸场，堆至一定高度后再用推土机平整矿堆表面及边坡，使矿堆呈截锥形。有时为了减小边坡面积，可用木桩、木板、铁丝网或油毛毡等将矿堆围住，使矿堆呈截柱形。根据当地气候条件、矿堆高度、矿堆表面积、操作周期、物料的矿物组成和粒度组成等因素决定布液方法。可用洒布、流布和垂直管法布液。

洒布法是浸出剂溶液从高位池经总管和支管及旋转喷头将浸出剂溶液均匀地喷洒于矿堆表面和边坡上，浸出剂溶液渗滤通过矿堆中的各层物料完成目的组分的浸出。此法适用于矿石粒度较大、矿堆孔隙度较大的矿堆的浸出。

流布法是采用推土机或前端装载机在矿堆表面挖掘沟渠或浅塘，然后采用灌溉法或浅塘法将浸出剂溶液布于矿堆表面。此法适用于矿石粒度较细、矿堆孔隙度较小的矿堆的浸出。

垂直管法是在矿堆表面沿一定距离的网格打孔，将多孔塑料管经套管插至钻孔底部，浸出剂溶液从高位池经总管和支管流入多孔塑料管内，然后均匀地分布于矿堆内。此法适用于矿石粒度细、矿堆孔隙度小的矿堆的浸出，可使浸出剂溶液与空气均匀地混合。生产实践中常用联合布液法，以使浸出剂溶液在矿堆表面及矿堆内部均匀地分布。浸出液一般用泵循环，使其多次通过矿堆，以提高浸出液中有用组分的浓度和降低浸出剂耗量。浸出终了，可用电耙、推土机卸料，用矿车或汽车将其运至尾矿场。

3）就地浸出

就地浸出简称地浸，它是不经机械开采而在勘测好的采场地面上分区钻孔（分注入孔、回收孔等），然后将浸出剂由注入孔注入地下矿体中，浸出剂经裂隙渗滤通过矿体，使有用组分溶于其中，再由回收孔将浸出液抽至地面做进一步处理。就地浸出对矿体的生成条件要求很严，要求待浸矿体具有良好的渗透性，矿体上下左右周边有相应的不透水层，基岩稳定，地下水位低。这些条件可使浸出作业顺利进行，可避免浸出液的流失和利于浸出液的回收。

目前，就地浸出广泛用于盐矿、离子型稀土矿、废弃的铜矿、废弃的铀矿及采矿条件差的贫矿的浸出。就地浸出原矿（如盐矿、离子型稀土矿、铀矿等）时，可在勘测好的矿体内分区钻孔（分注入孔、回收孔等），然后将浸出剂溶液由注入孔注入地下矿体中，浸出剂溶液经裂隙、毛孔渗滤通过矿体使有用组分溶于其中，再由回收孔将浸出液抽至地面送后续作业处理。当地下矿体的渗透性差时，可对待浸矿体进行必要的地下大爆破，也可在矿体下部设回收巷道以回收浸出液。就地浸出采空区的残矿（如顶板、底板、侧壁、矿柱等）可在矿体地表采用浅塘布液法或矿体上部巷道内喷洒法将浸出剂溶液注入残矿体内部，在残矿体下部巷道内设集液沟和集液池以回收浸出液。

就地浸出时，根据浸出对象的不同，可采用清水、稀酸液、含浸矿细菌的稀酸液、盐水等作浸出剂溶液。

由于就地浸出在地下进行，各项工艺参数的研究和控制均受限制。一般而言，就地浸出的浸出时间较长，浸出率较低，矿产资源利用率较低。其优点是省去了建井、采矿、运输、破碎、磨矿物理选矿和固液分离等工序，将浸出作业移至地下，原地废弃尾矿，保护了地表植被和减少了环境污染，成本低，经济效益和环境效益高。该浸出方法目前仅用于某些特定的矿种和特定的条件。

3.4.2.2 搅拌浸出设备与操作

1）常压机械搅拌浸出槽

常压机械搅拌浸出槽的结构如图 3-31 所示。

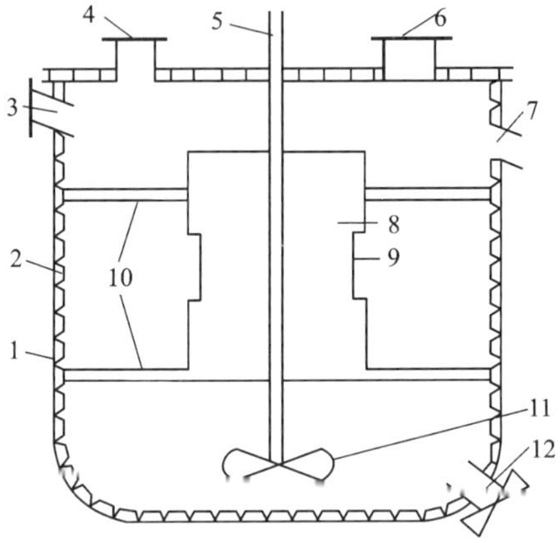

1—壳体；2—防酸层；3—进料口；4—排气孔；5—主轴；6—入孔；
7—溢流口；8—循环筒；9—循环孔；10—支架；11—搅拌桨；12—排料口。

图 3-31　常压机械搅拌浸出槽

常压机械搅拌浸出槽可分为单层搅拌桨浸出槽和多层搅拌桨浸出槽两种。机械搅拌器有桨叶式、旋桨式、锚式和涡轮式等多种，浸出矿物原料时常用桨叶式和旋桨式搅拌器。桨叶式搅拌器有平板式、框式和锚式三种，其搅拌强度较弱，主要利用其径向速度差使物料混合，其轴向的搅拌弱。旋桨式搅拌器高速旋转时可产生轴向液流，加装循环筒可增强其轴向搅拌作用。锚式和涡轮式搅拌器主要用于矿浆浓度高、密度差大和矿浆黏度大的矿浆的搅拌，涡轮式搅拌器还有吸气作用。

常压机械搅拌浸出槽的材质依浸出剂溶液的性质而异。酸浸时，槽体可采用内衬橡胶、耐酸砖或塑料的碳钢槽、不锈钢槽、搪瓷槽。碱浸时，槽体可采用普通的碳钢槽。机械搅拌器一般为碳钢衬胶、衬环氧玻璃钢或不锈钢制成。常压机械搅拌浸出槽的槽体常为圆柱体，槽底呈圆球形或平底，槽中装有矿浆循环筒。槽内矿浆可采用电加热、夹套加热或蒸气直接加热的方法控制浸出温度。机械搅拌浸出槽的容积依处理量而异，其一般常用于处理量较小的厂矿。

2）常压压缩空气搅拌槽（帕丘卡槽）

常压压缩空气搅拌槽（帕丘卡槽）的结构如图 3-32 所示。常压压缩空气搅拌槽（帕丘卡槽）的上部为高大的圆柱体，下部为锥体，中间有一中心循环筒，压缩空气管直通中心循环筒下部。调节压缩空气压力和流量即可控制矿浆的搅拌强度。操作时，中心循环筒内的部分矿浆被提升至溢流槽而流入下一浸出槽。常压压缩空气搅拌槽（帕丘卡槽）常用于处理量较大的厂矿。

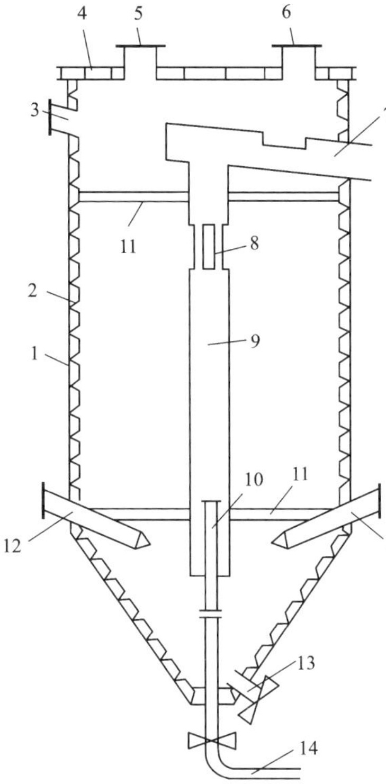

1—塔体；2—防酸层；3—进料口；4—塔盖；5—排气孔；6—入孔；7—溢流槽；
8—循环孔；9—循环筒；10—压缩空气花管；11—支架；12—蒸汽管；13—事故排浆管；14—压缩空气管。

图 3-32 常压压缩空气搅拌槽

3) 流态化逆流浸出塔

流态化逆流浸出塔的结构如图 3-33 所示。

流态化逆流浸出塔的上部为浓密扩大室，中部为圆柱体，下部为圆锥体。塔顶有排气孔和观察孔。矿浆用泵送入塔内，进料管上细下粗，出口处装有倒锥，以使矿浆稳定而均匀地沿着倒锥四周流向塔内。在塔的中部，分上下两部分加入浸出剂溶液以浸出目的组分；在塔的下部，分数段加入洗涤水以进行逆流洗涤。洗涤后的粗砂经粗砂排料口排出；浸出矿浆从上部溢流口排出。操作时，可采用 50~60 ℃的热水作为洗涤水，以提高浸出矿浆的温度。

浸出过程中应严格控制进料、排料、洗涤水和浸出剂溶液的流量以及界面位置。通常是采用调节排砂量的方法保持稳定的界面。界面位置偏高时，可增大排砂量；反之，界面位置偏低时，可适当减小排砂量，以保证浸出时间、分级效率和洗涤效率的稳定。流态化逆流浸出获得的是除去粗砂后的浸出稀矿浆，可降低后续固液分离作业的处理量。

4) 立式高压釜

立式高压釜的搅拌方式有机械搅拌、气流(蒸气或空气)搅拌和气流机械混合搅拌三种。常用的哨式空气搅拌的立式高压釜的结构如图 3-34 所示。

操作时，被浸矿浆从釜的下端进入，与压缩空气混合后经旋涡哨从喷嘴进入釜内，呈紊流状态在釜内上升，然后经出料管排出。采用与矿浆呈逆流的蒸气夹套加热或水冷却的方法加热矿浆或冷却矿浆。釜内装有事故排料管，供发生事故时排空釜内矿浆。经高压釜浸出后

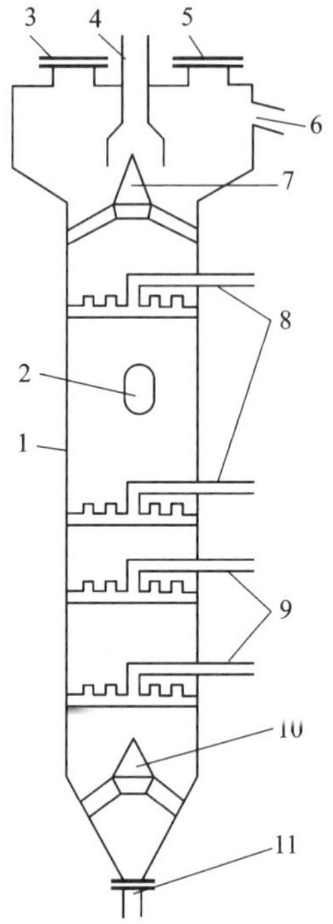

1—塔体；2—窥视镜；3—排气孔；4—进料管；5—观察孔；6—溢流口；7—进料倒锥；
8—浸出剂分配管；9—洗涤水分配管；10—粗砂排料倒锥；11—粗砂排料口。

图 3-33　流态化逆流浸出塔

的矿浆，必须将压力降至常压后，才能送后续作业处理。为了维持釜内的压力，高压釜浸出后的矿浆，常采用自蒸发器减压。自蒸发器的结构如图 3-35 所示。

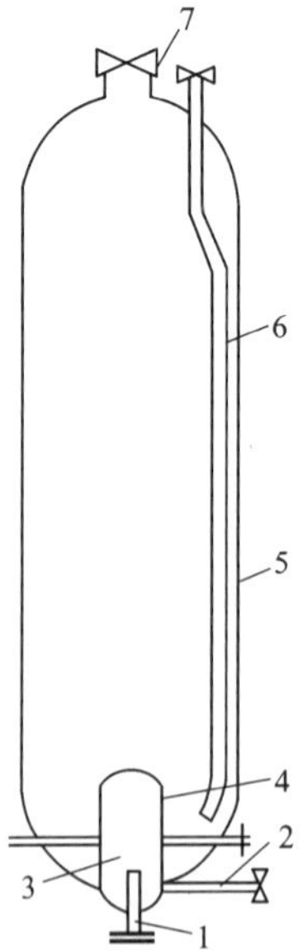

1—进料管；2—压缩空气管；3—旋涡哨；4—喷嘴；
5—釜筒体；6—事故排料管；7—出料管。

图 3-34　哨式空气搅拌的立式高压釜

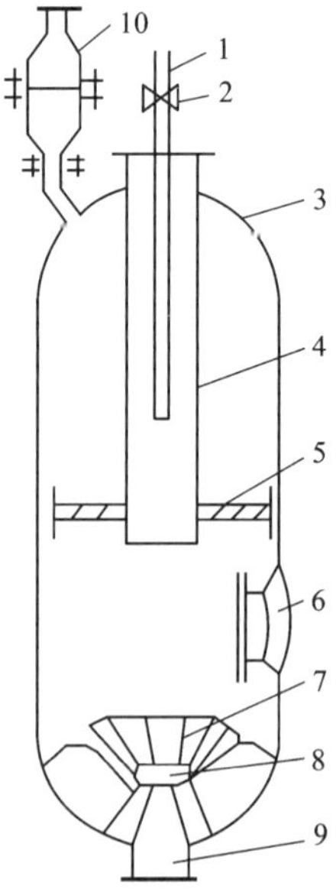

1—进料管；2—调节阀；3—筒体；4—套管；5—筛孔板；
6—入孔；7—衬板；8—堵头；9—出料口；10—分离器。

图 3-35　自蒸发器的结构

操作时，高压釜浸出后的矿浆和高压空气从进料口进入自蒸发器，在自蒸发器内高压喷出并膨胀，压力骤然降至常压，由此生成的大量蒸气吸收能量，降低了矿浆的温度。气体夹带的液体经筛板进行第一次分离，再经气水分离器进一步进行气液分离。减压后的浸出矿浆从底部排料口排出，与液体分离后的气体从排气管排出，排出的废气可用于预热待浸矿浆。

5) 卧式机械搅拌高压釜

卧式机械搅拌高压釜的结构如图 3-36 所示。

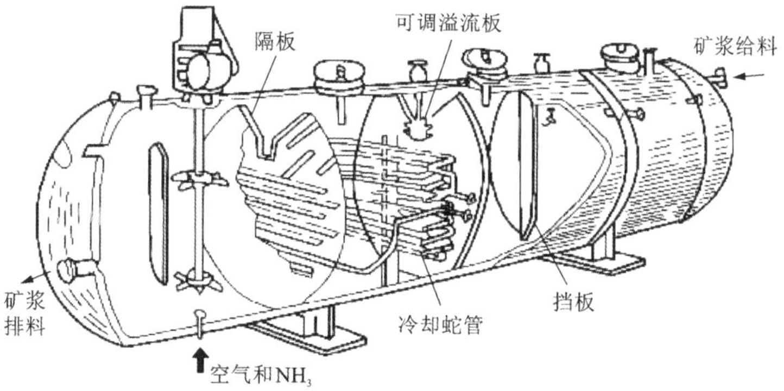

图 3-36　卧式机械搅拌高压釜的结构图

根据工艺要求，卧式机械搅拌高压釜的内部可分成多室，图 3-36 中釜内分为 4 室，室间有隔板，隔板上部中心有溢流堰，以保持各室液面有一定的位差。矿浆由高压泵泵入高压釜的第 1 室，依次通过其他 3 室，最后通过自动控制的气动薄膜调节阀减压排出釜外，也可通过自蒸发器减压后送后续处理。高压釜内各室均有机械搅拌器。当用于热压氧浸时，所需空气由位于机械搅拌器下面的压风分配支管送入各浸出室。

矿物原料浸出时，一般均由数个槽（塔）组成系列，无论采用哪种流程和设备，设计时均须考虑矿浆在槽（塔）内的停留时间和矿浆短路问题，计算槽（塔）的容积和数量时应有一定的保险系数，以达到预期的浸出率。

本章习题

1. 何谓浸出？依据浸出药剂，浸出方法如何分类？
2. 举例说明电位-pH 图在分析浸出过程时的作用。
3. 简述影响浸出速度的各种因素。
4. 简述酸浸的分类以及各自的浸出原理与适用范围。
5. 碱浸常用浸出剂有哪些？试比较碱浸与酸浸的优缺点，并说明选择浸出方法的依据。
6. 举例说明氨浸的基本原理及特点。
7. 简述氰化浸金的基本原理，说明氧在浸出过程中的作用，并写出反应式。
8. 试述细菌浸出的基本原理以及目前细菌浸出的应用领域。
9. 什么是热压浸出？举例说明热压有氧浸出与热压无氧浸出的应用。

参考文献

[1] 陈家镛. 湿法冶金手册[M]. 北京：冶金工业出版社，2005.
[2] 李洪桂. 湿法冶金学[M]. 长沙：中南大学出版社，2002.
[3] 《溶液中金属及其他有用成分的提取》编委会. 溶液中金属及其他有用成分的提取[M]. 北京：冶金工业出版社，1995.
[4] 黄礼煌. 化学选矿[M]. 北京：冶金工业出版社，1990.
[5] 李洪桂. 冶金原理[M]. 北京：科学出版社，2005.

第 4 章　固液分离

4.1　概述

固液分离，就是把生产中含水的中间或最终产品(包括排出物)的液相和固相分开。固液分离的目的是尽可能将固液两相分开，获得含水量相对少的固体或固体含量低的液体。

固液分离作业广泛用于矿业、冶金、化工、轻工、食品、制药、环境治理、生物制品等过程。

矿业和冶金工业：几乎所有的选矿工艺都与水和矿石分离有关，矿物加工过程中产品的浓缩，湿法冶金中的浸出和提纯，原子能工业中铀的分离与产品制备，选煤水的回收及煤粉的合理利用等都要借助固液分离操作。

化工生产：在无机盐工业中常涉及酸解、碱溶、浸出物的过滤和滤饼的洗涤，在石油化工产品、颜料、涂料、水泥、精细化工产品的生产过程中都要涉及固液分离操作。

制药工业、生物发酵和生物制品工业：针对生物发酵工艺中发酵液和菌丝体分离问题，最常用的是过滤和离心分离。在制药工业中，如抗生素的生产和无菌水的制备等也少不了固液分离工序。在发酵工业中，固液分离效果对发酵残液的综合利用及解决环境污染问题起着重要的作用。

环境保护工程：生物法治理污水是一种重要的方法，它涉及污泥的浓缩、絮凝、脱水等过程。食品工业生产中产生大量蛋白质废水，如果直接排放，不仅会造成环境污染，还会流失大量的蛋白质，若经过沉降、脱水和膜过滤，可节约大量的生产用水，并可回收有价值的蛋白质。

此外，微电子工业、高纯产品的制备、水的净化和超纯水的制取也都用到固液分离技术。

化学选矿中，浸出前常有浓缩作业以保证浸出作业的矿浆浓度，浸出矿浆和化学沉淀悬浮液常需进行固液分离获得清液和固体产物以满足后续工艺的要求。化学选矿中的固液分离不但要求将固体和液体较彻底地分离，同时由于分离后的固体部分(滤饼或底流)不可避免地会夹带相当数量的溶液，这部分溶液中的金属组分浓度与给料中的液相金属组分浓度相同，因此为了提高金属回收率或产品品位，还应对固体部分进行洗涤。

固液分离技术一般划分为重力沉降分离法、过滤分离法和离心分离法。重力沉降分离法应用的范围较广，在选矿厂中随处可见各式各样的沉淀池、澄清池、浓缩池等。沉降过程及所用的机械设备比较简单，因此重力沉降在各种固液分离技术中最经济。过滤分离法是利用真空使固液分离，形成滤饼，滤液循环再用。离心分离法是在离心力场中，借助离心力作用进行固液分离，一般分为离心沉降和离心过滤。

固液分离技术的新发展方向，值得一提的是膜分离技术和超声分离技术。

膜分离技术是用人工或天然合成的高分子分离膜，借助化学位差或外界能量的推动对双组分或多组分的溶质和溶剂进行分离、提纯和富集的方法，以压力差为推动力的膜分离过程可分为微滤、超滤和反渗透等。由于使传统的分离工序发生革命性的变化，所以高分子分离膜广泛地应用于化学工程、生物技术、医学、食品工业、环境保护、石油探测等众多领域。在当代高新技术领域内，膜分离技术将成为开发的重点，对其的研究集中在膜材的研制和膜应用上。超声分离技术解决了传统过滤工艺中过滤阻塞、不能连续工作、能耗大的问题。超声分离的原理是利用液体中频率不同、振动方向相同、相对方向传播的两个平面声波，在传播过程中叠加，产生若干个振动速度为零的点，并且此点以一定速度向某一方向移动；而液体中的固体粒子在声波作用下总是在振动速度为零处聚集，并随此点运动而运动，最终聚集在装置的一侧，从而使固液分离得以实现。

4.2 沉降分离法

4.2.1 重力沉降

重力沉降是利用重力作用使固体颗粒沉降与液相分离。其先决条件是在固相和悬浮液间存在密度差。工业上的重力沉降操作一般分浓缩澄清和分级两大类。浓缩澄清的目的是使悬浮液增稠或从比较稀的悬浮液中除去少量悬浮物。分级的目的是除去粗砂而得到含细颗粒的悬浮液。

悬浮液的沉降过程如图 4-1 所示。当悬浮液中的固体颗粒直径大于 0.1 μm 时，此悬浮液不稳定，固体颗粒会受重力作用而沉降，而且固相和液相的密度相差愈大，固体颗粒愈粗，悬浮液的黏度愈小，固体颗粒的沉降速度则愈大。

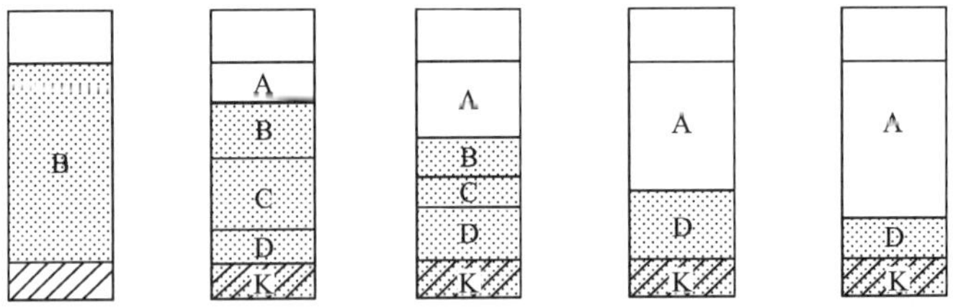

A—澄清区；B—沉降区；C—过渡区；D—压缩区；K—粗粒区。

图 4-1　悬浮液沉降过程的分区现象

悬浮液在沉降过程中会出现分区现象，各区的高度随时间而变化，A、D 区的高度不断增加，B、C 区的高度不断减小，最后只有 A、D、K 区，几乎全部固体颗粒皆进入 D、K 区，而 A 区仅含极少量的微细颗粒，此时称为沉降的临界点。连续操作的浓缩机中的颗粒沉降也大致存在上述各区，但操作稳定后，各区高度保持不变。

固体颗粒的沉降速度一般由沉降试验测定。若达到临界点时的澄清区高度为 H(m)，相应的澄清时间为 t(h)，则沉降速度 v(m/d)为

$$v=\frac{24H}{t} \tag{4-1}$$

若无试验数据，可按下列公式计算：

自由沉降：

$$v_0=545\left(\frac{\rho_{固}-\rho_{水}}{u}\right)d^2 \tag{4-2}$$

式中：v_0 为固体颗粒自由沉降速度，mm/s；$\rho_{固}$、$\rho_{水}$ 为固体和液体密度，g/cm^3；u 为动力黏度；d 为溢流中允许的最大颗粒直径，mm。

干涉沉降：

$$v_{CT}=v_0(1-\lambda)^n \tag{4-3}$$

式中：v_{CT} 为固体颗粒干涉沉降速度，mm/s；λ 为固体容积浓度；n 为矿粒性质相关系数，通常为2.5~3.8。

浓缩澄清和分级这两种操作所用设备分别称为浓缩澄清设备和沉降分级设备。浓缩澄清设备包括沉淀池、浓缩机(单层和双层浓缩机)、倾斜板式浓缩箱、层状浓缩机、深锥浓缩机等。沉降分级设备包括流态化塔、机械分级机(耙式、浮槽式、螺旋式)。

4.2.2 离心沉降

离心沉降是在离心力作用下使分散在悬浮液中的固相粒子或乳浊液中的液相粒子沉降的过程。沉降速度与粒子的密度、颗粒直径以及液体的密度和黏度有关，并随离心力，亦即离心加速度的增大而加快。离心加速度值 $a_n=\omega^2 r$，可随回转角速度 ω 和回转半径 r 的增大而迅速增大。

因此，离心沉降操作适用于两相密度差小和粒子速度小的悬浮液或乳浊液的分离。

常见的离心沉降设备分为器身固定的和机身旋转的，具体如下。

(1)旋液分离器：旋液分离器无回转部件，依靠切向加料产生旋流。旋液分离器中速度梯度很高，由此产生的剪切作用，将破坏可能产生的团块。这一点对分级过程十分有利却不是分离过程所需求的。然而，由于其操作可靠，费用低廉，因此在分离和分级两种过程中得到了广泛的应用。在分离过程中，它主要用于增浓。

(2)水力旋流器：它是一种连续的离心分级设备，用于固体含量较少的悬浮液的分级，常用于矿浆的检查分级。其处理量大，无传动部件，结构简单，分离效率高，但易磨损，动力消耗大，操作不易稳定。

(3)离心机：它特别适用于晶体或颗粒物料的固液分离。离心机的结构类型较多，但其主要部件为一快速旋转的鼓，转鼓装在竖轴或水平轴上。转鼓分有孔式和无孔式两种，孔上覆以滤布或其他过滤介质。当转鼓有孔并覆以滤布时，旋转时液体通过滤布，固体颗粒截留于滤布上，此种离心机为离心过滤机。若转鼓无孔，处理悬浮液时粗粒附于鼓壁，细粒则集中于鼓的中心，此时称为离心沉降机。无孔的转鼓离心机处理乳浊液时，则乳浊液在离心力作用下会产生轻重分层，此时称为离心分离机。

根据分离因素，离心机可分常速离心机(转速小于3000 r/min)和高速离心机(转速大于3000 r/min)，前者用于悬浮液和物料的脱水，后者主要用于分离乳浊液和细粒悬浮液。离心机根据操作方式可分为间歇式和连续式两种。

工业用沉降离心机按照转鼓结构和固体卸出机构主要可以分为五种类型。图 4-2 表示设备分类示意图，对每一类设备都列出了卸料和操作方式。

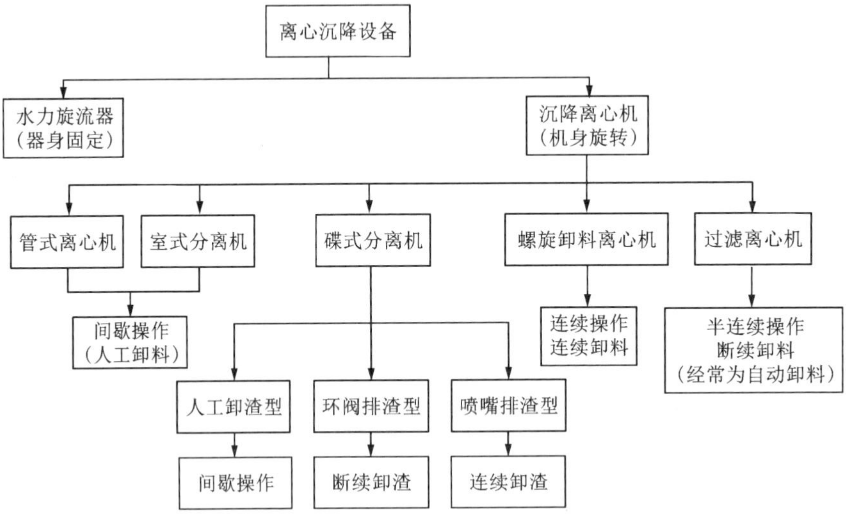

图 4-2　离心沉降设备的分类

4.2.3　助沉剂

沉降分离技术的发展除了使用不同机械原理的沉淀、澄清、浓缩设备外，主要集中于絮凝剂的开发上，目的是强化浸出矿浆的固液分离。浸出矿浆固液分离的主要目的是通过固液分离这种方法从残渣中分出已溶解有用组分。对于一定的设备和有用组分的浓度一定的矿浆，其强化主要是减少固液分离后矿砂中液体含量和缩短固液分离时间，提高设备生产能力。这也就是要加快沉降速度或过滤速率，降低底砂或滤饼中含水率的问题。

目前较有成效的方法主要是添加高效能的凝聚剂。凝聚剂可分为三大类：

(1) 无机电介质类：如明矾、石灰、三氯化铁、硫酸铝等高价离子的盐类和酸、碱。

(2) 天然有机物：淀粉、蛋白质类。

(3) 合成高分子凝聚剂类。

通过添加不同的凝聚剂，可改变沉降速度，提高分离效率。

絮凝剂按照其化学成分总体可分为无机絮凝剂和有机絮凝剂两类。其中无机絮凝剂又包括无机凝聚剂和无机高分子絮凝剂；有机絮凝剂又包括合成有机高分子絮凝剂、天然有机高分子絮凝剂和微生物絮凝剂。

聚丙烯酰胺是一种线状的有机高分子聚合物，同时也是一种高分子水处理絮凝剂产品，可以吸附水中的悬浮颗粒，在颗粒之间起连接架桥作用，使细颗粒形成比较大的絮团，并且加快沉淀的速度。

聚丙烯酰胺的特性：

(1) 黏合性：能使悬浮物质通过电中和，起到絮凝作用。

(2) 增稠性：可以通过物理化学作用等起到黏合作用。

聚丙烯酰胺是重要的水溶性聚合物，并兼具絮凝性、增稠性、耐剪切性、降阻性、分散性等性能。这些性能随着衍生物离子的不同而各有侧重。因而聚丙烯酰胺在采油、选矿、洗煤、冶金、化工、造纸、纺织、制糖、医药、环保、建材、农业生产等领域都有广泛应用。图 4-3 是助沉剂加入工艺的流程图。

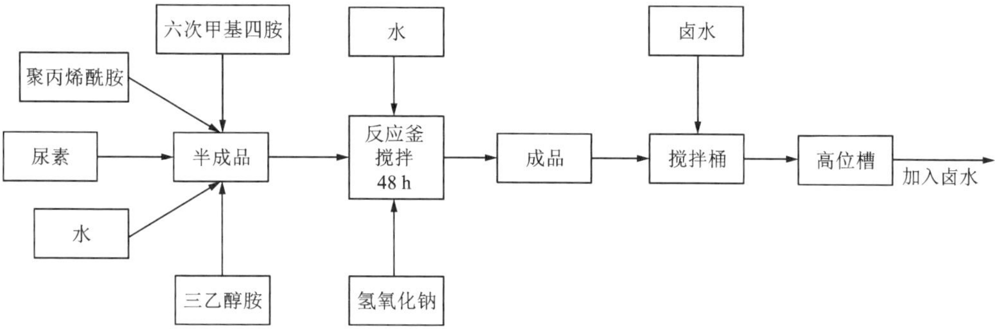

图 4-3　助沉剂加入工艺流程图

4.3　过滤分离法

过滤分离法是在过滤推动力作用下，借一种多孔过滤介质将悬浮液中的固体颗粒截留而让液体通过的固液分离过程。与重力沉降法相比，过滤分离法不仅固液分离速度快，而且分离较彻底，可得到液体含量较少的滤饼和清液。因此，过滤分离法是普遍而有效的固液分离方法。

通常将送去过滤的悬浮液称为滤浆，将截留固体颗粒的多孔介质称为过滤介质，将截留于过滤介质上的沉积物层称为滤饼或滤渣，将透过滤饼和过滤介质的澄清溶液称为滤液。依据滤浆性质和固体颗粒的大小，可采用不同的过滤介质。滤浆通过过滤介质时，固体颗粒被截留而形成沉积物层，过滤初期滤液常呈浑浊状，需将其返回过滤，形成沉积物层后，过滤即可有效地进行。过滤过程中，滤饼厚度不断增加，滤饼对流体的阻力也不断增加，过滤速率则不断减小。

因此，过滤介质对流体的阻力也常小于滤饼的阻力，过滤速率主要取决于滤饼厚度及其特性(主要是滤饼的孔隙率)。滤饼孔隙率与固体颗粒的形状、粒度分布、颗粒表面粗糙度和颗粒的充填方式等因素有关。根据滤饼特性，可将其分为可压缩滤饼和不可压缩滤饼。不可压缩滤饼主要由矿粒和晶形沉淀物构成，流体阻力受滤饼两侧压力差和颗粒沉积速率的影响小。可压缩滤饼由无定形沉淀物构成，其流体阻力随滤饼两侧压力差和物料沉积速率的增加而增加。

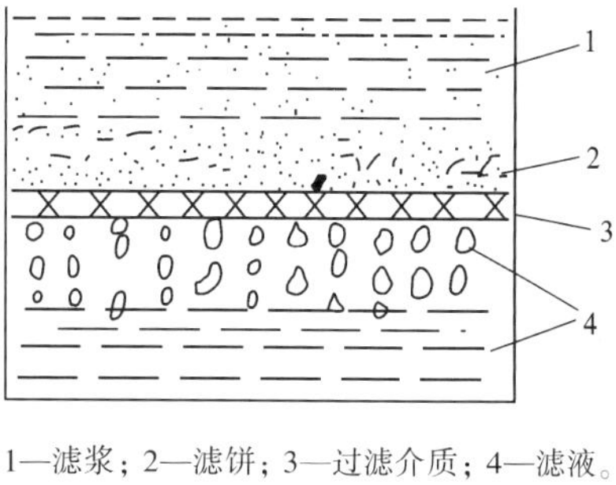

1—滤浆；2—滤饼；3—过滤介质；4—滤液。

图 4-4　过滤分离过程示意图

图 4-4 为过滤分离过程示意图。从图中看出，过滤与浓缩的本质区别在于：过滤是固体颗粒处于不动的状态，矿浆中的液体通过滤饼内的毛细孔道后再经过滤介质上的孔道排出，形成滤液；浓

缩则是固体颗粒和液体均处于运动状态，矿粒在液体中以重力作用进行沉降。

过滤的生产能力可用过滤速率 c 表示，通常用单位时间单位过滤面积上通过的滤液流量表示，即

$$c=\frac{dV}{Fdt} \tag{4-4}$$

式中：c 为过滤速率，$m^3/(m^2 \cdot s)$；dV 为滤液的体积，m^3；F 为过滤面积，m^2；dt 为过滤时间，s。

过滤速率与真空度（如真空过滤机）、固体颗粒特性、滤饼厚度及滤液的黏度和温度有密切关系。

影响过滤机生产的因素：

(1) 过滤速率与过滤介质两面的压力差（如真空度）成正比。对于非压缩性滤饼，提高真空度，可增大过滤机的过滤速率。对于可压缩性物料，由于滤饼易被压缩，可使颗粒间毛细管变形，水或液体排出渠道受阻，而降低通过压力，过滤速率则降低。

(2) 过滤速率与滤液的黏度成反比。提高温度可降低黏度，但这将导致生产费用的增加，因此选矿工艺中较少采用。

(3) 过滤速率与滤饼厚度成反比，正比于真空度，而与滤液流动遇到的阻力成反比。滤液所受的阻力与过程进行的速度有关，开始过滤时，滤饼很薄，阻力主要来自过滤介质，随着滤饼厚度的增加，阻力将主要来自滤饼，滤饼中毛细管的特点和滤饼厚度直接决定阻力的大小，滤饼越厚，阻力越大，过滤能力则越弱。生产实践中，滤饼厚度主要由矿浆浓度、给料速度、过滤机转速等因素所决定，应使滤饼均匀，厚度适宜。

(4) 滤饼的结构特征对过滤也有影响。矿粒愈硬、粒度愈均匀、含泥量愈低，形成的滤饼阻力愈小。

过滤机按过滤动力大致分为真空过滤机、压滤机和离心机。真空过滤机滤饼水分较多，尤其是对于细粒黏性物料，难以达到后续作业对滤饼水分的要求，但因其结构简单、操作容易、生产能力较高，应用较广泛。

过滤分离的新进展：随着选矿工业的发展，矿产资源日益贫化、细化，一些选矿厂采用了细磨工艺，细粒物料日益增加，使浮选过滤变得更加困难。国内外有关科研院所、制造厂和使用部门在不断改进连续真空过滤机，其在许多公司得到成功应用，而且在工艺和节能方面得到某些优化和改进的基础上，发展了蒸汽加压过滤技术和陶瓷过滤技术，出现了新型过滤机。这些新型连续式过滤设备具有滤饼水分少、形成快、处理能力强、压气消耗少、能耗低等优点，在生产实践中取得了良好的效果。

设备工艺改进包括盘式真空过滤机、陶瓷过滤机、蒸汽过滤技术与设备、带蒸汽罩的真空过滤机、蒸汽加压过滤技术、带式压榨过滤机等。

4.3.1 重力过滤

重力过滤是在重力作用下通过滤料介质滤除水中悬浮物及胶体物颗粒的水处理方法。重力过滤法分为快速过滤和慢速过滤两种类型，其滤速分别为 8~10 m/h 和 0.1~0.3 m/h。快滤法多用于给水及工业废水的过滤处理，运行时需投加混凝剂。慢滤法由于过滤速率慢，占地面积大，仅用于给水过滤处理。

砂滤池为常用的重力过滤设备。其为方形或圆形，底部有假底，假底上堆积一定厚度的砾石细砂作为过滤介质，可为敞式或密封式。敞式是在常压下借液柱压差使液体渗滤；密封式是上部加盖密封，可在加压下过滤，成为加压砂滤池。它适于过滤固体含量极少的悬浮液，以得到澄清液，固体沉渣可废弃。操作一定时间后，滤孔为滤渣所堵，可从底部送入洗水进行清洗。过滤酸液及盐溶液时，可用石英砂作为过滤介质。过滤碱液时，可用细大理石或纯石灰石作为过滤介质。过滤胶质液体时，可用骨炭、活性炭、焦炭、木屑等作为过滤介质，它们兼有吸附剂的作用。

4.3.2 真空过滤

真空过滤是利用在过滤介质一侧产生的一定程度的负压(真空)而使滤液排出，从而实现固液分离，在真空压差的作用下，悬浮液通过过滤介质形成滤饼，而液体则通过过滤介质流出，实现固液分离，如图4-5所示。真空过滤的压差较小，一般为0.04~0.06 MPa，在某些场合，也可达0.08 MPa。真空过滤是应用最为广泛，在理论与实践方面最为成熟的一种过滤方法。

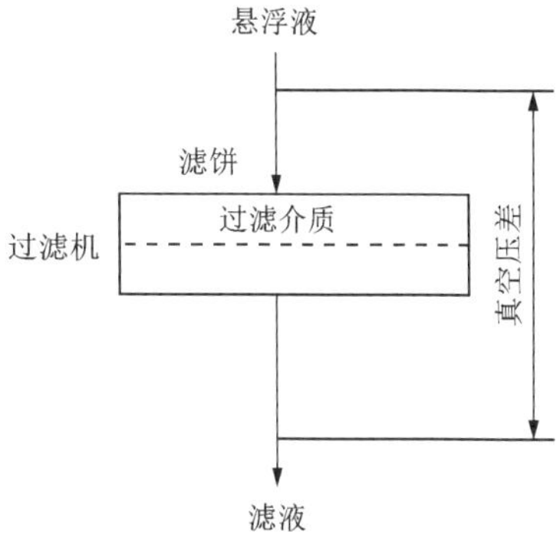

图4-5 真空过滤原理

真空过滤机的工作周期一般可以分为如下几个阶段：成饼阶段、脱水阶段、洗涤阶段、压实阶段、干燥阶段、卸饼阶段。

其中，洗涤、压实、干燥等阶段的有无，视实际需要而定，而成饼、脱水及卸饼等阶段是大部分真空过滤机(水平带式真空过滤机的过滤周期中可不计卸饼阶段)所具有的基本工作过程。在过滤周期中，每一操作过程所占用的时间随过滤机而异。

真空过滤机的种类很多，据其工作方式(连续或间歇)、过滤室的形状(鼓式、盘式、带式等)、给料方式(内滤或外滤，底部或顶部给料)及卸料方式等，可将真空过滤机进行分类，如图4-6所示。

间歇式真空过滤机在工业上很少应用。连续式真空过滤机主要有转鼓式、圆盘式及卧式，虽然前两种应用较多，但卧式的移动带式的应用也日益广泛。

真空过滤机由于滤饼两侧的压力差较低，因此过滤速率较慢，微细物料滤饼的含水量较高，这是真空过滤机主要的不足之处。但其优点是能在相对简单的机械条件下连续操作，而且在大多数场合能获得比较满意的工作效果。因此，与其他类型的过滤机(如压滤机)相比，真空过滤机长期以来一直得到用户的青睐。

真空过滤机工作原理是转筒在回转过程中，借助其分配盘的作用，控制过滤操作按顺序进行。真空过滤机全部转筒分为5个区域：过滤区域、吸干区域、洗涤区域、吹松区域、卸料区域。

图4-7是圆盘式真空过滤机的工作原理图。过滤板放在槽体中，槽体中煤浆的液面在空心轴的轴线以下，过滤板顺时针转动，依次经过过滤区(Ⅰ)、干燥区(Ⅲ)和滤饼吹落区(Ⅴ)。当过滤板处于过滤区时，它与真空泵相连接，在真空泵的抽气作用下，矿浆附在滤布的表面并进行过滤；当过滤板处于干燥区时，它仍与真空泵相连，由于这时过滤板已离开矿

- 真空过滤机
  - 间歇式
    - Nutsche式
    - 滤叶式
      - 卧式
      - 立式
  - 连续式
    - 圆盘式
    - 卧式
      - 转盘式
        - 盘式
        - 翻盘式
      - 移动带式
        - 浅盘式
        - 常规式
    - 转鼓式
      - 内滤式
      - 外滤式
        - 预涂层式
        - 常规式
          - 顶部进料式
            - 双转鼓式
            - 料斗式
          - 底部进料式
            - 刮刀卸料式
            - 折带卸料式
            - 绳索卸料式
            - 滚轮卸料式
            - 金属丝卸料式
            - 反吹卸料式

图 4-6　真空过滤机分类

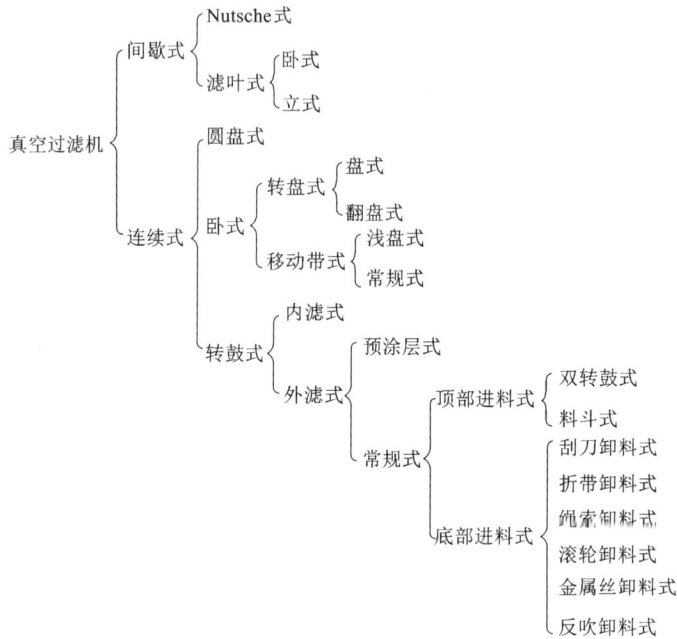

浆，所以抽气作用只是让空气通过滤饼将孔隙中的水分带走，使之进一步脱水；在过滤板处于滤饼吹落区时，它转而与鼓风机相连，利用吹风将滤板上的滤饼吹下。在这 3 个工作区的中间，均有过渡区（Ⅱ、Ⅳ、Ⅵ）。过渡区是死带，其作用是防止过滤板从一个工作区转入另一个工作区时互相串气。过渡区应有适当的大小，如出现串气，过滤效果会大大降低。

由上述工作原理可见，圆盘式真空过滤机具有如下特点：

(1) 虽然圆盘式真空过滤机是连续工作的过滤设备，但对每个过滤板来说，它的工作是间断的，工作中经过过滤、干燥、卸料 3 个工序。

(2) 过滤板处于各个工作区的时间，不仅与过滤机的转数有关，还与各个区域所占的角度有关，后者可以通过分配头进行调节。

(3) 在过滤工作时，扇形过滤板上每一点所经历的过滤时间都不一样，它取决于该点的径向位置。在图 4-7(a) 中，过滤板上 n 点所经历的过滤时间最短，m 点最长。增加每个圆盘上的过滤板数目，可以缩短两个点的时间差距，从而更合理地利用过滤板的面积。

(4) 由于每个扇形过滤板之间都有不工作的间隙，因此为减少圆盘上这些不工作的面积，过滤板的数目不宜太多。在每个圆盘上，扇形滤板的最合理数目大约是 10 片，一般可在 8~16 片范围内选用。

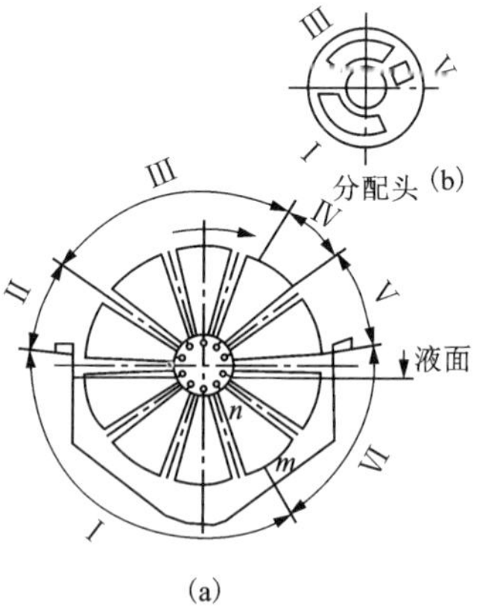

图 4-7　圆盘式真空过滤机原理图

4.3.3 压力差过滤

压力差过滤是水经水泵加压后，利用压力水头克服滤料层的阻力，滤除水中悬浮物及胶体杂质的水处理方法。上述操作在密闭容器中进行，过滤器分为立式和卧式两种。压力差过滤法一般滤速较高，例如用于工业用水过滤处理时，滤速可达 8～10 m/h，甚至更高。该方法由于有定型产品，安装运行方便，占地少，常用于工业用水、废水及污泥处理，利用矿浆泵或真空压缩机对矿浆加压力，使液体透过过滤介质。一般来说，矿浆中物料的粒度愈小，真空度也应愈大。但是真空度过高时，将会增加电能及滤布的消耗，甚至还可能降低过滤效率。在生产实践中，对于过滤细粒的重选精矿，过滤机的真空度是从 33320.5 Pa(250 mmHg)开始。对于含泥质较高的浮选精矿，真空度有时可高达 700 多 mmHg。

在一般情况下，过滤速率是与压力差成正比的。但是含有可塑性胶体物质时(如氢氧化铁)，增加压力差会降低滤饼的孔隙度，反而使过滤速率下降。对于含微细泥矿浆的过滤，增加压力差易使滤布的纤维孔堵塞，也会降低过滤速率。因此，对于微细泥矿浆的过滤，最好采用较小的真空度——只要这一真空度能保证滤液得到必需的速度和有助于达到一定的含水量，同时还可以采用薄层滤饼过滤和适当延长过滤时间的方法。

压滤机用于从液体中分离出固体，当悬浮液体流向滤布时，固体受阻隔，停留在滤布上，并逐渐堆积压实，形成泥饼；而液体部分会透过滤布，成为不含固体的清液。在压滤机的操作过程中，滤布和泥饼会对水流形成阻力，随着泥饼厚度的增加，阻力不断增大。当压滤到一定时间时，腔室中的泥饼坚实紧密，成为便于外运的固体，就可以打开板框将泥饼排掉。压滤机工作原理如图 4-8 所示。

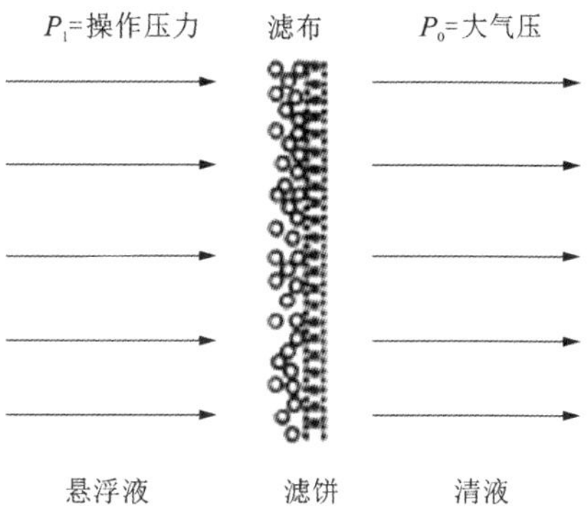

图 4-8　压滤机工作原理

只有对悬浮物体采用最佳的过程参数(物料通过量、压力和时间)并选择正确的滤料(滤布、滤板)，压滤机才能取得最佳的压滤效果。全部生产过程可以完全自动化。

压滤机是由几个主要部件，包括压力框架、过滤板组合件、滤布和供操作程序自动化用的多类模块器件构成。滤板组合件是由各单独的过滤板组成。过滤板由滤布覆盖，滤板内凹，当压滤时，形成腔室。

压滤机主要有板框式压滤机、立式自动板框压滤机、卧式自动板框压滤机、自动箱式压滤机、带式压滤机等。

4.3.4 离心过滤

离心过滤是将料液送入有孔的转鼓并利用离心力场进行过滤的过程，以离心力为推动力完成过滤作业，兼有离心和过滤的双重作用。

离心过滤一般分为滤饼形成、滤饼压紧和滤饼压干三个阶段，但是根据物料性质的不同，有时可能只需一个或两个阶段。

过滤离心机中，连续操作式过滤离心机发展较快，适用于大工业生产；而间歇操作式过滤离心机，由于在操作中引进了现代化的计算与控制技术，且结构简单、价格低廉、操作容易掌握、维修方便，因而在局部范围内能与连续操作式的设备争高低。

间歇式离心机的最大特点是具有较大的操作弹性，因此有可能在一定程度上进行有效的过程控制。例如它的每个操作阶段的持续时间和转鼓速度都能调节，这就便于使所处理的产品质量最佳，达到滤渣含液量低、滤液澄清度高的分离效果。多台间歇式离心机联合工作，配以可控制进出口部件的调压室，可使间歇操作成为连续过程。

而连续式离心机用于过滤、洗涤和甩干的时间的调节余地很小，且所有操作都在一个恒定的转速下进行，在过程控制上受到一定限制。

间歇式离心过滤机在化学工业、制糖工业、制药及食品等轻工业方面用得较多；连续式过滤离心机由于处理能力强，适用于处理固相颗粒较粗的物料，所以在原料处理工业如矿业及煤炭工业等方面应用较广。

过滤离心机种类很多(图 4-9)，下面将分别进行简要介绍。

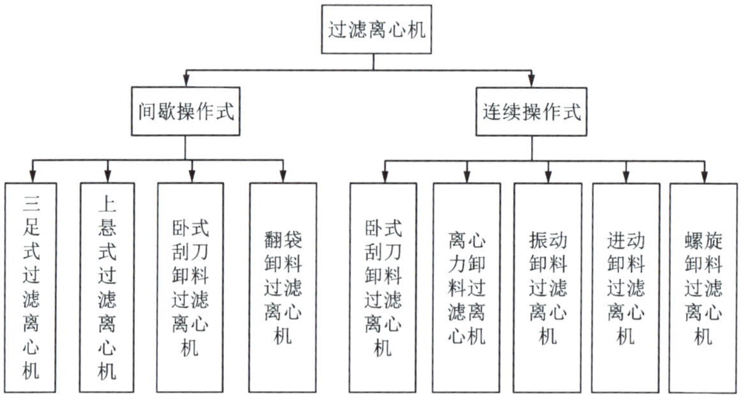

图 4-9　过滤离心机类型

过滤离心机一般适用于固相含量较高、粒径较粗、液体黏度较大的悬浮液的分离，还能用于分离固相密度不大于液相密度的悬浮液。选择离心机时须从分离物料的性质(主要是粒度性质)及分离的工艺要求、经济效果等方面进行全面考虑，并在样机上进行必要的实验后决定。

选择过滤离心机时，还应考虑对滤饼的要求，如滤饼干湿程度、洗涤效果、固相颗粒允许破坏程度等因素，然后根据各类过滤离心机的性能、特点、功用及使用经验来初步选型。

各种过滤离心机性能的综合比较见表 4-1。

表 4-1　各种过滤离心机的性能比较

<table>
<tr><td rowspan="2">机型
性能</td><td colspan="2">间歇式</td><td colspan="2">半连续式</td><td colspan="3">连续式</td></tr>
<tr><td>三足式、上悬式</td><td>卧式刮刀卸料、三足自动卸料、上悬机械卸料</td><td>单级活塞推料</td><td>双级活塞推料</td><td>离心力卸料</td><td>振动卸料</td><td>螺旋卸料</td></tr>
<tr><td>分离因数</td><td>500～1500</td><td>1500～2500</td><td>300～700</td><td>300～1000</td><td>1500～2500</td><td>400</td><td>1500～2500</td></tr>
<tr><td>进料含固量/%</td><td>10～60</td><td>10～60</td><td>30～70</td><td>20～80</td><td colspan="3">≤80</td></tr>
<tr><td>能分离的颗粒直径/mm</td><td>0.05～5</td><td>0.05～5</td><td>0.1～5</td><td>0.1～5</td><td>0.04～1</td><td>0.1</td><td>0.04～1</td></tr>
<tr><td>分离效果</td><td>优</td><td>优</td><td>优</td><td>优</td><td>优</td><td>优</td><td>优</td></tr>
<tr><td>滤液含固量</td><td>少</td><td>少</td><td>较少</td><td>较少</td><td colspan="3">部分小颗粒会漏入滤液中</td></tr>
<tr><td>滤饼洗涤</td><td>优</td><td>优</td><td>可</td><td>优</td><td>可</td><td>可</td><td>可</td></tr>
<tr><td>颗粒磨损程度</td><td>小</td><td>大</td><td>中～小</td><td>中～小</td><td>中～小</td><td>中～小</td><td>中</td></tr>
<tr><td>应用场合</td><td>过滤、洗涤、甩干</td><td>过滤、洗涤、甩干</td><td>过滤、洗涤、甩干</td><td>过滤、洗涤、甩干</td><td colspan="3">过滤、甩干</td></tr>
<tr><td>代表性分离物料</td><td>糖、棉纱制药</td><td>糖、硫铵</td><td>碳铵</td><td>硝化棉</td><td>糖、碳铵</td><td></td><td>洗煤</td></tr>
</table>

4.3.5　助滤

在过滤操作中，为了降低过滤阻力，提高过滤速率或者提高滤液清洁度，会在过滤介质上加入一种辅助性物质来帮助过滤，该物质为助滤剂。助滤剂分为无机助滤剂和有机助滤剂。无机助滤剂有硅藻土、珍珠岩等矿物；有机助滤剂为具有纤维结构的有机物质，如木纤维、植物纤维、高纯的纤维素纤维等。目前常见的助滤剂主要包括碳基材料和矿物材料，碳基材料包含焦炭、煤粉、生物质材料等，矿物材料包含水泥、粉煤灰、石膏等。助滤剂相对于絮凝剂，成本更低廉，对污泥脱水速度提升也更明显，因此工程中对高效、经济的助滤剂较为关注。

有机助滤剂由于其独特的性能、环保优势，在近年来有了很大的发展。其原理如下：过滤开始时，由于有渗透性较小的过滤介质的筛滤作用，颗粒沉积在介质的表面，当刚有一层滤饼在介质表面形成时，沉积作用即转移到滤饼本身，随后介质只起支撑作用。纤维状的有机助滤剂能形成三维网络结构，该结构布满了大小不一的孔隙，能截留住液体中的颗粒杂质，实现固液分离的效果。其原理如图 4-10 所示。

助滤剂的基本要求为：

(1)能形成多孔饼层的刚性颗粒，使滤饼有良好的渗透性及较低的流体阻力；

(2)具有化学稳定性；

(3)在操作压强范围内具有不可压缩性。

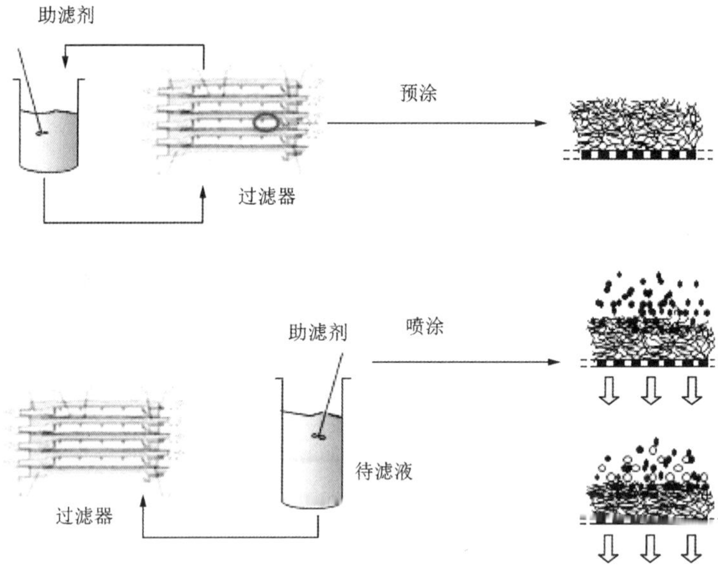

图 4-10　助滤原理图

4.4　洗涤

增加洗涤的目的有两点：在浸出后面是回收浸出液中的有价组分；在产品制备中是除去产品中的杂质组分。产品制备的洗涤过程相对简单，这里主要讲述浸出渣的洗涤过程。

一个洗涤作业，包含两个步骤：

第一步是将洗涤用的溶液与待洗的固相(如过滤机的滤饼、浓密机的浓泥、旋流器的底流等)均匀混合，这一步骤通常在搅拌器中进行。

第二步是将上述已搅拌均匀的矿浆通过过滤机(或浓密机、旋流器)把固体与液体分开。

这一合一分就构成了一个洗涤级。为了提高洗涤效率，这样的一合一分要进行多次，叫作多级洗涤。

洗涤效率和洗涤级数的计算方法较多。下面介绍一种简便的计算方法，计算时假设条件如下：

(1)洗涤过程中无浸出作用，即洗涤作业的进料和出料液相中的有价成分(金属含量)总量不变；

(2)过程中固体无机械损失，也不吸附有用组分，即洗涤前后固体量和固体中的金属含量不变；

(3)各洗涤级的混合、溢流和底流的液固比恒定；

(4)以单位干矿量计算，即产物中的液固比等于产物中的溶液量。

4.4.1　错流洗涤

图 4-11 为错流洗涤流程。设 0 为浸出后的矿浆或悬浮液的第一次固液分离，1，2，3，…，n 为洗涤级数，R 为浸出后矿浆或悬浮液的液固比，L_0 为滤液或溢流的液量，D 为底流或滤饼中的液量，C 为各级产物液相中的金属含量。

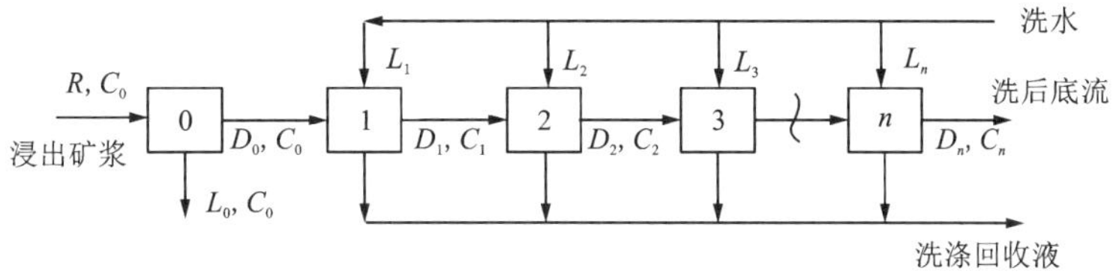

图 4-11　错流洗涤流程

因为洗涤过程中液固比恒定，所以

$$L_0=L_1=L_2=L_3=\cdots=L_n=L$$
$$D_0=D_1=D_2=D_3=\cdots=D_n=D$$
$$R=L+D$$

设洗水中有价成分含量等于零，则

第一级金属平衡：

$$D_0C_0=D_1C_1+L_1C_1=C_1(L+D)=C_1R$$
$$C_1=\frac{D}{R}C_0$$

第二级金属平衡：

$$D_1C_1=D_2C_2+L_2C_2\approx C_2(L+D)$$
$$C_2=\frac{D_1}{R}C_1=\frac{D}{R}\cdot\frac{D}{R}C_0=\left(\frac{D}{R}\right)^2C_0$$

……

第 n 级金属平衡：

$$C_n=\left(\frac{D}{R}\right)^nC_0$$

每一洗涤级回收的金属量为

$$S_i=LC_i=\left(\frac{D}{R}\right)^iLC_0$$

洗涤 n 次，其回收金属总量为

$$Q=\sum_{i=n}S_i=\frac{D}{R}LRC_0\left[1+\frac{D}{R}+\left(\frac{D}{R}\right)^2+\cdots+\left(\frac{D}{R}\right)^{n-1}\right]$$
$$=\frac{D}{R}LC_0\left[\frac{1-\left(\frac{D}{R}\right)^n}{1-\frac{D}{R}}\right]=\left[1-\left(\frac{D}{R}\right)^n\right]DC_0 \tag{4-5}$$

当 $i\to\infty$ 时

$$\lim_{i\longrightarrow 0} Q=\frac{\frac{D}{R}LC_0}{1-\frac{D}{R}}=DC_0$$

洗涤效率 η 为

$$\eta=\frac{\text{进入第一洗涤级的液相金属量-最末洗涤级底流液相金属量}}{\text{进入第一洗涤级的液相金属量}}=\frac{Q}{DC_0}=1-\left(\frac{D}{R}\right)^n \quad (4-6)$$

固液分离作业(0 至 n 级)金属总回收率 ε 为

$$\varepsilon=\frac{LC_0+Q}{RC_0}=1-\left(\frac{D}{R}\right)^{n+1} \quad (4-7)$$

洗涤液中金属的平均浓度 $C_{平均}$ 为

$$C_{平均}=\frac{Q}{nL}=\frac{\left[1-\left(\frac{D}{R}\right)^n\right]}{n(R-D)}DC_0 \quad (4-8)$$

D/R 为第一次固液分离后底流液相的金属量与给料液相金属量之比，称为洗余分数 φ，$\varphi=D/R$，将其代入上列各式可得

$$\begin{cases} Q=(1-\varphi^n)DC_0 \\ \eta=1-\varphi^n \\ \varepsilon=1-\varphi^{n+1} \\ C_{平均}=\dfrac{1-\varphi^n}{nL}DC_0 \\ C_n=\varphi^n C_0 \\ n=\lg\dfrac{1-\varepsilon}{\varphi}-1=\dfrac{\lg(C_n/C_0)}{\lg\varphi}=\dfrac{\lg(1-\eta)}{\lg\varphi} \end{cases} \quad (4-9)$$

用试验方法测定 φ 值后，由原定的洗涤效率(η)或废弃浓度(C_n)即可求得所需的洗涤级数。

错流洗涤流程的优点是各段洗涤效率高；缺点是耗水量大，溶液浓度低，仅适于所需产品为固体，溶液废弃直接外排的工艺过程。洗涤作业为回收固体废弃溶液时，一般采用错流洗涤流程，以提高洗涤效率。

4.4.2 逆流洗涤

图 4-12 为逆流洗涤流程。图中各符号意义同图 4-11，L_w、C_w 分别代表洗水量及其中金属浓度。

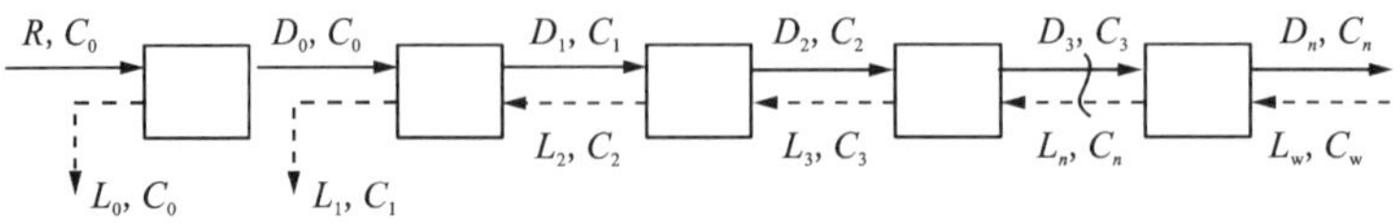

图 4-12 逆流洗涤流程

设 $C_w=0$，令 $L/D=K$，K 为洗涤模数，其值为各洗涤级溢流液量与底流液量之比。

第 n 级金属平衡：

$$D_{n-1}C_{n-1}=L_nC_n+D_nC_n$$
$$C_{n-1}=(1+K)C_n$$

第 n 级与第 $n-1$ 级的平衡：

$$D_{n-2}C_{n-2}=L_{n-1}C_{n-1}+D_nC_n$$
$$C_{n-2}=KC_{n-1}+C_n=(1+K+K^2)C_n$$

同理可得

$$C_{n-i}=(1+K+K^2+\cdots+K^i)C_n$$
$$C_0=(1+K+K^2+\cdots+K^n)C_n$$

洗涤效率 η 为

$$\eta=\frac{D_0C_0-D_nC_n}{D_0C_0}\times100\%=\frac{(1+K+K^2+\cdots+K^n)C_n-C_n}{(1+K+K^2+\cdots+K^n)C_n}\times100\%$$
$$=\frac{K+K^2+\cdots+K^n}{1+K+K^2+\cdots+K^n}\times100\% \tag{4-10}$$

分子分母同乘以$(K-1)$，则

$$\eta=\frac{K^{n+1}-K}{K^{n+1}-1}\times100\% \tag{4-11}$$

洗涤金属总回收率 ε 为

$$\varepsilon=\frac{L_0C_0+D_0C_0-D_nC_n}{RC_0}\times100\%=\left(1-\frac{D_nC_n}{RC_0}\right)\times100\% \tag{4-12}$$

洗渣中金属损失率 f 为

$$f=\frac{D_nC_n}{D_0C_0}\times100\%=\frac{K-1}{K^{n-i}-1}\times100\% \tag{4-13}$$

洗涤次数 n 为

$$n=\frac{\lg\left(\frac{K-1}{f}+1\right)}{\lg K}-1=\frac{\lg\frac{\eta-K}{\eta-1}}{\lg K}-1 \tag{4-14}$$

因此，已知洗涤模数及洗涤效率或废弃品位，可求得所需的逆流洗涤级数。

逆流洗涤流程的优点是耗水量少，浸出的目的组分浓度高，但单段洗涤效率低，溶液不能作为废水直接外排的工艺多采用这种流程。若是为了回收溶液而废弃固体，则需采用逆流洗涤流程，以保证较高的洗涤效率和洗液中有较高的目的组分含量。

例题：某氧化铜矿浸出后矿浆液固比 $R=2$，浸液含铜 5 g/L，已知 $L=1.5$，$D=0.5$，$C_w=0$，计算错流和逆流时洗涤液中的铜含量、洗渣液相的铜含量、洗涤效率及过滤洗涤铜的总回收率。

解：(1)逆流洗涤：

$$K=\frac{L}{D}=\frac{1.5}{0.5}=3.0$$

$$C_3=\frac{C_0}{1+K+K^2+K^3}=\frac{5}{1+3+3^2+3^3}=0.125\ \text{g/L}$$

$$C_1=(1+K+K^2)C_3=(1+3+3^2)\times 0.125=1.625\ \text{g/L}$$

$$\eta=\frac{K^{n+1}-K}{K^{n+1}-1}\times 100\%=\frac{3^4-3}{3^4-1}\times 100\%=97.5\%$$

$$\varepsilon=\left(1-\frac{DC_n}{RC_0}\right)\times 100\%=\left(1-\frac{0.5\times 0.125}{2\times 5}\right)\times 100\%=99.38\%$$

(2)错流洗涤：

$$\varphi=\frac{D}{R}=\frac{0.5}{2}=0.25$$

$$C_{平均}=\frac{1-\varphi^n}{nL}D_0C_0=\frac{1-0.25^3}{3\times 1.5}\times 0.5\times 5=0.547\ \text{g/L}$$

$$C_3=\varphi^nC_0=0.25^3\times 5=0.078\ \text{g/L}$$

$$\eta=1-\varphi^n=1-0.25^3=98.44\%$$

$$\varepsilon=1-\varphi^{n+1}=1-0.25^4=99.61\%$$

由上例计算可知，当滤饼或底流的液固比相同时，错流洗涤与逆流洗涤相比较，错流洗涤时金属的总回收率和洗涤效率均有所提高，洗涤液相中的金属浓度较逆流洗涤时的低得多。因此，生产中固液分离作业是回收固体、丢弃溶液时，通常采用错流洗涤流程，以提高洗涤效率和固体产品的品位；若固液分离作业是回收溶液而丢弃固体，则通常采用逆流洗涤流程，以减少洗液体积和保证洗液中有较高的金属浓度。

本章习题

1. 简述固液分离的方法分类以及发展趋势。
2. 列举几种过滤机并比较其性能。
3. 助滤的原理是什么？
4. 简述圆盘式真空过滤机的工作原理和基本过程。
5. 重力沉降的原理是什么？
6. 影响过滤分离的因素有哪些？
7. 洗涤的方式有哪些？

参考文献

[1] 姚公弼. 固液分离的应用和发展概况[J]. 过滤与分离，1994(2)：1-4，8.

[2] 黄礼煌. 化学选矿[M]. 北京：冶金工业出版社，1990.

[3] 罗茜. 固液分离[M]. 北京：冶金工业出版社，1997.

[4] 杨守志，孙德堃，何方箴. 固液分离[M]. 北京：冶金工业出版社，2003.

[5] 周云，何义亮. 微污染水源净水技术及工程实例[M]. 北京：化学工业出版社，2003.

第 5 章　溶剂萃取

5.1　概述

近年来，溶剂萃取法日益为人们所重视。溶剂萃取是用一种或多种与水不混溶的有机试剂从水溶液中选择性地提取目的组分的工艺过程，可用此法进行分离提纯，富集有用组分或进行显色法分析等。溶剂萃取的原则流程如图 5-1 所示。溶剂萃取一般包括萃取、洗涤、反萃取和有机相再生四个作业。在萃取作业中，含目的组分的水相与含有机溶剂的有机相在萃取设备中混合，此时目的组分从水相选择性地转入有机相，然后静置分层得到荷载目的组分和共萃杂质的负载有机相和萃余液。洗涤的目的是用适当的试剂（洗涤剂）洗去负载有机相中的少量共萃杂质，洗后液一般返回萃取以回收其中的目的组分。反萃的目的是用适当的反萃剂使负载有机相中的目的组分转入水相，得到目的组分含量高的反萃液，对其进一步处理可得化学精矿。反萃后的有机相经再生后返回或直接返回萃取使用。有时可用还原反萃或沉淀反萃法使被萃组分转变为难以萃取的低价形态或以沉淀形态析出。在萃取工艺中，萃取和反萃是不可或缺的作业，而洗涤和有机相再生作业有时可省去。在萃取、洗涤、反萃和有机相再生时，有机相和水相均呈逆流相向流动。

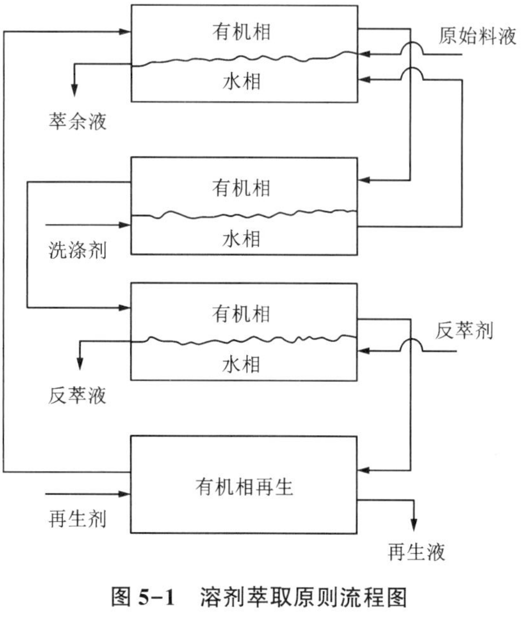

图 5-1　溶剂萃取原则流程图

由原则流程可知，萃取工艺为全液过程，两个液相分别为有机相和水相。通常有机相的密度小于水相的密度，故静置分层后，有机相总在水相之上。但在两相内部，其物理和化学性质是均匀的。参加萃取过程的水相一般为含有无机化合物的水溶液，如原始料液、洗涤剂和反萃剂等，原始料液中含有被萃组分、杂质、盐析剂和络合剂等。洗涤剂和反萃剂则视情况而定，一般为适当浓度的无机酸、碱、盐溶液，有时可用水做洗涤剂和反萃剂。有机相一般由萃取剂、稀释剂和添加剂等有机溶剂组成。萃取剂一般是与被萃取物质能形成化学结合的萃合物的有机试剂，形成的萃合物和萃取剂本身皆能溶于稀释剂中。在萃取过程中，为了改善萃取剂的特性(如减小密度、降低黏度)或防止三相的生成，往往需要在有机相内加进一种被称为稀释剂的溶剂。在有些情况下，为了改善萃取性能，在萃取剂-稀释剂体系中还可加进第三种溶剂作为添加剂。例如，添加一定比例(5%)的正辛醇可使萃取体系的极性增加，从而增大亚砜萃合物在有机相内的溶解度，并防止第三相的生成。

1842 年 E. -M. 佩利若研究了用乙醚从硝酸溶液中萃取硝酸铀酰。1903 年 L. 埃迪兰努用液态二氧化硫从煤油中萃取芳烃，这是萃取的第一次工业应用。

20 世纪 40 年代后期，生产核燃料的需求促进了萃取的研究开发。

现今萃取常用于石油炼制、化学化工、冶金、食品和原子能等工业。例如，萃取已应用于石油馏分的分离和精制，铀、钍、钚的提取和纯化，有色金属、稀有金属、贵重金属的提取和分离，抗生素、有机酸、生物碱的提取以及废水处理等。

5.2 萃取平衡

当有机相与水相混合后，水相中的被萃取物质会从水相向有机相中转移，此过程实质上为传质过程，其推动力为被萃取物质在两相中的化学位差。萃取过程中有机相和水相中的被萃取物 A 的浓度随时间的变化关系如图 5-2 所示，图中下标“org”表示有机相，“aq”表示水相。由图 5-2 可看出，刚开始时，有机相中的浓度急剧上升，随后，上升的速度减缓，最后达一恒定的值；与此相对应，水相中的浓度起先迅速下降，最后达到定值，即萃取反应达到平衡：

$$A_{aq} \rightleftharpoons A_{org}$$

达到平衡时两相的浓度取决于被萃取物与萃取剂的性质及萃取时的条件。

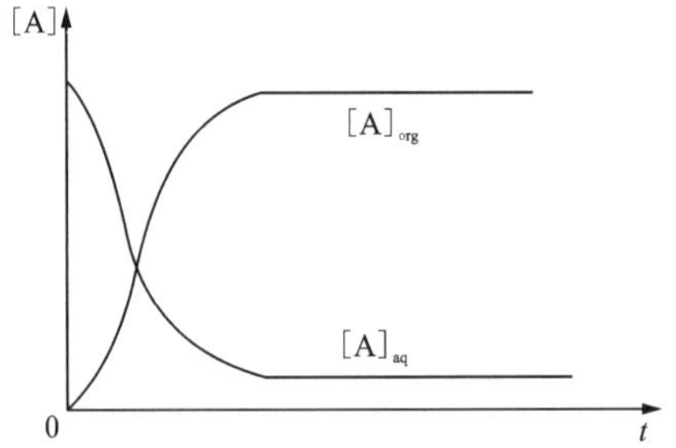

图 5-2　被萃取物 A 在有机相与水相中的浓度与时间的关系图

5.2.1　分配定律

分配常数(λ)：当溶质以相同形态在互不相溶的两相中分配时，其在两相中的平衡浓度之比为常数，称为能斯特分配定律，此常数为能斯特分配平衡常数。

$$\lambda=\frac{[A]_2}{[A]_1}$$

式中：λ 为能斯特分配平衡常数，简称分配常数；$[A]_2$、$[A]_1$ 为达到平衡后溶质在两相中的浓度。

5.2.2　分配系数、分离系数、萃取率

分配系数(D)：萃取平衡时被萃取物在不混溶的两相中的总浓度之比称为分配系数或分配比，即

$$D=\frac{C_{有总}}{C_{水总}}=\frac{[A_1]_0+[A_2]_0+\cdots+[A_i]_0}{[A_1]_A+[A_2]_A+\cdots+[A_i]_A}$$

式中：$C_{有总}$ 为被萃取物在有机相中的平衡总浓度；$C_{水总}$ 为被萃取物在水相中的平衡总浓度；$[A_i]_0$、$[A_i]_A$ 为 A 在有机相和水相中不同分子状态时的浓度。

萃取时 D 值愈大，被萃取物愈易被萃取。当 $D=0$ 时，表示被萃取物完全不被萃取；$D=1$，且有机相和水相体积相等时，表示有一半被萃取；$D=+\infty$ 时表示可完全被萃取。

分配系数和分配常数不同，前者是随萃取条件(如酸度、温度、被萃取物浓度、萃取剂浓度、稀释剂类型等)而变的平衡总浓度的比值，只当条件相同时对比其数值才有意义；分配常数是在一定温度下，溶质以相同分子形态在两相中的平衡浓度比，其值不随萃取条件而变。因此，只有在最简单的物理萃取体系中，被萃取物与萃取剂不起化学作用时，分配系数才等于分配常数。

分离系数(α)：它是在同一萃取体系和萃取条件下的两种被萃取物的分配系数之比。

$$\alpha=\frac{D_2}{D_1}=\frac{C_{2油}/C_{2水}}{C_{1油}/C_{1水}}=\frac{C_{2油}\cdot C_{1水}}{C_{1油}\cdot C_{2水}}$$

式中：D_2、D_1 为两种组分的分配系数；$C_{2油}$、$C_{1油}$、$C_{2水}$、$C_{1水}$ 为两种组分在有机相和水相中的平衡总浓度。

分离系数表征两种被萃取物从水相转入有机相的难易程度的差异。α 愈大于或愈小于 1，两者愈易分离，分离愈完全；$\alpha\to1$ 时愈难分离；$\alpha=1$ 时表示萃取法无法将此两组分分离。

萃取率(ε)：它是萃取平衡时被萃取物从水相转入有机相的质量百分数。

$$\varepsilon=\frac{m_{油}}{m_{油}+m_{水}}\times100\%$$

式中：$m_{油}$、$m_{水}$ 为萃取平衡时被萃取物在有机相和水相中的质量。

设有机相和水相的体积分别为 $V_{油}$ 和 $V_{水}$，则

$$\varepsilon=\frac{m_{油}}{m_{油}+m_{水}}\times100\%=\frac{V_{油}\ C_{油}}{V_{油}\ C_{油}+V_{水}\ C_{水}}\times100\%=\frac{RD}{1+RD}\times100\%$$

R 为相比，$R=V_{油}/V_{水}$。设 $RD=\mu$，μ 为提取系数，即萃取平衡时，被萃取物在有机相中的质量与其在水相中的质量之比，将其代入得

$$\varepsilon=\frac{\mu}{1+\mu}\times100\%$$

萃余液中被萃取物的剩余质量分数称为萃余率(φ):

$$\varphi=1-\varepsilon=\frac{1}{1+\mu}\times100\%$$

由上可知，提高相比和分配系数皆可提高萃取率。

有机溶剂萃取法最初用于化学工业和分析化学领域，20 世纪 40 年代才开始大规模地用于冶金工业部门。由于它具有速率高、效率高、容量大、选择性大、过程为全液过程、易分离、易自动化、试剂易再生回收、操作安全方便等特点，有时还可直接从矿浆中提取有用组分，可省去固液分离作业，故几十年来发展相当迅速。由于萃取工艺的不断完善，试剂价格降低，目前该法也已逐渐大规模地用于铜等重有色金属和黑色金属的提取工艺中。

5.2.3 萃取平衡常数

由于被萃取物在水相和有机相中的形态往往是不一样的，因此萃取剂在萃取金属时，常常有化学反应伴随。以二(2-乙基己基)磷酸(以“HR”表示)萃取 Fe^{3+} 为例：

$$Fe^{3+}+3(HR)_2=Fe(HR_2)_3+3H^+$$

反应产物 $Fe(HR_2)_3$ 是一种配合物。它与 Fe^{3+} 显然不是一种物质，在这种萃取反应中生成的配合物也叫作萃合物。对这样的萃取反应，可用萃取平衡常数表示：

$$K=\frac{[Fe(HR_2)_3]_0[H^+]_a^3}{[Fe^{3+}]_a[(HR)_2]_0^3}$$

式中：$[\ ]_0$ 表示在有机相中的浓度；$[\ ]_a$ 表示在水相中的浓度。由上式可以看出，这样的萃取平衡常数中包含了水相和有机相两相中物料的浓度。

5.2.4 萃取等温线

分配比是一个变数，水相中被萃取物浓度增加，则有机相中被萃取物的浓度也会相应发生变化。在一定温度下，在萃取过程中，在被萃取物质在两相的分配达到平衡时，以该物质在有机相的浓度和它在水相的浓度关系作图，把这种表明有机相与水相中的金属浓度变化的曲线称作萃取等温线。根据萃取等温线，可以计算出不同浓度时的分配比，判断萃取体系的效率、溶剂的最大负荷能力(饱和萃取容量)，以及确定萃取级数，推测萃合物的组成等。

5.2.5 萃取等温线的绘图方法

1)相比变化法(系列相比法)

在保证温度恒定的条件下，用不同的相比进行萃取试验，分析每个萃取试验平衡后水相与有机相中的被萃取物浓度，以水相浓度为 x 轴，以有机相浓度为 y 轴绘图即可得萃取等温线。

2)饱和法

在保证温度恒定的条件下，固定相比，用一份有机相多次与新鲜水相接触，直至有机相不再萃取水相中的被萃取物。分析每次接触平衡后水相与有机相中的被萃取物浓度，以水相浓度为 x 轴，以有机相浓度为 y 轴绘图即可得萃取等温线。

3）浓度变化法（系列浓度法）

配制一系列不同浓度的金属溶液，在保证温度恒定的条件下，固定相比，用同一组成的有机相与不同浓度的金属溶液混合萃取。分析每次萃取平衡后水相与有机相中的被萃取物浓度，以水相浓度为 x 轴，以有机相浓度为 y 轴绘图即可得萃取等温线。图 5-3 即为使用 N1923 萃取 Ti 的萃取等温线示意图。

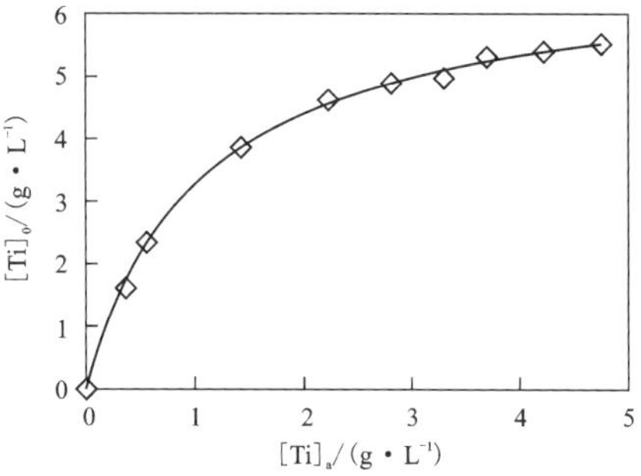

$T=32$ ℃，$t=10$ min，$[N1923]_0=10\%$（体积分数）

图 5-3　萃取等温线

5.3　萃取剂与萃取体系

5.3.1　萃取剂结构与种类（萃取体系）

萃取体系包括水相和有机相。有机相往往为几种有机物的混合体，根据药剂功能的不同，主要分为萃取剂、稀释剂、改质剂等。水相中常为了提高萃取效率，添加络合剂和盐析剂等。

萃取剂是指与被萃取物有化学结合而又能溶于有机相的有机试剂。萃取剂的分类方法有多种，由于萃取剂是一类有机化合物，因此按有机化合物本身的性质或结构特点进行分类，将萃取剂分为中性、酸性和碱性萃取剂；另外有一类萃取剂其多数为质子酸，但通常表现为螯合剂的性质，故归属于螯合萃取剂。

（1）中性萃取剂。这是一类中性有机化合物，如醇、醛、酮、酯、酰胺、硫醚、亚砜和冠醚等。其中的酯包括羧酸酯（如乙酸乙酯）和磷酸酯（如 TBP）。它们在水中一般是显中性的。

（2）酸性萃取剂。这是一类有机酸，如羧酸、磺酸和有机磷酸等。它们在水中一般显酸性，可电离出氢离子。

（3）碱性萃取剂。这是一类有机碱，通常包括伯胺、仲胺、叔胺和季胺等。有机胺在水中能加合氢离子，其碱性一般强于无机氨，而季铵碱是强碱。

（4）螯合萃取剂。这是一类在萃取分子中同时含有两个或两个以上配位原子（或官能团）可与中央离子形成螯环的有机化合物。如羟肟类化合物（如 Lix64 等）的分子中同时含有烃基（—OH）和肟基（═NOH）；再如 8-羟基喹啉及其衍生物（如 Kelex100 等）的分子中，同时含有酸性的酚羟基和碱性的氮原子。

从分子结构来考虑，萃取剂必须具备以下两点要求；

（1）萃取剂分子中至少有一个反应活性基团，通过它与金属离子生成萃合物。在反应活性基团中常见的配位原子有氧、氮和硫原子，其中以氧原子居多。

配位原子与其他原子组成活性基团，大多是有机化学中常见的官能团，如—OH(烃基)、—O—(醚基)、═C ═O(羰基)、$—NH_2$(氨基)、═NH(亚氨基)、═N—(三价无环或杂环氮原子)、—S—(硫醚基)、—SH(巯基)、—COOH(羧基)、$—SO_3H$(磺酸基)、═NOH(肟基)、═PO(OH)(磷酸基或膦酸基)等。在萃取剂分子中，它们是起萃取作用的官能团。

(2)为了使萃取剂本身或萃合物难溶于水而易溶于有机溶剂中，萃取剂分子中疏水的烃基(碳氢链)必须具有相当的碳原子数。碳原子数太少(碳链短)，往往水溶性很好而不适宜作为萃取剂；而碳原子数过多(分子量很大)，它可能是固体，以至于在水中分散性不好，也是不适宜的。同时，分子量过大，其萃取容量会相对减小。对于含强亲水性活性基团、取代基数目少的萃取剂分子，如伯胺、单烷基磷酸、8-羟基喹啉等，除取代基需有较长的碳链外，还必须有高度的支链化，才能保持一定的油溶性。

稀释剂为能溶解萃取剂并且被萃取物没有化学作用的惰性有机溶剂，主要用来调节萃取剂的浓度，降低有机相的黏度与密度，增加萃合物的溶解度。常用的稀释剂有煤油、200#溶剂油、辛烷、庚烷、苯、甲苯、二乙苯、氯仿和四氯化碳等。

在萃取过程中，稀释剂的作用主要有：

(1)改变萃取剂的浓度，以便调整与控制萃取剂的萃取和分离能力。

(2)溶剂化作用。溶质和溶剂相互作用叫作溶剂化。同一萃取剂在不同稀释剂中的萃取能力往往不同，本质上是稀释剂对萃取剂的溶剂化作用造成的。

(3)增大萃合物在有机相中的溶解度。某些萃合物分子中若含有水分子，则极性大的稀释剂通过与水分子的作用，可使萃合物在有机相中的溶解度增大。

(4)改善有机相的物理性能，如降低萃取剂的黏度，增加其流动性；改变有机相的密度，扩大它与水相的密度差，有利于两相的分离澄清。

在溶剂萃取中稀释剂是溶解萃取剂和改质剂的有机溶剂，它在有机相的组成中占有很大比例(除极少数不稀释的萃取剂外)，因此它必须满足以下要求：①能与萃取剂或改质剂很好地互溶，对金属萃合物有高的溶解度；②在操作条件下化学稳定性好；③有较高的闪点和较低的挥发性；④在水相中的溶解度小；⑤表面张力低，密度和黏度小；⑥价格便宜，来源广泛，毒性小。

有时为了避免萃取或反萃时产生稳定的乳化或生成第三相，还要往有机相中加入一些高碳醇或其他有机化合物，增加有机相中萃取剂、萃取剂的盐类或金属萃合物的溶解度。这些有机化合物统称为改质剂。

常用的改质剂是醇类(异癸醇，二乙基乙醇，p-壬基酚)或 TBP。改质剂的用量一般在2%~5%(体积)，但也可能会用20%左右。在萃取剂浓度高的情况下，其用量会更多。有些萃取体系如羧酸-煤油、螯合萃取剂-稀释剂的混合物很多时候不用加改质剂。

在一些萃取体系中，由于一些特殊的要求，常常还添加一些络合剂、盐析剂等。

络合剂是指溶于水相且与金属离子生成各种络合物的配位体，络合剂可分为抑萃络合剂和助萃络合剂两类。加入抑萃络合剂能降低萃取率，因而有时也称其为掩蔽剂。如用 TBP 萃取稀土硝酸盐时，可在水相加入乙二胺四乙酸(EDTA)，它与金属离子生成有亲水基团的络合物，使这些金属离子不能转入有机相，从而降低了萃取率。加入助萃络合剂能提高萃取率，如用 P350 萃取稀土离子，硝酸根 NO_3^- 可与稀土形成中性络合物 $RE(NO_3)_3$，该络合物可被萃入有机相，从而提高了萃取率。

盐析剂是指溶于水相不被萃取又不与金属离子络合的无机盐。由于盐析剂的水合作用，吸引了一部分自由水分子，使被萃金属在水相中浓度相对增加，因而有利于萃取。盐析效应一般随离子强度的增大而加强，通常高价离子的盐析效应较大。

萃取时可按萃取体系将萃取过程分为：

(1)中性萃取：中性萃取剂与中性金属化合物形成配合物而被萃入有机相，如用 TBP 从硝酸溶液中萃取硝酸铀酰。

(2)离子缔合萃取：金属离子呈配阴离子与萃取剂形成离子缔合物而转入有机相。根据萃取剂的活性原子为氧、氮、磷、砷、锑、硫，可相应地分为鉡盐、铵盐、磷盐、砷盐、锑盐、硫盐萃取体系。常见的是鉡盐和铵盐萃取体系，有时将此类萃取称为阴离子萃取，如用有机胺从酸液中萃取金属离子。

(3)酸性配合萃取：萃取剂本身为弱酸，可电离出氢离子。金属阳离子可与萃取剂阴离子结合成中性萃合物而转入有机相，故有时将其称为阳离子萃取，如酸性磷酸酯和肟类萃取剂属此类。

(4)协同萃取：指采用两种或两种以上的萃取剂同时进行萃取，被萃组分的分配系数显著大于在相同条件下单独使用时的分配系数之和的萃取过程。

5.3.2　中性配合萃取体系

中性配合萃取剂为中性有机化合物，被萃取物为中性无机盐，两者生成中性配合物被萃入有机相。中性配合萃取剂中最重要的为中性磷氧萃取剂，其官能团为 $-\overset{|}{\underset{|}{P}}=O$；其次为中性碳氧萃取剂，其官能团为 $-\overset{|}{C}=O$，$-\overset{|}{\underset{|}{C}}-O-$；此外还有中性磷硫 $-\overset{|}{\underset{|}{P}}=S$ 和中性含氮萃取剂等。目前使用较多的为中性磷氧和中性碳氧萃取剂。中性磷氧的萃取反应为

$$m\left[\overline{-\overset{|}{\underset{|}{P}}=O}\right]+MeX_n \longrightarrow \left[\overline{-\overset{|}{\underset{|}{P}}=O}\right]_m MeX_n$$

萃取是通过萃取剂氧原子上的孤电子对和金属原子生成配价键 O→Me 来实现的。配价键愈强，其萃取能力愈大。中性磷氧萃取剂的疏水基团可为烷基(R)或烷氧基(RO)。由于烷氧基(RO)有电负性大的氧原子，所以吸电子的能力强，这样 $-\overset{|}{\underset{|}{P}}=\ddot{O}$ 基中氧原子上的孤电子对有向烷氧基(RO)偏移的倾向(使电子云密度降低)，减弱了其与 MeX_n 生成配价键的能力。因此，中性磷氧萃取剂的萃取能力的顺序为

$$(RO)_3P=O < (RO)_2\overset{\overset{R}{|}}{P}=O < R_2\overset{\overset{RO}{|}}{P}=O < R_3P=O$$

三烷基磷酸酯	烷基膦酸二烷基酯	二烷基膦酸烷基酯	三烷基氧化膦

由这一顺序可知，中性磷氧萃取剂中的 C—P 键愈多，其萃取能力愈大；反之，萃取能力愈小。中性磷氧萃取剂的水溶性与此顺序相反。较常用的中性磷氧萃取剂为 TBP 和 P_{350}，

TBP 属$(RO)_3P{=}O$类，P_{350}属$(RO)_2RP{=}O$类，故P_{350}的萃取能力较 TBP 大。

同理，借助$P{=}O$键上氧原子的配位能力，中性磷氧萃取剂可萃取无机酸，通常生成 1∶1 的萃合物。TBP 对酸的萃取顺序为：$H_2C_2O_4 \approx HAC > HClO_4 > HNO_3 > H_3PO_4 > HCl > H_2SO_4$。此顺序大致与酸根水合能的顺序相反，即无机酸根的水合能愈大，愈难被萃取。不同中性磷氧萃取剂的萃酸顺序不尽相同，它与酸根的水合能、酸的电离常数、酸的浓度、$P{=}O$键的碱性及分子大小等因素有关。

TBP 萃取中性盐时，其萃合物大致有三种类型：$Me(NO_3)_3 \cdot 3TBP$（Me 为三价稀土及锕系元素）、$Me(NO_3)_4 \cdot 2TBP$（Me 为四价锕系元素及锆、铪）、$MeO_2(NO_3)_2 \cdot 2TBP$（Me 为六价锕系元素）。如 TBP 萃取$UO_2(NO_3)_2$时生成$UO_2(NO_3)_2 \cdot 2TBP$，结构式为

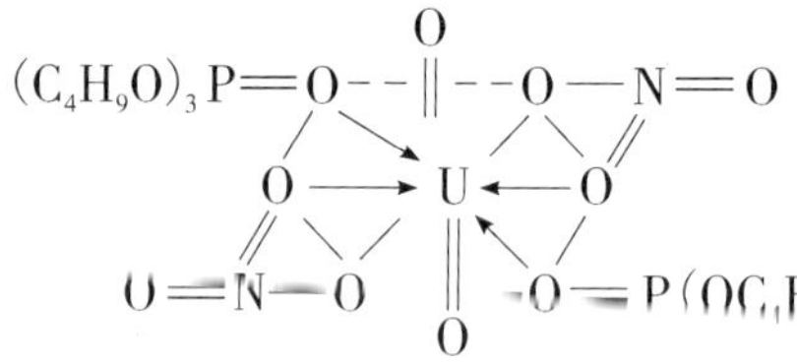

即铀酰离子的 6 个配位原子位于平面六角形的顶点，铀酰离子中的两个氧原子位于与此平面六角形相垂直的直线上，可见 TBP 中的$P{=}O$键中的氧原子直接与金属离子配合。常将这种直接与金属离子配合的现象称为一次溶剂化。若萃取剂分子不与金属离子直接结合，而是通过氢键与第一配位层的分子相结合，称为二次溶剂化。因此，常将中性配合萃取称为溶剂化萃取。

中性碳氧萃取剂萃取金属时，金属离子常以水合物形式被萃取，如甲异丁酮及二异戊醚萃$UO_2(NO_3)_2$的溶剂化物结构为

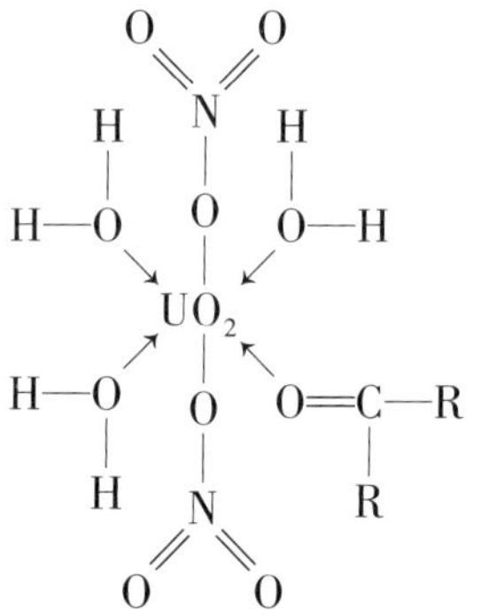

$UO_2(NO_3)_2 \cdot 3H_2O \cdot R_2CO$

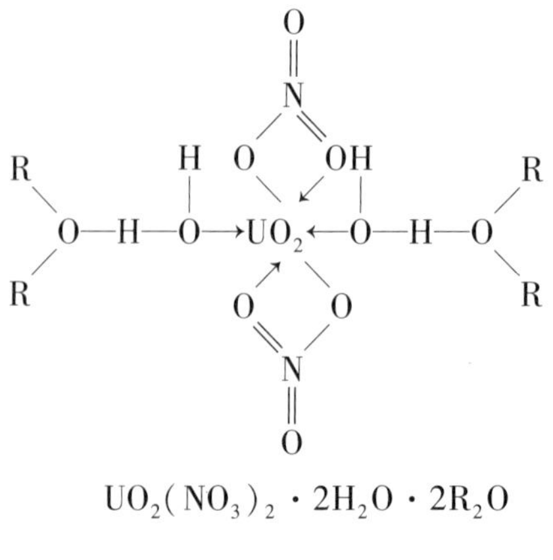

$UO_2(NO_3)_2 \cdot 2H_2O \cdot 2R_2O$

前者有 3 个水分子参加配位，后者的 R_2O 不是直接与 UO_2^{2+} 配位，而是通过氢键与第一配位层的水分子相结合，故其萃取能力皆比 TBP 差得多。由于中性碳氧萃取剂的萃取能力较小，为了提高其萃取能力，常使用盐析剂。虽然硝酸盐的盐析作用较强，但也常用硝酸作为盐析剂。酸度对萃取的影响与 TBP 相似，但当酸度高时，被萃取物将转变为 $[R_2O\cdots H^+][UO_2(NO_3)_3]$ 鎓盐形式，而且在盐酸体系中更易形成这种鎓盐，但只在高酸条件下才出现。因此，酸度不同时有着不同的萃取机理，萃取机理不仅与萃取剂和被萃取物有关，而且与萃取条件有关。

其他的中性萃取剂，还有中性硫萃取剂，如石油亚砜 R_2SO、石油硫醚 R_2S，它们通过氧原子配位，同时硫也有配位能力，可萃取铂族元素。

5.3.3　阳离子交换萃取体系

酸性配合萃取的萃取剂为有机弱酸，被萃取物为金属阳离子，萃取过程属阳离子交换过程。属于此类的有螯合物萃取、酸性磷类萃取剂萃取以及有机羧酸和磺酸萃取。

5.3.3.1　螯合物萃取

螯合萃取体系中，螯合剂常为有机酸，它有两种官能团(酸性官能团及配位官能团)，溶于惰性溶剂。其酸性官能团能与金属阳离子形成离子键，配位官能团可与金属阳离子形成一个配位键。因此，螯合萃取剂可与金属阳离子形成疏水螯合物而萃入有机相。

常用的螯合剂为 8-羟基喹啉类、Kelex 类、羟肟类(如 Lix64、N-510)等。N-510 萃铜的反应为

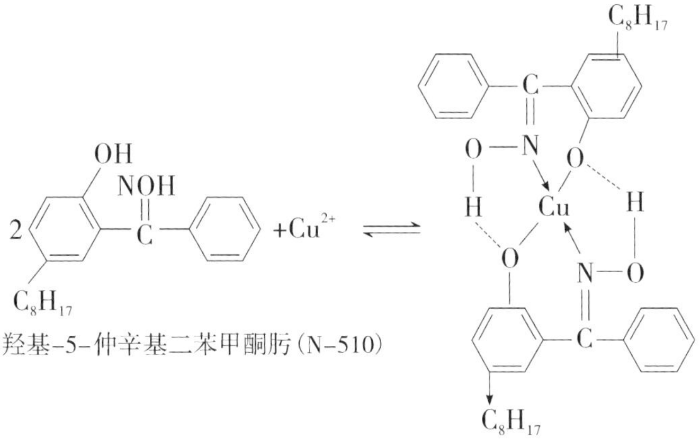

可见，N-510 萃取二价铜离子时形成两种螯环，即不含氢键的六原子环和含氢键的五原子环。

螯合剂自身缔合趋势小，萃合物一般不含多余的萃取剂分子。螯合萃取的通式为

$$Me^{n+}+n\overline{HA}\rightleftharpoons \overline{MeA_n}+nH^+$$

5.3.3.2　酸性萃取剂萃取

有机磷酸、羧酸和磺酸萃取金属阳离子时，有机相性质对萃取的影响较螯合萃取大，有机磷酸或羧酸在非极性溶剂的有机相中常因氢键形成二聚体或多聚体(自我缔合)，在萃取剂和稀释剂间也可能有氢键存在。如 D_2EHPA 在多数非极性溶剂(如煤油、烷烃、环烷烃和芳烃)中形成二聚体：

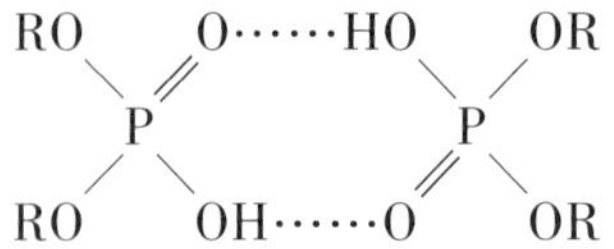

其二聚常数随溶剂而异，如在苯中为 4000，在氯仿中为 500，这是由于 D_2EHPA 与 $CHCl_3$ 间有缔合作用：

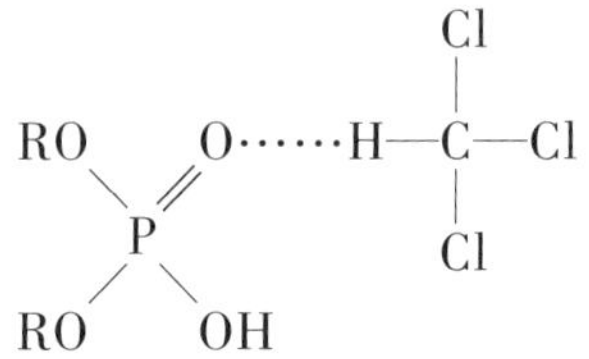

极性溶剂(如羧酸、醇、酮等)能与有机磷酸形成氢键，从而减弱酸性磷酸萃取剂萃取金属阳离子的能力。

羧酸在非极性溶剂中照例因氢键而形成二聚体：

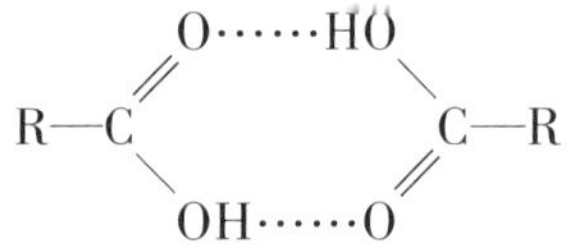

在萃取剂和稀释剂间也可能有氢键存在，如丙酸与氯仿间就有氢键存在。在极性溶剂中，羧酸与醇缔合，其本身的二聚体减小。

当萃取剂形成二聚体或多聚体时，萃取平衡可表示为

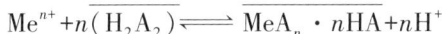

$$Me^{n+}+n\overline{(H_2A_2)} \rightleftharpoons \overline{MeA_n \cdot nHA}+nH^+$$

有机膦酸、羧酸和磺酸萃取剂自身缔合趋势大，萃合物中一般含有多余的萃取剂分子。酸性膦酸类萃取剂主要有三类：

一元酸：

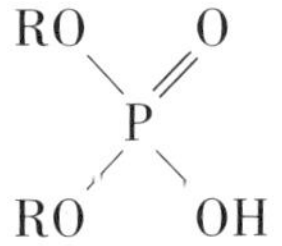

二烷基膦酸

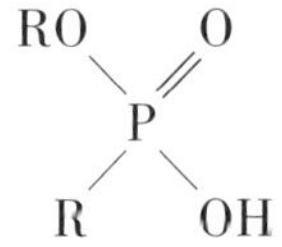

烷基膦酸单烷基酯

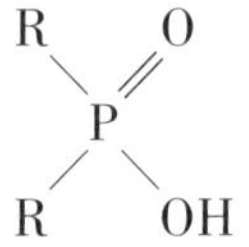

二烷基膦酸

二元酸：

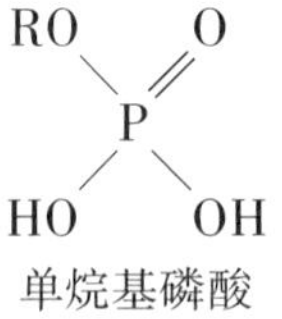

单烷基磷酸

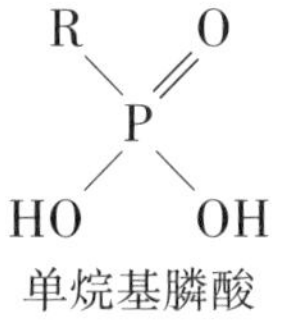

单烷基膦酸

双膦酰化合物：

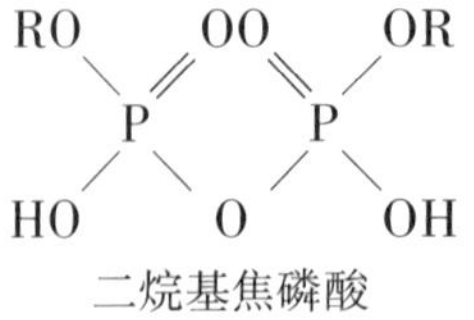

二烷基焦磷酸

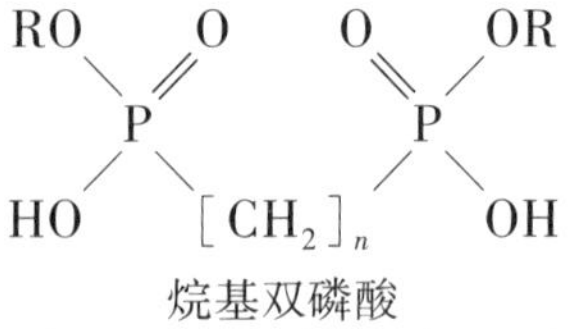

烷基双磷酸

其中，最重要的为一元酸。二元酸比一元酸多个羟基，其水溶性增强，同样条件下其碳链应长一些。二元酸的萃取机理与一元酸类似，但聚合能力更大，更易形成多聚体，其萃取

反应可表示为

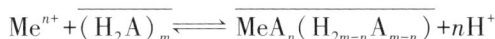

$$Me^{n+}+\overline{(H_2A)_m} \rightleftharpoons \overline{MeA_n(H_{2m-n}A_{m-n})}+nH^+$$

二元酸的萃取能力较一元酸大，反萃较困难，需用浓酸做反萃剂。

羧酸中最重要的为环烷酸，为石油副产品，其萃取机理与螯合萃取相似，只是其与金属阳离子形成的配合物中有空的配位位置让水分子占领。水溶性较大，有溶剂配合能力的溶剂可以取代水分子而进入配合物中，故在此类溶剂中的分配系数较在惰性溶剂中大。为了减少萃取剂损失，工业上常加入硫酸铵一类盐析剂。

酸性配合萃取时，若金属离子不发生水解，不形成离子缔合及外配合，而且萃合物不与稀释剂、添加剂等生成加成物，其萃取反应可认为由下列过程组成。

(1)酸性萃取剂在两相间分配：

$$\overline{HA} \rightleftharpoons HA$$

$$\frac{1}{\lambda_{HA}}=\frac{[HA]}{[\overline{HA}]}$$

式中：λ_{HA} 为酸性萃取剂的分配常数；$[HA]$、$[\overline{HA}]$ 分别为酸性萃取剂在水相和有机相中的平衡浓度。

萃取剂分子的碳链愈长，其油溶性愈大，水溶性愈小。若引进亲水基团如—OH、—NH、—SO_3H、—COOH 等，可增大其水溶性，降低其 λ 值，通常要求 $\lambda_{HA}>100$，以降低萃取剂的水溶损耗。

(2)酸性萃取剂在水相电离：

$$HA \rightleftharpoons H^+ + A^-$$

$$电离常数\ K_a=\frac{[H^+][A^-]}{[HA]}$$

K_a 大的为强酸性萃取剂，K_a 小的为弱酸性萃取剂。如取代苯磺酸($K_a>1$)为强酸性萃取剂，P_{204}($K_a=4\times10^{-2}$，正辛烷/0.1 mol/L $NaClO_4$)为中等酸性萃取剂，羧酸($K_a=10^{-4}$)为弱酸性萃取剂。

(3)萃取剂阴离子与金属阳离子配合：

$$Me^{n+}+nA^- \rightleftharpoons MeA_n$$

$$配合常数\ K_{配}=\frac{[MeA_n]}{[Me^{n+}][A^-]^n}$$

(4)配合物在两相间分配：

$$MeA_n \rightleftharpoons \overline{MeA_n}$$

$$\lambda_{MeA_n}=\frac{[\overline{MeA_n}]}{[MeA_n]}$$

一般 λ_{MeA_n} 远大于 λ_{HA}，即 $\lambda_{MeA_n}\gg\lambda_{HA}\gg1$。

(5)在有机相中一级萃合物与萃取剂分子发生聚合：

$$\overline{MeA_n}+i\overline{HA} \rightleftharpoons \overline{MeA_n \cdot iHA}$$

$$K_{聚}=\frac{[\overline{MeA_n \cdot iHA}]}{[\overline{MeA_n}][\overline{HA}]^i}$$

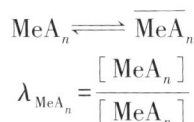

总的萃取反应为

$$Me^{n+}+(n+i)\overline{HA}\rightleftharpoons \overline{MeA_n \cdot iHA}+nH^+$$

$$K=\frac{\overline{[MeA_n \cdot iHA]}[H^+]^n}{[Me^{n-1}][\overline{HA}]^{n+i}}=\frac{K_a^n K_{配} \cdot K_{聚} \cdot \lambda_{MeA_n}}{\lambda_{HA}^n}=D \cdot \frac{[H^+]^n}{[HA]^{n+i}}$$

$$D=K \cdot \frac{[\overline{HA}]^{n+i}}{[H^+]^n}=\frac{K_a^n \cdot K_{配} \cdot K_{聚} \cdot \lambda_{MeA_n}}{\lambda_{HA}^n} \cdot \frac{[HA]^{n+i}}{[H^+]^n}$$

两边取对数：

$$\lg D=\lg K+(n+i)\lg[\overline{HA}]+n\mathrm{pH}$$

由于 $\lambda_{MeA_n} \gg \lambda_{HA} \gg 1$，而且 $K_{配} \gg 1$，所以水相中[HA]、[A^-]、[MeA_n]可忽略不计。

若一级萃合物不与萃取剂分子聚合，则

$$[\overline{HA}]=C_{HA}-\frac{1}{n}[\overline{MeA_n}]$$

式中：C_{HA} 为萃取剂的起始浓度。

此时，$\lg D=\lg K+n\lg[\overline{HA}]+n\mathrm{pH}$。

若聚合为二聚分子，则$[\overline{H_2A_2}]=C_{HA}-n[\overline{MeA_n \cdot nHA}]$。

此时 $\lg D=\lg K+n\lg[\overline{H_2A_2}]+n\mathrm{pH}$。

综上可知，酸性萃取剂萃取金属阳离子的平衡常数(简称萃合常数)除与萃取剂浓度和水相 pH 有关外，还与萃取剂的酸性、萃合物的稳定性、萃合物与萃取剂配合的稳定性等因素有关。若其他条件相同，则 K_a 愈大，K 也愈大，此时可在较低的 pH 条件下进行萃取。

以上讨论的是最简单和最典型的反应，而实际反应要复杂得多，如金属阳离子除与萃取剂阴离子配合外，还可与其他配合剂配合，当 pH 高时还将部分水解，这些因素对萃合常数均有影响。

酸性萃取剂萃取时实际上也形成螯环，但螯合萃取时的整环全由共价键和配位键组成，而酸性萃取剂萃取金属时的螯环中含有氢键。因此，广义而言，酸性萃取剂也可称为螯合萃取剂。

5.3.4 离子缔合萃取体系

离子缔合萃取的萃取剂主要为含氮和含氧的有机化合物，被萃取物常为金属配阴离子，两者形成离子缔合物而萃入有机相。

常用的含氮萃取剂为胺类萃取剂，它是氨的有机衍生物，有四种类型：

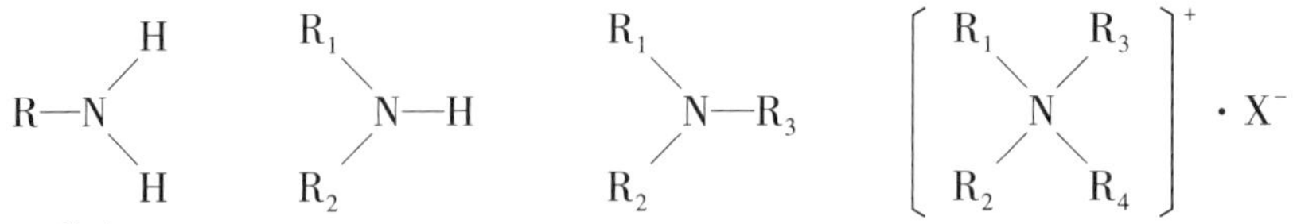

伯胺　　仲胺　　叔胺　　季铵盐

R_1、R_2、R_3、R_4 分别为相同或不同的烷基，X^-为无机阴离子。常用的胺类萃取剂为脂肪族胺。低相对分子质量的胺易溶于水，用作萃取剂的为高相对分子质量胺，其相对分子质量为 250~600，它们难溶于水，易溶于有机溶剂。但相对分子质量过大也将降低其在有机溶剂中的溶解度。国内生产的 N－235 为多种叔胺混合物，其中 $(C_7H_{15})_3N$（三庚胺）、$(C_8H_{17})_2NC_7H_{15}$（N－庚基二辛胺）、$(C_8H_{17})_3N$（三辛胺）、$(C_8H_{17})_2NC_{10}H_{21}$（N－癸基二辛胺），其物理化学常数与三辛胺相似（见表 5－1）。

胺呈碱性，可与无机酸作用生成盐、酸以铵盐形态被萃入有机相：

$$\overline{R_3N}+HX \rightleftharpoons \overline{R_3NH^+ \cdot X^-}$$

胺萃取硫酸分两步进行：

$$2\overline{R_3N} \overset{H_2SO_4}{\rightleftharpoons} \overline{(R_3NH)_2SO_4} \overset{H_2SO_4}{\rightleftharpoons} 2\overline{(R_3NH)HSO_4}$$

表 5－1　N－235 与三辛胺的物理化学常数

项目	N－235	三辛胺
沸点/℃	180～230	180～202
密度(25 ℃)/(g·cm^{-3})	0.8153	0.8121
折光率(20 ℃)	1.4523	1.4499
黏度(25 ℃)/cP	10.4	8.41
介电常数(20 ℃)	2.44	2.25
溶解度(25 ℃)/(g·L^{-1} 水)	<0.01	<0.01
凝固点/℃	－64	－46
闪点/℃	189	188
燃点/℃	226	226
叔胺含量/%	>98	99.85

由于胺为弱碱，用较强的碱液处理铵盐时可使其再生为游离胺：

$$\overline{R_3NHX}+OH^- \rightleftharpoons \overline{R_3N}+X^-+H_2O$$

$$2\overline{R_3NHX}+Na_2CO_3 \rightleftharpoons 2\overline{R_3N}+2NaX+CO_2+H_2O$$

用纯水也可将酸从有机相中反萃出来。叔胺对酸有较大的萃取能力，但易被水反萃，此时铵盐发生水解：

$$\overline{R_3NHCl}+H_2O \rightleftharpoons \overline{R_3NHOH}+HCl$$

铵盐能与水相中的阴离子进行离子交换：

$$\overline{R_3NH^+X^-}+A^- \rightleftharpoons \overline{R_3NH^+A^-}+X^-$$

一价阴离子的交换顺序为：$ClO_4^- > NO_3^- > Cl^- > HSO_4^- > F^-$。存在于水相中的金属配阴离子也可与铵盐进行阴离子交换，可认为是金属配阴离子与 R_3NH^+ 形成离子缔合物而萃入有机相，它由下列平衡式组成。

（1）金属配阴离子的生成：

$$Me^{n+}+mX^- \longrightarrow MeX_m^{(m-n)-}$$

$$K_{KL}=\frac{[MeX_m^{(m-n)-}]}{[Me^{n+}][X^-]^m}$$

(2)生成铵盐:

$$\overline{R_3N}+H^++X^-=\overline{R_3NHX}$$

$$K_{胺}=\frac{[\overline{R_3NHX}]}{[\overline{R_3N}][H^+][X^-]}$$

(3)阴离子交换反应:

$$(m-n)\overline{R_3NHX}+MeX_m^{(m-n)-}\longrightarrow\overline{(R_3NH^+)_{m-n}\cdot MeX_m^{m-n}}+(m-n)X^-$$

$$K_{交}=\frac{[\overline{(R_3NH^+)_{m-n}\cdot MeX_m^{(m-n)}}][X^-]^{m-n}}{[\overline{R_3NHX}]^{m-n}[MeX_m^{(m-n)-}]}$$

萃取总反应为

$$Me^{n+}+(m-n)\overline{R_3N}+(m-n)H^++mX^-\longrightarrow\overline{(R_3NH)_{m-n}^+\cdot MeX_m^{(m-n)-}}$$

$$K_{萃}=\frac{[\overline{(R_3NH)_{m-n}^+\cdot MeX_m^{(m-n)-}}]}{[Me^{n+}][H^+]^{m-n}\cdot[\overline{R_3N}]^{m-n}\cdot[X^-]^m}=K_{配}\cdot K_{交}\cdot K_{胺}^{m-n}$$

考虑到 Me^{n+} 的逐级成配，平衡水相中金属离子总浓度 $C_{Me}=[Me^{n+}]\cdot y$，y 为配合度。因为

$$D=\frac{[\overline{(R_3NH^+)_{m-n}\cdot MeX_m^{(m-n)-}}]}{C_{Me}}$$

所以

$$D=\frac{K_{配}\cdot K_{胺}^{m-n}\cdot K_{交}}{y}\cdot[\overline{R_3N}]^{m-n}\cdot[H^+]^{m-n}\cdot[X^-]^m$$

以氧为活性原子的中性磷氧和碳氧萃取剂在强酸介质中可与氢离子或水合氢离子生成阳离子，鎓阳离子可与金属配阴离子生成鎓盐而将金属离子萃入有机相。可作为鎓盐萃取剂的为中性碳氧化合物(醇、醚、醛、酮、酯等)和中性磷氧化合物(三烷基磷酸等)。

鎓盐萃取总反应为

$$Me^{n+}+mX^-+(m-n)H^++(m-n)\overline{ROH}\longrightarrow\overline{(ROH_2^+)_{m-n}\cdot MeX_m^{(m-n)-}}$$

$$K_{萃}=\frac{[\overline{(ROH^+)_{m-n}\cdot MeX_m^{(m-n)-}}]}{[Me^{n+}][X^-]^m\cdot[H^+]^{m-n}\cdot[\overline{ROH}]^{m-n}}=K_{缔合}\cdot K_{鎓}^{m-n}\cdot K_{配}$$

同理可得

$$D=\frac{K_{缔}\cdot K_{鎓}^{m-n}\cdot K_{配}}{v}\cdot[\overline{ROH}]^{m-n}\cdot[H^+]^{m-n}\cdot[X^-]^m$$

由上可知，鎓盐或铵盐萃取的前提是萃取剂分子须先与 H^+ 离子配位，鎓盐只能在高酸(一般为 5~15 mol/L)下进行。因此，萃取剂中活性原子碱性的大小对萃合常数有明显的影响，配位活性原子的碱性愈强，则 $K_{鎓}$ 或 $K_{铵}$ 愈大，分配系数愈大。一般胺中氮原子的碱性较中性磷氧和中性碳氧化合物中的氧原子强，更易与 H^+ 配位，故可在较低的酸度下进行萃取。

季胺本身已形成阳离子，不需与 H^+ 配位，故可在中性或弱碱性溶液中进行萃取。

胺类萃取剂依其碱性的强弱，其萃取能力的变化顺序为：伯胺<仲胺<叔胺<季胺。

中性磷氧萃取剂的碱性和萃取能力顺序为：磷酸盐<膦酸盐<磷氧化物。

中性碳氧萃取剂的碱性和生成𬭩离子的能力顺序为：

$$\underset{\text{醚}}{R_2O} < \underset{\text{醇}}{ROH} < \underset{\text{酸}}{RCOOH} < \underset{\text{酯}}{RCOOR} < \underset{\text{酮}}{RCOR} < \underset{\text{醛}}{RCOR}$$

生成𬭩盐和铵盐的能力与其活性原子的碱性有关，其碱性与萃取剂中的推电子基 R 有关。与活性原子结合的推电子基 R 的数目愈多，其碱性愈强，萃取能力愈大；反之，拉电子基 RO 基数目愈多，其碱性愈小，萃取能力愈小。但空腔效应有时会使此顺序发生变化，一般随支链的增加，萃取能力下降，但可增加萃取选择性。

离子缔合萃取剂的萃取能力与相应的𬭩盐或铵盐分子的极性有关。极性愈小，它与水偶极分子的作用愈弱，亲水性愈小，其萃取能力愈大。

萃合常数 $K_{萃}$ 与金属配阴离子的稳定性和亲水性有密切关系。在相同条件下，配阴离子的稳定性愈大，亲水性愈小，愈易被萃取。离子的亲水性一般用离子势或离子电荷相对密度来衡量，离子势（Z^2/r）或离子电荷相对密度（电荷数与表面积或半径之比）愈大，其亲水性愈大，愈难被萃取。但配阴离子的半径为未知数，故常用离子比电荷（电荷数与组成离子的原子个数之比）来衡量其亲水性。比电荷愈大，亲水性愈强。从亲水性考虑，一价配阴离子较易萃取，二价配阴离子较难萃取；大离子易萃取，小离子较难萃取。当配阴离子的电荷数较大时，则要求萃取剂阳离子的亲水性较小才能生成疏水性较大的萃合物，一般若阴离子的电荷为 1，且其比电荷小于 0.2，则要求与其缔合的萃取剂阳离子的碳原子数不小于 5~10；若阴离子的电荷为 2，且其比电荷小于 0.4，则要求与其缔合的萃取剂的碳原子数不小于 20~25。

金属配阴离子的亲水性除与其电荷数有关外，还与其配位体的亲水性有关，因此，离子缔合萃取时，一般采用非含氧酸根（如 F^-、Cl^-、Br^-、I^-、CNS^- 等）作为配位体，不采用含氧酸根（如 NO_3^-、SO_4^{2-} 等）作为配位体，以降低金属配阴离子亲水性。

5.3.5　协同萃取体系

两种或两种以上的萃取剂混合物，萃取某些被萃取物的分配系数大于其在相同条件下单独使用时的分配系数之和的现象称为协同效应或协萃作用。此萃取体系称为协萃体系，若混合使用时的分配系数小于其单独使用时的分配系数之和，则称为反协同效应或反协萃作用。若两者相等，则无协萃作用。实践表明，协同效应是较普遍的。如图 5-4 所示的体系皆有协萃作用，其他如酸性磷类萃取剂、β-双酮、羧酸和醚、酮、醇、胺、酚等加在一起，也常产生协萃作用。

以 HTTA-TBP 协萃为例，其定量式为

$$Me^{n+} + n\overline{HTTA} + x\overline{TBP} \rightleftharpoons \overline{Me(TTA)_n \cdot xTBP} + nH^+$$

$$K_s = \frac{[\overline{Me(TTA)_n \cdot xTBP}] \cdot [H^+]^n}{[Me^{n+}][\overline{HTTA}]^n \cdot [\overline{TBP}]^x}$$

单独采用 HTTA 作为萃取剂时的平衡常数为

$$K = \frac{[\overline{Me(TTA)_n}] \cdot [H^+]^n}{[Me^{n+}][\overline{HTTA}]^n}$$

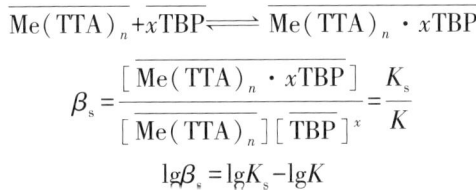

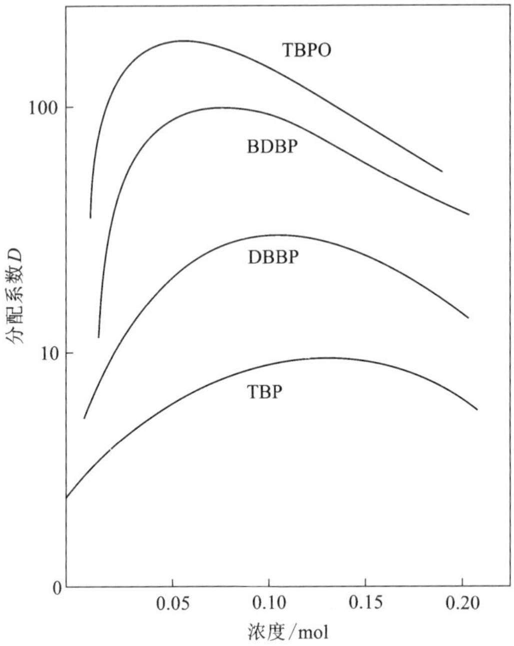

水相：0.004 mol/L UO_2^{2+}+1.5 mol/L H_2SO_4。

有机相：0.1 mol/L P_{204}+煤油。

图 5-4 具有协萃效应的混合协萃体系

协萃反应为

$$\overline{Me(TTA)_n}+x\overline{TBP} \rightleftharpoons \overline{Me(TTA)_n \cdot xTBP}$$

$$\beta_s=\frac{[\overline{Me(TTA)_n \cdot xTBP}]}{[\overline{Me(TTA)_n}][\overline{TBP}]^x}=\frac{K_s}{K}$$

$$\lg\beta_s=\lg K_s-\lg K$$

由 β_s 值可以判断协萃效应的大小。某些酸性萃取剂-中性萃取剂协萃体系的 β_s 值如表 5-2 所示。

比较各协萃体系的 β_s 值可以看出：

(1)中性磷氧化合物配位能力增强，协萃效应也增加，如在 P_{204} 中加入中性萃取剂，其协萃效应增加顺序为$(RO)_3P{=}O<(RO)_2RP{=}O<(RO)R_2P{=}O<R_3P{=}O$，当 R 为苯基时，协萃效应下降。

(2)对同一酸性萃取剂而言，β_s 均随 K_s 的增加而增加，与单独酸性萃取剂的顺序相同。

(3)稀释剂对协萃效应的影响很大，不同稀释剂中的 β_s 值顺序为煤油>己烷>CCl_4>苯>$CHCl_3$，极性较高的 $CHCl_3$ 中的 β_s 值较小，可能与 $CHCl_3$ 和 TBP 的相互作用有关。

(4)金属离子对 β_s 值的影响较复杂，金属离子半径减小可增大金属离子与配位体的引力，但也可增加空间位阻，这两个因素的影响是相反的。如稀土元素与 HTTA-TBP 能形成 $RE(TTA)_3 \cdot 2TBP$ 配合物，β_s 随离子半径增大而增大(轻稀土)，但对碱土金属而言，β_s 则随离子半径的增大而减小。

表 5-2　酸性萃取剂-中性萃取剂协萃体系

协萃配合物	酸性萃取剂	中性萃取剂	稀释剂	$\lg K_s$	$\lg K$	$\lg \beta_s$
$UO_2(HA_2)_2S$	P_{204}	TBPO	煤油	8.81	4.53	4.28
		BDBP	煤油	8.31	4.53	3.78
		DBBP	煤油	7.31	4.53	2.78
		TBP	煤油	6.45	4.53	2.18
		TBP	己烷	6.45	4.60	1.85
		TBP	CCl_4			1.60
		TBP	苯			1.20
		TOPO	煤油	8.38	4.53	3.85
UO_2A_2S	HDBP	TBP	苯	9.64	4.69	4.95
	HTTA	TBP	环己烷	3.70	-2.82	6.52
			苯	2.48	-2.80	5.28
ThA_4S	HAA	TBP	苯	-2.25	-5.85	3.60
	HTTA	TBP	环己烷	7.95	1.67	6.28
			CCl_4			5.18
			苯			4.70
			$CHCl_3$			3.30
$CeA_3 \cdot 2S$	HTTA	DBBP	煤油	2.93	-9.49	12.36
$EuA_3 \cdot 2S$	HTTA	DBBP	煤油	3.96	-7.66	11.62
$TbA_3 \cdot 2S$	HTTA	DBBP	煤油	4.04	-7.51	11.55
$LuA_3 \cdot 2S$	HTTA	DBBP	煤油	3.43	-6.77	10.20
$CaA_2 \cdot S$	HTTA	TBP	CCl_4	-8.29	-13.40	4.11
$CaA_2 \cdot 2S$				-5.18		8.22
$SrA_2 \cdot S$	HTTA	TBP	CCl_4	-11.54	-15.30	3.76
$SrA_2 \cdot S$				-7.78		7.52

因为

$$K_s=\frac{[\overline{Me(TTA)_n \cdot xTBP}]\cdot[H^+]^n}{[Me^{n+}]\cdot[\overline{HTTA}]^n\cdot[\overline{TBP}]^x}$$

所以

$$D=K_s \cdot \frac{[\overline{HTTA}]^n \cdot [TBP]^x}{[H^+]^n}$$

$$\lg D=\lg K_s+n\lg[\overline{HTTA}]+x\lg[\overline{TBP}]+npH$$

因此，体系确定之后，介质 pH 是控制金属离子能否被萃取的主要因素。pH 愈高愈有利于金属离子的萃取，但不宜超过其水解的 pH。提高酸性萃取剂和中性萃取剂浓度有利于金属离子的萃取。但中性萃取剂浓度太高也将产生不利的影响，此时协萃效应遭到破坏。

常见协萃体系如表 5-3 所示。

表 5-3　常见的协萃体系

大类	协萃类型	代表性例子
二元协萃体系	酸性萃取剂+中性萃取剂	$UO_2^{2+}/H_2O—HNO_3/P_{204}—TOPO$—煤油
	酸性萃取剂+胺类萃取剂	$UO_2^{2+}/H_2O—H_2SO_4/P_{204}—R_3N$—煤油
	中性萃取剂+胺类萃取剂	$PuO_2^{2+}/H_2O—HNO_3/TBP—TBAN$—煤油
二元同类协萃体系	酸性萃取剂+酸性萃取剂	$Cu^{2+}/H_2O—H_2SO_4$/Lix63—环烷酸—煤油
	中性萃取剂+中性萃取剂	$UO_2^{2+}/H_2O—HNO_3$/二丁醚—二氯乙醚
	锌盐萃取剂+锌盐萃取剂	Pa^{5+}/H_2O—HCl/RCOR—ROH—煤油
三元协萃体系	酸性萃取剂+中性萃取剂+胺类萃取剂	$UO_2^{2+}/H_2O—H_2SO_4/P_{204}—TBP—R_3N$—煤油
稀释剂协同	离子缔合萃取剂+稀释剂	Fe^{3+}/H_2O—HCl/丁醚—1，2 二氯乙烷—硝基甲烷

一般认为协萃反应机理较复杂，通常认为协萃作用是由于两种或两种以上的萃取剂与被萃取物生成一种更加稳定和更疏水(水溶性更小)的含有两种以上配位体的萃合物。因此，这种萃合物更易溶于有机相。协萃作用是由于：

(1)溶剂化作用：协萃剂分子取代了萃合物中的水分子使萃合物更疏水。

(2)取代作用：中性萃取剂分子取代了萃合物中的酸性萃取剂分子。

$$\overline{MeA_n\cdot iHA}+iB=\overline{MeA_n\cdot iB}+\overline{iHA}$$

(3)加成作用：当萃合物配位饱和时，协萃剂强行打开螯环而配位，从而生成更稳定更疏水的萃合物。

协萃作用不仅表现为混合使用时大大增大其分配系数，还表现为大幅缩短萃取的平衡时间，加快萃取速度。目前将这类加快萃取速度的协萃效应称为动力协萃作用。如用 N_{510} 从硫酸铜溶液中萃铜的试验表明，当有机相中加入 0.1% P_{204} 时，萃取时间可缩短 5/6~7/8。动力协萃作用不仅可以提高生产率，而且可使组分分离得更完全。

除协萃作用外，有的体系会出现反协萃作用，如用 P_{204}-TBP 萃 UO_2^{2+} 为协萃，但萃取 TH^{4+} 则为反协萃。

工业上常用的萃取剂列于表 5-4，常用的稀释剂列于表 5-5，常用的添加剂列于表 5-6。

表 5-4　工业上常用的萃取剂

分类	类型		名称	商品名或简称	结构式	分子量	应用
中性萃取剂	中性磷型	磷酸酯	磷酸三丁酯	TBP	$(C_4H_9O)_3P{=}O$	266	从 HNO_3 中萃 UO_2^{2+}、Th^{4+}，从 HCl 中分离 Cd 与 Zn、Ni 与 Co，稀土分离萃 Fe、Ta 与 Nb、Zr 与 Hf
			甲基磷酸二甲庚酯	P_{350} DMHMP	CH_3 | $[CH_3(CH_2)_5CHO]_2$ $P{=}O$ CH_3	320	从混合稀土中分离镧
			甲基磷酸二(2-乙基己基)酸	P_{307} DEHMP	CH_3 | $[CH_3(CH_2)_3CHCH_2O]_2$ $P{=}O$ CH_3	319.4	
			丁基膦酸二丁酯	$HostarexP_{0212}$	$(C_4H_9O)_2$ $P{=}O$ C_4H_9	250	
			辛基膦酸二辛酯	$HostarexP_{0224}$	$(C_8H_{17}O)_2$ $P{=}O$ C_8H_{17}	418	
		氧化膦	三正辛基氧化膦	TOPO	$(C_8H_{17})_3P{=}O$	386	稀土及其他金属分离，作协萃剂
	醚		乙醚		$C_2H_5OC_2H_5$		从 HCl 液中萃 Au
			二异丙醚		$(CH_3)_2CHOCH(CH_3)_2$	102	萃取磷酸
	醇		正丁醇		C_4H_9OH	74	从盐酸中萃磷酸
			正异戊醇		$C_5H_{11}OH$	88	萃取磷酸
			仲辛醇		$CH_3(CH_2)_5CHCH_3$ | OH	130.2	萃取 Ta、Nb、Fe
	酮		甲基异丁基酮	MIBK	$CH_3COCH_2CH(CH_3)_2$	100	Zr、Hf 分离，Ta、Nb 分离，稀土分离
	硫醚		二正己基硫醚		$C_6H_{13}SC_6H_{13}$	202	萃取钯
			二辛基硫醚		$C_8H_{17}SC_8H_{17}$	268	萃取金银、铂钯汞

续表 5-4

分类	类型	名称	商品名或简称	结构式	分子量	应用
中性萃取剂	取代酰胺	N，N二正混合基乙酰胺	A$_{101}$	$CH_3C-N(C_{7\sim9}H_{15\sim19})_2$，$\overset{\parallel}{O}$	156~184	钽铌分离，萃取镓、锗、稀土、铊
		N，N二（甲庚基）乙酰胺	N$_{503}$	$CH_3C-N=(CH_3(CH_2)_5CHCH_3)_2$，$\overset{\parallel}{O}$	283.5	钽铌分离，萃取铊、锂、铁
		N苯基—N辛基乙酰胺	A$_{404}$	$CH_3C-N\overset{\overset{O}{\parallel}}{\underset{C_8H_{17}}{}}{}^{C_6H_6}$	247	
		N，N，N'，N'四丁基代尿素	N$_{505}$	$(C_4H_9)_2NCON(C_4H_9)_2$	280	萃取铜、钴、镍
酸性配合萃取剂	羧酸	混合脂肪酸		$C_nH_{2n+1}COOH(n=7\sim9)$	144.1	分离Co、Ni、Cu，分离Cu、Zn、稀土分离钇
		叔碳羧酸	Versatic 10	$R_2-\overset{R_1}{\underset{R_3}{C}}-COOH$ $R_1+R_2+R_3=C_8H_{17}$	175	分离Cu、Ni、Co，回收钇
		新烷基羧酸	Versatic 911 C547	$R_2-\overset{CH_3}{\underset{R_3}{C}}-COOH$ $R_2,R_3=C_{3\sim4}H_{7\sim9}$		分离轻稀土
		环烷酸		$R-(CH_2)_nCOOH$	170~330	分离Cu、Co、Ni，分离轻稀土，回收钇
	烷基磷酸	二(2-乙基己基)磷酸	D$_2$EHPA HDEHP P$_{204}$	$(C_4H_9-CH-CH_2O)_2\overset{C_2H_5}{}P\overset{\overset{O}{\parallel}}{\underset{OH}{}}$	322	萃取铀，分离镍、钴，稀土分离，萃取铟、铊，萃取铍、铕、钇
		十二烷基磷酸	DDPA	$CH_3CHCH_2\overset{CH_3}{} \ CH CH_2CHOP\overset{O}{\underset{OH}{}}$ CH_3CHCH_2OH CH_3	266	
		辛基苯基磷酸	OPnPA	$(RO)_3P=O+ROP(HO)_2O$ $R=CH_3-\overset{CH_3}{\underset{CH_3}{C}}-CH_2-\overset{CH_3}{\underset{CH_3}{C}}-C_6H_6$	287~476	从湿法磷酸中回收铀

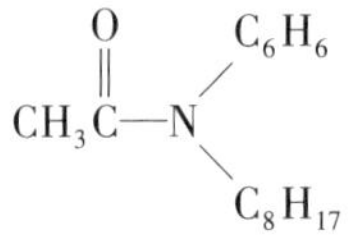

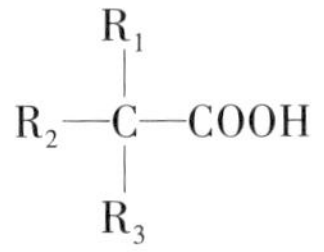

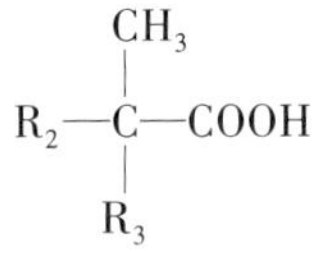

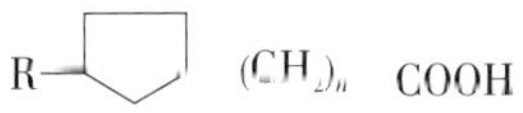

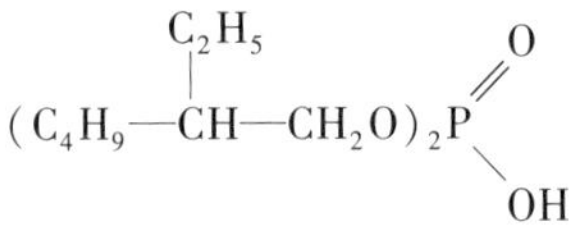

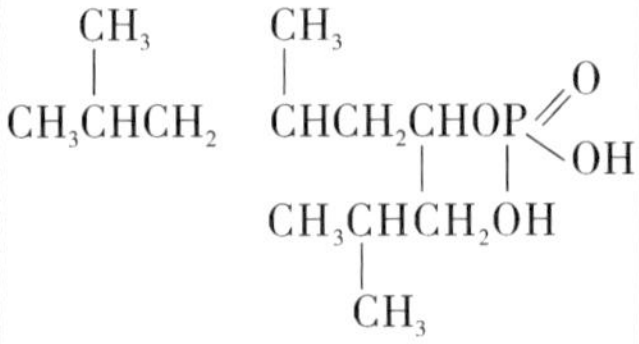

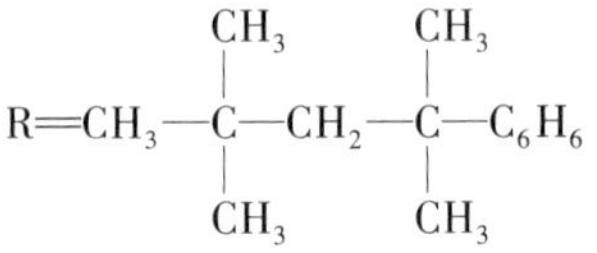

续表 5-4

分类	类型	名称	商品名或简称	结构式	分子量	应用
酸性配合萃取剂	烷基膦酸酯	2-乙基己基膦酸-2-乙基己基酯	M_2EHPA P_{507} SME-418 PC-88A	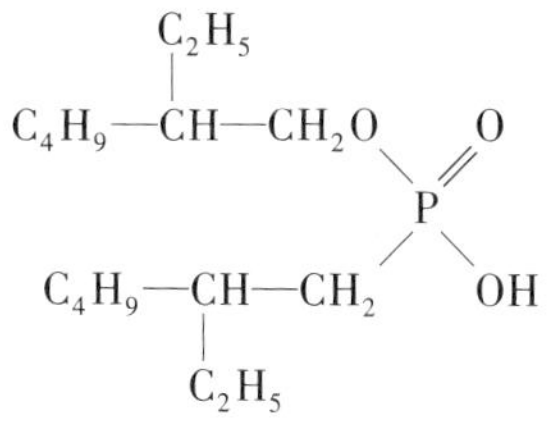	306	分离镍钴、稀土，分离铪、锆、铌
	脂肪α-羟肟	5.8-二乙基-7羟基-6-十二烷酮肟	Lix63 N_{509}	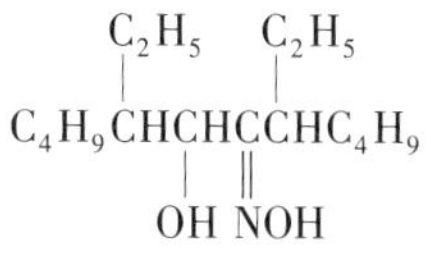	257	萃取铜、钴、镍、镓
	芳香β-羟肟	2-羟基-5-十二烷基二苯甲酮肟	Lix64 03045	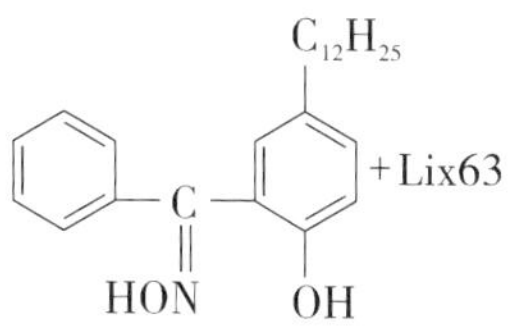	381	从酸液中萃铜、钯
	芳基β-羟肟	2-羟基-5-仲辛基二苯甲酮肟	N_{510}	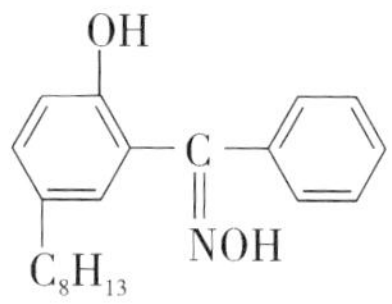	325	从硫酸液中萃铜
		2-羟基-4-仲辛氧基二苯甲酮肟	ABΦ-1 N_{530}	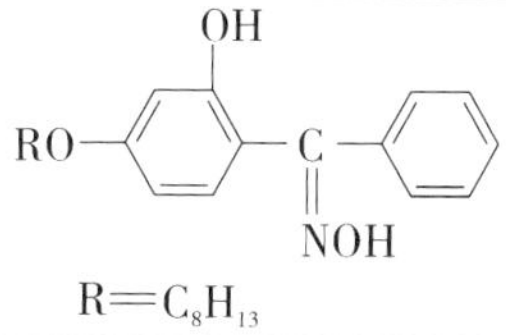	341	从氯盐及硫酸液中萃铜
		2-羟基-4-异辛基二苯甲酮肟	ABΦ-2 N_{531}	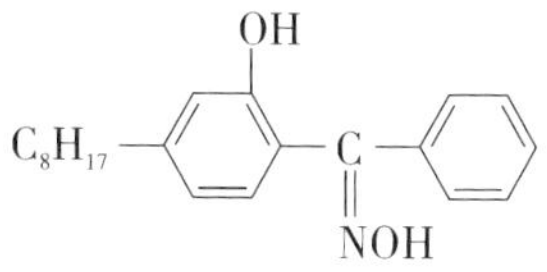	325	
		2-羟基-5-壬基二苯甲酮肟	Lix65N	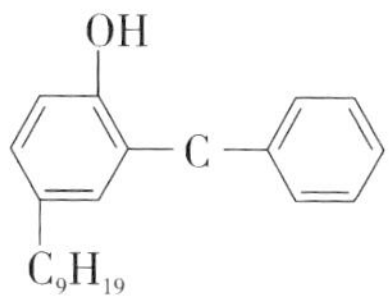	339	
		2-羟基-5-壬基3氯二苯甲酮肟	Lix70 (Lix79+Lix63)	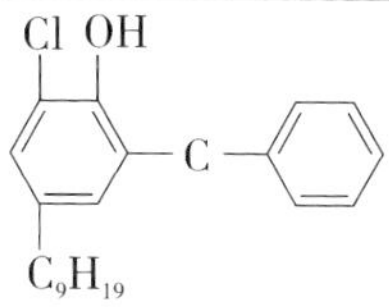	375	从强酸高浓度液中萃铜萃取钯
	羟基喹啉衍生物	7-烷基-8羟基喹啉	Kelex100	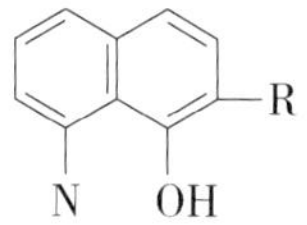		从硫酸液中萃铜(高含量)

续表 5-4

分类	类型	名称	商品名或简称	结构式	分子量	应用
胺类萃取剂	伯胺	烷基甲胺	PrimeneJMJ	$CH_3-\overset{\underset{\displaystyle CH_3}{\textstyle CH_3}}{\underset{\textstyle CH_3}{C}}(CH_2-\overset{\textstyle CH_3}{\underset{\textstyle CH_3}{C}})-nNH_2$ $n=3、4、5$	269~325	萃取钍、锆
			N_{1923}	$\overset{\textstyle R}{\underset{\textstyle R}{CH}}-NH_2$ $R=C_{9~11}H_{19~23}$		萃取钍、稀土
			N_{179}	RNN_2 $R=C_8H_{17}-\overset{\textstyle H}{\underset{\textstyle C_8H_{17}}{C}}-$		
胺类离子缔合萃取剂	仲胺	N-十二烯(三烷基甲基)胺	Amberlite LA-1	$HN\overset{\textstyle C(R)(R')(R'')}{\underset{\textstyle CH_2CH=CH(CH_2-\overset{\textstyle CH_3}{\underset{\textstyle CH_3}{C}}-)_2-CH_3}{}}$ $R+R'+R''=C_{11~14}H_{23~29}$		
		N-月桂(三烷基甲基)胺	Amberlite	$HN\overset{\textstyle C(R)(R')(R'')}{\underset{\textstyle CH_2(CH_2)_{10}CH_3}{}}$ $R+R'+R''=C_{12~13}H_{25~29}$	353~395	萃取铀、锌、钼
		二十三胺	Adogen283	$(C_{13}H_{27})_2NH$	385	萃取锌、钨、钼、钒
	叔胺	三辛胺	TOA	$[CH_3(CH_2)_6CH_2]_3N$		盐酸液中分离钴、镍，萃铀
		三异辛胺	T10A	$i-(C_8H_{17})_3N$		盐酸液中分离钴、镍
		三烷基胺	Amberlite336 N_{235}	R_3N $R=C_{8~10}H_{17~21}$	~392	盐酸中分离钴、镍、萃，取铀、钨、钼、钒、铂
	季铵盐	三烷基甲基氯化铵	Aliquat336 Adogen464 N-263	$R_3\overset{\textstyle CH_3}{\underset{}{N^+}}Cl^-$ $R=C_{7~9}H_{15~19}$	~443 ~431	稀土分离，萃取铬、钒

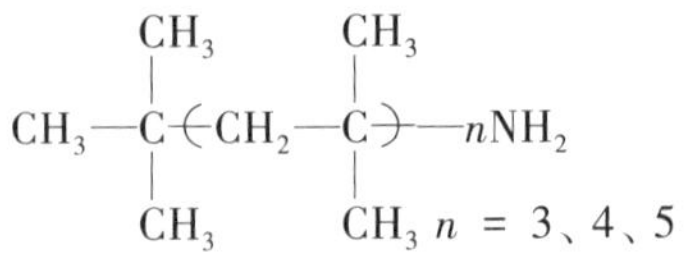

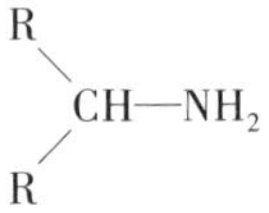

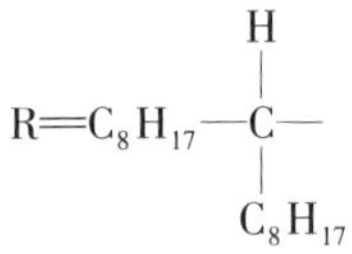

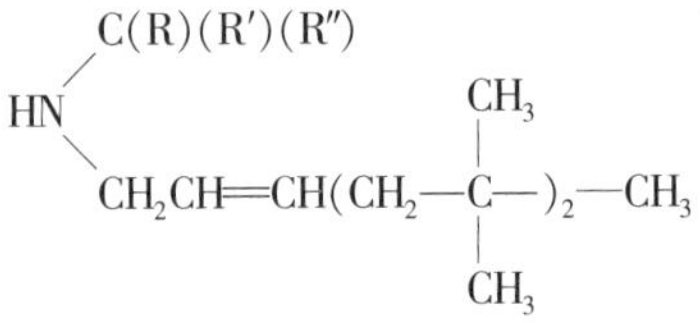

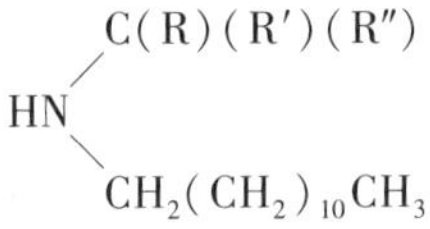

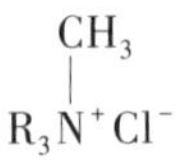

表 5-5　工业上常用的稀释剂

名称	组成/%			相对密度	闪点/℃	黏度/cP	沸点/℃
	石蜡烃	萘	芳香烃				
Amsco 无臭矿物油	85	15	0	0.76	53	—	—
Escaid 100	80		20	0.80	78	1.52	191
Escaid 110	99.7		0.3	0.79	74	1.52	193
Kermac 470B(原 Napolcum470)	48.6	39.7	11.7	0.81	79	2.1	210
Shell 140	45	49	6.0	0.79	61	—	174
Cyclosol	1.5		98.5	0.89	66	—	—
Escaid 350(原 Solvesso 150)	3.0	0	97	0.89	66	1.2	188
磺化煤油	100	0	0	0.78~0.82	62~65	0.3~0.5	170~240

表 5-6　工业上常用的添加剂

名称	相对密度	闪点/℃
2-乙基己基醇	0.834	85
异癸醇	0.841	104
壬基酚	0.95	140
磷酸三丁酯	0.973	193

5.4　萃取过程影响因素

萃取过程是使亲水的金属离子由水相转入有机相的过程。金属离子在水溶液中被极性水分子包围，呈水化离子的形态存在。要使金属离子由水相转入有机相，萃取剂分子须先取代水分子而与金属离子结合或通过氢键与水合离子配位后才能生成疏水的萃合物。故萃取过程实质上是萃取剂分子与极性水分子争夺金属离子、使金属离子由亲水变为疏水的过程。因此，萃取过程的效率与有机相和水相的组成、性质以及操作和设备等因素有关，下面着重讨论几个主要影响因素。

5.4.1　有机相组成

5.4.1.1　萃取剂

萃取原液的组成与萃取过程的经济性等因素是选择萃取体系的主要依据，更确切地说是根据被萃组分的存在形态选择萃取体系。如从铜矿原料的硫酸浸出液中萃铜，铜主要呈阳离子形态存在，可选用螯合萃取剂；氢氟酸分解钽铌矿物原料时，钽铌均呈氟配阴离子形态存在，且料液酸度相当高，故可考虑采用锌盐萃取体系；碱液分解钨原料时，钨呈钨酸根阴离子形态存在，且料液碱度相当高，故只能采用胺类萃取剂；硫酸浸出铀矿时，铀呈阳离子和配阴离子形态存在于浸出液中，故可采用 P_{204}，也可采用胺类萃取剂萃取铀。

萃取剂的结构效应主要包括配位基团的反应活性、结构空间效应和溶解度。

1)配位基团的反应活性

中性有机磷化合物的配位基团为磷酰基氧原子 P═O，其萃取能力与 P═O 键上氧的给电子能力相关，氧原子上的电子云密度越大，给电子能力越大，形成萃合物的能力也越强。对于不同的分子中结构 P═O 键，其电子云密度的差异由与磷原子相连的原子或基团的诱导效应决定，例如不同类型的中性含磷化合物对硝酸介质中的很多金属的萃取次序常常是

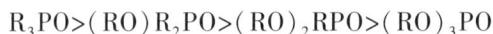

$$R_3PO>(RO)R_2PO>(RO)_2RPO>(RO)_3PO$$

其原因是 R—O 基中有电负性大的氧原子，它有强的吸电子能力，使得 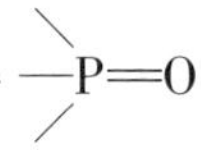 键上的电子云密度减小，从而降低了生成配位键 O→M 的能力。如果与 P═O 键相连的仅是 R 基，则 P═O 键的电子云密度就大，P═O 键上的氧原子的配位能力强，故萃取能力也强，表 5-7 是 R 为丁基时各类中性含磷萃取剂对铀的萃取性能的比较。

表 5-7 各类含磷萃取剂铀性能的比较(R—丁基)

萃取剂	$(RO)_3PO$	$(RO)_2RPO$	$(RO)R_2PO$	R_3PO
$\lg K_U$	1.08	2.78	4.47	6.53

酸性含磷萃取剂主要通过 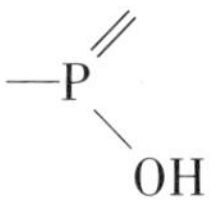 基上的—OH 基的酸式解离后与金属阳离子进行离子交换而进行，因此萃取剂的解离常数 K_a 对萃取能力影响很大，K_a 上升则萃取能力提升。如以 P_{204} 和 P_{507} 做比较，P_{204} 是 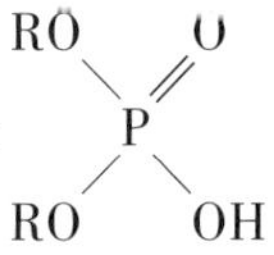 结构，P_{507} 是 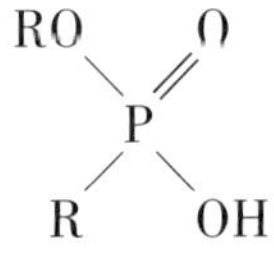 的结构，二者的 R 基均是 2-乙基己基，其差别仅是 P_{507} 以一个 R 基代替了 P_{204} 中的 RO 基，由于 O 原子的拉电子作用，—OH 基的酸性增强，因此 P_{204} 萃取稀土元素的能力强于 P_{507}。

2)结构空间效应

除了萃取剂的基团反应活性外，萃取剂的结构空间效应对萃取也有重要影响。对于中性磷萃取剂，在烷基碳原子数相同的条件下，随着支链的增加，特别是近磷原子处支链的增加，空间位阻效应增加，从而导致萃取率明显下降。对于胺类萃取剂，考虑诱导效应，有机胺的碱性应按叔、仲、伯胺的次序降低，但由于烷基数目加多以及支链化加强，空间效应增强，反而导致萃取能力减弱。因此一般情况下，按照伯、仲、叔胺的次序，萃取能力减弱。同样，直链胺的萃取能力比支链胺强。对于酸性磷萃取剂，也有类似的现象。例如，下列萃取剂中碳原子数相同或非常相近，其萃取能力主要依据支链多少而不同。

$$(n-C_8H_{17}O)_2 P{\Large\langle}{}^{O}_{OH} \quad > \quad \left[(CH_3(CH_2)_3)-C{\Large\langle}{}^{CH_2O}_{} \right]_2 P{\Large\langle}{}^{O}_{OH}$$

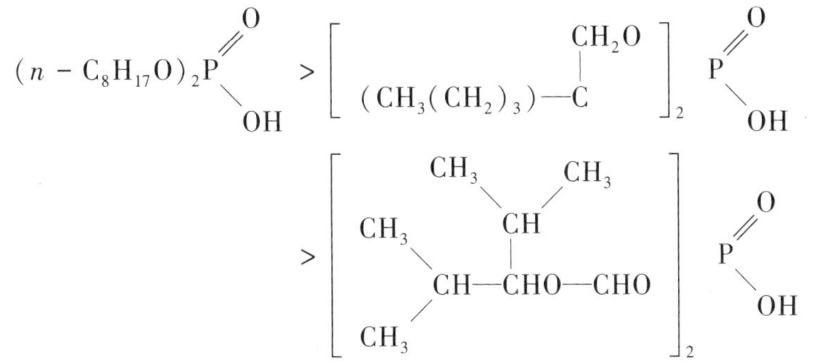

3）溶解度

萃取剂应满足较小的水溶性、较大的油溶性，以及生成的萃合物具有较大的油溶性。影响萃取剂溶解度的因素主要有萃取剂分子量和分子结构。

一般而言，对于同系物，随着分子量的增加，萃取剂的溶解度降低。常使用的萃取剂分子量不宜低于 400，但也不宜过大，否则会导致萃取剂的黏度增加，影响其在体系中的分散。有机萃取剂的溶解性能与非极性基团的结构也有很大关系，支链越多其水溶性越差，油溶性越好，如磷酸单正十二烷基酯在煤油中的溶解度仅为 2%，而磷酸单（β-己基辛基）酯由于存在支链，它在煤油中的溶解度达 25%；正十六烷基胺是油溶性很差的蜡状固体，而 β-己基壬基具有很好的油溶性。

有机相中萃取剂的浓度对萃取效率有较大的影响。当其他条件相同时，有机相中萃取剂的游离浓度随其原始浓度的增大而增大。增加有机相中萃取剂的游离浓度可以增大被萃组分的分配系数和萃取率，但会降低有机相中萃取剂的饱和度，导致增大共萃的杂质量，降低萃取选择性。当萃取剂原始浓度过大时，黏度增大，分层慢，不利于操作，易出现乳化和三相现象。选择有机相中萃取剂浓度时，需综合考虑上述影响，原则上是仅使用纯萃取剂或浓度高的有机相，以提高萃取能力和产量，也可避免有机相组成复杂化，但应考虑某些操作因素，一般需针对具体的萃取原液，通过一些基本萃取性能试验来确定。

5.4.1.2　稀释剂

多数萃取体系中，稀释剂是有机相中含量最多的组分。稀释剂的作用主要是降低有机相的密度和黏度，以改善分相性能、减少萃取剂损耗，同时可调节有机相中萃取剂的浓度，以达到较理想的萃取效率和选择性。

稀释剂除应具有较好的分相性能、价廉易得，水溶性小以及无毒、不易燃、不挥发、腐蚀性小、化学性质稳定等特性外，还应满足极性小和介电常数小的要求。稀释剂极性大时，常借氢键与萃取剂缔合，降低有机相中游离萃取剂的浓度，从而降低萃取率。稀释剂的极性可以偶极矩或介电常数来衡量。介电常数是衡量物质绝缘性的参数，其数值与物质的极性有关，真空中 $\varepsilon=1$，导体的介电常数（ε）趋于无穷大。常见的几种溶剂的介电常数列于表 5-8。

通常采用煤油作为稀释剂，其介电常数为 2~3。一般宜选用介电常数低的有机溶剂做稀释剂，以得到较高的萃取率。

表 5-8　某些有机溶剂的介电常数

有机溶剂	煤油	苯	石油	CS_2	甲苯	CCl_4	氯仿	乙醚
介电常数 ε	2.1	2.29	2~2.2	2.62	2.4	2.25	4.81	4.34

5.4.2 水相组成

5.4.2.1 水相 pH

酸性配合萃取时，在游离萃取剂浓度一定的条件下，pH 每增加一个单位，分配系数增加 10^n。萃取剂浓度恒定时的萃取率-pH 关系曲线如图 5-5、图 5-6 所示。由图中"S"曲线可知，金属离子价数愈大，曲线愈陡直，但有一最大值。当水相 pH 超过金属离子水解 pH 时，分配系数将减小。因此，酸性配合萃取时一般宜在接近金属离子水解 pH 的条件下进行，以得到较高的分配系数。酸性配合萃取过程不断析出 H^+ 离子，为了稳定操作，保持最佳萃取 pH，常将酸性萃取剂预先进行皂化，如将脂肪酸制成钠皂使用。当 pH 太低时，由于质子化作用和金属离子的存在变化而使分配系数减小。

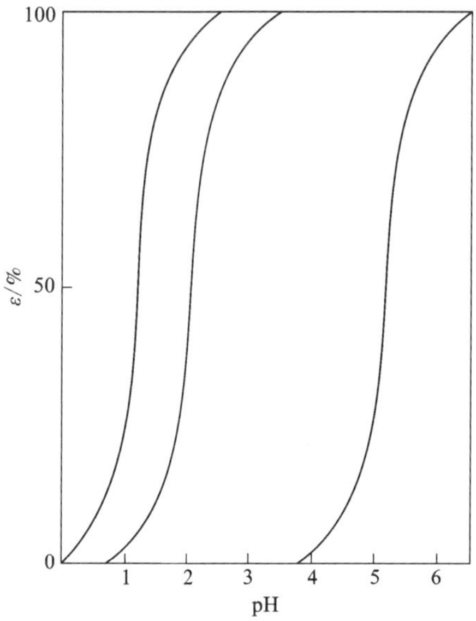

图 5-5　二价金属理论萃取曲线

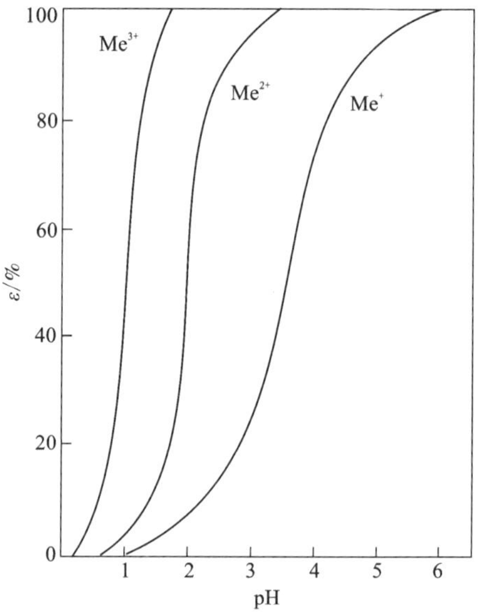

图 5-6　各种价态金属的理论萃取曲线

离子缔合萃取时，提高 H^+ 离子浓度可增大分配系数，但随着酸浓度的提高，分配系数可能出现峰值。这是由于酸本身被萃取，降低了有机相中游离萃取剂浓度，如铵盐或季铵盐萃取酸时生成所谓四离子缔合体 $R_3CH_3N^+ \cdot NO_3^- \cdot H_3O^+ \cdot NO_3^-$。因此，酸度应适当，其适宜的 pH 随萃取剂活性原子碱性的强弱而异。

中性配合萃取时，虽然中性萃合物的生成不直接取决于介质的 pH，但介质 pH 对其分配系数仍有较大的影响。

5.4.2.2 被萃组分

被萃组分在水相中的存在形态是选择萃取剂的主要依据，而且从经济方面考虑，一般是萃取低浓度组分，将高浓度组分留在萃余液中，较为经济。在浸出液中，有用组分常比杂质含量低，故常萃取有用组分。但在某些除杂作业中，有用组分含量高于杂质含量，此时可萃取杂质而将有用组分留在萃余液中。

中性配合萃取只萃取中性金属化合物。溶剂配合物的稳定性与金属离子的电荷大小成正比，而与其离子半径大小成反比。同时，离子势(z^2/r)愈大，其水化作用愈强，愈亲水。这两种作用的竞争结果决定了金属组分的分配系数。如P_{350}从硝酸盐溶液中萃取三价稀土离子的分配系数与原子序数的关系如图5-7所示。金属离子浓度对分配系数的影响如图5-8所示。中性配合萃取时的盐析作用特别明显，随金属离子浓度的增加，自盐析作用使分配系数增大；但当金属离子浓度过大时，有机相中游离萃取剂浓度下降而使分配系数减小，故图5-8的曲线出现峰值。金属离子生成不被萃取的金属阴离子或离子缔合物取决于阴离子类型和浓度，如用TBP从硝酸介质中萃铀时，阴离子的不良影响顺序为：$Cl^- < C_2O_4^{2-} < F^- < SO_4^{2-} < PO_4^{3-}$。

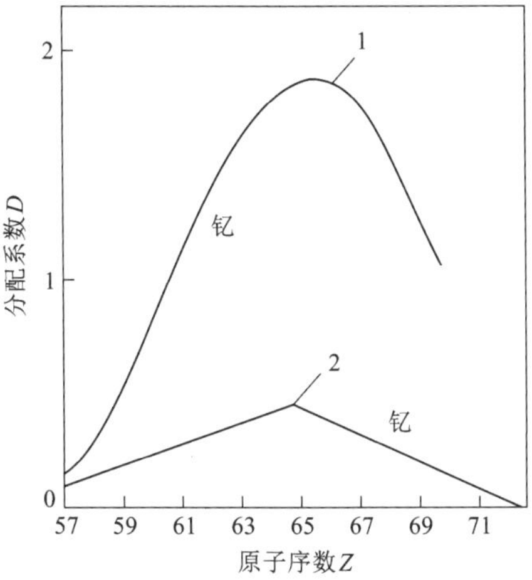

1—有6 mol/L NH_4NO_3；2—无盐析剂。

图5-7　P_{350}萃取$RE(NO_3)_3$时*D*与RE的原子序数的关系

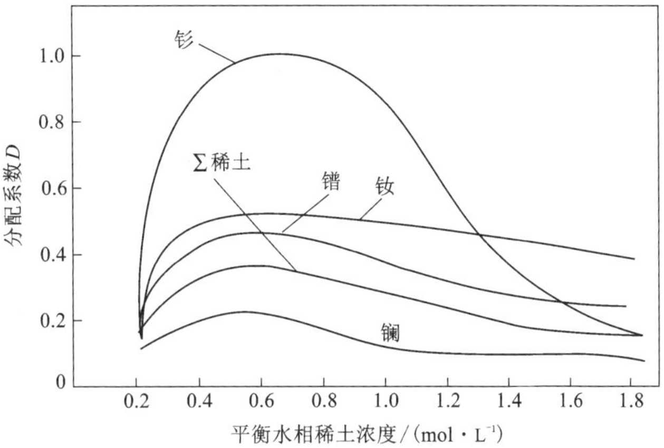

图5-8　50% P_{350}萃取$RE(NO_3)_3$时*D*与平衡水相稀土浓度的关系

酸性配合萃取只萃取金属阳离子。酸性配合萃取剂对金属阳离子的萃取能力首先决定于其萃合物的稳定常数$K_{配}$。$K_{配}$愈大则其萃合常数K也愈大。$K_{配}$与金属离子的价数和离子半径有关。对以氧原子为配位原子的酸性萃取剂而言，其与惰性气体型结构(外层电子为S^2P^6)的离子配位形成配合物时，$K_{配}$随离子价数的增大而增大，对同价离子而言，$K_{配}$随离子半径的减小而增大(此规律对非惰性气体型离子不太适用)。水相中若有其他配合剂而使金属离子以配阴离子存在，则将显著降低酸性萃取剂萃取金属离子的能力。形成的配合物愈稳定，其分配系数降低的幅度愈大。P_{204}从无机酸中萃UO_2^{2+}的能力为：$ClO_4^- < NO_3^- < Cl^- < SO_4^{2-} < PO_4^{3-}$。

离子缔合萃取只萃取金属配阴离子。金属配阴离子的亲水性愈小愈有利于萃取；鎓盐或铵盐分子的极性愈小，萃合物的亲水性愈小。理想条件下，$K_{配}$愈大，萃合常数也愈大(但实际情况要复杂得多，有时甚至出现相反情况)。增加配位体X的浓度可提高分配系数，但非配位体的其他阴离子浓度的增加会降低被萃组分的分配系数。如叔胺从硫酸盐溶液中萃铀时，铀的分配系数与其他阴离子浓度的关系如图5-9所示，其影响顺序为：$SO_4^{2-} < PO_4^{3-} < Cl^- < F^- < NO_3^-$。

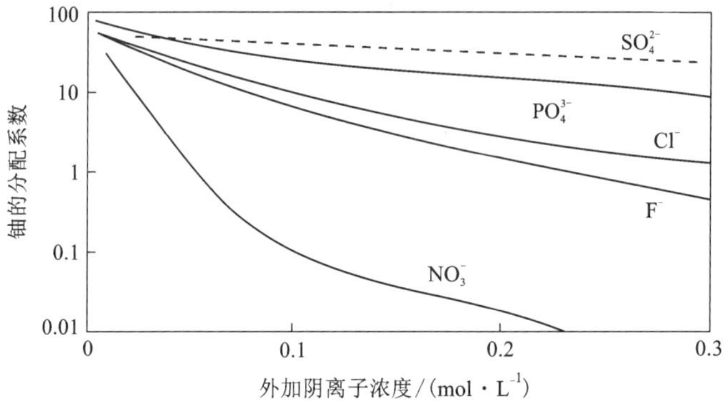

水相：$\Sigma[SO_4^{2-}]$=1 mol/L，pH=1.0。有机相：0.1 mol/L 三辛胺。

图 5-9　阴离子对胺类萃取剂萃铀的影响

其他条件相同时，水相中被萃金属离子浓度的增加，有可能降低其分配系数。这是由于有机相中萃取剂的游离浓度随被萃组分浓度的提高而下降，或是被萃组分在水相聚合以及被萃化合物在萃取剂中离解。若被萃组分在有机相中有聚合作用，且聚合体在有机相中仍有较大的溶解度，则分配系数将随金属离子浓度的增大而增大。一般而言，分配系数随金属离子浓度的增大而降低，欲达到同样的萃取率则要求更大的萃取级数。当金属离子浓度增至一定值时，则要求增大萃取剂浓度和相比，否则，易出现第三相。

5.4.2.3　盐析剂

在中性配合萃取和离子缔合萃取体系中，常使用盐析剂以提高被萃组分的分配系数。盐析剂是一种不被萃取、不与被萃取物结合，但与被萃取物有相同的阴离子而可使分配系数显著提高的无机化合物。

盐析剂的作用是多方面的：同离子效应；盐析剂离子的水化减小了自由水分子浓度，抑制了被萃组分的水化或亲水性；盐析剂还可降低水相的介电常数，增加带电质点间的作用力；可以抑制被萃组分在水相中的聚合等。这些作用皆有利于萃取过程，使被萃组分更易转入有机相中。

当盐析剂的克分子浓度相同时，阳离子的价数愈高，其盐析效应愈强。对同价阳离子而言，离子半径愈小，其盐析效益愈大。常见金属阳离子的盐析效应顺序为：$Al^{3+}>Fe^{3+}>Mg^{2+}>Ca^{2+}>Li^{+}>Na^{+}>NH_4^{+}>K^{+}$。

选用盐析剂时应考虑不污染产品、价廉易得、溶解度大等因素。中性配合萃取时，常用硝酸铵作为盐析剂，也可采用提高料液浓度的方法代替外加盐析剂。因被萃的硝酸盐本身也有盐析作用，常称为“自盐析”作用。离子缔合萃取时，盐析剂的作用主要是降低离子亲水性。当盐析剂与配阴离子有相同配位体时，也有同离子效应。

5.4.3　操作因素

5.4.3.1　温度

温度的变化对金属的分配有较大的影响。这由热力学公式可以看出：

$$\frac{\partial \ln K}{\partial T}=\frac{\Delta H^{\ominus}}{RT^2}$$

如果萃取是放热反应，即 $\Delta H^{\ominus}$ 为负，则随着温度的上升，萃取平衡常数 K 减小，同时分配系数也减小。反之，如果 $\Delta H^{\ominus}$ 为正，即吸热反应，则随着温度的上升，分配系数也增大。例如，TBP 萃取 $UO_2(NO_3)_2$ 是放热反应，所以温度上升，分配系数减小；P_{507} 萃取分离镍与钴时，随着温度上升，钴的分配系数增大，而镍的分配系数基本不变，因此钴与镍的分离系数增大。图 5-10 和图 5-11 说明了这两种情况。

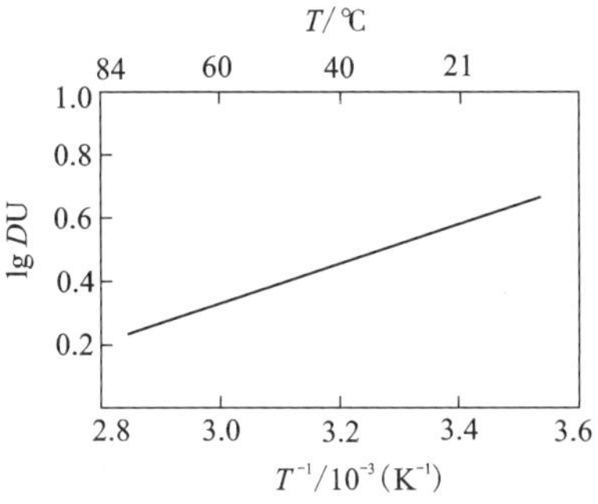

有机相：0.35 mol/L TBP。

水相：0.1 mol/L $UO_2(NO_3)_3$，1 mol/L HNO_3。

图 5-10　温度对 TBP 萃取铀的影响

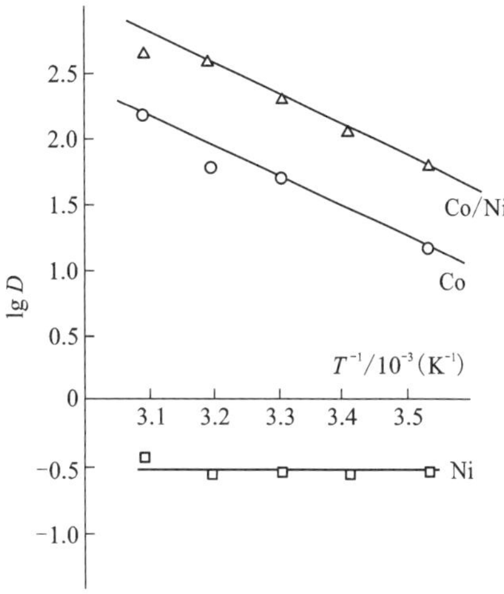

有机相：10% P_{507}。

水相：[Ni] = 10 g/L，[Co] = 1 g/L，pH = 5.2，硫酸介质。

图 5-11　温度对钴与镍分离的影响

5.4.3.2　相比

影响萃取过程的操作因素除温度外，其他某些因素如相比、搅拌强度、平衡分相时间等也有影响。比如萃取过程应适当控制搅拌混匀程度，两相接触反应时间要充足，确保萃取过程达到平衡，设法提高单级萃取效率。萃取相比也是主要操作因素之一，连续操作时，相比即为有机相和水相的流量比。当其他条件相同时，增大相比，可提高萃取率，有助于防止出现三相和乳化现象。但提高相比，会降低有机相中萃取剂的饱和度，以致降低萃取的选择性。同时，增大相比要求增大设备容积和延长生产周期，有时还会降低分配系数和增加生产成本。因此，应通过试验确定其适宜值。

例如用 D_2EHPA 从酸性溶液（平衡 pH = 6）中萃取钴时，当相比由 2/1 改变到 1/10 时，钴的分配比由 100 左右降低到 1.9 左右。

5.5 萃取工艺与设备

5.5.1 萃取流程

萃取可采用一级或多级(串级)的形式进行。多级萃取时又可根据有机相和水相的流动接触方式分为错流萃取、逆流萃取、分馏萃取和回流萃取等形式。

5.5.1.1 一级萃取

将料液与新有机相混合至萃取平衡,然后静止分层而得到萃余液和负载有机相,此为一级萃取。一级萃取的物料平衡为

$$V_A \cdot X_H = V_0 Y_K + V_A \cdot X_K$$

式中:V_0、V_A 分别为有机相和水相的体积;X_H、X_K 分别为水相中被萃取物的原始浓度和最终浓度;Y_K 为负载有机相中被萃取物的浓度。

因为

$$D = \frac{Y_K}{X_K},\ R = \frac{V_0}{V_A}$$

所以

$$DR = \frac{X_H}{X_K} - 1$$

虽然一级萃取流程简单,但萃取分离不完全,在生产中应用较少。但实验室中常用一级萃取的方法优选最佳萃取操作条件和进行萃取剂的基本性能测定,如测定萃取剂的饱和容量、对酸的萃取能力、萃取平衡时间,考察萃取剂浓度、料液 pH、金属离子浓度、相比、洗液 pH、温度等因素对分配系数、分离系数和萃取率的影响。

5.5.1.2 错流萃取

错流萃取是一份原始料液多次分别与新有机相混合接触,直至萃余液中的被萃组分含量降至要求值为止的萃取流程。每接触一次(包括混合、分层、相分离)称为一个萃取级。图 5-12 为三级错流萃取简图。由于每次皆与新有机相接触,故萃取较完全。但错流萃取的萃取剂用量大,负载有机相中被萃取物的浓度低,最后几级的分离系数低。

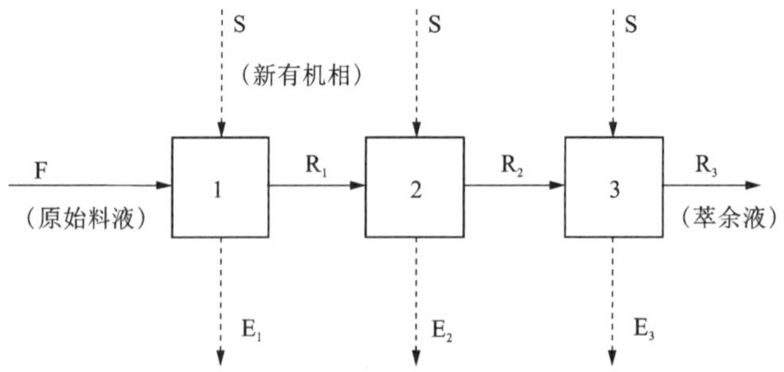

图 5-12 三级错流萃取

设 m_0 为被萃取物原始总量,m_1 为萃取后残留在水相中的被萃取物总量,$m_0 - m_1$ 为一次萃取后进入有机相中的被萃取物总量,可得

$$D=\frac{(m_0-m_1)/V_0}{m_1/V_A}=\frac{(m_0-m_1)V_A}{m_1V_0}$$

整理后得

$$\frac{m_1}{m_0}=\frac{1}{DR+1}$$

$\frac{m_1}{m_0}$为经一次萃取后留在水相中的被萃取物的质量分数，称为萃余率(φ)。若一次萃取后的萃余液进行第二次萃取，第二次萃取后留在水相中的被萃取物总量为 m_2，则

$$D=\frac{(m_1-m_2)/V_0}{m_2/V_A}=\frac{(m_1-m_2)V_A}{m_2V_0}$$

整理后得

$$\frac{m_2}{m_0}=\left(\frac{1}{DR+1}\right)^2$$

同理可得

$$\frac{m_n}{m_0}=\left(\frac{1}{DR+1}\right)^n$$

若已知单级萃取的分配系数 D、相比 R 和萃取级数 n，即可计算出经 n 级错流萃取后留在水相中的被萃取物的质量分数。反之，若已知原始料液和萃余液中被萃取物的质量、分配系数和相比，即可求得所需的萃取级数：

$$n=\frac{\lg m_0-\lg m_n}{\lg(DR+1)}$$

5.5.1.3　逆流萃取

逆流萃取为水相(料液 F)和有机相(S)分别从萃取设备的两端给入，以相向流动的方式经多次接触分层而完成萃取过程的萃取流程。图 5-13 为五级逆流萃取简图。逆流萃取可使萃取剂得到充分利用，适于分配系数和分离系数较小的物质的分离，只要适当增加级数即可达到较理想的分离效果和较高的金属回收率。但级数太多，进入有机相的杂质量也将增加，产品纯度下降。

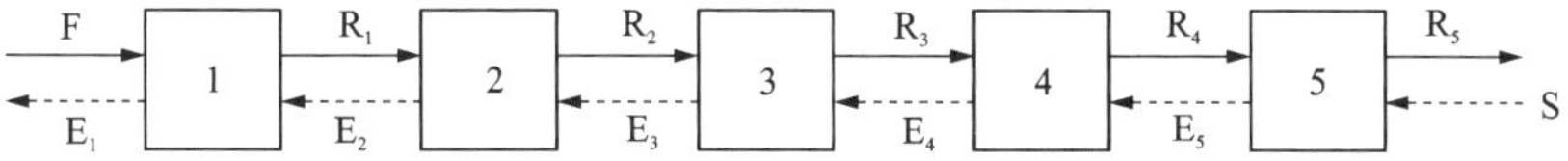

图 5-13　五级逆流萃取

逆流萃取理论级数可用计算法、图解法或模拟试验法求得。

1) 计算法

若有机相和水相互不相溶，且各级分配系数不变，则

$$D=\frac{y_1}{x_1}=\frac{y_2}{x_2}=\frac{y_3}{x_3}=\cdots=\frac{y_n}{x_n}$$

第一级被萃取物质量平衡为

$$V_A x_H + V_0 y_2 = V_A x_1 + V_0 y_1$$

$$V_A x_H + V_0 D x_2 = V_A x_1 + V_0 D x_1$$

$$x_1 = \frac{V_A x_H + V_0 D x_2}{V_A + V_0 D} = \frac{x_H + R D x_2}{1 + RD} = \frac{x_H + \mu x_2}{1+\mu} = \frac{\mu(\mu-1)x_2 + (\mu-1)x_H}{\mu^2 - 1}$$

第二级被萃取物质量平衡为

$$V_A x_1 + V_0 y_3 = V_A x_2 + V_0 y_2$$

$$V_A x_1 + V_0 D x_3 = V_A x_2 + V_0 D x_2$$

$$(1+\mu)x_2 = \mu x_3 + x_1 = \mu x_3 + \frac{\mu x_2 + x_H}{1+\mu} = \frac{\mu(\mu+1)x_3 + \mu x_2 + x_H}{\mu+1}$$

$$x_2 = \frac{\mu(\mu+1)x_3 + x_H}{\mu^2+\mu+1} = \frac{\mu(\mu^2-1)x_3 + (\mu-1)x_H}{\mu^3-1}$$

同理，对 n 级可得

$$x_n = \frac{\mu(\mu^n - 1)x_{n+1} + (\mu-1)x_H}{\mu^{n+1}-1}$$

若有机相不含被萃取物，即

$$y_{n+1} = 0,\ x_{n+1} = \frac{y_{n+1}}{D} = 0$$

则

$$x_n = \frac{(\mu-1)x_H}{\mu^{n+1}-1}$$

由于水相和有机相互不相溶，原始料液与萃余液体积相等，即

$$\frac{m_n}{m_0} = \frac{x_n}{x_H} = \varphi_0$$

所以

$$\varphi = \frac{\mu-1}{\mu^{n+1}-1} \qquad n = \frac{\lg\left(\dfrac{\mu-1}{\varphi}+1\right)}{\lg\mu} - 1$$

当 $\mu=1$ 时，上式不适用，此时可利用下式：

$$\lim_{\mu\to1}\frac{\mu-1}{\mu^{n+1}-1} = \frac{1}{(n+1)\mu^n} = \frac{1}{n+1}$$

即

$$\varphi = \frac{1}{n+1}$$

对于难萃物质，$\mu<1$，而 $\mu^{n+1} \ll 1$，可得：$\varphi = 1-\mu$。

若 μ 恒定，n 是 φ 的函数。为简化计算，可预先固定 μ 绘制对 φ 的关系曲线（见图 5-14），采用查曲线法求得 n 值。但多级萃取时，各级分配系数不同，故计算值偏差较大，只当被萃取物浓度较低时，才可大致适用。

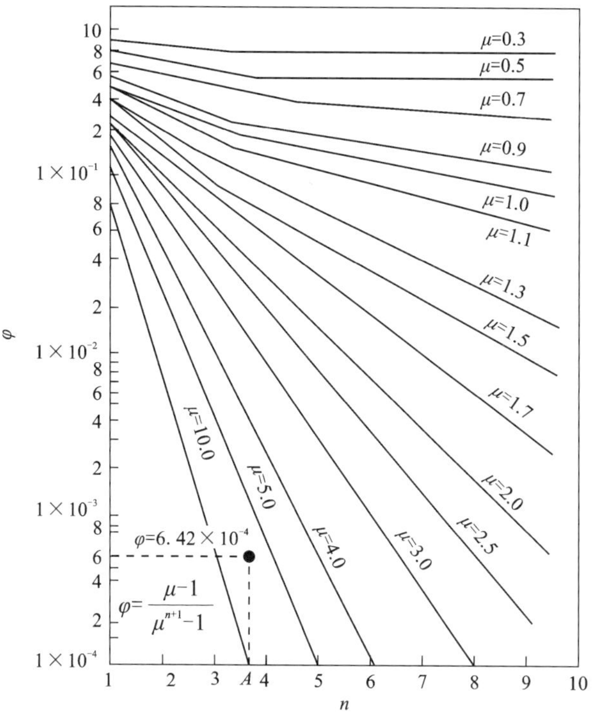

图 5-14　逆流萃取级数计算图

例：有一含 A、B 两种物质的混合液，已知 $C_A=0.1\ \text{mol/dm}^3$，$C_B=0.2\ \text{mol/dm}^3$。用错流萃取方式进行分离，在 $R=2$，$\varepsilon_A=4.5$，$\varepsilon_B=0.25$ 时，试计算经过二级萃取后，B 物质的收率和纯度为多少？

解：

(1) B 物质的收率。

从题中数据来看，由于 $\varepsilon_A>\varepsilon_B$，故 A 相对于 B 来说，A 是易萃组分，B 是难萃组分。因此，经过萃取后，在萃余液中 B 物质的残留百分量比 A 物质的多。由于 B 物质是难萃组分，故 B 物质的收率 φ_B 实际上即为它的萃余分数：

$$\varphi_B=\Phi_B=\frac{1}{(1+\varepsilon_B)^2}=\frac{1}{(1+0.25)^2}=0.64=64\%$$

(2) B 物质的纯度。

B 物质的纯度 P_B 即为萃余液中 B 物质的百分含量：

$$P_B=\frac{C_{2(B)}}{C_{2(B)}+C_{2(A)}}\times100\%=\frac{C_B\Phi_B}{C_B\Phi_B+C_A\Phi_A}\times100\%$$

式中 Φ_B 已求得，为 0.64。Φ_A 可由下式求出：

$$\Phi_A=\frac{1}{(1+\varepsilon_A)^2}=\frac{1}{(1+4.5)^2}=0.033$$

因此

$$P_A = \frac{0.2\times0.64}{0.2\times0.64+0.1\times0.033} = 0.975 = 97.5\%$$

若上题改用三级错流萃取，用上述公式进行类似的计算，可知 B 物质的纯度能提高到 99.4%，而收率却降低到 51.3%。这说明增加萃取级数，可使难萃组分纯度逐步提高，不过其收率会降低。

再看看 A 和 B 物质被萃取的情况。若采用三级错流萃取，A 物质的总萃取率：

$$E_{\%(A)} = 1-\Phi_A = 1-\frac{1}{(1+e_A)^3} = 1-\frac{1}{(1+4.5)^3} = 99.4\%$$

B 物质的总萃取率：

$$E_{\%(B)} = 1-\Phi_B = 1-\frac{1}{(1+e_B)^3} = 1-\frac{1}{(1+0.25)^3} = 48.8\%$$

从计算结果可以看出，经三级错流萃取后，虽然 A 物质 99%以上被萃入有机相，但 B 物质也有 48.7%被萃取，因而在有机相中 A 物质的纯度不高，这表明错流萃取一般只能获得一种纯度较高的产品。

错流萃取用于提纯分离系数较大的物质效果很好，一般经过 3~5 级即可获得纯度很高的物质。其缺点是：①从两种混合物中一般只能分离得到一种纯物质；②每级都需要加入一份新的有机相，有机试剂的用量大；③被提纯的物质纯度愈高，则其收率愈低。由于上述缺点，这种萃取方式在工业生产中应用不广，主要用于分析化学中。

2）图解法

当分配系数不是定值且变化较大时，不能使用计算法，一般是用图解法求得理论级数。多级逆流萃取时，各级出口浓度 x_1，y_1，x_2，$y_2\cdots x_n$，y_n 之间是两相平衡浓度的关系，某组分在两相间的分配除与其浓度有关外，还与其他组分、酸度因素有关。实际萃取过程中，各级中的这些因素均为变数。为了反映实际情况，需采用多级平衡数据，可将料液稀释成不同浓度按规定相比或不稀释而改变相比进行试验可得到 n 组互相平衡的浓度数据。若有分液漏斗模拟试验提供的平衡数据则更接近实际。根据这些平衡浓度数据可绘制平衡曲线（萃取等温线）（见图 5-15），相邻两级的两相浓度之间的关系可用物料衡算法求得，对 $l\sim m$ 级进行金属平衡：

$$V_A X_H + V_0 Y_{m+1} = V_A X_m + V_0 Y_1$$

$$Y_{m+1} = \frac{V_A}{V_0}X_m + Y_1 - \frac{V_A}{V_0}X_H = \frac{1}{R}(X_m - X_H) + Y_1$$

此方程为直线方程，它在 $X-Y$ 图上作的直线称为操作线。其斜率为相比的倒数，它通过点 $A(X_H, Y_1)$ 和点 $B(X_n, Y_{n+l})$。通常进口料液浓度 X_H，进口有机相浓度 Y_{n+1}，萃余液浓度 X_n，出口负载有机相浓度 Y_1 及相比 R 均是工艺上规定的已知条件，故可用连接 $A(X_H, Y_1)$，$B(X_n, Y_{n+l})$ 两点或通过 A 点（或 B 点）作斜率为 $1/R$ 的直线的方法作操作线。

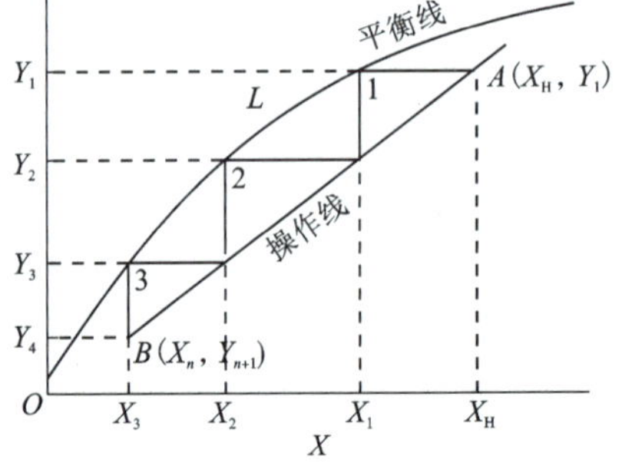

图 5-15　图解法求理论级数

有了平衡线和操作线，可用梯级法求得理论

级数，通过点 A 作横坐标平行线交于平衡线得到与 Y_1 平衡的水相浓度 X_1，作纵坐标的平行线可在操作线上得到对应的 Y_2，依次作阶梯，直至 B 点达到所要求的萃余液中的浓度 X_n 为止，所得的阶梯数即为理论萃取级数(图中为三级)。

图解法的前提是萃取体系的 pH 恒定，当 pH 变化时应用空间坐标系，此时平衡曲线为平衡曲面，操作线为操作面，上面讨论的平面坐标图仅是 pH 为某值时的一个截面。

上述求得的是每级均达平衡时的理论级数，实际操作时接近平衡而未达平衡，故平衡线和操作线均与实际有偏差，实际萃取级数应略高于理论级数。

3)模拟法

模拟法是经常采用的一种试验方法，是分液漏斗中用间歇操作模拟连续逆流多级萃取过程的试验。其目的是检验所定工艺条件是否合理、产品能否达要求，发现过程中可能出现的各种现象(如乳化、三相等)以及最终确定所需的理论级数。

五级逆流萃取分液漏斗模拟试验方案如图 5-16 所示，图中符号同前，取 5 个分液漏斗分别编成 1 号、2 号、3 号、4 号、5 号，先将料液和有机相加入 3 号，摇动混匀(摇动时间等于其平衡时间)，静置分层，水相转入 4 号，有机相转入 2 号，将新有机相加入 4 号，料液加入 2 号，摇动 2 号、4 号，静置分层，依次按方案图所示负载有机相向左移动，萃余液向右移动。随排数的增加，所得萃余液被萃组分的浓度逐渐降低直至等于 R_5 的浓度，而负载有机相中被萃组分的浓度逐渐增加直至等于 E_1 的浓度。通常当 4~5 组分萃余液的浓度保持恒定时，认为模拟系统达到了稳定，试验即可停止。实际试验时，一般出液排数为级数的 2 倍以上就可认为该萃取体系已达平衡。

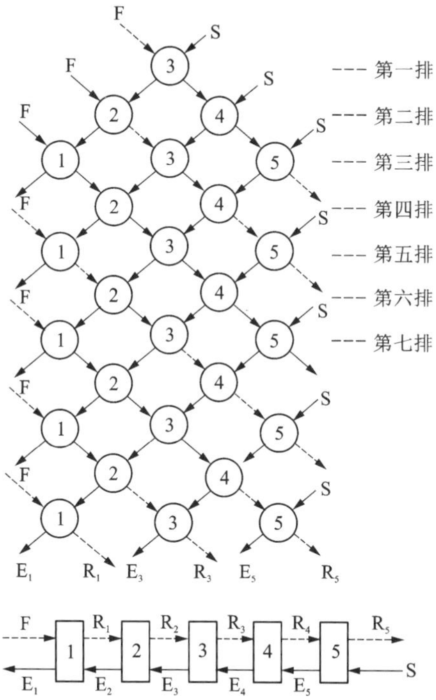

图 5-16 五级逆流萃取分液漏斗模拟试验方案

试验稳定后，对最后 5 个分液漏斗中的两相进行分析，将 x_1，y_1，x_2，y_2…各点绘于 $X-Y$ 图上可得一条实际萃取平衡线，将 x_H，y_1，x_2，y_2…各点绘于 $X-Y$ 图上可得一条实际操作线，从而可绘出系统的实际萃取平衡图。

5.5.1.4 分馏萃取

分馏萃取是加上逆流洗涤的逆流萃取(图 5-17)，又称为双溶剂萃取。此时有机相和洗涤剂分别由系统的两端给入，而料液由系统的某级给入。分馏萃取将逆流洗涤和逆流萃取结合在一起，通过逆流萃取保证较高的回收率，而通过逆流洗涤保证较高的产品品位，使回收率和品位可以同时兼顾，使分离系数小的组分得到较好的分离。此流程在实践中应用最广。

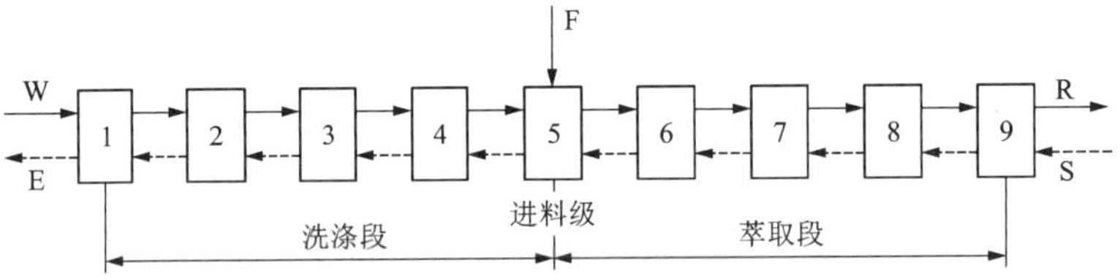

图 5-17 五级萃取四级洗涤的分馏萃取流程

分馏萃取的计算方法与精馏有相似之处，但算法复杂而不统一，一般使用模拟试验法较符合实际。图 5-18 为图 5-17 流程的分液漏斗模拟试验方案，图中 W 代表洗涤剂，其他符

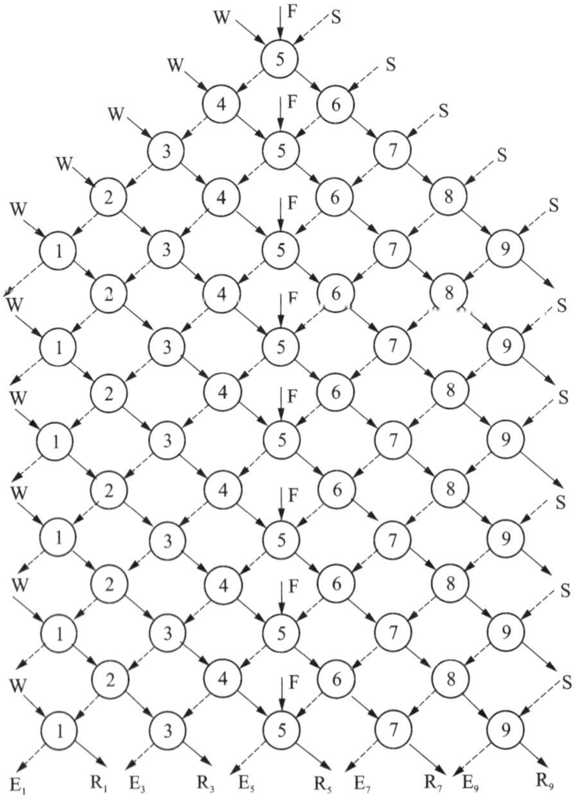

图 5-18 五级萃取四级洗涤分馏萃取模拟试验方案

号同前。取9个分液漏斗，分别编成1号、2号、3号、4号、5号、6号、7号、8号、9号，在5号加入料液、有机相和洗涤剂，摇动混匀，静置分层后，有机相转入4号，水相转入6号，在4号加入洗涤剂，6号加入新有机相，摇动4号、6号，静置分层，按图中所示顺序，水相向右移动，负载有机相向左移动，直至负载有机相E和萃余液R中的组分含量达恒定时为止，此时萃取体系达平衡。

模拟试验时分液漏斗的摇动混匀时间要足够长(一般为3~5 min)，相分离应完全。模拟试验开始后，不应以任何形式改变条件，否则应重新开始。试验所用料液、有机相组成和相比应与生产条件相同。当体系平衡后仍达不到预期的分离效果，则应调整级数，重新试验，直至获得满意结果为止。

5.5.1.5 回流萃取

回流萃取是改进的分馏萃取，其流动方式与分馏萃取相同，只是使组分回流(图5-19)。设A、B两组分分离，A为易萃组分，B为难萃组分，若萃取剂中含有一定量的B组分或洗涤剂中含有一定量的A组分，或者同时使有机相中含B组分和洗涤剂中含A组分，则分馏萃取即变为回流萃取。组分回流可以提高产品品位，提升分离效果，但产量低些。操作时萃取段水相中残留的少量A组分与有机相中的B组分交换，从而提高了水相中B组分的含量。在洗涤段，有机相中的少量杂质B可与洗涤剂中的A交换，从而提高了有机相中A的含量。图5-19中转相段的作用是使循环有机相与萃余水相接触，使其含有一定量的B组分，以使组分回流。

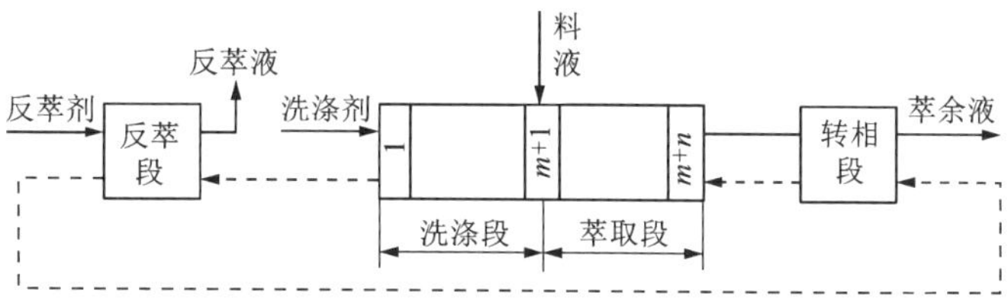

图5-19 回流萃取流程

5.5.2 溶剂处理

市售萃取剂常含有某些杂质，尤其是使用一定时间后，由于降解、聚合变质、“中毒”乳化等原因常出现相分离性质变差、萃取率下降等现象。为了使萃取过程能高效稳定地进行，常要求对溶剂进行预处理或再生，目的是除去溶剂中的某些杂质以及预先准备一种能与被萃组分相交换的离子。常用的处理方法为水洗、酸洗、碱洗、配合洗涤及蒸馏等。

如TBP为无色透明液体，含少量杂质时颜色变黄，其主要杂质为磷酸一丁酯(MBP)、磷酸二丁酯(DBP)、正丁醇、正丁醛和焦磷酸四丁酯及少量无机物等。使用过程中，辐射和水解作用可使TBP产生降解反应，产生MBP和DBP等杂质。MBP和DBP对某些杂质的萃取能力强，会污染产品，反萃也较困难，而且MBP和DBP有亲水基(—OH)，可与金属离子配合而不进入有机相，与三价和四价金属离子配合时易生成难溶化合物，易出现三相。P_{350}比TBP稳定，但循环时间长时也会产生一些降解杂质。故使用前或使用一定时间后的TBP和P_{350}均需进行处理。通常采用酸碱洗涤法处理，即以$R=1$用水洗，搅拌0.5~1 min后，用5% Na_2CO_3溶液以$R=2\sim1$搅拌1~2 min，碱洗3次，然后用去离子水洗至中性即可使用。有

时可用 $KMnO_4$ 溶液洗以除去易氧化杂质(如醇等)。为了保持萃取过程的酸度，可将已除去杂质的萃取剂与空白酸液混合萃取，使萃取剂预先为酸饱和。要求高时可用蒸馏法处理。此时，将 TBP 与 0.4% NaOH 溶液以 $R=0.2$ 放入蒸馏器中，通入水蒸气进行常压蒸馏，挥发性杂质(如丁醇等)随水蒸气逸出，MBP 和 DBP 则生成水溶性钠盐，焦磷酸酯水解溶于水中，蒸馏至馏出液体积为原始混合液体积的 1/3 时为止。提纯后的 TBP 用去离子水洗数次即可使用。如需干燥，可用真空温热的方法。

多数萃取剂在进入萃取段前需进行预处理，有的萃取剂的预处理与反萃同时进行，反萃后的有机相可直接返回萃取段。如酸性萃取剂或螯合萃取剂萃取金属要求用酸的形式时，Lix 系萃取剂反萃后可直接返回萃取段使用。用有机胺(如叔胺)萃铀时，用碳酸钠液或氯盐反萃后可直接返回使用。

有时为了保证萃取过程的 pH 恒定，要求采用盐的形式而不用酸的形式，反萃后的有机相则需附加处理，如用 P_{204} 的钠皂萃钴：

$$\overline{2(RO)_2PO(OH)}+2NaOH \xrightleftharpoons{\text{萃取}} \overline{2(RO)_2PO(ONa)}+2H_2O$$

$$\overline{[(RO)_2POO]_2Co}+H_2SO_4 \xrightleftharpoons{\text{反萃}} \overline{2(RO)_2PO(OH)}+CoSO_4$$

$$\overline{2(RO)_2PO(OH)}+2NaOH \xrightleftharpoons{\text{预处理}} \overline{2(RO)_2PO(ONa)}+2H_2O$$

将 P_{204} 转变为钠皂可使萃取时水相的 pH 不发生变化，以利于稳定萃取操作。

能萃酸的萃取剂用酸反萃时能萃取酸，当其返回萃取时将使萃取时的酸度发生变化。因此，返回前应将酸脱除，如 Kelex100 由于有碱性氮原子，与脂肪胺一样能形成酸式盐：

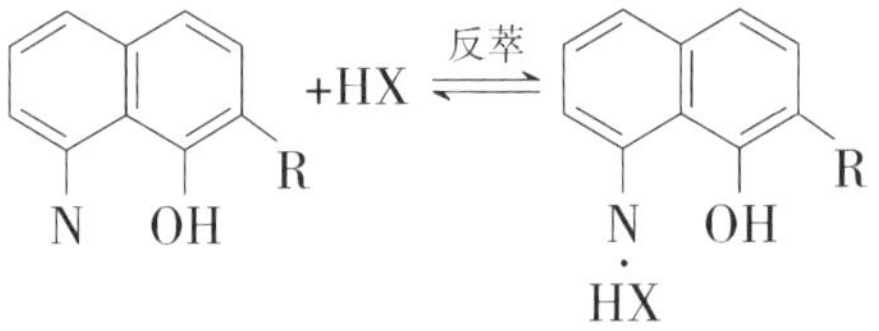

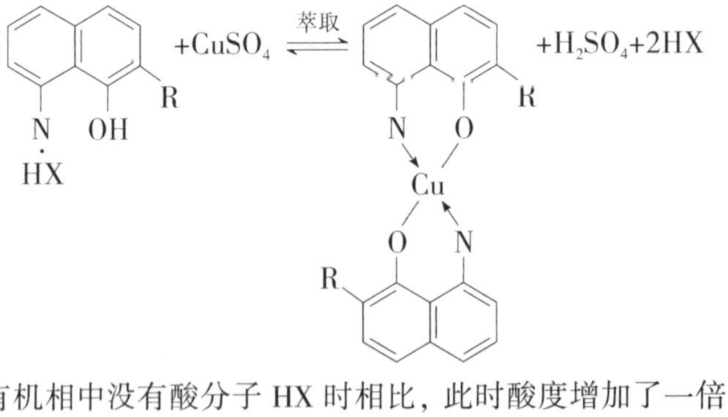

从上可知，与有机相中没有酸分子 HX 时相比，此时酸度增加了一倍，同时萃铜前需预先将酸置换出来，这将降低萃取速度。因此，反萃后应用水将有机相中的酸脱除。

有机胺萃取用硝酸盐反萃时，所得的有机胺盐也需用碱液处理，以脱除亲和力大的硝酸根。

当某些杂质在有机相产生积累且不为正常反萃剂反萃时，循环一定时间后，有机相的容量下降，严重时将出现乳化现象，此时应采取相应的试剂进行处理。如用 P_{204} 进行稀土分组时，一部分重稀土会在有机相积累，严重时会在槽内产生蜡状物，此时可用 5% NaOH 和

5%~10% Na_2CO_3 溶液按 $R=1:1.5$，在60~80 ℃条件下反萃，使其 $RE(OH)_3$、$RE_2(CO_3)_3$ 沉淀，反萃有机相水洗至中性再用0.5 mol/L 盐酸酸化，调配后即可再用；也可用草酸配合法，使稀土沉淀析出，使草酸盐进入水相，有机相水洗酸化，调配后即可再用。

5.5.3 萃取过程的乳化和三相

乳化和三相是萃取过程中常见的现象，它不仅影响萃取过程的正常进行，而且会降低萃取分离效率，增加试剂消耗及生产成本。液-液萃取的混合过程使一相分散在互不相溶的另一相内，形成不稳定的乳浊液，当外力消除后，乳浊液即聚集分相。当有机相(O)分散在水相(A)中时则形成油-水(水包油)O/A 型乳浊液，此时有机相为分散相，水相为连续相。混合时哪一相为分散相或连续相，与有机相和水相的性质及相比有关。通常比例大的一相为连续相，比例小的一相为分散相。由于澄清分层时间大致与连续相的黏度成正比，而水相的黏度比有机相小得多，故通常选用水相为连续相，有机相为分散相，以加速分层过程。

乳化是指两相混合后长期不分层或分层时间很长，形成稳定乳浊液的现象。乳化严重时，在两相界面常产生乳酪状的乳状物，非常稳定，且愈积愈多，严重影响分离效率和萃取操作。

混合时，若气体分散在液体中则会形成泡沫，可形成油包气型或水包气型泡沫。有的泡沫不稳定，澄清时即消失；但有的相当稳定，长期不消失。萃取过程中的泡沫现象系指这种稳定泡沫而言，大量的泡沫对萃取过程不利。

萃取过程正常时只存在两个液相，若在两相之间或水相底部出现第二个有机相，则认为萃取过程出现了三相。三相的形成对萃取不利。

乳浊液和泡沫在本质上皆为胶体溶液，只是分散质不同，它们的形成与物质的表面特性有关。三相的形成常与萃合物的溶解度有关。若溶液中含有亲连续相而疏分散相的表面活性物质(可为无机物或有机物)，且有一定的浓度，可在界面形成具有一定强度和密度的界面膜，则此表面活性物质可使混合时形成的不稳定乳浊液转变为稳定的乳浊液，此表面活性物质即成了乳化剂。某些有机表面活性物质(如醇、醚、酯、有机酸、无机酸酯、有机酸盐、铵盐等)和无机表面活性物质(如 Si、Ti、Zr、Fe 等的水解产物，带入的灰尘、矿粒、炭粒等)，当其亲水时，则可能形成水包油型乳浊液；当它们亲油时，则可能形成油包水型乳浊液。

除表面活性物质外，带电微粒有时也可能形成稳定的乳浊液。

某些萃取剂本身就是一种较强的乳化剂，如环烷酸、脂肪酸钠皂或铵皂为亲水表面活性物质，能形成 O/A 型乳浊液。试验表明，环烷酸用氨水皂化即成乳浊液，放置数天不分层，甚至呈胶冻状。酸性磷酸酯如 P_{204} 在强碱性溶液中也是一种较强的亲水乳化剂。中性磷型萃取剂因呈电中性，一般没有乳化能力，P_{204} 萃取时加入 TBP 可减轻乳化现象。

形成三相可能是由于生成了不同的萃合物或是萃合物的聚合作用使其在有机相中的溶解度下降或是由于萃取剂的容量小，萃合物在有机相中的溶解度有限。水相中被萃取物浓度过高时也可能产生三相。

发现乳化和三相现象时，首先应查清乳浊液类型，分析产生乳化和三相的原因，然后才能采取相应措施防止和消除乳化和三相现象。实践中可采用稀释法、染色法、电导法或滤纸润湿法鉴别乳浊液类型。前两种方法均利用乳浊液连续相可与某液滴(水或有机溶剂)混匀的原理进行鉴别。电导法是利用连续相的电导与某相电导相近的原理进行鉴别。滤纸润湿法是利用水能润湿滤纸而一般有机相不能润湿滤纸的原理进行鉴别，能润湿的为 O/A 型，否则为A/O 型。

防止乳化的关键是防止表面活性物质被带入萃取体系。因此，料液须严格过滤，以除去固体微粒或“可溶性”硅酸等有害杂质，有时可加入适当的凝聚剂；可预先用酸碱洗涤法处理有机相，以除去某些溶于酸碱的表面活性物质；可加入某些助溶剂或极性改善剂以改善有机相的物化性质。此外，还应严格控制过程的操作条件，如控制酸度以防止硅、钛、锆、铁的水解，控制搅拌强度以防止分散相的液滴过细，应避免空气进入液流中以防止形成泡沫，还应控制相比、密度差等。有时虽然采取了某些预防措施，但萃取过程仍会产生乳化现象，此时须采取破乳措施才能保证萃取操作的正常进行。一般可采用转相法或改善某些操作条件的方法破乳。转相法是使 O/A 型转为 A/O 型或相反，如增大有机相体积可使 O/A 型转为 A/O 型，此时亲连续相的乳化剂变为亲分散相，故稳定的乳浊液转变为不稳定的乳浊液。有时提高酸度、增大相比、提高温度、降低搅拌强度等对消除乳化也可起一定的作用。有时加入某些配合剂可抑制某些杂质的乳化作用（如 F^- 可抑制 Si、Zr 等），有时加入某些表面活性物质可以顶替界面起乳化作用的表面活性物质或加入某些还原剂均可起破乳作用。

5.5.4 萃取设备

萃取设备繁多，可大致分为塔式和槽式两大类，常用的为脉冲萃取塔和混合澄清槽。

(1)脉冲萃取塔。

脉冲萃取塔分脉冲填料塔和脉冲筛板塔。冶金工业用的为脉冲筛板塔，其结构如图 5-20 所示，由塔体和脉冲发生器两部分组成，塔体可用金属材料或有机玻璃等制成，一般为空心圆柱体，柱内每间隔一定高度(50~100 mm)装有与塔身相距很近的筛板，板上按一定方式钻有小孔，孔径为 3~4 mm，孔洞自由截面占 23%~26%，其作用是使两相混合，增加接触面积，阻止纵向混合；脉冲发生器(如脉冲泵等)用管道与塔体相连，产生的脉冲频率为 60 ~ 120 次/min，振幅为 10 ~ 30 mm，脉冲使塔体内液体产生往复运动，可强化两相的搅拌接触，增大分散程度和湍动作用，以提高萃取效率。操作时料液由上部给入，有机相由下部给入，两相利用密度差相向流经塔体，筛板和送入的脉冲强化了两相的接触，有利于加速化学反应和提高扩散速度。脉冲筛板塔比其他塔式设备(如填料塔、转子塔、空气搅拌塔等)的效率高，除用于清液萃取外，还可用于固体含量小于 20%~30%的矿浆萃取。

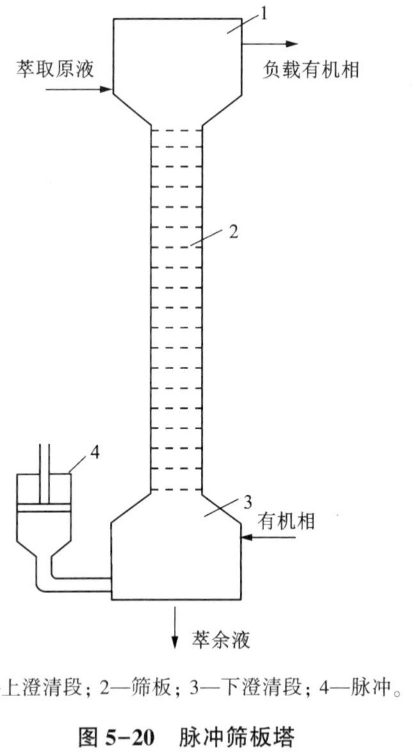

1—上澄清段；2—筛板；3—下澄清段；4—脉冲。

图 5-20 脉冲筛板塔

(2)混合澄清槽。

混合澄清槽有各种不同结构，液体的混合可采用机械搅拌和脉冲搅拌两种方法。目前冶金工业广泛使用的是机械搅拌的卧式混合澄清槽，其单级结构如图 5-21 所示，主要由混合室、澄清室和搅拌器组成。级间通过相口紧密相连，操作时两相的流动为逆流(图 5-22)。混合室中装有搅拌器，搅拌器的作用是使两相充分接触，保证级间水相和混合相的顺利输送。混合室分上、下两部分，下部为前室，它使水相连续稳定地进入混合室，前室和混合区通过前室圆孔相连，前室的一侧有水相入口与邻室的澄清室相通，借搅拌器的搅拌将邻室的水相抽吸过来。混合室的另一侧有有机相入口，它与下一级邻室的澄清室的溢流口相通，有机相靠搅拌器搅拌造成的液位差流入混合室。本级混合室与澄清室间有混合相入口，混合后的混合相由此进入澄清室进行分层。澄清室的作用是使混合相澄清分层，其一侧上部有溢流口，另一侧下部有水相出口，分别与上一级和下一级的混合室相通。因此，两相液流在同级间做顺流流动，在各级间做逆流流动。卧式混合澄清槽结构简单、紧凑，操作稳定，易维修、易制造，但占地面积大，动力消耗大。

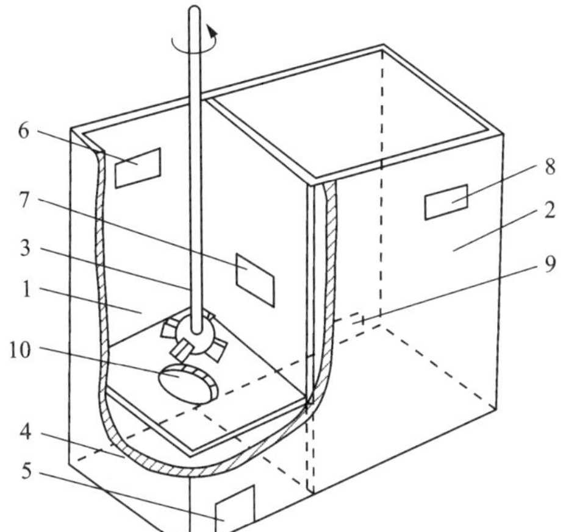

1—混合室；2—澄清室；3—搅拌器；4—前室；
5—水相入口；6—有机相入口；7—混合相入口；
8—有机相出口；9—水相出口；10—前室圆孔。

图 5-21　卧式混合澄清槽的单级结构

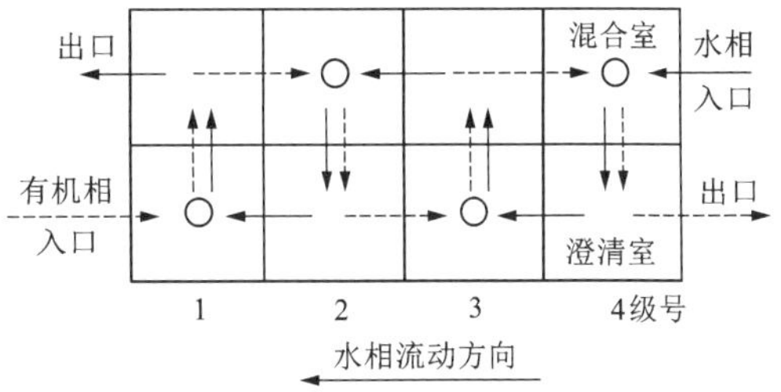

图 5-22　混合澄清槽两相流向

图 5-23 为矿浆萃取用的双孔斜底箱式混合澄清槽，与清液萃取用的混合澄清槽的区别在于澄清室内有斜底，以利于矿浆下滑进入混合室，混合室内没有假底，混合室的进料和出料通过两个相口实现，在本级混合室和澄清室间隔板下部有一矩形孔(称下相口)，其作用是进矿浆和出有机相，用插板调节大小以控制澄清室内矿浆液面高度。在级间隔板上部有一矩形孔(称上相口)，其作用是进有机

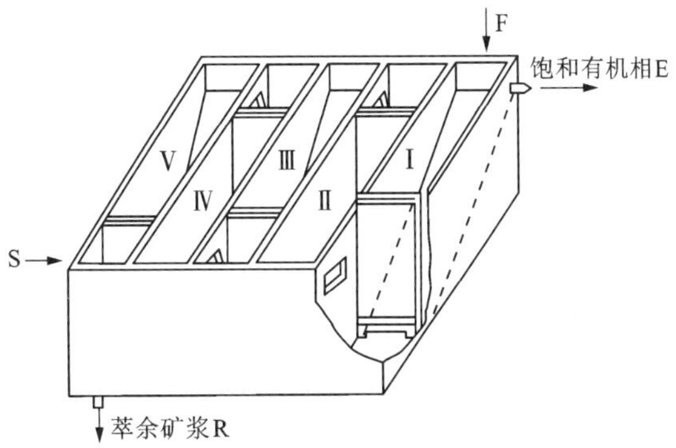

图 5-23　双孔斜底箱式混合澄清槽

相，出混合矿浆和回流有机相。萃取以强制逆流方式进行，矿浆给入第一级澄清室，沿斜底下滑至下相口，借搅拌作用进入混合室与有机相混合，混合相由上相口甩出进入第二级澄清室进行分层，以此方式完成各级萃取。萃余矿浆从末级底部排出。贫有机相从最末级加入后经过各级混合室与矿浆逆流接触，负载有机相从第一级澄清室溢流出去。该类型设备宜用于处理固体含量为20%~30%的经稀释或分级稀释后的浸出矿浆。目前矿浆萃取的主要问题是萃取剂的损失太大，几乎为清液萃取的3~4倍，改进设备结构、采用适当的乳化抑制剂、减少萃取剂在矿浆固体上的吸附损失等是矿浆萃取尚待解决的问题。

生产中常用的是箱式混合澄清槽，现讨论其计算方法。预先通过试验确定料液流量(A)、相比(R)、平衡时间(t)和澄清时间等条件。混合室主室的有效容积计算式为

$$V_m=(A+RA)t/\varphi$$

式中：V_m 为混合室主室的有效容积，L；A 为水相(料液)流量，L/min；t 为平衡时间，一般为1~3 min；φ 为容积利用系数，生产中 $\varphi=0.7\sim0.85$，实验中 $\varphi=0.65\sim0.7$。

混合室主室为长方体，截面为正方形，截面边长与高之比为1∶1.5~1∶1，混合室前室与主室之比视设备大小而异，不宜太高以减少贮液量。混合室和澄清室的高度与宽度之比一般为2∶1~3∶1。澄清室与混合室仅长度不同，其长度取决于澄清时间。澄清时间一般为平衡时间的2~6倍，故澄清室的容积一般为混合室的2~6倍。

相口是混合室与澄清室及级间连接的通道，设计时应保证液体连续逆流和操作稳定正常，流体阻力小，结构简单易于制造，并应防止液体短路和返混。混合相口有孔洞式、罩式和百叶窗式三种，位于槽体有效高度的1/2~2/3处，须高于澄清室两相界面。

确定混合澄清槽单级尺寸后，根据求得的萃取级数即可算出混合澄清槽的尺寸。

例：某萃取工段处理料液流量为6 m^3/h，试验确定 $R=1:3$，$t=5$ min，澄清时间为20 min，试确定混合室和澄清室的尺寸。

解：

$$A=\frac{6\times1000}{60}=100\ \text{L/min},\ \varphi=0.8$$

则

$$V_m=\frac{\left(100+\frac{1}{3}\times100\right)\times5}{0.8}=833.1\ \text{L}$$

若混合室边长与高之比为1∶1.3，设边长为 X，则

$$X^2\times1.3X=833,\ X^3=0.641\ m^3,\ X=0.862\ m$$

$$h=1.3X=1.1\ m$$

若前室高度为0.5 m，则总高度为1.6 m。

由于澄清时间为平衡时间的4倍，故澄清室长度为混合室长度的4倍。因此，单级尺寸为：$L\times B\times H=4.3\ m\times0.86\ m\times1.6\ m$。

若为5级，则混合澄清槽尺寸为4.3 m×4.6 m×1.6 m。这一尺寸为至混合相入口处的容积，其外形尺寸应包括各隔板厚度以及相口上方的高度。

本章习题

1. 何谓分配比、分离系数和萃取率？
2. 简述萃取等温线有哪些绘制方法。
3. 简述影响萃取过程的主要因素。
4. 简述水相平衡 pH 对金属萃取率的影响。
5. 简述错流萃取、逆流萃取的主要不同之处。
6. 萃取有机相主要包括哪些组成？各有什么作用？
7. 中性配合萃取体系和酸性萃取体系有哪些主要不同之处？
8. 如何根据图解法确定逆流萃取的理论萃取级数？
9. 简述常用的萃取设备及其特点。
10. 酸性磷型萃取剂的酸性变化有什么规律？对金属离子的萃取有何影响？

参考文献

[1] 张启修. 冶金分离科学与工程[M]. 北京：科学出版社，2004.
[2] 陆九芳，李总成，包铁竹. 分离过程化学[M]. 北京：清华大学出版社，1993.
[3] 黄礼煌. 化学选矿[M]. 北京：冶金工业出版社，1990.
[4] 徐光宪，袁承业. 稀土的溶剂萃取[M]. 北京：科学出版社，1987.
[5] 徐光宪，王文清，吴瑾光，等. 萃取化学原理[M]. 上海：上海科学技术出版社，1984.
[6] 朱屯. 萃取与离子交换[M]. 北京：冶金工业出版社，2005.
[7] 马荣骏. 溶剂萃取在湿法冶金中的应用[M]. 北京：冶金工业出版社，1979.

第6章　离子交换与吸附

6.1　概述

早在一百多年前，人们已经开始认识离子交换与吸附现象，但直到20世纪30年代，人们才首次合成具有离子交换功能的高分子材料离子交换树脂，并在第二次世界大战期间在工业上得到应用，离子交换技术由此进入快速发展阶段。近几十年来，我国在离子交换树脂的研究应用方面得到了飞速发展，离子交换技术正在我国科学技术和生产领域中发挥着巨大的作用。

离子交换吸附过程是指溶解在水溶液中的溶质离子，通过静电力的作用，与离子交换剂中的可交换离子进行等当量的离子交换，从而实现其在固液两相中的浓度发生显著变化的过程。一般，溶质离子从水相向固相转移，称为吸附；反之从固相向水相转移，称为解析(也称为淋洗、洗脱)。

目前，离子交换技术已广泛用于核燃料的前后处理工艺、稀土分离、化学分析、工业用水软化、废水净化、高纯离子交换水的制备和从稀溶液中提取和分离某些金属组分，如从浸出液中提取和分离金属组分，从铀矿坑道水、铀厂废水中回收铀，将金、银氰化废液和浮选厂尾矿水中的氰根离子和浮选药剂除去等。

离子交换技术得到如此广泛的应用，主要是由于离子交换技术具有以下优点：①吸附的选择性高。可以选择合适的离子交换树脂和操作条件，使将被处理的离子具有较高的吸附选择性，因而可以从稀溶液中把它们提取出来，或根据所带电荷性质、化合价数、电离程度的不同，将离子混合物加以分离。②适应性强。处理对象从痕量物质到工业用水，范围极其广泛，尤其适用于从大量样品中浓集微量物质。③多相操作，分离容易。由于离子交换是在固相和液相间操作，通过交换树脂后，固、液相已实现分离，故易于操作，便于维护。

吸附和淋洗是离子交换吸附过程的两个最基本的作业。一般在吸附和淋洗作业后均有洗涤作业，吸附后的洗涤是为了洗去树脂床中的吸附原液和对交换剂亲和力较小的杂质组分，淋洗后的冲洗是为了除去树脂床中的淋洗剂。有的净化工艺在淋洗和洗涤之后还有交换剂转型或再生作业。其原则流程如图6-1所示。

离子交换剂的种类较多，分类方法不一，一般是根据离子交换剂交换基团的特性进行分类(图6-2)，具有离子交换功能的材料可分为无机的和有机的两大类。无机离子交换剂是一些水合氧化物、多价金属的酸性盐、杂多酸盐、铝硅酸盐或亚铁氰化物。这些无机离子交换剂与有机离子交换树脂相比，虽然具有耐高温、耐辐射、对碱金属有较好的选择性等优点，但它们的吸附容量小，且一些物理和化学性能不够稳定，导致应用受到限制。

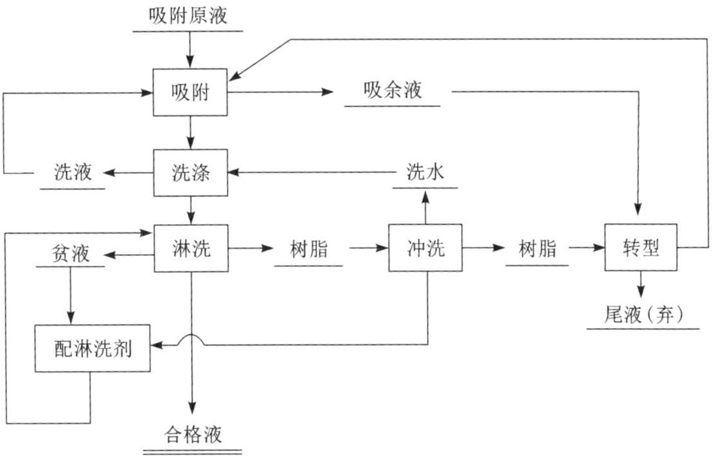

图 6-1　离子交换吸附原则流程

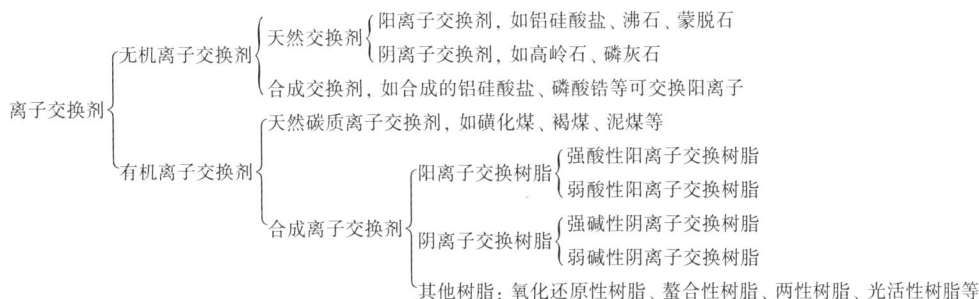

- 离子交换剂
  - 无机离子交换剂
    - 天然交换剂
      - 阳离子交换剂，如铝硅酸盐、沸石、蒙脱石
      - 阴离子交换剂，如高岭石、磷灰石
    - 合成交换剂，如合成的铝硅酸盐、磷酸锆等可交换阳离子
  - 有机离子交换剂
    - 天然碳质离子交换剂，如磺化煤、褐煤、泥煤等
    - 合成离子交换剂
      - 阳离子交换树脂
        - 强酸性阳离子交换树脂
        - 弱酸性阳离子交换树脂
      - 阴离子交换树脂
        - 强碱性阴离子交换树脂
        - 弱碱性阴离子交换树脂
      - 其他树脂：氧化还原性树脂、螯合性树脂、两性树脂、光活性树脂等

图 6-2　离子交换剂分类图

6.2　离子交换树脂

6.2.1　离子交换树脂的结构

离子交换树脂是一种具有三维多孔网状结构的高分子化合物，其单元结构由两部分组成。一部分是不溶性的三维空间网状骨架，如由苯乙烯和二乙烯苯聚合而成的骨架，其中二乙烯苯称为交联剂，它的作用是使骨架部分具有三维结构，增加骨架强度。交联剂在骨架中的质量分数称为交联度，一般为 7% ~ 12%。另一部分是连接在骨架上的交换基团(如—SO_3H)。交换基团可分为两部分：一是固定在骨架上的荷电基团(如—SO_3^-)，二是带相反电荷的可交换离子(如 H^+)。可交换离子可与溶液中的同符号离子进行交换。目前工业上使用的离子交换树脂多数以苯乙烯为骨架。

树脂中网状结构的网眼可允许离子自由出入，交换基团则均匀地分布于网状结构中。根据交换基团的性质可将交换树脂分为阳离子交换树脂和阴离子交换树脂。阳离子交换树脂在水溶液中可不同程度地解离出 H^+，故其能与溶液中的阳离子进行交换。据其交换基团酸性的强弱，又可分为强酸性阳离子交换树脂(如 R—SO_3H 型)和弱酸性阳离子交换树脂(如 R—COOH 型)。

阴离子交换树脂的交换基团为碱性基团，通常为一些有机胺，可进行阴离子交换。据交换基团的碱性强弱又可分为强碱性阴离子交换树脂和弱碱性阴离子交换树脂。此外，还有一些特殊用途的交换树脂(如两性树脂、氧化还原性树脂、螯合性树脂等)。凡具有物理孔结构的交换树脂称为大孔型树脂，否则为凝胶型树脂。除球形交换树脂外，还可制成其他形状的交换树脂(如膜、丝、棒、管、片、带、泡沫等形状)；除固体交换剂外，还有液体离子交换剂。

国产树脂的名称代号已标准化，全名由分类名称、骨架(或基团)名称、基本名称排列组成。基本名称为离子交换树脂，型号用阿拉伯数字表示，从左至右第一位数为分类代号，表示分类名称，第二位数为骨架代号，表示骨架名称(表 6-1)，第三位数为生产顺序号，第四位数为连接符号，第五位数为凝胶型离子交换树脂的交联度数值。若为大孔型离子交换树脂则开头另加“D”字(图 6-3)。国产树脂旧型号用三位数表示，统以“7”开头，第二位数为类型，如“0”为弱碱性、“1”为强碱性、“2”为弱酸性、“3”为强酸性，第三位数为顺序号。

表 6-1 国产树脂型号第一位数和第二位数的意义

第一位数		第二位数	
分类代号	分类名称	骨架代号	骨架名称
0	强酸性	0	苯乙烯系
1	弱酸性	1	丙烯酸系
2	强碱性	2	酚醛系
3	弱碱性	3	环氧系
4	螯合性	4	乙烯吡啶系
5	两性	5	脲醛系
6	氧化还原性	6	氯乙烯系

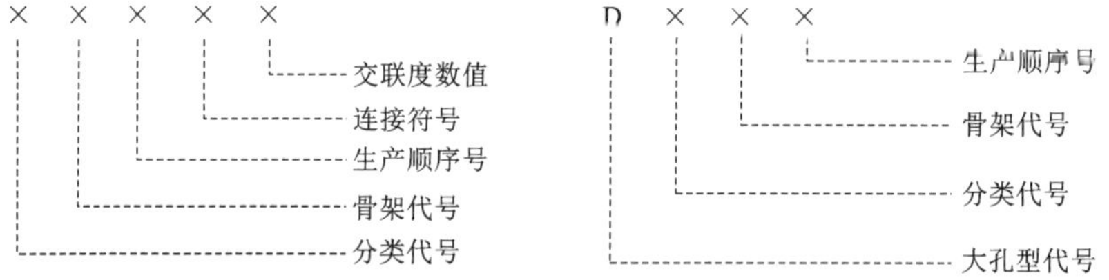

凝胶型离子交换树脂　　大孔型离子交换树脂

图 6-3 离子交换树脂型号图解

6.2.2 离子交换树脂的种类

离子交换树脂种类繁多，分类方法也有好几种：按树脂的物理结构可分为凝胶型、大孔型和载体型；按合成树脂所用原料单体可分为苯乙烯系、丙烯酸系、酚醛系、环氧系、乙烯吡啶系；按用途分类时，依对树脂的纯度、粒度、密度等的不同要求，可将其分为工业级、食品级、分析级、核等级、床层专用、混合床专用等几类。

最常用的方法是依据树脂交换基团的类别进行分类，具体分类如下。

1）强酸性阳离子交换树脂

这是指交换基团为磺酸基—SO_3H 的一类树脂。它的酸性相当于硫酸、盐酸等无机酸，在碱性、中性乃至酸性介质中都有离子交换功能。

以苯乙烯和二乙烯苯共聚体为基础的磺酸型树脂是最常用的强酸性阳离子交换树脂。在生产这类树脂时，使主要单体苯乙烯与交联剂二乙烯苯共聚合，得到的球状基体称为白球。白球用浓硫酸或发烟硫酸磺化，在苯环上引入一个磺酸基。此时树脂的结构为

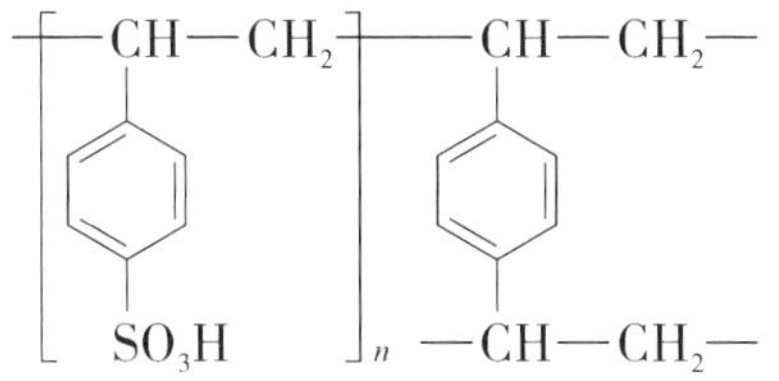

磺化后的树脂为 H^+ 型，为方便贮存和运输，往往将其转化为 Na^+ 型。

2）弱酸性阳离子交换树脂

这种树脂含羧酸基的较多，母体有芳香族和脂肪族两类。用二乙烯苯交联的聚甲基丙烯酸可以作为一个代表：

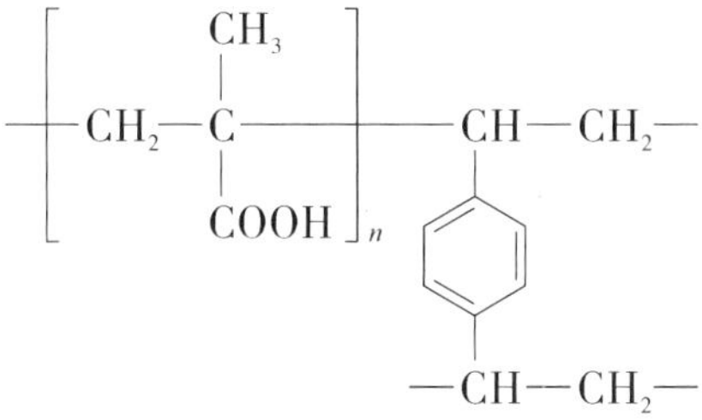

聚合单体除甲基丙烯酸外，也常用丙烯酸。

含磷酸基—PO_3H_2 的树脂，酸性稍强，称为中酸性树脂。磷酸基树脂的离解常数为 $10^{-4}\sim10^{-3}$ 数量级，而羧酸基树脂的离解常数多为 $10^{-7}\sim10^{-5}$ 数量级。磷酸基树脂往往是交联聚苯乙烯用三氯化磷在 $AlCl_3$ 催化下与之反应，然后经碱解和硝酸氧化而得到。酚醛型树脂也属于弱酸性阳离子交换树脂，如：

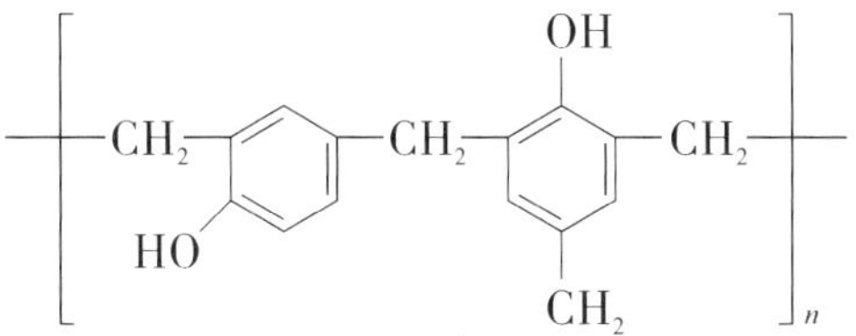

3）强碱性阴离子交换树脂

这种树脂的交换基团为季铵基，其骨架多为交联聚苯乙烯。当有博氏催化剂，如 $ZnCl_2$、$AlCl_3$、$SnCl_4$ 等存在时，骨架上的苯环将与氯甲醚进行氯甲基化反应，再与不同的胺类进行季铵化反应。季铵化试剂有两种，使用第一种季铵化试剂（三甲胺）可得到 Ⅰ 型强碱性阴离子交换树脂：

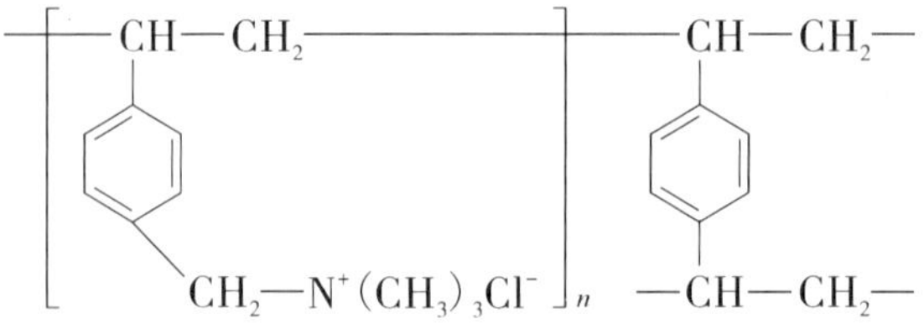

Ⅰ型树脂碱性甚强，即对 OH^- 的亲和力很弱。当用 NaOH 使树脂再生时，效率较低。为了略微降低其碱性，使用第二种季铵化试剂(二甲基乙醇胺)，可得到Ⅱ型强碱性阴离子交换树脂，其结构为

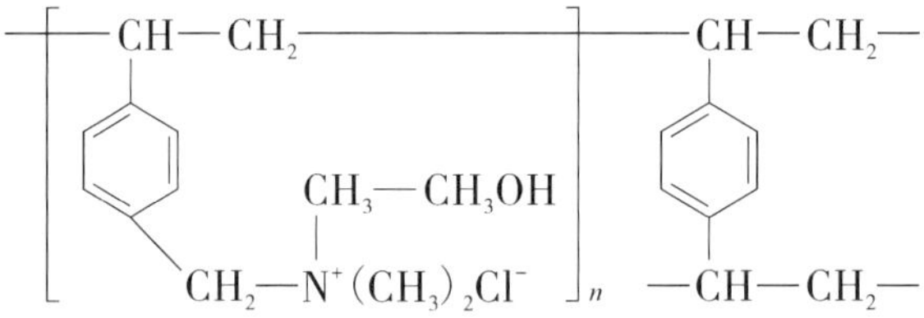

Ⅱ型树脂的耐氧化性和热稳定性较Ⅰ型树脂略差。

4)弱碱性阴离子交换树脂

这是一些含有伯胺—NH_2、仲胺—NRH 或叔胺—NR_2 交换基团的树脂，基本骨架也是交联聚苯乙烯。经过氯甲基化后，用不同的季胺化试剂处理。弱碱性阴离子交换树脂与六次甲基四胺反应可得伯胺树脂，与伯胺反应可得仲胺树脂，与仲胺反应可得叔胺树脂。叔胺型结构如下

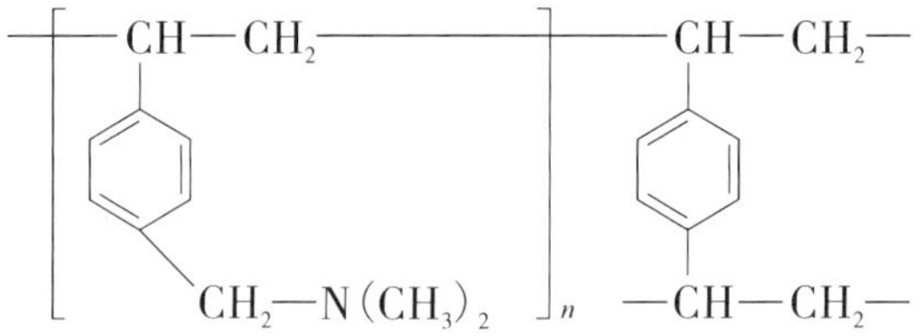

弱碱性树脂的种类较多，这类树脂的离解能力较弱，只能在低 pH(如 pH 为 1~9)环境下工作，可以用 Na_2CO_3、NH_4OH 等进行再生。

5)螯合性树脂

其交换基团为胺羧基—$N(CH_2COOH)_2$，能与金属离子生成六环螯合物。其结构如下：

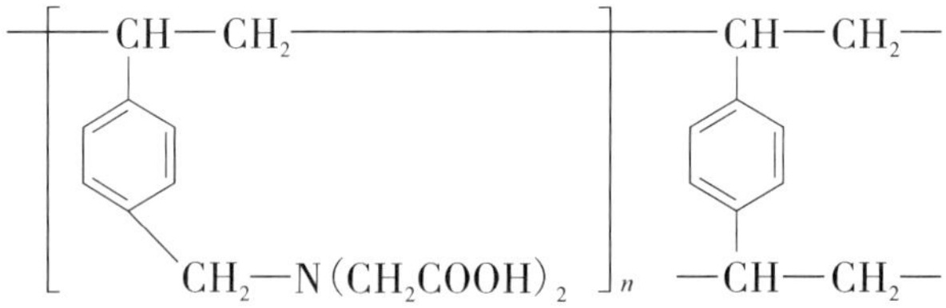

6)氧化还原性树脂

其交换基团具有氧化还原能力，如硫醇基—CH_2SH、对苯二酚基等。

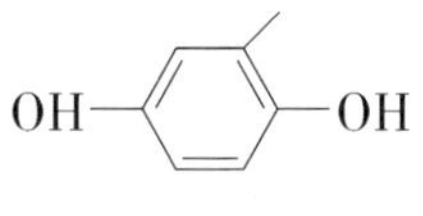

7)两性树脂

两性树脂同时具有阴离子交换基团和阳离子交换基团。例如同时含有强碱基团—$N(CH_3)_3^+$ 和弱酸基团—COOH 或同时含有弱碱基团—NH_2 和弱酸基团—COOH 的树脂。

还有一些具有特殊功能或特殊用途的树脂。如热再生树脂、光活性树脂、生物活性树脂、闪烁树脂、磁性树脂等。

表 6-2 为离子交换树脂形态、分类、全名称、结构与型号对照表。表 6-3 为国产离子交换树脂新旧型号对照表。

表 6-2　离子交换树脂形态、分类、全名称、结构与型号对照表

形态	分类	全名称	结构	型号
凝胶型	强酸性	强酸性苯乙烯系阳离子交换树脂	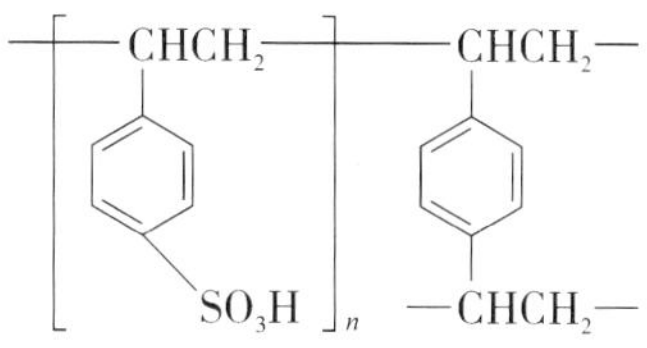	001
	弱酸性	弱酸性丙烯酸系阳离子交换树脂	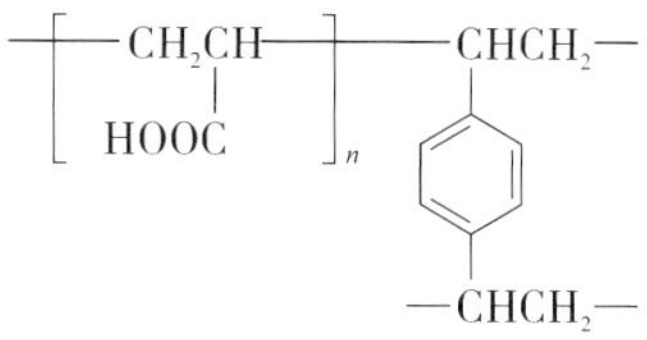	111
			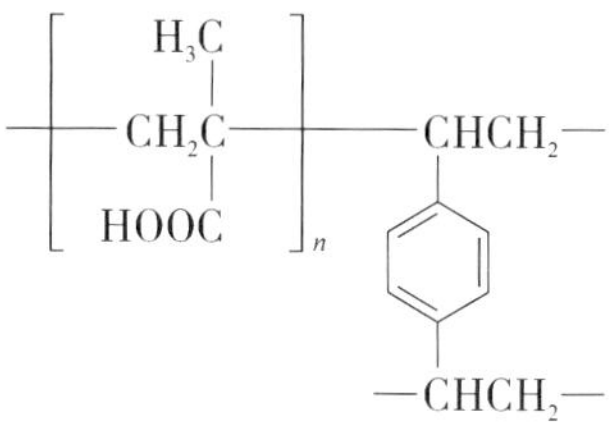	112
		弱酸性酚醛系阳离子交换树脂	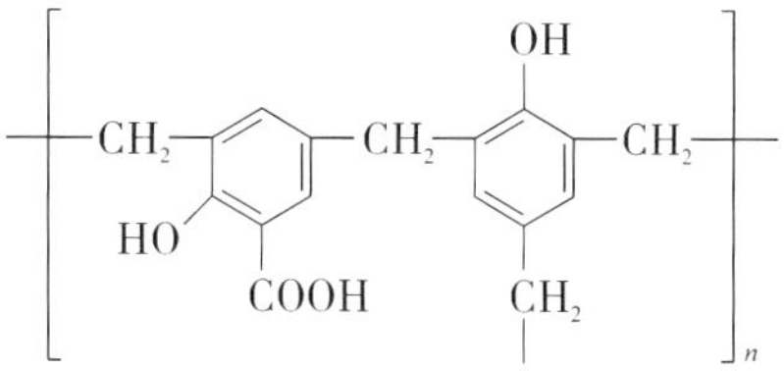	122
	强碱性	强碱性季铵Ⅰ型阴离子交换树脂	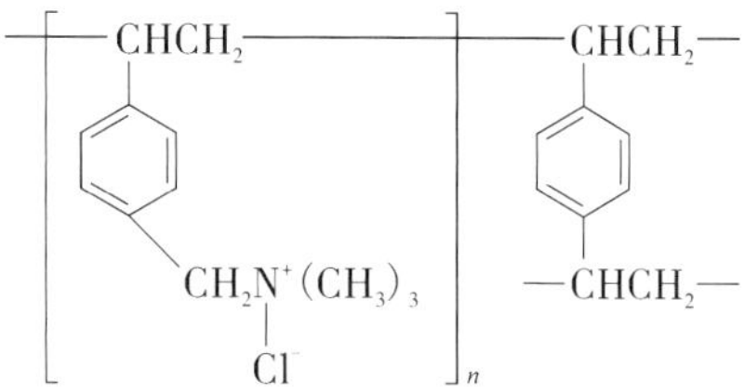	201

续表6-2

形态	分类	全名称	结构	型号
凝胶型	弱碱性	弱碱性苯乙烯系阴离子交换树脂	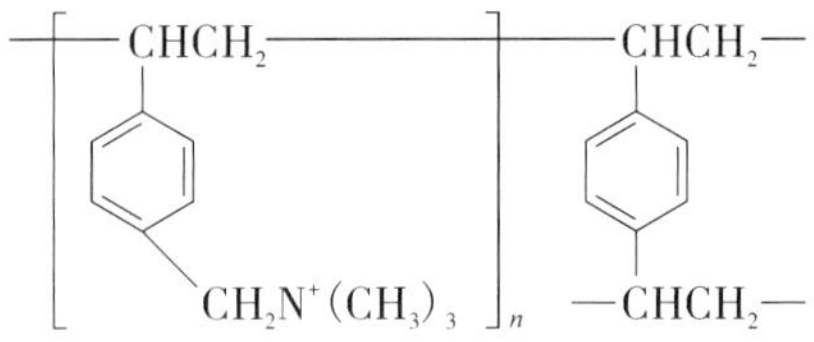	301
			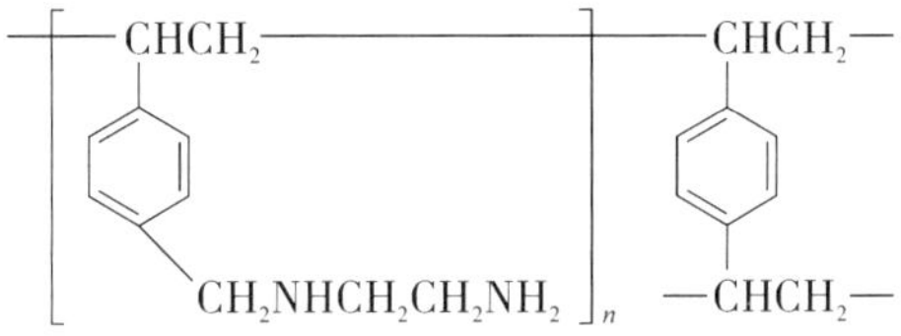	303
		弱碱性环氧系阴离子交换树脂	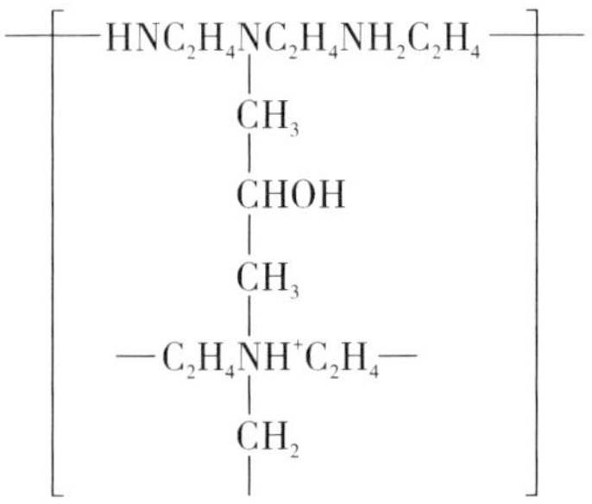	331
	螯合性	螯合性胺羧基离子交换树脂	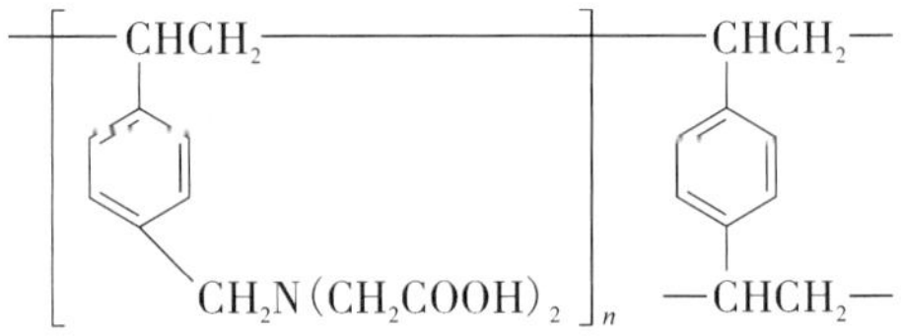	401
大孔型	强酸性	大孔强酸性苯乙烯系阳离子交换树脂	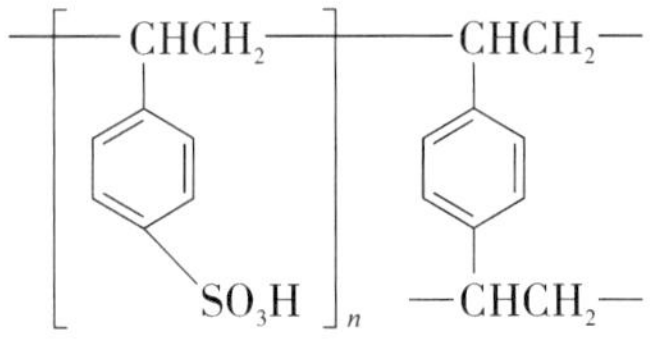	D001
	弱酸性	大孔弱酸性丙烯酸系阳离子交换树脂	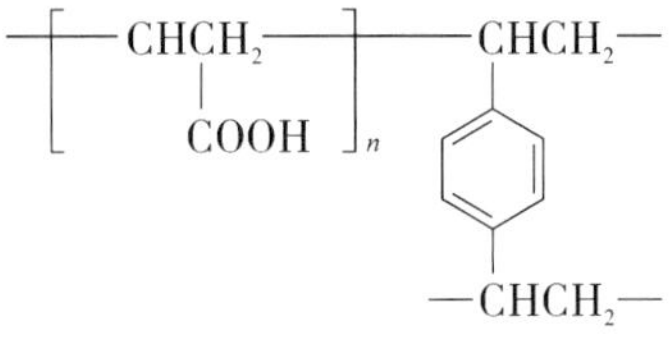	D111

续表6-2

形态	分类	全名称	结构	型号
大孔型	强碱性	大孔强碱性季铵Ⅰ型阴离子交换树脂	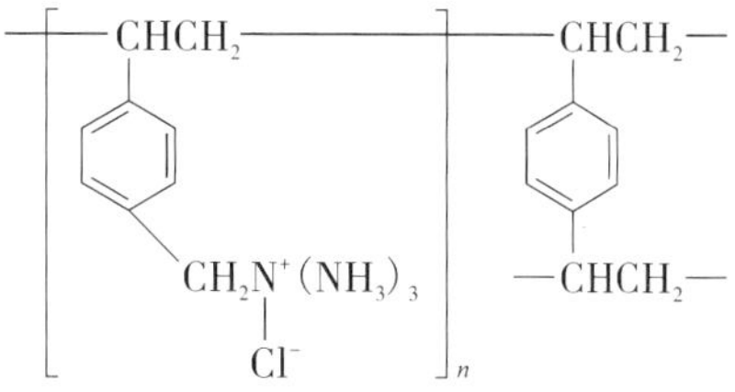	D201
		大孔强碱性季铵Ⅱ型阴离子交换树脂	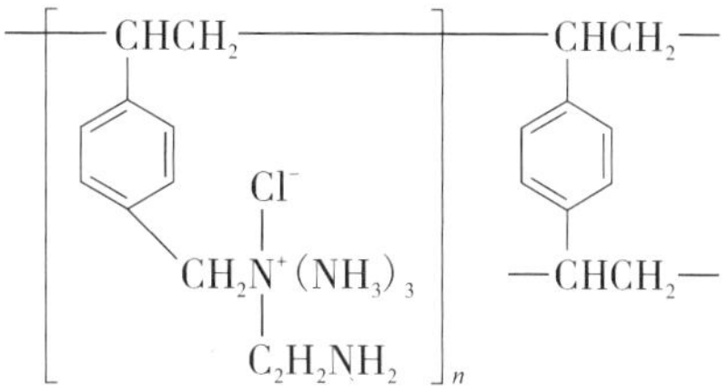	D202
	弱碱性	大孔弱碱性苯乙烯系阴离子交换树脂	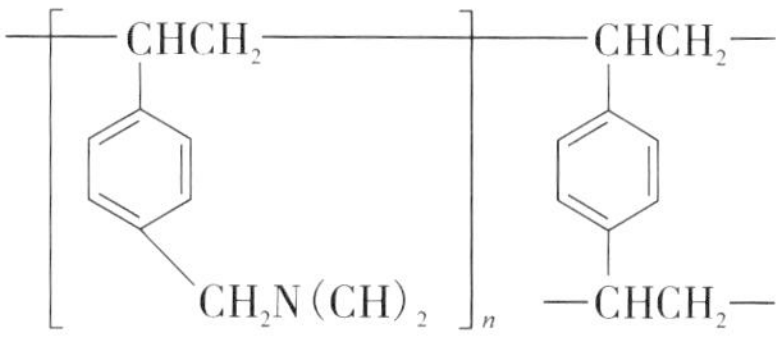	D301
			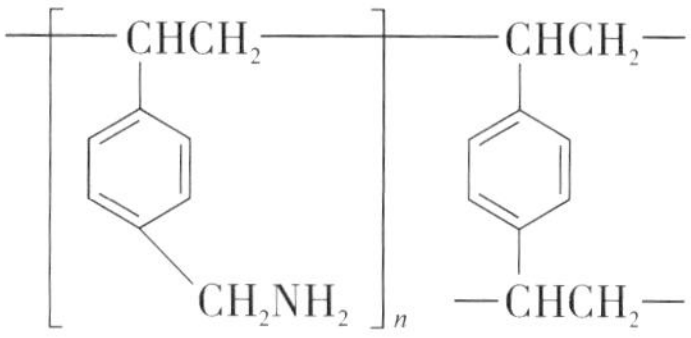	D302
		大孔弱碱性丙烯酸系阴离子交换树脂	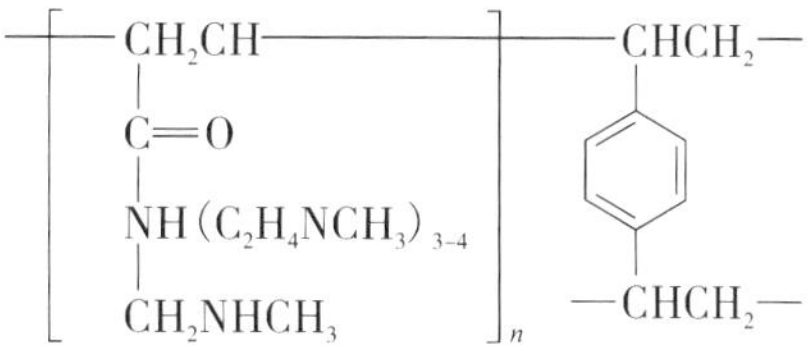	D311

表 6-3　国产离子交换树脂新旧型号对照表

全名称	型号	曾用型号名称
强酸性苯乙烯系阳离子交换树脂	001×7	732(颗粒直径 0.3~1.2 mm) 强酸 1 号(颗粒直径 0.3~1.2 mm) 010(颗粒直径 0.3~1.2 mm) 732-2(颗粒直径 0.6~0.8 mm) 粉末树脂 强酸 2 号(颗粒直径 10~36 目) 强酸 3 号(颗粒直径 50~100 目) 强酸 4 号(颗粒直径 100~200 目)

续表6-3

全名称	型号	曾用型号名称
强酸性苯乙烯系阳离子交换树脂	001×8	粉末树脂(颗粒直径 100~200 目)
	001×11	大密度树脂
	001×2	735
	001×4	734
	001×13	1×127
弱酸性丙烯酸系阳离子交换树脂	111	110
	112×1	724
	112×4	101
	122	122
强碱性季铵Ⅰ型阴离子交换树脂	201×7	717(颗粒直径 0.3~1.2 mm) 粉末树脂(颗粒直径 0.1~0.07 mm) 强碱 201 号(颗粒直径 0.3~1.2 mm) 214(颗粒直径 0.3~1.2 mm) 707(颗粒直径 0.3~1.2 mm) 717-2(颗粒直径 0.6~0.8 mm) 强酸 2 号(颗粒直径 10~36 目) 强酸 4 号(颗粒直径 100~200 目) 大颗粒离子交换树脂
	201×2	714
	201×4	711
	201×8	粉末树脂(颗粒直径 100~200 目)
弱碱性苯乙烯系阴离子交换树脂	301	351
	303×2	704
弱碱性环氧系阴离子交换树脂	331	330 701
螯合性胺羧基离子交换树脂	401	亚氨基二乙酸树脂
大孔强酸性苯乙烯系阳离子交换树脂	D001	61 号, D61, D31, D51, D001, CC72, D031, D032, D033, D511, D512
大孔弱酸性丙烯酸系阳离子交换树脂	D111	151, D151, D152, 725, D180, 111
大孔强碱性季铵Ⅰ型阴离子交换树脂	D201	DK251, D290, D296, D261, D254, 290, D231, D233, D234, D235

续表6-3

全名称	型号	曾用型号名称
大孔强碱性季铵Ⅱ型阴离子交换树脂	D202	763，D262，D252， Ⅱ型多孔树脂
大孔弱碱性苯乙烯系阴离子交换树脂	D301	D351，D390，D396，D301A，D301B D354，多孔弱碱树脂，710A，710B，750B
	D302	390，大孔 720B
大孔弱碱性丙烯酸系阴离子交换树脂	D311	702，703

6.2.3　离子交换树脂性能

6.2.3.1　物理性能

1）粒度

离子交换树脂一般都做成球状，直径为 0.3~1.2 mm。树脂颗粒的直径呈连续分布，一般用有效粒径和均一系数来描述，有效粒径是指在筛分树脂时，10%体积的树脂颗粒通过，而 90%体积的树脂颗粒保留的筛孔直径。例如树脂的有效粒径≥ 0.45 mm，表示最多允许 10%体积的树脂颗粒直径小于 0.45 mm。均一系数是能通过 60%体积树脂的筛孔直径与能通过 10%体积树脂的筛孔直径之比。显然，这个分数总是大于 1。均一系数越接近 1，表明树脂颗粒越均匀。

选用树脂的粒度由使用目的而定。大颗粒树脂的通透性较好，但交换速度慢。小颗粒树脂交换速度快，但床层压差大。粒度均匀的树脂交换速度一致，往往能得到比不均匀的树脂更好的分离效率。

2）密度

树脂密度影响交换作业的操作条件和生产率，可用湿视密度、湿真密度和干树脂的真密度表示，常用的为湿视密度和湿真密度。湿视密度是树脂在水中充分吸水膨胀后的表观密度，等于湿树脂重量与其堆积体积之比，一般为 0.6~0.9。凝胶树脂的湿真密度是树脂在水中充分膨胀后树脂本身的真密度，等于湿树脂重量与树脂本身的体积（包括颗粒内部结构孔隙）之比，一般为 $1.03\times10^3 \sim 1.4\times10^3\ kg/m^3$。通常阳离子树脂的密度较阴离子树脂大些。大孔型树脂的真密度为大孔树脂骨架本身的密度，不包括颗粒内部的结构孔隙。

已知树脂的湿视密度和湿真密度即可计算树脂颗粒间的孔隙率或空隙容积：

$$孔隙率(\%)=\left(1-\frac{D_a}{D_W}\right)\times100\%$$

式中：D_a 为树脂的湿视密度；D_W 为树脂的湿真密度。

离子交换树脂的内部孔的容积一般为百分之几十（单位为 mL/mL 或 mL/g），凝胶型树脂的比表面小于 1 m^2/g，大孔型树脂的比表面则为几 m^2/g 至几十 m^2/g。

有时也可用树脂在某一密度溶液中的漂浮率表示其密度，如在 10%食盐溶液（$\rho=1.1\times10^3\ kg/m^3$）中的漂浮率小于 0.5%等。

3) 含水量

所谓含水量是指将树脂颗粒放在水中，使其吸收水分达到平衡，然后用离心法在规定的转速和时间内除去外部水分，得到含平衡水的湿树脂，然后在 105 ℃烘干，比较烘干前、后的重量，即得到平衡水含量占湿树脂的质量分数。

含水量是一定类型树脂的固有性质，与树脂的类别、结构、酸碱性、交联度、交换容量、离子形态等因素有关。离子交换树脂是由亲水高分子构成的，含水量取决于亲水基因的多少及树脂孔隙的大小。有物理孔的大孔树脂含水量比凝胶树脂高。比如大孔的 Amberlite IRA-938 强碱树脂(氢氧型)含水量可达 80%，而同类的凝胶树脂含水量为 56%。表 6-4 是国产常用树脂的含水量，表中大孔型树脂含水量变化范围较大，是孔度大小不同造成的。

交联度对含水量影响很大，特别是对凝胶型树脂的影响很大。交联度提高，一方面使引入的基团减少，另一方面使树脂孔隙度减小，这都使得含水量降低。001 强酸性树脂含水量与交联度的关系甚至可以用来测定交联度的大小(表 6-5)。

表 6-4　国产常用树脂的含水量

树脂牌号	离子形态	含水量/%
001×7	H^+	55±2
001×7	Na^+	49±2
001×10	H^+	48±2
001×10	Na^+	43±2
D001×16	H^+	53±2
D111	H^+	47±2
D113	H^+	49±2
201×4	OH^-	65±2
201×7	OH^-	56±2
201×7	Cl^-	46±2
D301	OH^-	55±2

表 6-5　交联度对 001 强酸性树脂含水量的影响(氢型树脂、离心法测定)

交联度/%	7	10	12	14.5
含水量/%	55.75	48.21	44.19	40.22

树脂在使用中，因链断裂、孔结构变化、污染、基团降解或脱落等现象，会使含水量发生变化。强酸性阳离子树脂由氧化造成的链断裂会使含水量上升；而阴离子树脂使用过程中发生的问题主要是基团降解、脱落或被有机物污染，常常使含水量下降，所以含水量的变比也反映了树脂内在质量的变化。

4) 膨胀度

树脂在水或其他溶剂中，由于部分结构的溶剂化会发生体积膨胀，而体积膨胀会使交联网络产生一种张力，把溶剂排挤出去。当溶剂化造成的使树脂膨胀的力与交联网络的抵抗力平衡时，树脂就不再膨胀了。

干燥的树脂接触溶剂后的体积变化称为绝对膨胀度。湿树脂从一种离子形态转变为另一种离子形态时的体积变化称为相对膨胀度或转型膨胀度。

树脂的膨胀度首先同交联度有关。交联度增大，膨胀度减少。另外，交联剂分子长度、大分子链的结构和互相缠绕的程度也对膨胀度有影响。

交换基团的数量和离子类型在很大程度上影响了膨胀度。不同离子的水化能力往往存在差异，水化能力与离子势相关，即裸半径小而电荷数大的离子水化能力强。各种阳离子对强酸性阳离子树脂膨胀度的影响顺序为

$$H^+ > Li^+ > Na^+ > Mg^{2+} > Ca^{2+} > NH_4^+ \approx K^+$$

各种阴离子对强碱性阴离子树脂膨胀度的影响顺序为

$$OH^- > HCO_3^- > SO_4^{2-} > Cr_2O_7^{2-}$$

在树脂转型时，水化能力强的离子会使树脂的体积变大。若以体积变化率表示膨胀度，几种常用树脂的转型膨胀度的参考指标见表 6-6。

大孔型树脂是凝胶树脂中具有孔结构的树脂。凝胶部分的膨胀在很大程度上被孔的部分“吸收”了，从视体积看，它的膨胀度比凝胶树脂小得多。弱酸性和弱碱性树脂的转型膨胀度大是由于弱电解质变成强电解质，水化水大量增加导致的。

表 6-6　几种常用树脂的转型膨胀度

树脂类型	转型方式	转型膨胀度/%
凝胶型强酸树脂	$Na^+ \longrightarrow H^+$	<10
大孔型强酸树脂	$Na^+ \longrightarrow H^+$	<5
弱酸树脂	$H^+ \longrightarrow Na^+$	<70
Ⅰ型凝胶型强碱树脂	$Cl^- \longrightarrow OH^-$	<15
Ⅱ型凝胶型强碱树脂	$Cl^- \longrightarrow OH^-$	<10
Ⅰ型低交联凝胶强碱树脂	$Cl^- \longrightarrow OH^-$	<20
大孔强碱树脂	$Cl^- \longrightarrow OH^-$	<10
大孔弱碱树脂	$OH^- \longrightarrow Cl^-$	<20

5) 机械性能

机械性能主要指保持树脂颗粒完整的相关性能。树脂颗粒的破裂或破碎会直接影响操作，使树脂床的性能变差。树脂破碎的原因有多种，包括原有的裂球使用中受压、受摩擦造成的破碎，因受热、受氧化使树脂骨架破坏造成的强度下降，多次再生和转型过程中树脂经受反复膨胀与收缩造成的破裂等。

凝胶树脂因反复膨胀与收缩造成的颗粒破裂是造成破球的主要原因。在这方面，强酸性树脂更严重一些。树脂颗粒越大，越容易破裂，相比之下，大孔树脂的机械性能较好。

6.2.3.2 化学性能

1)酸碱性

离子交换树脂是聚电解质，不同树脂的功能团电离出 H^+或 OH^-的能力不同，这表示它们的酸碱性不同。树脂可以视为固态的酸或碱，实际上也可以用酸碱滴定的方法测出各种树脂的酸碱滴定曲线。在滴定过程中考虑离子交换的速度，达到平衡要比通常溶液中的酸碱滴定慢一些。图 6-4 为各种类型离子交换树脂的滴定曲线。

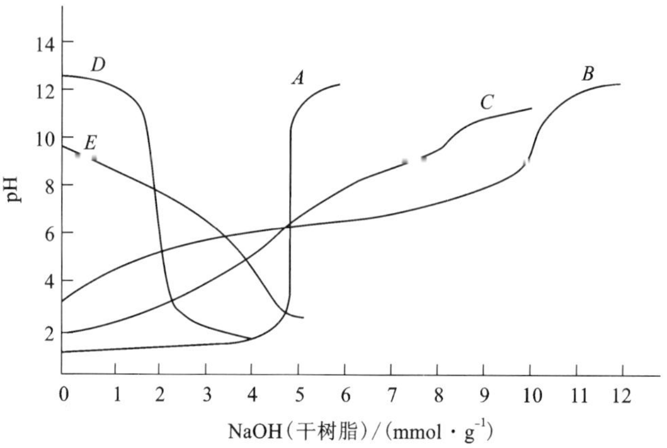

图 6-4　各种类型离子交换树脂的滴定曲线

图 6-4 中，曲线 *A* 和 *D* 分别是强酸性和强碱性阴离子树脂的滴定曲线，它们有明显的 pH 突跃，与普通的强酸或强碱的滴定曲线类似。*B* 是弱酸性阴离子树脂的滴定曲线，在 pH =9 附近有一突跃。*C* 是膦酸型中等强度酸性树脂的滴定曲线，在 pH = 5 和 pH = 9 附近有两处不大明显的突跃，在 pH = 5 处对应—PO_3H_2 基团中的一个氢离解，在 pH = 9 处对应该基团中的两个氢均离解。*E* 是弱碱性阴离子树脂的滴定曲线，在树脂中同时含有叔胺基团和伯胺基团的情况下，看不到明显的突跃。

从滴定曲线可以大致看出各种类型离子交换树脂能够进行离子交换的有效 pH 范围(表 6-7)。

表 6-7　各种类型离子交换树脂的有效 pH 范围

树脂类型	pH
强酸性	4~14
弱酸性	6~14
强碱性	1~12
弱碱性	0~7

2）交换容量

交换容量或交换量，是离子交换树脂性能的重要指标。树脂可交换离子的多少，取决于树脂中交换基团的多少。实际上，可进行交换的离子是交换基团上离解下来的、与交换基团上固定离子符号相反的离子。常用离子交换树脂交换基团的电荷数为 1 或只能提供 1 对公用电子的基团，如—SO_3^-，—COO^-，—$N^+(CH_3)_3$，它们都相当于 1 价离子。交换容量的单位可以是 mol/g，mmol/g，mol/m^3，mmol/mL 等。

树脂的交换容量分全容量和操作容量，用每克干树脂或每毫升湿树脂所交换的离子的毫克当量数表示。树脂的全容量是指单位体积（或重量）树脂所具有的交换基团的总数目（或可交换离子的总数），而与交换离子的类型、操作条件等因素无关。树脂的操作容量是指在某一操作条件下，单位体积（或重量）树脂中实际所交换的某种离子的总量，其数值与树脂中交换基团的数目、被吸附离子的特性和操作条件等因素密切相关。

操作容量分静力学容量和动力学容量。静力学容量是指静态吸附（如槽作业）时树脂的操作容量。动力学容量是指动态吸附（如柱作业）时的树脂的操作容量。

当交换基团未完全解离或孔径太小，交换容量未完全利用时，操作容量小于全容量；但当树脂粒度细，吸附现象显著时，操作容量可能高于全容量。

生产中常用动力学（即动态）吸附法，因此，动力学容量具有较大的实践意义。动力学操作容量分漏穿容量和饱和容量。测定动力学容量时，用浓度一定的吸附原液以给定的流速通过交换柱树脂床，以流出液中被吸附离子浓度对流出液体积作图可得“S”曲线（图 6-5），此曲线称为流出曲线（或吸附曲线、穿透曲线）。图中 V_O 点对应的流出液体积为树脂床中残存的清水体积，V_B 为流出液中刚出现被吸附离子（或达某一规定值）时的流出液体积，此点称为漏穿点。当树脂床中的树脂的被吸附离子饱和时，流出液中被吸附离子浓度等于原液中的被吸附离子浓度（相当于图中的点 V_S）。因此，图中 $V_OV_BBOV_O$ 对应的面积除以树脂床中树脂的重量或体积即为该操作条件下的漏穿容量，$V_OV_BSBOV_O$ 对应的面积除以树脂床中树脂的重量或体积即为该操作条件下树脂的操作（饱和）容量。

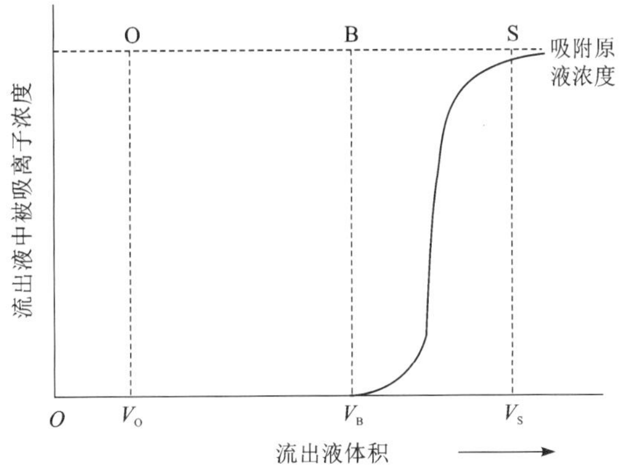

图 6-5　流出（吸附）曲线

动力学吸附的漏穿点与饱和点皆与操作条件有关。“S”曲线的斜率表示离子交换速率，交换速率愈大，饱和体积与漏穿体积的差值愈小，吸附周期愈短。

严格地说，交换容量的意义仅限于典型的离子交换过程，而且随树脂的离子形式而异，计算结果须注明原来的树脂类型，尤其是体积交换容量，交换前后的体积有时变化较大。交换树脂进行离子交换时常伴随有吸附现象，它是靠范德华引力吸引其他分子的，且交换和吸附的界线有时难以区分，故有时将交换量和吸附量统称为全容量，将离子交换过程统称为离子交换吸附过程。

3)选择性

离子交换吸附的选择性表征被称为吸附离子与树脂间的亲和力的差异，常用选择性系数(分配系数或交换势)表示。一般认为它们之间亲和力的大小取决于该离子与树脂间的静电引力的强弱。由此，离子交换吸附的选择性与被吸附离子的类型、电荷数、浓度、水合离子半径，溶液 pH 及树脂性能等因素有关。其一般规律为：

(1)在常温稀水溶液(浓度小于 0.1 mol/L)中，当离子浓度相同时，吸附能力随被吸附离子的价数的增大而增大，如 $TH^{4+}>Re^{3+}>Cu^{2+}>H^{+}$；吸附无机酸时，吸附强度随酸根价数的增大而增加。

(2)在常温稀水溶液中，当离子价数相同时，吸附亲和力随水合离子半径的减小而增大，如：

$$Tl^{+}>Ag^{+}>Cs^{+}>Rb^{+}>K^{+}>NH_4^{+}>Na^{+}>H^{+}>Li^{+}$$

$$Ba^{2+}>Pb^{2+}>Sr^{2+}>Ca^{2+}>Ni^{2+}>Cd^{2+}>Cu^{2+}>Co^{2+}>Zn^{2+}>Mg^{2+}>UO^{2+}$$

$$La^{3+}>Ce^{3+}>Pr^{3+}>Nd^{3+}>Sm^{3+}>Eu^{3+}>Gd^{3+}>Tb^{3+}>Dy^{3+}>Ho^{3+}>\cdots>Lu^{3+}$$

$$Fe^{3+}>Al^{3+}>Ca^{2+}$$

(3)在被吸附离子与溶液中，电荷相反的离子或络合剂的络合能力愈大，其对树脂的亲和力愈小。

(4)强碱性阴离子树脂的吸附顺序为

$$SO_4^{-}>C_2O_4^{2-}>I^{-}>NO_3^{-}>CrO_4^{2-}>Br^{-}>SCN^{-}>Cl^{-}>HCO_3^{-}>CH_3COO^{-}>F^{-}$$

用三甲胺胺化的Ⅰ型树脂和二甲基乙醇胺胺化的Ⅱ型树脂对 OH^{-} 的吸附差别较大，前者吸附率为：$Cl^{-}>HCO_3^{-}>CH_3COO^{-}>F^{-}\approx OH^{-}$，后者为 $Cl^{-}>OH^{-}>CH_3COO^{-}>F^{-}$。

(5) H^{+}、OH^{-} 离子对树脂的亲和力与树脂性能有关：对强酸性树脂而言，H^{+} 的亲和力介于 Na^{+} 与 Li^{+} 之间；对弱酸性树脂而言，H^{+} 的亲和力甚至大于 Tl^{+}；对强碱性树脂而言，OH^{-} 的亲和力介于 Cl^{-} 与 F^{-} 之间，而 OH^{-} 对弱碱性树脂的亲和力则远大于上述阴离子，且树脂的碱性愈弱，其间的亲和力愈大。

(6)使树脂膨胀愈小的被吸附离子，其对树脂的亲和力愈大。

(7)吸附选择性随离子浓度和温度的上升而下降，有时甚至会出现相反的顺序。

(8)树脂的交联度愈大，其对不同离子的选择系数就愈大。

从上可知，只有在稀水溶液中进行离子交换吸附才能获得较高的选择性，在高浓度(一般认为大于 3 mol/L)溶液中，水化不充分，可能出现相反的吸附顺序。

4)化学稳定性

离子交换树脂的化学稳定性主要指耐化学试剂、耐氧化和耐辐照的性能。

离子交换树脂对一般化学试剂都有较好的耐受能力，但耐受能力与骨架类型有一定关系，以聚苯乙烯为骨架的树脂化学稳定性更好一些。不同离子型式的树脂，化学稳定性也有不同，钠型树脂一般要比氢型树脂稳定。氢氧型强碱性阴离子交换树脂易于发生不可逆的降解作用，使季胺功能团逐渐变为叔胺、仲胺，以致最后使功能团失去交换能力。因此不应将阴离子交换树脂长期置于强碱性溶液之中。

在强氧化剂如浓热硝酸(>2.5 mol/L)、高锰酸钾、重铬酸钾、过氧化氢的作用下，树脂骨架高分子链也会发生断裂，交联度降低，溶胀增加。这种作用在有铁、铜等离子存在时更加显著。

一般来说，树脂的交联度越低，其化学稳定性越差。

离子交换树脂常在分离纯化核燃料和其他放射性物质时使用。放射性核素放出的 α、β 或 γ 射线会破坏树脂。照射剂量越大，时间越长，破坏越大。芳环的树脂骨架比脂肪链的树脂骨架的耐辐照能力强，交联度大的树脂耐辐照稳定性更好一些。在阳离子交换树脂中，以膦酸基团的辐照稳定性最好，磺酸基因次之，胺酸基团最差。在阴离子交换树脂中，乙烯吡啶基团的辐照稳定性最好，吡啶基团次之，三甲胺最差。周围介质及树脂离子形式的不同也会影响辐照稳定性。

6.3　离子交换吸附平衡与吸附动力学

6.3.1　吸附平衡与选择性

各种离子交换树脂相当于各种酸和碱，螯合性树脂与氧化还原性树脂相当于一般螯合试剂与氧化还原试剂。如果用 R 代表树脂骨架，各种树脂的典型反应可概括如下。

(1)强酸性树脂相当于硫酸一元酸：

$$R—SO_3H+NaOH \rightleftharpoons R—SO_3Na+H_2O$$

$$R—SO_3H+NaCl \rightleftharpoons R—SO_3Na+HCl$$

$$2R—SO_3Na+CaCl_2 \rightleftharpoons (R—SO_3)_2Ca+2NaCl$$

(2)弱酸性树脂相当于羧酸：

$$R—COOH+NaOH \rightleftharpoons R—COONa+H_2O$$

$$2R—COONa+CaCl_2 \rightleftharpoons (R—COO)_2Ca+2NaCl$$

(3)强碱性树脂相当于季胺：

$$R—N(CH_3)_3OH+HCl \rightleftharpoons R—N(CH_3)_3Cl+H_2O$$

$$R—N(CH_3)_3OH+NaCl \rightleftharpoons R—N(CH_3)_3Cl+NaOH$$

$$2R—N(CH_3)_3Cl+H_2SO_4 \rightleftharpoons [R—N(CH_3)_3]_2SO_4+2HCl$$

(4)弱碱性树脂相当于相应的(伯、仲、叔)胺：

$$R—NH_2+HCl \rightleftharpoons RNH_2\cdot HCl$$

或

$$R—NH_2\cdot HOH+HCl \rightleftharpoons R—NH_2\cdot HCl+H_2O$$

$$2R—NH_3Cl+H_2SO_4 \rightleftharpoons (R\cdot NH_3)_2SO_4+2HCl$$

$R—NH_2$ 中一个 H 被 CH_3 取代时为仲胺 $R—NHCH_3$，两个均被 CH_3 取代时为叔胺 $R—N(CH_3)_2$。

(5)螯合性树脂相当于螯合试剂：

$$R—N(CH_2COONa)_2+Cu^{2+} \rightleftharpoons R—N(CH_2COO)_2Cu+2Na^+$$

总之，这种树脂的离子交换反应是一种两相间的可逆反应。为了表示这种反应中树脂对各种离子亲和力的差别，引入选择性系数的概念。

为简便起见，先考虑一种氢型的阳离子树脂同一价离子 M^+ 的交换反应：

$$\overline{RH}+M^+ \rightleftharpoons \overline{RM}+H^+$$

$\overline{RH}$ 和 $\overline{RM}$ 表示在树脂相。为了书写方便下文把它们写作 $\overline{H}$ 和 $\overline{M}$，水相中离子也略去电

荷，则有

$$\overline{\mathrm{H}}+\mathrm{M} \rightleftharpoons \overline{\mathrm{M}}+\mathrm{H} \tag{6-1}$$

反应的平衡常数为

$$K=\frac{f_1[\overline{\mathrm{M}}]\cdot f_2[\mathrm{H}]}{f_3[\overline{\mathrm{H}}]\cdot f_4[\mathrm{M}]} \tag{6-2}$$

式中：f_1、f_2、f_3、f_4 是相应组分的活度系数。要测定或计算这些活度系数相当困难，为了实用方便，引入选择性系数，它是平衡常数略去活度系数后的值：

$$K_{\mathrm{H}}^{\mathrm{M}}=K\frac{f_3f_4}{f_1f_2}=\frac{[\overline{\mathrm{M}}][\mathrm{H}]}{[\overline{\mathrm{H}}][\mathrm{M}]} \tag{6-3}$$

这个值是可以实际测定的，其随溶液的浓度变化而变化，也随温度变化而变化。它的意义在于可以比较相同条件下树脂对不同离子的亲和力。把式(6-3)改写一下便可看清楚：

$$K_{\mathrm{H}}^{\mathrm{M}}=\frac{\dfrac{[\overline{\mathrm{M}}]}{[\mathrm{M}]}}{\dfrac{[\overline{\mathrm{H}}]}{[\mathrm{H}]}} \tag{6-4}$$

它是离子在树脂相与溶液相浓度之比和氢在树脂相与溶液相之比的比值。若此值大于1，则有

$$\frac{[\overline{\mathrm{M}}]}{[\mathrm{M}]}>\frac{[\overline{\mathrm{H}}]}{[\mathrm{H}]}$$

这表明 M 更倾向于留在树脂相，其亲和力更强，树脂倾向于选择性地将它吸附。反之，$K_{\mathrm{H}}^{\mathrm{M}}$ 值小于1，树脂对氢的亲和性更大些。

文献上谈到选择性系数时往往以 H^+ 或 Li^+ 作参考离子，参考离子不同，选择性系数的值也不同。对于1价离子，不难推得

$$K_{\mathrm{B}}^{\mathrm{A}}-K_{\mathrm{C}}^{\mathrm{A}}/K_{\mathrm{C}}^{\mathrm{B}} \tag{6-5}$$

比如某树脂 $K_{\mathrm{Li}}^{\mathrm{Cs}}=3.25$，$K_{\mathrm{Li}}^{\mathrm{Na}}=1.98$，可求出

$$K_{\mathrm{Na}}^{\mathrm{Cs}}=\frac{3.25}{1.98}=1.64$$

为了折算方便，n 价离子 M^{n+} 与 H^+ 交换的选择系数可表示为

$$K_{\mathrm{H}}^{\frac{\mathrm{M}}{n}}=\frac{[\overline{\mathrm{M}}]^{\frac{1}{n}}[\mathrm{H}]}{[\mathrm{M}]^{\frac{1}{n}}[\overline{\mathrm{H}}]} \tag{6-6}$$

把 H^+ 换为 Li^+ 也是一样的。如果 $K_{\mathrm{Li}}^{\mathrm{Ca}/2}=5.16$，$K_{\mathrm{Li}}^{\mathrm{Na}}=1.98$，则

$$K_{\mathrm{Na}}^{\mathrm{Ca}/2}=\frac{5.16}{1.98}=2.61$$

这相当于

$$K_{2\mathrm{Na}}^{\mathrm{Ca}}=\frac{[\overline{\mathrm{Ca}}][\mathrm{Na}]^2}{[\mathrm{Ca}][\overline{\mathrm{Na}}]^2}=(2.61)^2=6.81$$

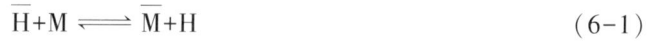

阴离子交换树脂对离子的选择性系数可用同样的方法讨论。阴离子交换树脂的选择性系数常用 Cl^- 或 OH^- 作参考离子。

影响离子交换树脂选择性的因素主要有以下几点。

(1)水合离子半径。

离子与树脂亲和力的差别，与离子电荷多少及其半径的大小有关。不同价态的离子亲和力大小顺序一般为

$$Na^+ < Ca^{2+} < Al^{3+} < Th^{4+}$$

即亲和力随电荷增多而增大。对同价离子，则通常为

$$Li^+ < Na^+ < K^+ < Rb^+ < Cs^+$$

$$Mg^{2+} < Ca^{2+} < Sr^{2+} < Ba^{2+}$$

即亲和力随水合离子半径的减小而增大。

以上顺序是针对稀溶液而言的。溶液较浓时，选择性系数与顺序可能变化。酸的存在及浓度大小对选择性也有影响。

(2)树脂与交换离子之间的特殊作用。

固定离子基团对交换离子产生极化作用甚至形成离子对或化学键，从而增大其选择性，如磺酸树脂对 Ag^+、Tl^+ 的选择性很大；弱酸树脂对 H^+ 的选择性也特别大等。

(3)配合物离子的影响。

阴离子交换树脂对金属阳离子与络合剂形成的配合物的吸附选择性，往往受络合剂(阴离子)种类及浓度的影响，见表 6-8。

表 6-8　强碱性季铵型树脂的选择性系数

离子种类	强碱 I 型树脂	强碱 II 型树脂
OH^-	1.0	1.0
苯磺酸	500.0	75.0
柠檬酸	220.0	23.0
I^-	175.0	17.0
$C_6H_5O^-$	110.0	27.0
HSO_4^-	85.0	15.0
ClO_3^-	74.0	12.0
NO_3^-	65.0	8.0
Br^-	50.0	6.0
CN^-	28.0	3.0
HSO_3^-	27.0	3.0
BrO_3^-	27.0	3.0
NO_2^-	65.0	8.0
Cl^-	22.0	2.3

续表6-8

离子种类	强碱Ⅰ型树脂	强碱Ⅱ型树脂
HCO_3^-	6.0	1.2
IO_3^-	5.5	0.5
$HCOO^-$	4.6	0.5
CH_3COO^-	3.2	0.5
丙烯酸	2.6	0.3
F^-	1.6	0.3

(4)交联度。

树脂的交联度提高，一般会增加离子选择性，即增加筛分能力。

表6-9是一种强酸性树脂离子的选择性系数，从中可以看出交联度的影响。另外结合表6-8可以看出，强碱Ⅱ型树脂对OH^-的亲和力大于强碱Ⅰ型树脂，即碱性较低，所以再生效率较高。

表6-9　强酸性Dowex50树脂的选择性系数

离子种类	交联度		
	4%	8%	16%
Li^+	1.00	1	1
H^+	1.32	1.27	1.47
Na^+	1.58	1.98	2.37
NH_4^+	1.90	2.55	3.34
K^+	2.27	2.90	4.50
Rb^+	2.46	3.16	4.62
Cs^+	2.67	3.25	4.66
Ag^+	4.73	8.51	22.90
Tl^+	6.71	12.40	28.50
Mg^{2+}	2.95	3.29	3.51
Zn^{2+}	3.13	3.47	3.78
Co^{2+}	3.23	3.74	3.81
Cu^{2+}	3.29	3.85	4.46
Mn^{2+}	3.42	4.09	4.91
Be^{2+}	3.43	3.99	6.23
Ni^{2+}	3.45	3.95	4.06

续表6-9

离子种类	交联度		
	4%	8%	16%
Ca^{2+}	4.15	5.16	7.27
Sr^{2+}	4.70	6.51	10.10
Pb^{2+}	6.56	9.91	18.00
Ba^{2+}	7.47	11.50	20.80
Cr^{3+}	6.60	7.60	10.50
Ce^{3+}	7.50	10.60	17.00
La^{3+}	7.60	10.70	17.00
UO_2^{2+}	2.36	2.45	3.34

6.3.2　分配系数和分离系数

在离子交换平衡中引入分配系数 D 表示某一离子在固相(树脂相)和液相中的分配:

$$D=\frac{[\overline{M}]}{[M]} \tag{6-7}$$

通常定义为

$$D=\frac{\text{每克树脂中 M 离子的摩尔数}}{\text{每毫升溶液中 M 离子的摩尔数}}$$

比较式(6-6)和式(6-7),可以得到分配系数和选择性系数的关系

$$D=\left(K_{H}^{\frac{M}{n}}\frac{[\overline{H}]}{[H]}\right)^{n} \tag{6-8}$$

分配系数在测定估计离子分配情况时非常直接实用,已积累了各种条件下不同树脂的离子分配系数的大量数据。

为了表示两种离子在离子交换中的分离程度,引入分离系数 α_2^1:

$$\alpha_2^1=\frac{D_1}{D_2}=\frac{\dfrac{[\overline{M_1}]}{[M_1]}}{\dfrac{[\overline{M_2}]}{[M_2]}} \tag{6-9}$$

α_2^1 越偏离 1,表明 M_1 和 M_2 越容易分离,$\alpha_2^1=1$ 时完全没有分离效果。

对于 2 价离子,α_2^1 值等于该离子间的选择性系数:

$$\alpha_2^1=\frac{D_1}{D_2}=\frac{K_H^{M_1}}{K_H^{M_2}}=K_{M_2}^{M_1} \tag{6-10}$$

6.3.3 吸附平衡动力学

6.3.3.1 离子交换过程

当溶液中离子 A 与树脂中离子 B 发生交换反应时，整个过程可分为以下五步：

(1)离子 A 达到树脂表面。溶液的搅拌或在树脂柱中的流动有利于这个过程。但由于树脂颗粒的表层总有一层溶液的薄膜，离子 A 必须在此膜内扩散并透过。此膜厚度与搅拌强度有关，一般为 $10^{-3} \sim 10^{-2}$ cm。

(2)离子 A 在树脂内扩散到交换位置。

(3)离子 A 和离子 B 在交换位置上发生交换反应。

(4)反应后释放出的离子 B 从交换位置扩散到树脂表面。

(5)离子 B 从树脂表面通过液膜扩散到溶液中。

为了保持电中性条件，(1)和(5)必须同时以同样的速度发生，(2)和(4)也是同步发生的，这样，实际上该过程可简化为三个步骤，即膜扩散、树脂颗粒内的扩散和化学交换，这三个步骤中最慢的一步是整个离子交换反应的控制步骤，它决定了交换反应速度。这一步骤往往是两扩散步骤之一。

扩散速度表示为单位时间内通过单位面积的离子量：

$$\frac{dq}{dt} = D(c_1 - c_2)/\delta \tag{6-11}$$

式中：c_1，c_2 分别表示扩散界面两侧的离子浓度，$c_1 > c_2$；δ 为界面层厚度；D 为总扩散系数。

6.3.3.2 影响离子交换速度的因素

1)树脂粒度

树脂颗粒大小决定了树脂的比表面积及从树脂表面扩散到树脂内部的路程。如果是膜扩散控制，小颗粒增大了树脂的比表面积，单位时间内可以有更多的离子达到单位质量树脂的表面，从而加快总的膜扩散速度。如果颗粒内部扩散是控制步骤，则小颗粒使离子通过的路程缩短，从而加快了该过程的速度。另外，应该注意的是，颗粒均匀的树脂比不均匀的树脂交换速度快，因为其中大的颗粒数目少。

表 6-10 是一种磺酸型树脂对 H^+ 和 Na^+ 交换反应动力学研究的结果。实验 3 和 4 表明了树脂粒度对交换反应的影响。表中半交换时间是指一半交换容量发生反应的时间。

2)树脂交联度

树脂交联度越大，树脂的溶胀性越差，从而影响离子在树脂颗粒内部扩散的速度。表 6-10 中实验 1 和 3 的比较可以说明这个问题。交联度很大时，树脂内扩散速度可能会成为整个过程的控制步骤。

3)温度

从表 6-10 中实验 1 和 2 的比较可以看出，提高温度既提高了扩散速度，又提高了交换反应速度，从而加快了整个交换速度。

4)溶液浓度

一般情况下，在溶液浓度小于 0.01 mol/L 时，总的交换速度可由膜扩散决定。当浓度增加时，膜扩散速度上升，浓度为 1.0 mol/L 以上时，树脂内扩散常变成控制步骤，此时继续提高溶液浓度对提高反应速度就不再有效了。

表 6-10　苯乙烯磺酸型树脂$\overline{H}^+$+Na^+ ⇌ $\overline{Na}^+$+H^+的交换动力学实验结果

实验序号	交联度/%	树脂颗粒半径/cm	温度/℃	树脂内扩散系数$\overline{D}$/×10^6	半交换时间 $t_{\frac{1}{2}}$/s
1	5	0.0272	25	6.10	3.7
2	17	0.0272	50	2.20	10.4
3	17	0.0272	25	1.08	21.0
4	17	0.0446	25	1.23	49.0

5)搅拌速度

加快搅拌速度可以减小膜厚度从而提高扩散速度。但搅拌强度达一定值以后，交换反应速度便不再上升。这个现象从表 6-11 可以看出。

表 6-11　搅拌速度对$\overline{NH}^+$+Na^+ ⇌ $\overline{Na}^+$+NH_4^+ 的动力学影响

搅拌速度/(r · min^{-1})	470	660	750	860	990	1100
半交换时间/min	5.9	3.8	2.9	1.2	1.0	1.0

6)交换离子的性质

交换离子的性质主要指离子的价态和水化离子的半径。在树脂内扩散的离子是由于树脂的固定离子库仑力的吸引而扩散进入的，故离子价态越高，吸引力越大，扩散速度越快；水化离子半径越大，则越难扩散。

除上述各种因素外，在非水溶剂中，尤其在非极性溶剂中，交换速度要慢得多，有时只有水溶液中交换速度的千分之一。其原因之一是树脂在非水溶剂中的溶胀要小得多。同时也因为在非水溶剂中离解得少，只能提供较少的可交换离子。基于同样原因，弱酸和弱碱型树脂的溶胀也较小，只能提供较低的交换速度。

6.4　离子交换吸附工艺

6.4.1　离子交换吸附作业方式

离子交换吸附的作业方式可分为静态与动态两种，在动态交换中又有固定床柱式交换与活动床连续式交换之分。

静态交换是将交换液与交换剂一同放入容器中，使它们充分接触(如搅拌、振荡或鼓入空气)，但两相不发生相对位移，当交换达到平衡或接近平衡时，将固液进行分离。这种方法效率不高，为了提高交换效果，常需要进行几次乃至多次静态交换，所以静态交换也称为间歇式交换。由于该方法需要的时间长、效率低、工业实用价值小，通常在实验室使用。

动态交换是指交换液与树脂发生相对位移的交换方法。动态交换又分为固定床柱式交换与活动床连续式交换。固定床柱式交换是指树脂在柱中不移动，溶液在柱中流经树脂层时发生交换，也称为柱式交换。其特点是溶液在流动过程中，不断与新树脂接触和交换，在某一局部位置的交换就如同一次静态交换，当溶液流到下一局部位置时又相当于一次静态交换。固定床柱式交换的效率高，操作方便，实用价值大，在试验及工业生产中多采用这种方法。

固定床柱式交换法的主要操作步骤包括淋洗、再生、交换三个主要过程，其中淋洗又可分为正洗与反洗。各操作步骤所起的作用为：①反洗，除去微粒及疏松树脂层；②再生，使用再生剂淋洗，使树脂恢复原来的形态；③正洗，清洗树脂颗粒表面及内部的再生剂；④交换，交换剂与树脂接触，金属离子与树脂进行交换。

活动床连续式交换是目前应用于工业生产的先进方法。它的特点是交换、再生、淋洗等操作在装置的不同部位进行，吸附饱和的树脂进入再生柱，再生的新树脂同时又连续进入交换柱。采用这种方法进行交换所需树脂比固定床柱式交换法少，树脂的利用率高，树脂能连续发挥作用，生产能力大，自动化程度高；缺点是树脂的磨损大，设备构造相对复杂。

6.4.2　离子交换树脂的选择

实际应用中要求树脂具有尽可能高的交换容量、高的机械强度，能耐干湿冷热变化，耐酸碱胀缩，能抗流速磨损；有较好的化学稳定性，能耐有机溶剂、稀酸、稀碱、氧化剂和还原剂等；选择和再生性能好；结构性能好，孔径、孔度合适，比表面积大，抗污染性能好等。为满足上述基本要求，选用树脂(种类、交换基团和离子形式)时一般应遵循下列原则：

(1)根据目的组分在原液中的存在形态选择树脂的种类，如目的组分呈阳离子形态则选用阳离子交换树脂，反之则须选用阴离子交换树脂。

(2)交换能力强、交换势高的离子，因淋洗、再生较困难，应选用弱酸性或弱碱性树脂。在中性或碱性体系中，多价金属阳离子对弱酸性阳离子树脂的交换能力比强酸性树脂强，用酸很易淋洗。

(3)对树脂交换基团作用较弱的无机酸离子，如离解常数较小(pK 值大于 5)的酸与弱碱树脂成盐后水解度很大，同时还应考虑价数、离子大小及结构因素，此时应选用强碱性树脂；同理，对交换基团作用较弱的阳离子应选用强酸性树脂(表 6-12)。

表 6-12　阴离子树脂对某些无机酸的作用

酸	pK(25 ℃)	作用难易	
		弱碱	强碱
HCl	-6.1	易	易
HNO_3	-1.34	易	易
H_2SO_4	pK_1 3, pK_2 1.9	易	易
H_3PO_4	pK_1 2.2, pK_2 7.2, pK_3 12.36	易	易
H_3BO_3	pK_1 9.24, pK_2 12.74, pK_3 13.80	易	易
H_2SiO_3	pK_1 9.77, pK_2 11.80	易	易

续表6-12

酸	pK(25 ℃)	作用难易	
		弱碱	强碱
H_2CO_3	pK_1 6.38, pK_2 10.25	易	易
H_2S	pK_1 6.88, pK_2 14.15	不	能
HCN	9.21	不	能

(4)中性盐体系中选用强酸树脂或强碱树脂。

(5)彻底除去微量离子时应采用强型树脂，含量较高或要求选择性较高时可选用弱型树脂。

(6)中性盐体系使用盐型树脂，体系 pH 不变，有利于平衡。酸性或碱性体系中应选用氢氧型树脂或氢型树脂，反应后生成水有利于交换平衡。有盐存在需单独除去酸或碱时，可使用弱碱树脂或弱酸树脂，否则交换后系统中的盐会继续交换生成酸或碱，对平衡不利。使用混合柱时，生成的酸、碱可逐步中和除去。

(7)聚苯乙烯型树脂的化学稳定性比缩聚树脂高，阳离子树脂的化学稳定性较阴离子树脂高，阴离子树脂中，以伯、仲、叔胺型弱碱性阴离子树脂的化学稳定性最差。最稳定的是磺化聚苯乙烯树脂。

(8)树脂的孔度包括孔容和孔径两部分内容。凝胶型树脂的孔度与交联度有密切的关系，溶胀状态下的孔径为数十埃。大孔型树脂内部含有真孔和微孔两部分，真孔为数万至数十万埃，它不随外界条件而变；而微孔较小，随外界条件而变，一般为数十埃。一般所用树脂的孔径应比被交换离子横截面积大 3~6 倍。

6.4.3　离子交换树脂的预处理

出厂树脂皆含有合成过程中生成的低聚合物、反应试剂等有机物和无机物杂质。因此，使用前必须对树脂进行预处理，先将树脂放入水中浸泡 24 小时让其充分膨胀，再用水反复漂洗以除去色素、水溶性杂质和灰尘等，将水排净后再用 95%乙醇浸泡 24 小时以除去醇溶性杂质，将乙醇排净后用水将乙醇洗净。经充分溶胀并除去水溶性和醇溶性杂质后的树脂，用湿筛或沉降分级法得到所需粗级的树脂。出厂树脂一般为盐型(Na 型或 Cl 型)，使用前还需除去酸溶性杂质和碱溶性杂质。若为阳离子树脂，可先用 2 mol/L HCl 浸泡 2~3 小时，将盐酸液排净后用水洗至 pH 为 3~4，再用 2 mol/L NaOH 溶液浸泡，然后水洗至 pH 为 9~10 即可贮存使用。若为阴离子树脂，则按 2 mol/L NaOH→水→2 mol/L HCl→水的顺序处理，以除去碱溶性杂质和酸溶性杂质，最后水洗至 pH 为 3~4。处理后的树脂用水浸泡贮存，使用时根据分离对象和要求转成所需要的离子类型，如吸附铀时转变为—SO_4^{2-} 型。为使转型完全，所用酸、碱体积常为树脂体积的 5~10 倍。

6.4.4　中毒树脂的处理

在长期循环使用过程中，离子交换树脂的交换容量不断下降的现象称为树脂中毒。导致树脂中毒的主要因素为：首先是原液中含有对树脂亲和力影响极大的杂质离子，它们不被正常淋洗剂所淋洗；其次是某些固体杂质或有机物质沉积于树脂网眼中降低了交换速率，从而降低了树脂的操作容量；最后是外界条件的影响使树脂变质。

因此，树脂中毒可分为物理中毒(沉积)和化学中毒(吸附和变质)两种。根据中毒树脂处理的难易又可分为暂时中毒和永久中毒两种。暂时中毒是指用淋洗方法可以恢复树脂性能的中毒现象，而永久中毒则是目前用淋洗方法不能恢复其吸附性能的中毒现象。由于中毒现象使吸附容量不断降低，甚至完全失去交换能力，故树脂中毒将严重影响吸附作业的正常进行且会降低其技术经济指标。

在实践中发现树脂中毒现象时，首先必须详细查明树脂中毒的原因，然后采取相应措施进行“防毒”和“解毒”。如采用强碱性阴离子树脂从硫酸浸出液中提取铀时，常见的中毒现象有硅、钼、钛、钒和连多硫酸盐等中毒。“防毒”措施如预先将原液中的五价钒还原为四价，预先将原料中的硫化物浮出、预先用硫化钠沉钼等措施可有效地防止钒、连多硫酸盐和钼中毒。有时虽然采取了某些预防措施，但仍难避免树脂中毒，或有时采取某些预防措施在经济上不合算或会给工艺造成很大困难，最有效的方法是采用某些解毒试剂处理中毒树脂，如用 NaOH 或 Na_2CO_3 溶液淋洗可消除硅、钼、钒、元素硫中毒；用 HF—H_2SO_4 混合液淋洗可消除硅、钛、锆中毒；用硝酸淋洗可消除连多硫酸盐和硫氰根中毒；用还原剂淋洗可消除砜中毒等。此外，还应严格注意操作条件和树脂保存，防止树脂的酸碱破坏和热破坏。

6.4.5　离子交换设备

离子交换设备按设备特性及操作方式可分为固定床离子交换设备和连续离子交换设备。而连续离子交换设备按树脂运动方式不同又可分为移动树脂连续离子交换设备、流化床离子交换设备等。

6.4.5.1　固定床离子交换设备

图 6-6 是一种简单的固定床。柱体通常是一个压力容器，带有一个底盘。制造容器的材料通常是低碳钢，并有橡胶或塑料内衬。在一些特殊情况下，可能采用不锈钢，有橡胶内衬或直径比较小的柱子可以采用玻璃钢。单个柱子直径一般不超过 3 m，床深一般为 1~2 m，一般是在床表面上留出 1~2 m 的超高，以便在反洗清除床上部空间所捕获的杂质和碎屑时，给床留出足够空间。

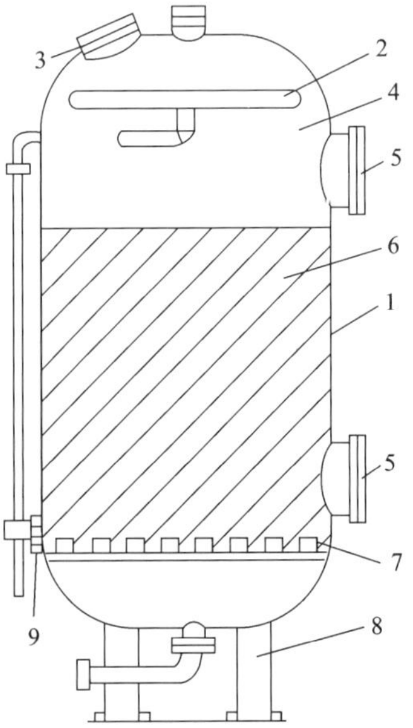

1—柱体外壳；2—上部分布装置；3—窥视孔；4—水垫；5—人孔；6—树脂；7—下部分布装置；8—支柱；9—卸料口。

图 6-6　固定床离子交换设备结构示意图

操作时用水将预处理过的树脂放入装有水的吸附塔中，让树脂在水中沉降达到预定的高度，树脂床应均匀和无气泡地浸泡在水中。从上部引入吸附原液，以与树脂床高度对应的流速流经固定树脂床，吸余液从下部排出，漏穿后的吸余液接入下一吸附塔。当塔内树脂被目的组分饱和后(达动态平衡)，切除原液，该塔转入淋洗。淋洗前，冲洗水由塔底进入使树脂床膨胀松散。除去固体杂物，然后从上部引入淋洗剂，淋洗剂从下部排出，根据目的组分浓度将其分为若干部分。淋洗完后，从上部引入洗水以洗去树脂床中的淋洗剂，然后引入转型液使树脂转型，转型后的树脂可重新用于吸附。由此周而复始地进行吸附和淋洗作业。

6.4.5.2　连续离子交换设备

1)移动树脂连续离子交换设备(移动固定床)

连续离子交换设备最早的尝试是在移动床反应器的概念基础上进行的。在大多数设备中，固定床树脂向上或向下沿着与处理液流向相反的方向周期性移动。这项技术可用于水处理、污水处理、污染控制和去除痕量金属或除掉工业废水中的有毒物质。

最初的设计是“半连续”或“化学分离型”的“Higgins”或“CHem-Seps”接触器，它包括一个封闭的回路，其中树脂固定床分布在独立的室中，并且能在液压脉冲的作用下沿与被处理液相反的方向移动。如图 6-7 所示为化学分离型(CHem-Seps)离子交换设备。这种设备由细长的竖直环路组成，分为三个部分。它在运转时，“工作状态”和“脉冲状态”不断交替。在工作期间，主要阀门关闭，将环路分成三个部分。在吸附部分，加入料液向下流过树脂床，贫液从床的底部排出；同时，加入的解析液流过靠近环路底部的饱和树脂，将铀从树脂上解吸下来之后排出。同时饱和树脂则从树脂储备区落到脉冲部分。与此同时，在解吸后的树脂进入吸附部分之前，用冲洗水洗去其中的微量解吸液。在脉冲时间，关闭脉冲室上面的阀门，打开环路中的阀门，水力脉冲持续 30 秒左右，将树脂沿环路移动一段预定的距离。这种运动使饱和树脂从脉冲部分进入解吸区，而同时又把解吸树脂推到吸附部分，并使吸附部分的饱和树脂转移到储存区。可向冲洗部分和吸附部分加入二次和三次脉冲，以促进树脂的运动并除去床层中的悬浮固体。可用反洗法借助向上流动的流化作用清除储存区树脂上的矿泥。

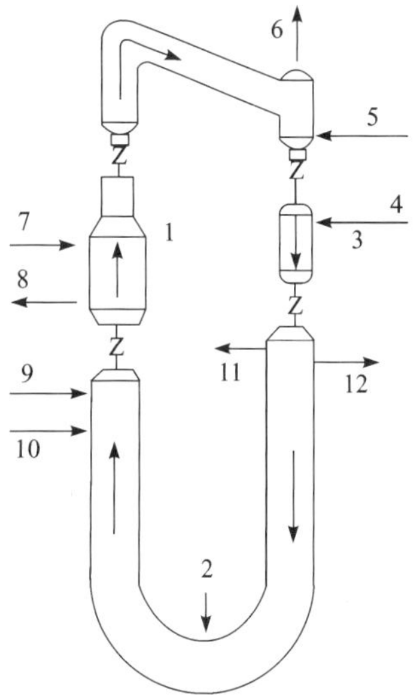

1—吸附部分；2—解吸部分；3—脉冲部分；4—脉冲；
5—反洗液；6—溢流至回收树脂；7—进料；8—贫液；
9—冲洗水；10—新解吸液；11—注入废水中；12—浓解吸液。

图 6-7　化学分离型离子交换设备

化学分离型设备树脂的利用率非常高，特别适合处理含铀浓度低的料液。在该情况下，铀向树脂的传质速率受树脂颗粒周围液膜的扩散作用控制。在该设备所能达到的高流速下，液膜扩散阻力最小。在化学分离型设备中，液体与树脂的接触是靠液体流过密实的树脂床实现的。这是它与固体床操作的共同特性，反映了这种操作对料液中悬浮固体的敏感性。

另一种可供选择的移动床接触器称为“AsaHi”类型，它是在 1956 年由 Porter 提出的，后来由日本 AsaHi 化学公司发展应用于水处理和污水处理领域。该接触器也可周期性地运行，一般水流向上通过树脂填充床，树脂用顶部筛孔挡板压紧。在工作周期结束时，关闭给料阀，床层物料落到反应器的底部，然后通过一个止回阀将已再生过的树脂送至反应器顶部。当工作流量恢复时，下部分分配器以下的树脂，则通过管线流出反应器流入反洗容器中。流态化反洗树脂，以去除细小杂质，然后将它送到再生容器中，以与萃取柱中相类似的方式运行。

2)流化床离子交换设备

流化床离子交换设备的一大优点是它能连续或半连续逆流运行。树脂相和处理液相的流量控制相对比较简单，最少只要求有一个工艺计时器或控制器。其容器通常都是与大气相通的，反应器中压力损失较小，机械设计较简单，材质也相当便宜。流化床的灵活性使得工作的柱数也降至最少，通常一列只有3个，即吸附柱、反洗柱和再生柱。它同时还减少了树脂用量和树脂的损耗。流化床的另一个重要优点是它很容易按比例放大规模，分配器的设计并不复杂，因此有可能从实验室装置按比例放大成中试和工业装置。

液体的旁通和沟流，在大直径填充床系统中是一个严重的问题，而在多级流化床中不是一个大问题。正是由于这个原因，冶金工业，尤其是铀工业，在最近几年里大力发展了流化床连续离子交换设备，其中典型代表有南非冶金研究所型、希姆斯利(Himsley)型、波特型(Porter)连续离子交换设备。

(1)南非冶金研究所型连续离子交换设备。

南非冶金研究所型连续离子交换设备(图6-8)基于以下两个基本概念而研制得到：①在多段流化床塔中进行树脂与料液的接触；②树脂以密实而又能够流动的状态与料液呈逆流转移。

该设备是由锥形底的圆筒形塔身和顶上周边装有溢流堰的扩大部分组成的。多孔的塔盘将塔内分成许多段。改进的底部塔盘，在其每个孔眼上都附加了罩帽或树脂捕捉器，扩大部分的横截面可以保证在流化床上部加入树脂时液体只有很小的波动，使溢出的贫液不夹带树脂。通过树脂短时间沿塔向下流动与溶液较长时间向上流动相互交替，实现了液体与树脂的逆流流动。在向上流动期间，被流化的树脂床膨胀，充满了各塔盘之间的空间。在向上流动之前，中断塔的进料，树脂就沉降到各块塔盘上。当溶液向下流时，使树脂通过各块塔盘上的孔眼进入下一段。最下面的那块塔盘上的罩帽可保证底段树脂稍微满一些。就各段树脂的均匀分布而言，这种特性有利于保证塔的长期稳定性。离开吸附塔的树脂流向输送容器，液体再从输送容器返回圆锥形的塔底，树脂靠水压从输送容器转移到吸附塔。

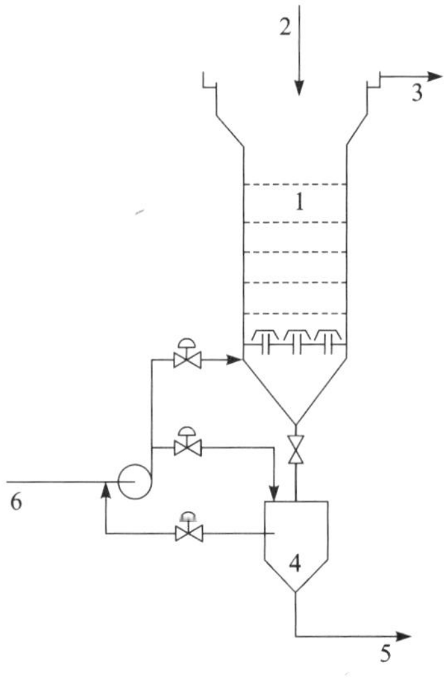

1—吸附塔；2—解吸过的树脂；3—贫液；4—输送容器；5—吸附后的树脂送去解吸；6—进料液。

图6-8 南非冶金研究所型连续离子交换设备

南非冶金研究所型连续离子交换设备具有启动时间短、设备利用率高、冶金效果好、树脂耗量低等优点。

(2)希姆斯利型连续离子交换设备。

希姆斯利型连续离子交换设备属于上流式多段流化床设备，然而，这种设备在树脂转移方法和流化床布液方面，却与其他流化床设备有明显的不同(图 6-9)。树脂的转移通过从输入树脂的那一段把溶液泵入其上面输出的那一段进行。进入上面那段的一部分溶液伴随着树脂向下流动，而大部分溶液则进入其上面的一段，在整个转移过程中，塔的进料是连续的。由于各段树脂是分开转移的，所以在塔内某处总是有一个空段准备接受自其上面下来的那段树脂，而溶液则通过一个位于中心的倒置堰分布。

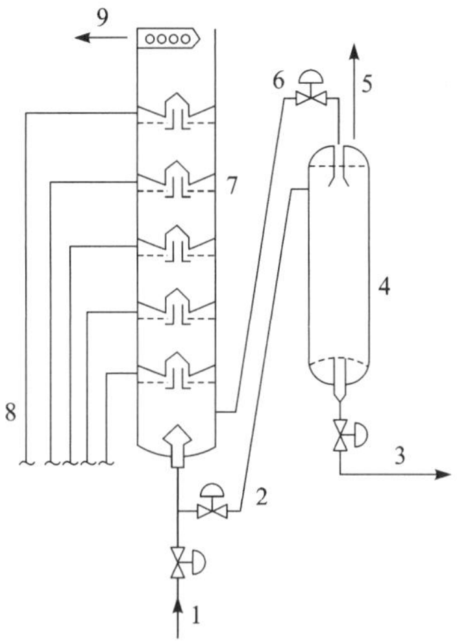

1—进料液；2—树脂输送；3—树脂送去解吸；4—计量槽；5—输出液返回；
6—树脂返回；7—吸附柱；8—树脂输送液管道；9—贫液。

图 6-9　希姆斯利型连续离子交换设备

希姆斯利型连续离子交换设备的设计虽然比吸附塔简单，却十分独特。离开吸附塔底部的树脂，被送到计量槽，计量槽的溢流返回到吸附塔的底段，密集的树脂从计量槽进入解吸槽底部，沉降的树脂经冲洗后送到吸附塔的顶部，在两次树脂转移的间隔中，解吸液透过树脂床向下流动。

(3)波特型连续离子交换设备。

波特型连续离子交换设备由一组串联的单个流化床吸附设备组成，流化床吸附设备是头顶部敞开的圆形橡胶内衬钢罐，它们稍稍有点倾斜，故可形成重力流，液体连续流进，通过一个配水母管进入罐的底部。液体通过每个罐顶的溢流堰流出来，并经过筛板收集携带的树脂，树脂靠空气压送逆流转移至上游的真空罐中。其解吸在常规的固定床塔中进行。波特型连续离子交换设备吸附系统的第二段示意图如图 6-10 所示。

在该设备中，每段都有一定体积的死角，但整体却可达到令人满意的交换效果且有较低的树脂破碎率，特别适合处理流量非常大的料液。纳米比亚罗辛(Rossing)铀矿采用该设备，建设了最大的流化床离子交换铀回收系统。

3)搅拌式离子交换设备

搅拌式离子交换设备可处理溶液或矿浆，在湿法冶金中已广泛应用。搅拌减少了因树脂

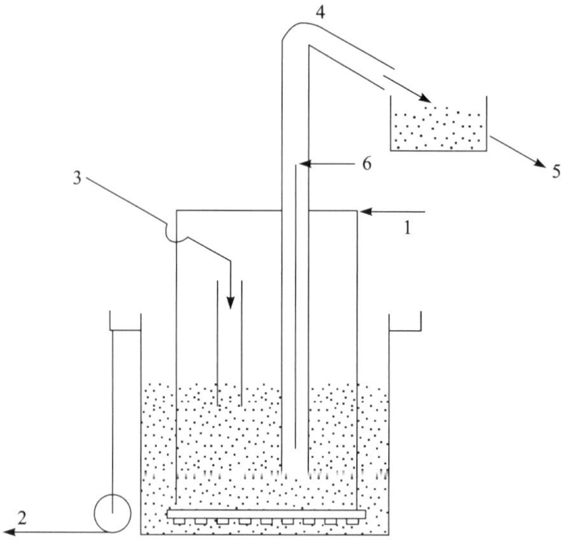

1—从第一段来的溶液；2—溶液去第三段；3—从第三段来的树脂；
4—空气提升泵；5—树脂去第一段；6—空气。

图 6-10　波特型连续离子交换设备吸附系统的第二段示意图

和矿浆密度不同引起的物理问题，轻度搅拌一般是为了使树脂和矿物处于悬浮状态，具体可以通过通入空气或机械搅拌来达到。

早期搅拌式离子交换设备一般为空气搅拌式，图 6-11 为此类设备不同形式的结构方案。这类设备都有上部网状排液器、中间空气升液管(用以搅拌树脂和矿浆)及空气升液器。上部网状排液器有淹没式[图 6-11(a)]和旁没式[图 6-11(b)]两种类型。中间空气升液管具有缩短高度和增大直径的作用，而作输送用的空气升液器与所采用的排料器结构相适应，以便从设备内导出矿浆。采用上述方法可保证连续处理溶液和高密度矿浆。

苏联常将如图 6-12 所示的巴秋卡型空气搅拌塔作为离子交换工业设备。该设备外壳用钢制成，内衬为耐酸砖，所有内部零件(如排料装置、搅拌装置等)都用钛制成，为了从溶液中分离出树脂，采用了聚丙烯筛网。该设备的特点为：树脂一次装入量小，设备构造简单，过程完全连续化，能实现过程的综合自动化，能处理任何密度和黏度的矿浆。为了使树脂尽量达到饱和及尽量完全吸附矿浆中的有价金属，一般采用由若干个吸附塔组成的逆流系统，即在塔与塔之间，树脂与矿浆呈逆流方向流动，如图 6-13 所示。显然，在每个塔内均可达到接近吸附平衡的状态，塔数越多，树脂的吸附饱和度越大，但由于受经济方面的影响，不能过多地增加倍数。

与空气搅拌相比，机械搅拌虽然投资费用较高，但可以减少搅拌能量，而且更有效，OldsHue 设计了进气管式搅拌器，其搅拌器叶轮位于进气管的底部，并在沉积矿浆的上面，该搅拌器还具有停止后易于重新启动的功能。

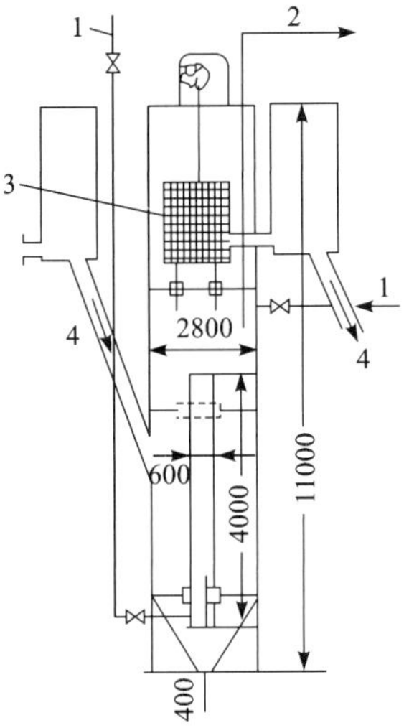

(a) 淹没式排液器的“振动箱”型

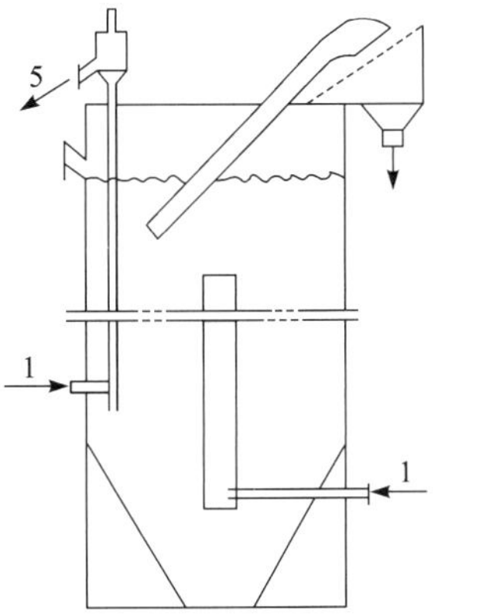

(b) 旁没式排液器的“倾斜网格”型

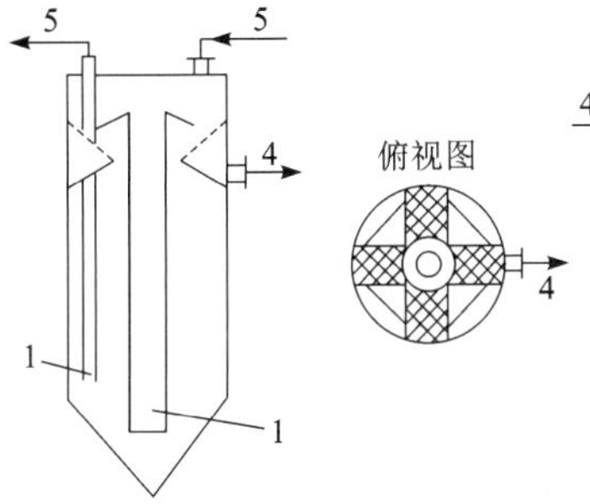

(c) 环状式排料器的“倾斜网格”型

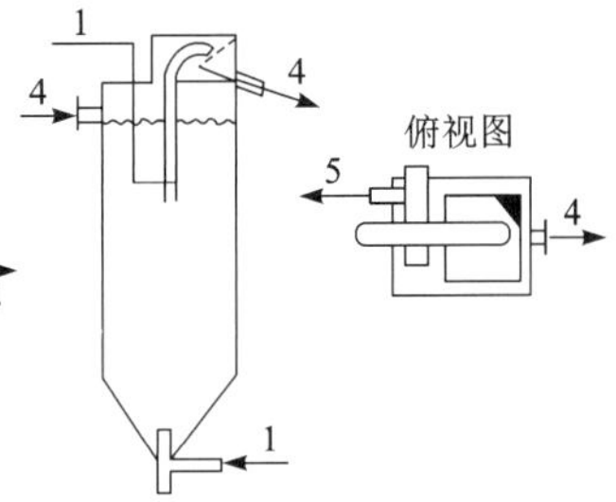

(d) 自流输送离子交换树脂型

1—空气；2，4，5—交换树脂；3—排液器。

图 6-11　用空气搅拌的离子交换设备的一般形式

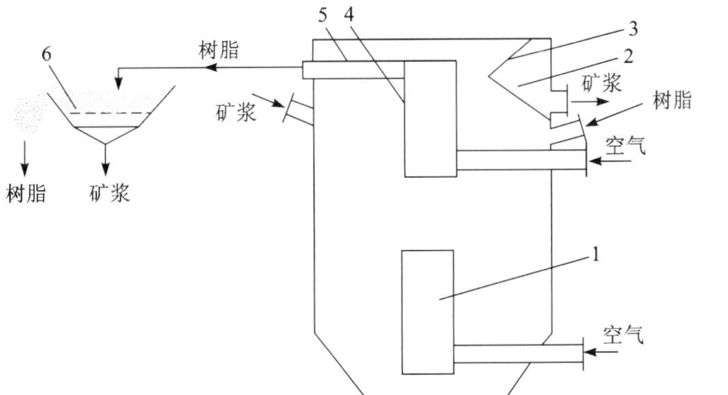

1—循环管；2—交换树脂；3—筛网；4—气升管；5—树脂输送管；6—振动筛。

图 6-12　巴秋卡矿浆吸附示意图

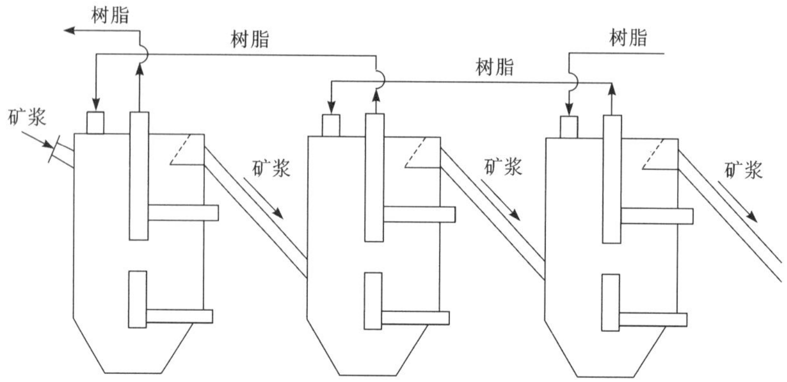

图 6-13 巴秋卡连续矿浆吸附示意图

6.5 活性炭及其吸附机理

6.5.1 吸附净化法

吸附净化法是从稀溶液中提取、分离和富集有用组分或有害组分的常用方法之一，工业上常用的吸附剂有活性炭、磺化煤及某些天然吸附剂(如软锰矿、磷灰石、高岭土、沸石等)。活性炭目前主要用于提取金、银，天然吸附剂主要用于水的净化、废水处理。

吸附净化法的原则流程与离子交换法相似，主要包括吸附和解吸两个基本作业。

1847 年人们就发现活性炭可从溶液中吸附出贵金属，1880 年开始用活性炭从含金溶液中回收金，但当时只能从澄清液中回收金，而且活性炭不返回使用，故无法代替广泛使用的锌置换工艺。1934 年人们用活性炭直接从矿浆中吸附金、银，直至 1952 年，J. B. 扎德拉(Zadra)等用热的氰化钠和氢氧化钠的混合液成功地从载金炭上解吸金、银，才使炭浆法提金工艺趋于完善。1961 年该法开始小规模用于美国科罗拉多州的卡尔顿选厂，完善的炭浆提金流程于 1973 年首先用于美国南达科他州的处理量为 2250 吨/天的霍姆斯特克选厂。从此以后，国外相继建立了多座炭浆提金厂。1985 年我国自行设计的灵湖金矿、赤卫沟金矿两个炭浆厂相继投产，至今已建成十座炭浆提金厂。

活性炭除用于吸附金、银外，还可从稀的氯化物溶液中吸附铂、钯、锇，也能吸附铷、钐、钇等元素，甚至可从酸性液中选择性地分离铼和钼。此外，活性炭被广泛地用于废水净化、化学分析等领域。

6.5.2 活性炭及其性质

活性炭是将固态碳质物质(如煤、木料、硬果壳、果核、糖、树脂等)于隔绝空气的条件下经受高温(600~900 ℃)炭化，然后在 400~900 ℃条件下用空气、二氧化碳、水蒸气或其混合气体氧化活化后的多孔物质。因此，活性炭的制备可分为炭化和氧化活化两个阶段。炭化阶段可使炭以外的物质挥发，氧化活化阶段可烧去残留的挥发物质以产生新的孔隙和扩充原有的孔隙，改善微孔结构，增加其吸附活性。在低温(400 ℃)下活化的炭为 L-炭，在高温

(800 ℃)下活化的炭为 H-炭。H-炭须在惰性气体中冷却，否则会转变为 L-炭。

活性炭的吸附性能取决于氧化活化时的气体的化学性质及其浓度，以及活化温度、活化程度和炭中无机物组成及其含量等因素，其主要是由活化气体的化学性质和活化温度决定。活化温度对用氧活化的糖炭性质的影响见表 6-13。活性炭的表面积是衡量其吸附活性的主要技术指标之一。从表 6-13 可知，糖炭的表面积随活化温度的提高而显著增大。活化温度愈高，残留的挥发物质挥发愈完全，微孔结构愈发达，表面积和吸附活性愈大。活性炭中含有相当数量的氢和氧，可以认为它们是以表面络合物的形态与炭化学键合的，糖炭中氢和氧的含量随活化温度的提高而下降。由于随着活化温度的提高，更多的挥发物质被除去，故炭中的灰分随活化温度的提高而增大。活性炭中的灰分主要由 K_2O、Na_2O、CaO、MgO、Fe_2O_3、Al_2O_3、P_2O_5、SO_3、Cl^-等组成。灰分含量对活性炭性能有很大影响，即使灰分含量只变化几个单位，也将显著改变活性炭的吸附活性。灰分含量愈高，活性吸附表面积愈小，吸附活性愈低。一般可用 HCl 或 HF(如 1%~10% HCl 或 HF)浸泡，然后用水洗的方法除去或降低活性炭的灰分。活性炭的灰分与其原料来源有关。—般认为用蔗糖制得的活性炭的灰分含量最低。

表 6-13 活化温度对用氧活化的糖炭性质的影响

项目	活化温度/℃			
	400	550	650	800
组成	L-炭	—	—	H-炭
炭	75.7	85.2	87.3	94.3
氧	19.0	10.4	7.4	3.2
氢	3.2	2.7	2.1	1.5
灰分	0.7	1.3	1.4	(1.2)
表面积(Bet 法测定)/($m^2 \cdot g^{-1}$)	40	400	390	480
水悬浮液的 pH	4.5	6.8	6.7	9.0
吸附量(NaOH)/($\mu g \cdot g^{-1}$)	340	159	158	23
HCl	39	155	169	265

试验表明，在有氧存在的条件下，活性炭与水溶液接触时会产生水解吸附，使水溶液的 pH 升高或降低，活性炭水悬浮液的 pH 随其活化温度的提高而增大。活性炭对酸或碱的吸附与其水悬浮液的 pH 有关，使蒸馏水的 pH 降低的活性炭对碱的吸附能力较强，使蒸馏水的 pH 升高的活性炭对酸有较强的吸附能力。试验还表明，氧分压对活性炭的吸附特性有很大的影响(图 6-14)。因此，活性炭的吸附特性可能是氧分压的函数。此外，某些活性炭具有还原性能或氧化性能，可使溶液中的某些离子还原为金属并析出酸或使某些离子氧化。

活性炭的机械强度与其原料来源及炭化温度有关，当炭化温度超过 700 ℃时，其机械强度将显著增大。

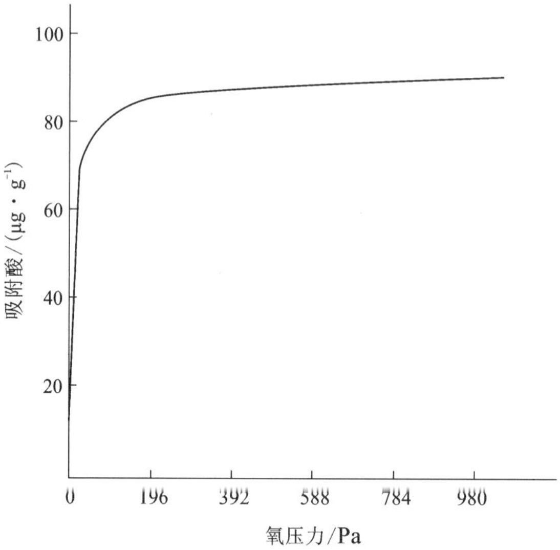

图 6-14　氧分压对 H-炭吸附盐酸的影响

6.5.3　活性炭的吸附机理

活性炭从清液或矿浆中吸附物质组分的机理目前尚不统一，为了解释这一现象，曾提出过各种吸附模式，综合起来可将其分为三类。

1)物理吸附说

物理吸附说认为活性炭从溶液中吸附物质组分完全由范德华力引起，因为活性炭晶体由一些平面组成，在每一平面上碳原子呈六边形格子排列，每个碳原子以共价键与相邻的三个碳原子结合，微晶由多个这样的平面构成，这些平面的直径和堆积高度一般小于 100 Å。炭化后通入氧化性气体活化时，气体将同晶格中不同部位的碳原子发生反应，生成的一氧化碳或二氧化碳气体将逸出，晶格中因缺少碳原子而形成空隙或空穴，故在微晶的边缘、空隙或空穴处具有不饱和键，且具有很大的吸附活性。活性炭的空隙度愈高，表面积愈大，晶格中的活性吸附点就愈多，吸附活性则愈大。其反应可表示为

$$H_2O+C_x \longrightarrow H_2+CO+C_{x-1}$$
$$CO_2+C_x \longrightarrow 2CO+C_{x-1}$$
$$O_2+C_x \longrightarrow 2CO+C_{x-2}$$
$$2O_2+C_x \longrightarrow 2CO_2+C_{x-2}$$

2)电化学吸附说

电化学吸附说认为氧与活性炭悬浮液接触时被还原为羟基并析出过氧化氢，而炭为电子给予体，其带正电，故可吸附阴离子。其反应为

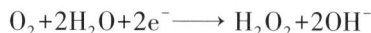

$$O_2+2H_2O+2e^- \longrightarrow H_2O_2+2OH^-$$
$$C-2e^- \longrightarrow C^{2+}$$

也有人认为 H-炭表面具有明显的醌型结构，L-炭则具有氢醌结构，在 500~700 ℃活化的炭则兼有这两种结构。它们像可逆氢电极一样，在氧化介质中，氢醌结构转变为醌型结

构，使活性炭带正电，可吸附阴离子；反之，则醌型结构转变为氢醌结构，活性炭带负电，可吸附阳离子。

3）双电层吸附说

用活性炭从氰化液中吸附金、银时发现，活性炭吸附氰化金、银的吸附曲线与炭表面的 ε 电位曲线相似。炭的 ε 电位为负值，而且发现只有吸附氰化银后才能吸附 Na^+、Ca^{2+}，而 Na^+、Ca^{2+} 的吸附又可增加氰化银离子的吸附。因此，认为氰化银先吸附于活性炭的晶格活化点上，Na^+、Ca^{2+} 作为配衡离子吸附于紧密扩散层，而 Na^+、Ca^{2+} 的吸附又可使其余的氰化银离子吸附，从而增加氰化银的吸附量。

上述有关活性炭吸附机理的假说皆基于某些实验提出，均可说明某些实验结果，但实际情况并非这么单一，吸附现象是复杂的，很可能是几种机理同时起作用。

本章习题

1. 何谓离子交换过程？其特点有哪些？
2. 简述离子交换树脂的结构、物理性能和化学性能。
3. 简述影响离子交换选择性的主要因素。
4. 简述影响离子交换速度的主要因素。
5. 大孔离子交换树脂与凝胶离子交换树脂相比有何特点？
6. 简述离子交换树脂选择原则。
7. 导致树脂中毒的主要原因有哪些？常见的处理方法有哪些？
8. 简述活性炭吸附的基本原理。

参考文献

[1]　张启修. 冶金分离科学与工程[M]. 北京：科学出版社，2004.

[2]　陆九芳，李总成，包铁竹. 分离过程化学[M]. 北京：清华大学出版社，1993.

[3]　黄礼煌. 化学选矿[M]. 北京：冶金工业出版社，1990.

[4]　朱屯. 萃取与离子交换[M]. 北京：冶金工业出版社，2005.

[5]　《溶液中金属及其他有用成分的提取》编委会. 溶液中金属及其他有用成分的提取[M]. 北京：冶金工业出版社，1995.

第7章　化学选矿产品制备

7.1　概述

化学选矿产品制取是在化学选矿过程中，采用各种沉淀技术从浸出液中以固体形态沉淀分离出化学选矿产品的工艺过程。

从溶液中提取金属的历史可以追溯到中世纪，化学沉淀法和还原沉积法是最早利用的从溶液中提取和纯化有用金属的技术。铜是人类首先从溶液中提取的金属，中国宋代就有“浸铁成铜”的记载，其就是利用酸水浸出铜，然后用铁置换得到金属铜。这种古老的方法甚至在今天还在使用，只不过由于设备先进，大大提高了生产效率。除铜以外，早期在工业上利用金属置换法生产的还有金、银等贵金属，通常是用金属锌从氰化浸出液中置换出金、银粗产品，现在工业上主要利用电解或电沉积法制取纯金属。

化学选矿产品的制备主要有化学沉淀法、结晶沉淀法和电积沉淀法三种。

7.2　化学沉淀法

化学沉淀法是在浸出液中加入某种试剂使主要金属离子由溶解状态转变成沉淀而分离得到化学选矿产品的方法。如果处理的矿石品位低，浸出液中金属离子浓度小，沉淀前必须浓缩，提高溶液浓度；含有杂质时需预先净化或选择性沉淀。用化学沉淀法得到的产品纯度一般不高，要进一步精炼才能得到纯金属。

在人类利用化学过程处理矿物的初期，化学沉淀法是净化金属溶液及分离提取金属化合物产品的主要方法。在铀矿加工当中，20世纪50年代前各产铀国几乎全部采用化学沉淀法从浸出液中净化和提取铀化合物。当时采用的是多段选择性沉淀法从浸出液中回收铀，由于工艺水平有限，用该法生产铀的成本高、回收率低。后来由于原子能工业发展的需要，相继研究出了离子交换树脂和萃取剂，铀矿加工中的溶液净化工艺逐渐被离子交换和溶剂萃取工艺取代，用净化液制备铀化学产品仍主要采用氨水沉淀法。

化学沉淀时，要求所用沉淀剂的选择性沉淀性能高，生成沉淀物的过滤性能较好，且价廉易得。

据化学沉淀的机理，可将化学沉淀法分为四类：水解沉淀法、络合沉淀法、难溶盐沉淀法和还原沉淀法。

根据沉淀剂的种类不同可以把化学沉淀分为：水解沉淀、硫化物沉淀、氯化沉淀、含氧酸盐沉淀、有机物沉淀、金属置换还原沉淀等。

目前，化学沉淀法主要用于从净化液中析出化学精矿。但是在某些矿物原料的化学选矿工艺中，化学沉淀法至今仍是主要的净化方法。此法虽简单可靠，但试剂耗量大，金属回收率较低。

7.2.1　水解沉淀法

水解沉淀法是用碱中和或用水稀释酸性浸出液从水溶液中析出金属氢氧化物或金属氧化物沉淀的方法。除碱金属、一价铊及某些碱土金属外，其他金属的氢氧化物都难溶于水，因此将其盐的水溶液中和到一定 pH，则可发生以下水解反应：

$$M^{n+}+nOH^- \xlongequal{\quad} M(OH)_n \downarrow$$

其标准自由能变化为

$$\Delta G^{\ominus}=\Delta G^{\ominus}M(OH)_n-\Delta G^{\ominus}M^{n+}-n\Delta G^{\ominus}OH^-=-RT\ln K=RT_1K_{Sp}$$

$$\lg K_{Sp}=\frac{\Delta G^{\ominus}}{2.303RT}$$

式中：K_{Sp} 为 $M(OH)_n$ 的溶度积。

$$\lg K_{Sp}=\lg(\alpha_M^{n+}\cdot\alpha_{OH}^{n})=\lg\alpha_{M^n}+n\lg K_W+npH$$

$$pH=\frac{1}{n}\lg K_{Sp}-\lg K_W-\frac{1}{n}\lg\alpha_{M^n} \tag{7-1}$$

式中：K_W 为水的溶度积，$K_W=10^{-14}$。

从式(7-1)可知，溶液中金属离子呈氢氧化物沉淀的 pH 与其氢氧化物的溶度积和溶液中金属离子的活度和价数有关。利用式(7-1)可在给定离子活度的条件下，计算其水解的起始 pH 和终点 pH，也可计算在不同 pH 条件下，沉淀析出氢氧化物后留在溶液中的金属离子浓度。

对于一定浓度的金属阳离子而言，呈氢氧化物沉淀的起始 pH 和沉淀终点 pH 的差值取决于该离子的价数。设起始浓度为 1 mol/L，沉淀终点为 10^{-m} mol/L，则沉淀终点 pH′与沉淀起始 pH^0 的关系为

$$pH'-pH^0=\frac{-\lg 10^{-m}-(-\lg 1)}{n}=\frac{m}{n}$$

$$pH'=\frac{m}{n}+pH^0 \tag{7-2}$$

25 ℃时某些金属离子呈氢氧化物沉淀的 pH 列于表 7-1 中。从表 7-1 中数据可知，金属氢氧化物的溶度积 K_{Sp} 越小，该金属离子呈氢氧化物沉淀析出的起始 pH 和沉淀终点 pH 越小。反之，金属氢氧化物溶度积 K_{Sp} 越大，该金属离子越难从溶液中呈氢氧化物沉淀析出。因此，控制 pH 即可使某些金属离子选择性分离。

表 7-1　某些金属离子呈 $M(OH)_n$ 沉淀的平衡 pH

$M(OH)_n$	K_{Sp}	$\lg K_{Sp}$	不同浓度对应的沉淀的 pH		
			1 mol/L	10^{-3} mol/L	10^{-6} mol/L
$Ti(OH)_3$	1.5×10^{-44}	-43.82	-0.5	0.5	1.5

续表7-1

$M(OH)_n$	K_{Sp}	$\lg K_{Sp}$	不同浓度对应的沉淀的 pH		
			1 mol/L	10^{-3} mol/L	10^{-6} mol/L
$Sn(OH)_4$	1.6×10^{-56}	-56.00	0.1	0.85	1.6
$Ti(OH)_4$	—	—	0.5	1.25	2.0
$Co(OH)_3$	3.0×10^{-41}	-40.52	1.0	2.0	3.0
$Sb(OH)_3$	4.0×10^{-42}	-41.40	1.2	2.2	3.2
$Sn(OH)_2$	5.0×10^{-26}	-25.30	1.4	2.9	4.4
$Fe(OH)_3$	4.0×10^{-38}	-37.40	1.6	2.6	3.6
$Al(OH)_3$	1.9×10^{-33}	-32.72	3.1	4.1	5.1
$Bi(OH)_3$	4.3×10^{-33}	-32.37	-3.9	4.9	5.9
$Cr(OH)_3$	5.4×10^{-31}	-30.27	3.9	4.9	5.9
$Cu(OH)_2$	5.6×10^{-20}	-19.25	4.5	6.0	7.5
$Zn(OH)_2$	4.5×10^{-17}	-16.35	5.9	7.4	7.9
$Co(OH)_2$	2.0×10^{-16}	-15.70	6.4	7.9	8.4
$Fe(OH)_2$	1.6×10^{-15}	-14.80	6.7	8.2	8.7
$Cd(OH)_2$	1.2×10^{-14}	-13.92	7.0	8.5	9.0
$Ru(OH)_2$	—	—	6.8~8.5	7.85~9.5	8.8~10.5
$Ni(OH)_2$	1.0×10^{-15}	-15.00	7.1	8.6	10.1
$Mg(OH)_2$	5.5×10^{-12}	-11.26	8.4	9.9	11.4
TlOH	7.2×10^{-1}	-0.14	13.8	—	—

纯净的氢氧化物只能从稀溶液中沉淀析出，浸出液或净化液中含大量酸根和较高的金属离子浓度，因此，水解沉淀析出的常为碱式盐，形成碱式盐的反应为：

$$(x+y)M^{n+}+\frac{nx}{m}R^{m-}+nyOH^{-}=xMR_{\frac{n}{m}}\cdot yM(OH)_n$$

式中：R 为相应的酸根；x、y 为系数；n、m 为金属阳离子和酸根的价数。

同理，可由其标准自由能的变化求得其水解沉淀的 pH：

$$pH=\frac{\Delta G^{\ominus}}{2.303nyRT}-\lg K_W-\frac{x+y}{my}\lg\alpha_{M^{n+}}-\frac{x}{my}\lg\alpha_{R^m}$$

从上式可知，形成碱式盐沉淀的平衡 pH 与金属离子的浓度和价数、碱式盐成分、阴离子的活度和价数有关。25 ℃、$\alpha_{M^{n+}}=\alpha_{R^{m-1}}=1$ 时的平衡 pH 列于表 7-2 中。从表 7-2 中数据可知，生成碱式盐的标准自由能变化越负，则生成的碱式盐沉淀的起始 pH 越小，即越易从溶液中沉淀析出。对比表 7-1 和表 7-2 可知，金属离子呈碱式盐析出的 pH 稍低于相应的氢氧化物沉淀的 pH，即金属离子较易以碱式盐沉淀析出。

表 7-2　25 ℃、$\alpha_{M^{n+}}=\alpha_{R^{m-1}}=1$ 时生成碱式盐的平衡 pH

碱式盐	碱式盐生成 $\Delta G^{\ominus}$		
	千卡/克分子 (×4184 焦/摩)	千卡/克当量 (×4184 焦/克当量)	平衡 pH
$2Fe(SO_4)_3 \cdot 2(FeOH)_3$	-196.0	-33.0	<0
$Fe(SO_4)_3 \cdot Fe(OH)_3$	-73.0	-24.3	<0
$CuSO_4 \cdot Cu(OH)_2$	-60.5	-15.1	3.1
$2CdSO_4 \cdot Cd(OH)_2$	-29.5	-14.5	3.9
$ZnSO_4 \cdot Zn(OH)_2$	-27.5	-13.9	3.8
$ZnCl_2 \cdot Zn(OH)_2$	-49.3	-12.4	5.1
$NiOSO_4 \cdot 4Ni(OH)_2$	-96.0	-12.0	5.2
$FeSO_4 \cdot 2Fe(OH)_3$	-47.2	-11.8	5.3
$CdSO_4 \cdot 2Cd(OH)_2$	-45.6	-11.4	5.8

由于金属液中某些金属离子常以低价形态存在，用单纯水解的方法常不能使其与主体金属相分离。因此，实践中常采用的是氧化水解净化法，先将低价的杂质氧化为高价形态，再加入中和剂才能将其分离。

常用的氧化剂为 MnO_2、$KMnO_4$、H_2O_2、Cl_2、$NaClO_3$、O_2 等，其标准还原电位的顺序为 $H_2O_2>MnO_4^->ClO_3^->Cl_2>MnO_2>O_2$。除氯外，它们的平衡电位皆与 pH 有关。$H_2O_2$、$KMnO_4$、$NaClO_3$ 的价格较贵，生产中常用的氧化剂为二氧化锰、液氯和空气中的氧。

除在常压下进行氧化水解外，还可在高压下进行氧化水解，此时可用空气或氧气作氧化剂。实验表明，在热压(温度大于 100 ℃)条件下，金属阳离子的水解顺序与低温时相同，但水解的起始 pH 较低，可在更低的 pH 介质甚至在弱酸液中析出铁、铝等杂质。

7.2.1.1　铀矿酸浸液中和沉淀除杂

某铀矿的水解沉淀净化流程如图 7-1 所示，流程中浸矿时使用 MnO_2 作氧化剂，浸液先用石灰乳中和至 pH 为 3~3.5，以除去大量的 Fe^{3+}、SO_4^{2-} 和部分剩余酸，过滤后滤液用氨水进一步中和至 pH 为 4~4.5，以除去 Al^{3+}等杂质。过滤后的滤液再用氨水进一步中和至 pH 为 6.5~7.0，铀呈重铀酸铵的形态沉淀析出。

7.2.1.2　浸出液净化除铁

在湿法冶炼过程中，溶液中的铁离子会影响后续工艺过程，所以通常要将铁离子作为杂质净化去除。自 20 世纪 70 年代初以来，水解-沉淀法被开发用于湿法冶金溶液中除铁，根据实际工艺条件和生成的铁相沉淀可以分为中和沉淀法、黄钾铁矾法、针铁矿法和赤铁矿法等。其主要的原理是在不同温度条件下，首先将溶液中的亚铁离子氧化成为三价铁离子，并通过添加 pH 调整剂，如 CaO、$Ca(OH)_2$、$CaCO_3$、NaOH 和 Na_2CO_3、$NH_3 \cdot H_2O$ 等调整溶液的 pH，使得溶液中的三价铁离子在适宜的条件下水解形成不同的固相，形成的铁相沉淀主要是氢氧化铁、黄钾铁矾、针铁矿、赤铁矿，这几种铁相沉淀也是工业生产中利用沉淀法除铁

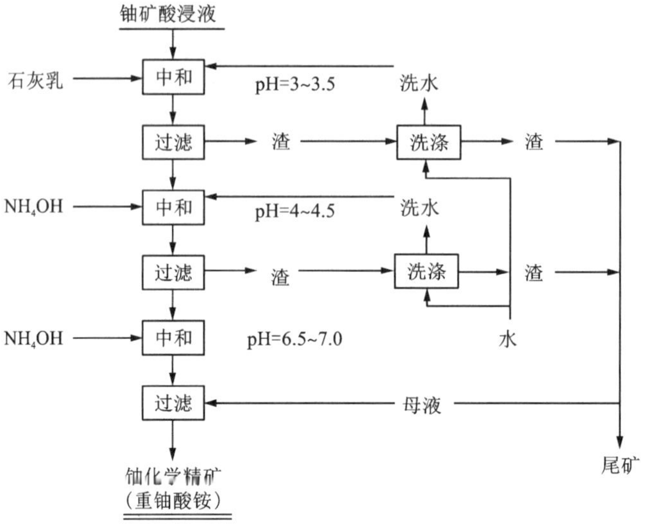

图 7-1　某铀矿的水解沉淀净化流程图

时生成的最主要的几种产物。图 7-2 显示了硫酸铁溶液中不同铁相沉淀生成的温度和 pH 条件。

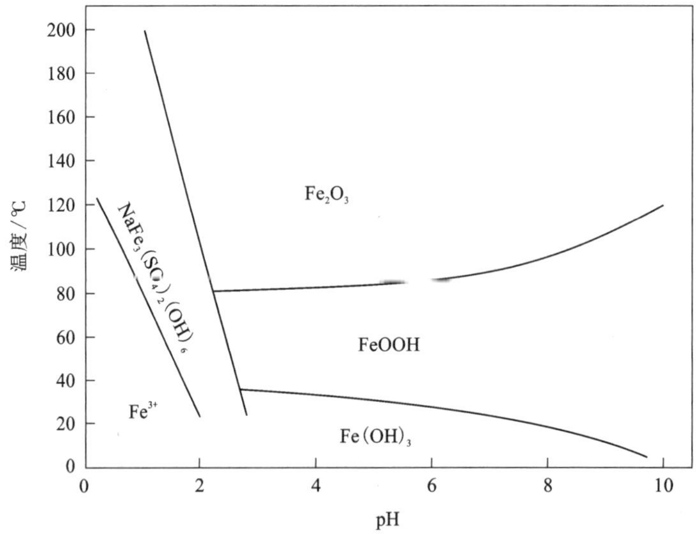

图 7-2　硫酸铁溶液中不同铁相沉淀生成的温度和 pH 条件示意图

1) 中和沉淀法

中和沉淀法除铁是将溶液中亚铁离子直接氧化成三价铁离子，三价铁离子经过水解，能和溶液中的羟基结合，生成难溶的 $Fe(OH)_3$，其反应为

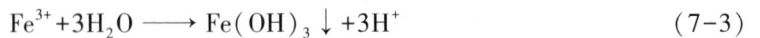

$$Fe^{3+}+3H_2O \longrightarrow Fe(OH)_3\downarrow+3H^+ \tag{7-3}$$

三价铁离子开始水解为氢氧化铁沉淀的初始 pH 取决于溶液中铁的初始浓度，一般是在

pH 为 2~3 时。当 pH>4 时，所有的铁都会以胶粒的形式存在。从天然水体中沉淀氢氧化铁的最佳条件为 pH 为 6~8、铁离子浓度>50 mg/L。中和沉淀法除铁工艺简单，运行成本低，但是氢氧化铁从溶液中析出时会呈现胶体状态，导致其过滤性极差，在工业化生产中不能很好地实现固液分离。如果升高反应温度，同时使用氢氧化钙/碳酸钙等碱性试剂造石膏渣等方法，可以有效缓解氢氧化铁沉淀的过滤性能差的问题。中和沉淀法除铁多适用于溶液含铁量低或溶液量少的工业生产线上，其固液分离作业仍然无法达到大型的湿法冶炼企业的稳定、快速的生产要求。

2）黄钾铁矾法

黄钾铁矾型矿物存在于富硫酸盐和氧化环境中，这类矿物最重要的应用是从锌、铜和铅湿法冶炼溶液中将铁除去。黄钾铁矾在稀酸中不溶解，易于沉淀、洗涤和过滤。用黄钾铁矾法除铁是从 20 世纪 60 年代发展起来的，它的主要原理为，在一定的温度和酸度条件下，在铵或碱性金属阳离子存在的情况下，将溶液中的铁以黄钾铁矾或其类似物的形式沉淀，以便将铁离子从溶液中去除。黄铁矾的形成可用式(7-4)表示，它是一种基于硫酸铁的复盐沉淀：

$$3Fe_2(SO_4)_3+M_2SO_4+12H_2O \longrightarrow 2MFe_3(SO_4)_2(OH)_6\downarrow+6H_2SO_4 \tag{7-4}$$

式中：M 代表 NH_4^+、H_3O^+、Na^+、K^+、Pb^{2+}等离子。自 20 世纪 70 年代初以来，湿法炼锌的黄钾铁矾法得到了越来越多的关注，其中有很多关于黄钾铁矾法的优点和沉淀反应过程中参数优化等方面的研究。黄钾铁矾法沉淀除铁过程与反应 pH、温度、反应时长及搅拌速度等条件紧密相关。黄钾铁矾沉淀的最佳反应温度为 90~100 ℃，反应 pH 为 1.5~1.8，反应过程中往体系添加合适的晶种并同时剧烈搅拌。黄钾铁矾晶种的存在可以有效加速沉淀反应，并且随着晶种添加量的不断增加，沉淀速度会加快，添加晶种在一定程度上可以有效减少黄钾铁矾法对反应温度和 pH 的依赖。实际上，为了避免购买高成本的高压釜设备，通常采用 90 ℃左右的反应温度，铁离子在几个小时内可以实现沉淀完全。

黄钾铁矾法除铁的一个优点是可以去除 SO_4^{2-} 和其他的杂质离子，但它也有明显的劣势，即过程中会产生大量的除铁渣。据不完全统计，我国每年产生的除铁渣就有 100 万吨，这就需要建设大量渣库用于堆存除铁渣，不仅占用了大量的土地，也会给当地生态环境带来严重的影响。黄钾铁矾法还有一个缺点，铁离子与溶液中的其他有价金属离子会产生共沉淀，如铜、锌、钴、镍、锰、铟、镓、锗、铝等，其将导致除铁过程中有价金属的损失。

3）针铁矿法

针铁矿是含水氧化铁的主要矿物之一，它的组成为 $\alpha-Fe_2O_3\cdot H_2O$ 或 $\alpha-FeOOH$。针铁矿法除铁工艺是由比利时老山公司巴伦厂发展并开始应用的。针铁矿沉淀的形成过程主要涉及氧化反应、水解反应和中和反应三种反应。溶液中的铁离子形成针铁矿沉淀而被除去时，为了使针铁矿沉淀过程顺利进行，必须预先降低溶液中 Fe^{3+} 含量，控制溶液中三价铁离子的实时浓度低于 1 g/L。这一反应条件可以通过还原-氧化法（V-M 法）来实现，即先将所有的铁离子还原为亚铁离子，再缓慢地将亚铁离子逐步氧化为三价铁离子；也可以通过部分水解法（EZ 法）来实现，即通过喷淋控制反应釜中浸出液的添加量，将含有三价铁离子的溶液缓慢而均匀地加入具备水解条件的溶液中，加入的速度不能快于三价铁离子水解的速度。针铁矿法除铁的反应为

$$Fe_2(SO_4)_3+4H_2O \longrightarrow 2FeOOH\downarrow+3H_2SO_4 \tag{7-5}$$

该反应条件相对严格，必须控制反应 pH 为 2~4，反应温度为 80~90 ℃。同时，因为反应过程中生成了酸，必须不断往溶液中添加碱性物质中和溶液中产生的酸。通常来说，针铁矿沉淀中大部分杂质离子可以通过酸洗去除，但并不能确保完全去除杂质离子。采用天然褐铁矿种子诱导结晶的方法可以有效提高针铁矿沉淀的过滤性能。在针铁矿法湿法提取镍过程中，在 pH 为 2~4.3 的条件下，反应 pH 越低，沉淀物的粒径就越大，过滤性能就越好，镍的损失也越小。

相对于黄钾铁矾除铁工艺，针铁矿法除铁产生的渣量要少得多，而且相对环保。但是，在实际生产过程中，针铁矿法除铁会同时产生氢氧化铁沉淀，这导致生成的除铁渣的沉降和过滤作业比较困难，并且除铁渣含水量较高，有价金属损失严重，如锌溶液用针铁矿法除铁工艺产生的除铁渣中含锌量就达到了 6%。

4)赤铁矿法

相比于其他几种铁相沉淀，赤铁矿(Fe_2O_3)是比较理想的铁沉淀，因为赤铁矿稳定、密度高、铁的形态较纯，资源利用效率高。赤铁矿法产生的赤铁矿沉淀主要用于生产水泥、颜料以及作为炼铁或生产铁氧体的原料，从而有效缓解了湿法冶炼过程中除铁渣堆存的矛盾。在溶液中，硫酸铁通过水解生成赤铁矿沉淀，反应方程式为

$$2FeSO_4+\frac{1}{2}O_2+2H_2O \longrightarrow Fe_2O_3\downarrow+2H_2SO_4 \tag{7-6}$$

该反应一般要在氧分压(P_{O_2})>5 MPa、温度>185 ℃时才可以顺利进行。赤铁矿析出过程为：首先 Fe^{2+} 在高温下被氧化成为 Fe^{3+}，然后 Fe^{3+} 水解生成赤铁矿。研究表明，在这一过程中，反应温度是赤铁矿析出的关键，而氧的分压对反应的影响相对较小，提高反应温度、延长反应时间有利于提高除铁的效率，从而提高赤铁矿产品中的铁含量。因为提高反应温度可以有效抑制配合物的形成，使更多的 Fe(Ⅱ)直接以赤铁矿的形式析出，而不必受到 Fe(Ⅲ)水解速率的限制。相关研究表明，在溶液中，铁离子在反应温度为 200 ℃下会转化为赤铁矿沉淀，同时在反应过程中会产生酸，如果溶液中硫酸的浓度达到 65 g/L，会优先析出 $Fe(OH)SO_4$ 沉淀，影响赤铁矿的纯度。不同的初始铁离子浓度，会影响生成的沉淀中 Fe_2O_3 和 $Fe(OH)SO_4$ 的比例。当反应温度下降到 185 ℃时，溶液中的硫酸浓度小于 56 g/L 才能生成赤铁矿沉淀。

赤铁矿法除铁的不足之处：该过程的反应设备需要高温、高压反应釜，并且还要带有充气和加药的功能，其间要将全部的浸出液加热到 200 ℃，维持 1~2 h，这样投资和运营的成本会较高。

7.2.2 硫化物沉淀法

硫化物沉淀法是以 H_2S 或 Na_2S 作为沉淀剂，使溶液中的金属离子沉淀为硫化物的方法。

硫化物沉淀法是基于许多元素的硫化物难溶于水，因此，当溶液中有 M^{n+} 存在时，加入 S_2^- 则将发生以下沉淀反应：

$$2M^{n+}+nS^{2-}=M_2S_n\downarrow$$

对于二价金属离子的沉淀反应，平衡时有

$$[M^{2+}]\cdot[S^{2-}]=K_{Sp(MS)} \quad 或 \quad [M^{2+}]=\frac{K_{Sp(MS)}}{[S^{2-}]} \tag{7-7}$$

而溶液中$[S^{2-}]$取决于下列电离反应：

$$H_2S_{(aq)} \rightleftharpoons H^+ + HS^-$$

其电离常数 $K_1=\dfrac{[HS^-][H^+]}{[H_2S_{(aq)}]}$，则有

$HS^- \rightleftharpoons H^+ + S^2$，则有

其电离常数 $K_2=\dfrac{[S^{2-}][H^+]}{[HS^-]}$

$$H_2S_{(aq)} \rightleftharpoons 2H^+ + S^2$$

$$K_3=K_1 \cdot K_2=\frac{[S^{2-}][H^+]^2}{[H_2S_{(aq)}]}$$

故有

$$[S^{2-}]=\frac{K_3[H_2S_{(aq)}]}{[H^+]^2}$$

代入式 (7-7)可得

$$[M^{2+}]=\frac{K_{Sp(MS)} \cdot [H^+]^2}{(K_3[H_2S_{(aq)}])}$$

$$\lg[M^{2+}]=\lg K_{Sp(MS)}-\lg K_3-\lg[H_2S_{(aq)}]-2pH \tag{7-8}$$

溶液中硫的总浓度为$[S]_T$ 为$[H_2S_{(aq)}]$、$[HS^-]$、$[S^{2-}]$之和，但根据 K_1、K_2 值计算，在常温下，当 pH<6 时，$[HS^-]$、$[S^{2-}]$已很小，故可近似认为$[S]_T \approx [H_2S_{(aq)}]$。

代入式(7-8)得

$$\lg[M^{2+}]=\lg K_{Sp(MS)}-\lg K_3-\lg[S]_T-2pH \tag{7-9}$$

已知 25 ℃时，$K_1=1.32\times10^{-7}$，$K_2=7.08\times10^{-15}$，$K_3=9.35\times10^{-22}$

$$\lg[M^{2+}]=\lg K_{Sp(MS)}+21.03-\lg[S]_T-2pH$$

以此类推，对 M_2S 型硫化物而言，25 ℃时有

$$\lg[M^+]=\frac{1}{2}\lg K_{Sp(M_2S)}-\frac{1}{2}\lg K_3-\frac{1}{2}\lg[S]_T-pH \tag{7-10}$$

$$\lg[M^+]=\frac{1}{2}\lg K_{Sp(M_2S)}+10.51-\frac{1}{2}\lg[S]_T-pH$$

同理，对 M_2S_3 型硫化物而言，25 ℃时有

$$\lg[M^{3+}]=\frac{1}{2}\lg K_{Sp(M_2S_3)}-\frac{3}{2}\lg K_3-\frac{3}{2}\lg[S]_T-3pH \tag{7-11}$$

$$\lg[M^{3+}]=\frac{1}{2}\lg K_{Sp(M_2S_3)}+31.54-\frac{3}{2}\lg[S]_T-3pH$$

分析式(7-7)~式(7-11)可知，沉淀后影响残留金属离子浓度的因素主要有三个，分别为溶液的 pH、溶液中硫的浓度及气相 H_2S 的分压和温度。常见的金属硫化物沉淀的溶度积常数(pK_s)列于表 7-3 中。

表 7-3 常见的金属硫化物沉淀的溶度积常数(pK_s)

反应	T		
	298 K	323 K	373 K
$Ag_2S \rightleftharpoons 2Ag^+ + S^{2-}$	49.14	45.37	39.70
$Bi_2S_3 \rightleftharpoons 2Bi^{3+} + 3S^{2-}$	104.05	98.37	90.58
$CdS \rightleftharpoons Cd^{2+} + S^{2-}$	27.19	25.70	23.73
$CoS \rightleftharpoons Co^{2+} + S^{2-}$	19.74	18.94	18.10
$CuS \rightleftharpoons Cu^{2+} + S^{2-}$	35.85	33.76	30.85
$Cu_2S \rightleftharpoons 2Cu^+ + S^{2-}$	47.64	44.13	38.89
$FeS \rightleftharpoons Fe^{2+} + S^{2-}$	16.47	15.75	15.17
$HgS \rightleftharpoons Hg^{2+} + S^{2-}$	52.70	49.10	43.90
$NiS \rightleftharpoons Ni^{2+} + S^{2-}$	21.03	20.19	19.26
$MnS \rightleftharpoons Mn^{2+} + S^{2-}$	12.95	12.59	12.40
$PbS \rightleftharpoons Pb^{2+} + S^{2-}$	28.06	26.28	23.89
$SnS \rightleftharpoons Sn^{2+} + S^{2-}$	27.53	26.04	24.08
$ZnS \rightleftharpoons Zn^{2+} + S^{2-}$	23.10	22.07	20.83

7.2.3 含氧酸盐沉淀

除硫化物沉淀法外，还可利用某些金属的磷酸盐、砷酸盐、碳酸盐、草酸盐、氟化物、氯化物、铀酸盐、钨酸盐、钼酸盐等的难溶性质进行组分分离。

某些金属的磷酸盐、砷酸盐、碳酸盐的溶度积常数(pK_s)列于表 7-4～表 7-6 中。

表 7-4 某些金属磷酸盐的溶度积常数(pK_s)

Me^{n+}	Ag^+	Al^{3+}	Ba^{2+}	Be^{2+}	Bi^{3+}	Ca^{2+}	Cd^{2+}	Ce^{3+}	Co^{2+}	Cu^{2+}	Fe^{3+}
pK_s	16.0	17.0	22.5	37.7	23.0	36.9	32.6	22.0	34.7	36.9	28.0
Me^{n+}	Li^+	La^{3+}	Mg^{2+}	Mn^{2+}	Ni^{2+}	Pb^{2+}	Sr^{2+}	Th^{4+}	Uo^{2+}	Zn^{2+}	Zr^{4+}
pK_s	8.5	22.4	24.0	28.7	31.3	42.0	23.4	78.6	48.0	32.0	13.2

表 7-5 某些金属砷酸盐的溶度积常数(pK_s)

Me^{n+}	Ag^+	Al^3	Ba^{2+}	Bi^{3+}	Ca^{2+}	Cd^{2+}	Co^{2+}	Cr^{3+}	Cu^{2+}
pK_s	22.0	15.8	50.1	9.4	18.5	32.7	28.2	20.1	35.1
Me^{n+}	Fe^{3+}	Hg^{2+}	Mn^{2+}	Ni^{2+}	Pb^{2+}	Sr^{2+}	Zn^{2+}	Uo^{2+}	
pK_s	20.2	19.7	28.7	25.5	35.4	18.4	27.6	10.5	

表 7-6　某些金属碳酸盐的溶度积常数(pK_s)

Me^{n+}	Ba^{2+}	Ca^{2+}	Cd^{2+}	Co^{2+}	Cu^{2+}	Fe^{3+}	Hg^{2+}	Mg^{2+}	Mn^{2+}
pK_s	8.29	8.54	11.28	12.84	9.86	10.50	16.00	7.46	10.70
Me^{n+}	Ni^{2+}	Pb^{2+}	Sr^{2+}	Uo^{2+}	Zn^{2+}	Li^{+}			
pK_s	8.20	13.10	10.00	11.70	10.80	1.31/g 100 g 溶液(25 ℃) 0.72/g 100 g 溶液(100 ℃)			

从表 7-6 可知，碳酸锂难溶，而且其溶解度随溶液温度的升高而下降，25 ℃时的溶解度为 1.31 g/100 g 溶液，100 ℃时的溶解度则降为 0.72 g/100 g 溶液。因此，可采用碳酸锂的形态沉淀提取锂。

7.2.4　有机物沉淀法

近年还采用一些有机沉淀剂，如草酸、丹宁酸、福美钠、黄原酸、铜铁灵和乌托品等沉淀溶液中的金属离子。

1) 草酸沉淀法

草酸沉淀法常用于稀土提取工艺中，如采用浓硫酸在 200 ℃条件下分解独居石或磷铈镧矿时，冷水浸出硫酸盐，稀土和钍进入溶液中，用草酸沉淀，可获得钍和稀土的混合沉淀物，送后续工序进一步分离钍和稀土。

从离子吸附型稀土矿中提取稀土时，常用 5%~7%的食盐水或 1.5%~3.5%的硫酸铵溶液作浸出剂，以使稀土呈离子形态转入浸出液中。20 世纪 80 年代后期之前，普遍采用在 pH 为 1~2.0 条件下用草酸沉淀稀土，以获得混合稀土草酸盐沉淀物，经过滤、灼烧产出混合稀土氧化物，混合稀土氧化物总量大于 92%。某些金属草酸盐沉淀的溶度积常数(pK_s)列于表 7-7 中。

表 7-7　某些金属草酸盐沉淀的溶度积常数(pK_s)

Me^{n+}	Au^{3+}	Ba^{2+}	Ca^{2+}	Ce^{3+}	Fe^{3+}	Hg^{2+}	Mg^{2+}	Mn^{2+}
pK_s	10.0	6.79	8.00	25.50	6.50	12.70	26.00	15.00
Me^{n+}	Ni^{2+}	Pb^{2+}	Sr^{2+}	TH^{4+}	Tl^{+}	Uo^{2+}	Y^{3+}	Zn^{2+}
pK_s	9.40	9.32	4.65	22.00	12.00	3.70	28.30	7.60

2) 单宁酸沉淀锗(单宁沉锗)

单宁酸是一类含有大量酚羟基类物质，其分子式为 $C_{76}H_{52}O_{46}$，单宁酸中多个邻位酚羟基结构可作为多基配体与 Ge 及其他金属离子发生络合反应。相邻的两个酚羟基与氧负离子、金属离子形成稳定的五元环螯合物，邻苯三酚中的第三个酚羟基虽未参与络合，但可加速其他两个酚羟基的离解，从而促进络合物的形成及稳定，单宁酸结构如图 7-3 所示。

单宁沉锗是以单宁酸作为络合沉淀剂，将硫酸锌溶液中的水合二氧化锗在微酸条件下与单宁酸中的棓酸发生反应，形成络合物进入沉淀，对沉锗后的硫酸锌溶液进行过滤，实现硫

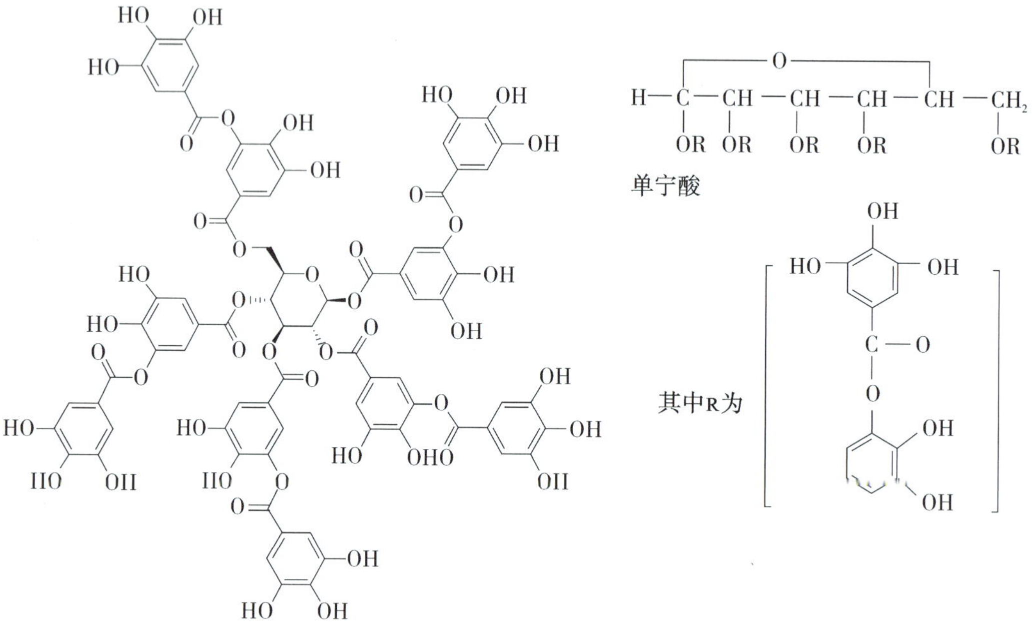

图 7-3 单宁酸的化学结构式

酸锌溶液与锗沉淀的分离，最终实现富集回收锗的目的，其反应式为

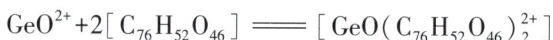

$$GeO^{2+}+2[C_{76}H_{52}O_{46}] = [GeO(C_{76}H_{52}O_{46})_2^{2+}]$$

浸出液中如果存在 Fe^{3+}，其相对容易被单宁酸络合，而 Fe^{3+} 也容易吸附 AsO_3^{3-} 和 AsO_4^{3-}，因此，在单宁沉锗时必须将溶液中的 Fe^{3+} 还原为 Fe^{2+}。

3）二甲基二硫代氨基甲酸钠沉淀镍、钴

二甲基二硫代氨基甲酸钠，商用名称为福美钠，化学式为 $(CH_3)_2NS_2Na$，含两个结晶水的分子式为 $C_3H_6NS_2Na\cdot 2H_2O$；纯品为鳞片状白色结晶，有轻微氨味，极易溶于水，相对分子质量为 143.20，结构如图 7-4 所示。

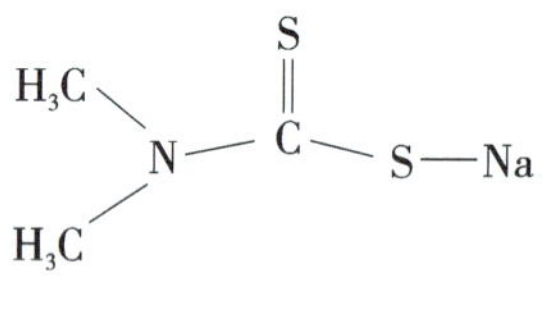

图 7-4 福美钠的化学结构式

在溶于水的情况下，福美钠会形成含 S 的阴离子基团 $(CH_3)_2NCSS^-$，$(CH_3)_2NCSS^-$ 可与溶液中的 Co^{3+} 结合生成稳定的有机螯合物 $[(CH_3)_2NCSS]_3Co$ 沉淀。因 Co^{3+} 和电极电位差的作用，福美钠与重金属离子都可螯合，还可以除去 Cd^{2+} 等，具体反应如下：

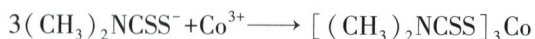

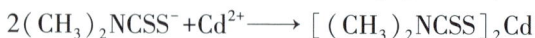

$$3(CH_3)_2NCSS^-+Co^{3+} \longrightarrow [(CH_3)_2NCSS]_3Co$$

$$2(CH_3)_2NCSS^-+Cd^{2+} \longrightarrow [(CH_3)_2NCSS]_2Cd$$

7.2.5　金属置换还原沉淀法

在化学选矿工艺中，广泛采用金属置换还原沉淀法从浸出液中回收有用组分、进行有用组分分离或除去某些杂质以进行浸出溶液净化或回收有用组分。金属置换还原沉淀法是采用一种较负电位的金属作为还原剂，从溶液中将一种较正电位的金属离子置换沉淀的氧化还原过程。此时作为置换剂的金属被氧化而呈金属离子形态转入溶液中，溶液中被置换的金属离子被还原而呈金属态析出。其反应可表示为

$$Me_1^{n+}+Me_2 \longrightarrow Me_1+Me_2^{n+} \tag{7-12}$$

式中：Me_2 为金属还原剂；Me_1^{n+} 为被置换还原的金属离子。

金属置换还原过程属电化学腐蚀过程，是形成的微电池产生腐蚀电流导致的。式(7-12)可分解为两个电化学方程：

$$\begin{aligned} &Me_1^{n+}+ne^- \longrightarrow Me_1 && \varepsilon_1=\varepsilon_{Me_1}^{\ominus}+\frac{0.0591}{n}\lg\alpha_{Me_1^{n+}} \\ &Me_2^{n+}+ne^- \longrightarrow Me_2 && \varepsilon_2=\varepsilon_{Me_2}^{\ominus}+\frac{0.0591}{n}\lg\alpha_{Me_2^{n+}} \\ \hline &Me_1^{n+}+Me_2 \longrightarrow Me_1+Me_2^{n+} && \Delta\varepsilon=\varepsilon_1-\varepsilon_2=\varepsilon_{Me_1}^{\ominus}-\varepsilon_{Me_2}^{\ominus}+\frac{0.0591}{n}\lg\frac{\alpha_{Me_1^{n+}}}{\alpha_{Me_2^{n+}}} \end{aligned} \tag{7-13}$$

金属置换的推动力取决于微电池的电动势($\Delta\varepsilon$)，可见反应式(7-13)进行的必要条件为 $\varepsilon_1>\varepsilon_2$。因此，在热力学上，采用较负电位的金属作置换还原剂可从溶液中将较正电位的金属离子还原置换出来。溶液中金属离子的置换顺序，取决于水溶液中金属的电位顺序。25 ℃时，在酸性液中金属离子浓度为 1 mol/L 的条件下，金属的电位顺序列于表 7-8 中。25 ℃时，碱性液中金属的电位顺序列于表 7-9 中。

表 7-8　25 ℃时酸性液中金属离子浓度为 1 mol/L 时的金属电位顺序

电极	$G^{\ominus}$/V	电极	$G^{\ominus}$/V	电极	$G^{\ominus}$/V
Li^+/Li	−3.045	U^{4+}/U	−1.40	Sb^{3+}/Sb	+0.1
Cs^+/Cs	−2.923	Mn^{2+}/Mn	−1.19	Bi^{3+}/Bi	+0.2
K^+/K	−2.925	V^{2+}/V	−1.18	As^{3+}/As	+0.3
Rb^+/Rb	−2.925	Nd^{3+}/Nd	−1.10	Cu^{2+}/Cu	+0.337
Ra^{2+}/Ra	−2.92	Cr^{2+}/Cr	−0.86	Co^{3+}/Co	+0.4
Ba^{2+}/Ba	−2.90	Zn^{2+}/Zn	−0.763	Ru^{2+}/Ru	+0.45
Sr^{2+}/Sr	−2.89	Cr^{3+}/Cr	−0.74	Cu^+/Cu	+0.52
Ca^{2+}/Ca	−2.87	Cd^{3+}/Cd	−0.53	Te^{4+}/Te	+0.56
Na^{2+}/Na	−2.713	Ca^{2+}/Ca	−0.45	Te^{3+}/Te	+0.71
La^{3+}/La	−2.52	Fe^{3+}/Fe^{2+}	−0.44	$Hg_2^{2+}/2Hg$	+0.791

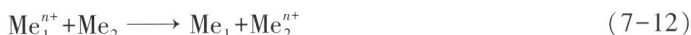

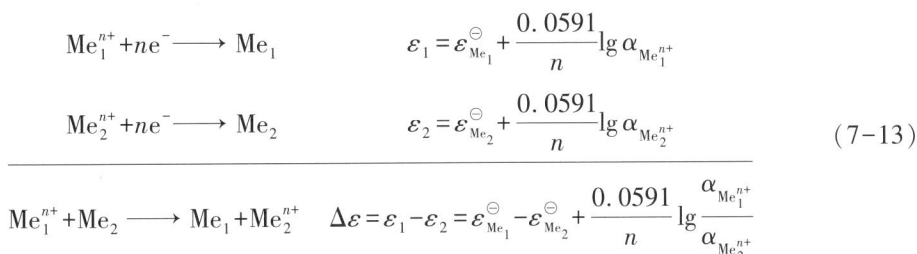

续表7-8

电极	$G^{\ominus}$/V	电极	$G^{\ominus}$/V	电极	$G^{\ominus}$/V
Ce^{3+}/Ce	-2.48	Cd^{2+}/Cd	-0.402	Ag+/Ag	+0.8
Mg^{2+}/Mg	-2.37	In^{3+}/In	-0.335	Rb^{3+}/Rb	+0.8
Y^{3+}/Y	-2.37	Tl^{+}/Tl	-0.335	Pb^{4+}/Pb	+0.8
Sc^{3+}/Sc	-2.08	Co^{2+}/Co	-0.267	Os^{2+}/Os	+0.85
Tb^{4+}/Tb	-1.90	Ni^{2+}/Ni	-0.241	Hg^{2+}/Hg	+0.854
Be^{2+}/Be	-1.85	Mo^{3+}/Mo	-0.2	Pd^{2+}/Pd	+0.987
U^{3+}/U	-1.80	In^{+}/In	-0.14	Ir^{2+}/Ir	+1.15
Hf^{4+}/Hf	-1.70	Sn^{2+}/Sn	-0.14	Pt^{3+}/Pt	+1.2
Al^{3+}/Al	-1.66	Pb^{2+}/Pb	-0.126	Ag^{2+}/Ag	+1.369
Ti^{4+}/Ti	-1.63	Fe^{3+}/Fe	-0.036	Au^{3+}/Au	+1.5
Zr^{4+}/Zr	-1.53	$2H^{+}/H_2$	0.00	Au^{+}/Au	+1.68

表 7-9　25 ℃时金属在碱性液中的电位顺序

体系	$G^{\ominus}$/V	体系	$G^{\ominus}$/V
ZnO_2^{2-}/Zn	-1.216	$Cu(NH_3)_2^{+}/Cu$	-0.11
WO_4^{2-}/W	-1.1	$Cu(NH_3)_4^{2+}/Cu$	-0.05
$HSnO_2^{2-}/Sn$	-0.79	$Ag(NH_3)_2^{+}/Ag$	+0.373
AsO_2^{-}/As	-0.68	$Zn(CN)_4^{2-}/Zn$	-1.26
SbO_2^{-}/Sb	-0.67	$Cu(CN)_4^{3-}/Cu$	-0.99
$HPbO_2^{-}/Pb$	-0.54	$Cu(CN)_3^{2-}/Cu$	-0.98
$HBiO_2^{-}/Bi$	-0.46	$Cu(CN)_2^{-}/Cu$	-0.88
TeO_3^{2-}/Te	-0.02	$Ni(CN_4^{2-})/Ni$	-0.82
$Zn(NH)_4^{2+}/Zn$	-1.03	$Au(CN)_2^{-}/Au$	-0.60
$Ni(NH)_6^{2+}/Ni$	-0.48	$Hg(CN)_4^{2-}/Hg$	-0.37
$Co(NH)_6^{2+}/Co$	-0.422	$Ag(CN)_2^{-}/Ag$	-0.29

如铁置换铜的反应为

$$Cu^{2+}+Fe \longrightarrow Cu+Fe^{2+}$$

置换过程的电动势为

$$\Delta\varepsilon=\varepsilon^{\ominus}_{Cu^{2+}}-\varepsilon^{\ominus}_{Fe^{2+}}+\frac{0.0591}{2}\lg\frac{\alpha_{Cu^{2+}}}{\alpha_{Fe^{2+}}}$$

反应达平衡时，$\Delta\varepsilon=0$，代入可得

$$\varepsilon^{\ominus}_{Cu^{2+}}-\varepsilon^{\ominus}_{Fe^{2+}}-0.0296\lg\frac{\alpha_{Fe^{2+}}}{\alpha_{Cu^{2+}}}$$

$$\lg\frac{\alpha_{Fe^{2+}}}{\alpha_{Cu^{2+}}}=\frac{0.337-(-0.44)}{0.0296}=\frac{0.777}{0.0296}=26.3$$

$$\alpha_{Cu^{2+}}=10^{-26.3}\times\alpha_{Fe^{2+}}$$

同理，可计算出金属锌置换铜、钴时所能达到的限度：

$$\alpha_{Cu^{2+}}=10^{-38}\times\alpha_{Zn^{2+}}$$

$$\alpha_{Co^{2+}}=3.7\times10^{-18}\times\alpha_{Zn^{2+}}$$

由此可知，金属置换剂与被置换金属的电位相差愈大，愈易被置换，被置换金属离子的剩余浓度愈低；反之，金属置换剂与被置换金属的电位相差愈小，愈难被置换，被置换金属离子的剩余浓度愈高。

根据电极反应动力学理论，与电解质溶液接触的任何金属表面上均进行着共同的阴极和阳极的电化学反应。这些反应在完全相同的等电位的金属表面进行，当金属与更正电性金属离子溶液接触时，在金属与溶液之间将立即产生离子交换，在置换金属上形成被置换金属覆盖表面，电子将从置换金属流向被置换金属的阴极区，在阳极区是置换金属的离子化。

置换过程的速度可由阴极控制或阳极控制，或取决于电解质中的欧姆电压降。过程由阳极控制时，随着反应的进行，被置换金属表面上的电位向更正值的方向移动；反之，过程由阴极控制时，被置换金属表面上的电位向更负值的方向移动，并趋近于负电性金属的电位。如在铜-锌微电池模型中，锌阳极电位实际上保持不变，而阴极电位向更负值的方向移动。

在多数条件下，置换过程的速度服从一级反应速度方程：

$$-\frac{d[Me_1^{n+}]}{dt}=k[Me_1^{n+}]$$

在某些条件下，置换过程的速度服从二级反应速度方程。

影响金属置换过程的主要因素有：溶液中的氧浓度、溶液的 pH、被置换金属离子浓度、温度、置换剂与被置换金属的电位差、置换剂的粒度、溶液流速、搅拌强度和设备类型等。

氧为强氧化剂之一，其标准还原电位为+1.229 V，可将许多金属氧化而呈金属阳离子形态转入溶液中。如金属锌被氧化的反应可表示为

$$Zn+\frac{1}{2}O_2+2H^+\longrightarrow Zn^{2+}+H_2O$$

因此，溶液中的溶解氧浓度愈高，金属锌的消耗量愈大。因此，采用金属锌作置换剂时，锌置换前溶液应脱氧。

采用铁屑置换铜时，宜在 pH 为 1.5~2.0 的溶液中进行。溶液的酸度太高，会增加铁屑的消耗量；溶液的酸度太低，会引起铁盐水解，甚至降低所得铜泥的品位。置换完成，溶液的 pH 应小于 4.5。铁屑置换铜的置换速度随溶液酸度的增大而增大。当溶液 pH<1.5 时，生成多孔性沉淀物，黏附力弱；当溶液 pH>1.5 时，溶液的 pH 对置换速度的影响较小。

溶液中的被置换金属离子浓度对置换沉淀物的物理性能和置换速度有较大的影响。溶液中的被置换金属离子浓度高时，会在置换剂表面生成致密的黏附沉淀物，不易剥落；溶液中

的被置换金属离子浓度低时，易生成多孔性沉淀物，较易剥落。

提高溶液温度可提高置换速度，生产中一般在常温条件下进行金属置换作业。置换剂与被置换金属的电位相差愈大，置换愈完全。

溶液中其他离子的影响各异。如采用金属锌置换银时，溶液中的钠离子、钾离子、镁离子可使析出的银表面变得粗糙，可提高其置换速度；而溶液中的氧使银氧化，在银表面形成致密的氧化膜，则会降低其置换速度。又如采用金属锌置换铜、银、钴时，溶液中的铜离子可促进银、钴的快速置换；采用银、钴含量分别为 1 g/L 和 4 g/L 的混合溶液时，其中钴的置换速度常数比纯钴溶液大 4 倍左右。采用铁屑置换铜时，溶液中的高价铁离子含量高将增大铁屑的消耗，此时可将其返回进行还原浸出或采用二氧化硫还原高价铁离子；溶液中含砷时，会生成铜砷合金和剧毒的氢化砷气体。其反应可表示为

$$2As^{3+}+3Fe \longrightarrow 2As+3Fe^{2+}$$

$$H_3AsO_3+3H_2SO_4+3Fe \longrightarrow AsH_3\uparrow+3FeSO_4+3H_2O$$

$$\Delta G^{\ominus}=-150.55\ kJ/mol$$

$$3H_2SO_4+Fe(As)_2+2Fe \longrightarrow 2AsH_3\uparrow+3FeSO_4$$

$$\Delta G^{\ominus}=-41.84\ kJ/mol$$

$$3H_2SO_4+H_3AsO_3+2Al \longrightarrow AsH_3\uparrow+Al_2(SO_4)_3+3H_2O$$

$$\Delta G^{\ominus}=-866.1\ kJ/mol$$

从上述各反应式和标准自由能变化可知，采用铁屑置换铜时，铁屑中切忌混入砷铁合金 $Fe(As)_2$ 和铝屑。

根据原液性质，金属置换可分为清液置换和矿浆置换两大类。根据金属置换的目的，金属置换可分为置换回收、置换分离和置换净化三小类。

置换回收是采用金属置换方法直接回收有用组分，如用铁屑从铜矿物原料酸浸液中置换铜，可获得海绵铜。

置换分离是采用金属置换方法从溶液中分离有用组分，如高温氯化焙烧含金矿物原料可得干尘、湿尘和除尘液三种产品，湿尘酸浸可得铜浸液，铜浸液与除尘液合并，可回收铜。浸铜渣采用酸性食盐水浸出银、铅，固液分离后可采用铅置换法和碳酸钠沉淀法从浸液中分别回收银和铅。

置换净化是采用金属置换方法从溶液中分离某些杂质，以获得较纯净的含有用组分的溶液。如硫酸浸出锌精矿氧化焙砂所得的酸浸液，先用中和水解法除铁；固液分离后，所得的中性滤液可采用锌置换法除去溶液中的铜、镉和钴等杂质；固液分离后可获得较纯净的锌溶液，可电积得电锌产品。

金属置换时，提高溶液流速或搅拌强度可降低扩散层的厚度和利于置换剂表面的更新，还可提高置换速度。金属置换时的置换速度还与置换设备和置换工艺有关。

7.3 结晶沉淀法

结晶沉淀法是通过溶剂的蒸发，使溶液达饱和状态，继而达到过饱和状态，多余的溶质随溶剂量的减少而析出结晶的过程。结晶沉淀分离技术是化工生产中从溶液中分离化学固体物质的一种单元操作，在化学选矿过程中占有十分重要的地位。一般情况下，高温浸出液在

缓慢冷却过程中，晶种诱发晶体生成，促使晶体长大，然后从浸出液中分离出来，可得化合物晶体。由于初析出的结晶多少会带一些杂质，因此需要反复结晶才能得到较纯的产品。从不纯的结晶再通过结晶作用精制得到较纯的结晶，这一过程叫作重结晶(或称再结晶、复结晶)。晶体内部有规律的结构，规定了晶体的形成必须是相同的离子或分子，才可能按一定距离周期性地定向排列而成，所以能形成晶体的物质是比较纯的。用这种方法得到的沉淀物为纯度较高的化学选矿产品。

结晶过程是一个复杂的传热传质过程，在不同的流体力学和溶液组成条件下，结晶过程的控制步骤可能改变。因此同一物质的晶体大小、形状和性质，都因结晶过程、进行结晶的方法和所用结晶器的不同而不同。采用结晶沉淀法从溶液中回收金属化合物，如不了解有关结晶过程的理论、结晶发生的原理和所用结晶器的结构特点，要取得纯度高、产率大、粒度均匀的结晶产品是困难的。

采用结晶法处理金属溶液，不仅能使有害物质作为副产品而得到回收，结晶后的母液还可以返回工艺过程循环利用，这有利于保护环境，也节约了用水。此法值得大力推广。结晶作为一种高效、低能耗、低污染的提取与分离技术，应用领域十分广泛。

7.3.1　结晶沉淀原理

1)结晶的形成过程

结晶是指溶质从过饱和溶液中析出，形成新相的过程。这一过程不仅包括溶质分子凝聚成固体，还包括这些分子有规律地排列在一定晶格中。这种有规律的排列与表面分子化学键力变化有关，因此结晶过程又是一个表面化学反应过程。当溶液浓度达到饱和浓度时，尚不能析出晶体，当浓度超过饱和浓度且达到一定的过饱和浓度时，才可能有晶体析出。最先析出的微小颗粒是以后结晶的中心，称为晶核。晶核形成后，靠扩散而继续成长为晶体。

因此，结晶沉淀过程一般分为三个步骤：①溶液形成过饱和溶液；②晶核生成和晶粒生长；③结晶沉淀的生成和陈化。图 7-5 为结晶过程的三个步骤。

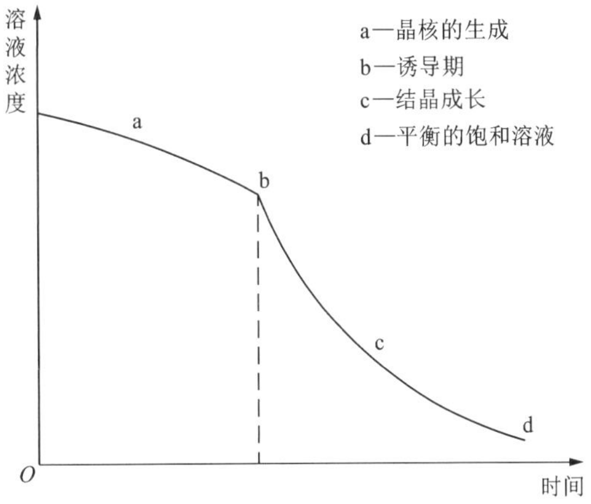

图 7-5　结晶过程的三个步骤

2)过饱和度与结晶的关系

在一定的条件下，结晶能否生成或生成的结晶沉淀是否溶解，取决于该固体沉淀的溶解度，而晶体产量取决于固体与溶液之间的平衡关系。固体物质与其溶液相接触时，如果溶液未达到饱和，则固体溶解；如果溶液饱和，则固体与饱和溶液处于平衡状态，溶解速度等于结晶速度。只有当溶液浓度超过饱和浓度且达到一定的过饱和度时，才有可能析出晶体。由此可见，过饱和度是结晶的推动力，是结晶的关键。

溶液变成过饱和以及结晶全过程可用图 7-6 表示。图中 SL 曲线表示一般溶解度曲线，$S'L'$曲线表示溶液过饱和而介质能自发结晶时的浓度曲线，称为超溶解度曲线。

这两条曲线将整个图分为三个区域。SL 线以下的区域是稳定区，在此区中溶液尚未达到饱和，无结晶可能。SL 曲线以上的部分为过饱和溶液区，此区又分为两部分：SL 线和 S′L′线之间的区域为介稳区，在这个区域不会自发地产生晶核，但若在溶液中加入了晶种，晶种就会长大；S′L′线以上是不稳区，该区溶液能自发地产生晶核。若原始浓度为 X 点的洁净溶液，在没有溶剂损失的情况下冷却到 Y 点，此时溶液刚好达到饱和，但没有过饱和度的推动力，不能结晶。在从 Y 点冷却到 Z 点的过程中，溶液在介稳区虽已处于过饱和状态，但仍不能自发地产生结晶；只有冷却到 Z 点以后，溶液才能自发地产生晶核。深入不稳区越远(例如到达 W 点)，自发产生的晶核就越多。由此可见，超溶解度曲线、介稳区及不稳区这些概念对研究结晶过程有着极其重要的意义。

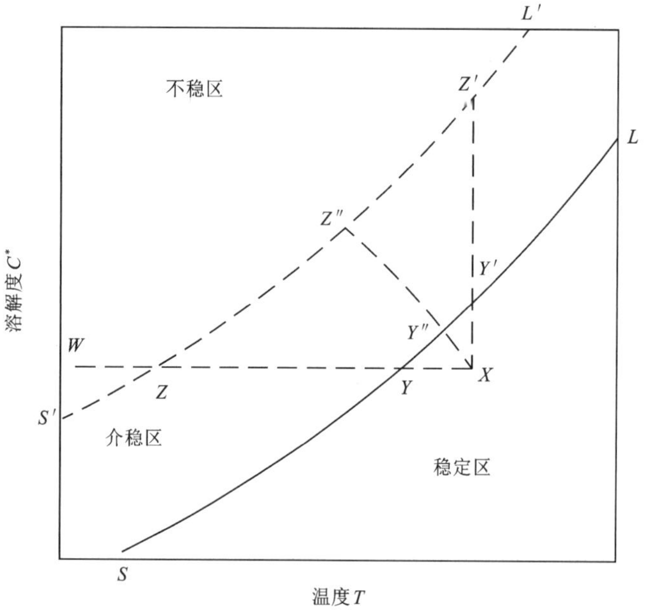

图 7-6　一般溶解度曲线与超溶解度曲线

若将溶液中的溶剂蒸发掉一部分，也能使溶液达到过饱和状态。图 7-6 中，XY′Z′线表示恒温蒸发的过程，在工业结晶器中，常常合并冷却和蒸发操作进行结晶。此过程可用 XY′Z′线表示。对于工业结晶中溶液的过饱和度与结晶的关系，大量的研究工作指出，超溶解度曲线与一般溶解度曲线有所不同，一个特定物系只有一条明确的一般溶解度曲线，而超溶解度曲线的位置却受许多外界因素(例如有无搅拌及搅拌强度的大小，有无晶种及晶种的大小与多寡，冷却速度的快慢等)的影响，因此应将超溶解度曲线视为一簇曲线。

但要注意的是，溶液的过饱和度太大，易产生大量的晶核，形成细小的晶粒或非晶形沉淀，甚至形成胶体，所以过饱和度必须恰当；为了减少沉淀的溶解损失，应加入过量的沉淀剂，利用共同离子效应来降低沉淀的溶解度，但不可加入太多，过量的沉淀剂可能引发络合效应，反而使沉淀物的溶解度增大，甚至造成反溶；沉淀过程中要严格控制酸碱度，一般控制 pH 为 1~14，酸碱度太高或太低时，要么沉淀不完全，要么沉淀物重新溶解。

由于过饱和度的大小直接影响着晶核的形成过程和晶体的成长过程的快慢，这两个过程的快慢又影响着结晶产品中的粒度及粒度分布，因此，过饱和度是结晶过程中的一个极其重要的参数。

3) 过饱和溶液形成的方法

溶液达到过饱和状态是结晶的前提，过饱和度是结晶的推动力。当溶液浓度等于溶质溶解度时，该溶液称为饱和溶液。溶质在饱和溶液中不能析出。溶质浓度超过溶解度时，该溶液称为过饱和溶液。溶质只有在过饱和溶液中才有可能析出。溶解度与温度有关，一般物质的溶解度随温度升高而增加，也有少数随温度升高溶解度反而降低的。溶解度还与溶质的分散度有关，即微小晶体的溶解度要比普通晶体的溶解度大。

饱和溶液的形成要获得理想的晶体，就必须研究过饱和溶液形成的方法。通常工业生产上制备过饱和溶液的方法主要有五种。

(1) 热饱和溶液冷却法。

该法适用于溶解度随温度降低而显著减小的场合，即溶解度随温度升高而显著减小的场合宜采用加温结晶。由于该法基本不除去溶剂，而是使溶液冷却降温，也称为等溶剂结晶，即图 7-7 中溶解度特性以曲线 D 代表的那些物质，它们具有较大的 $\mathrm{d}C^*/\mathrm{d}T$ 值。

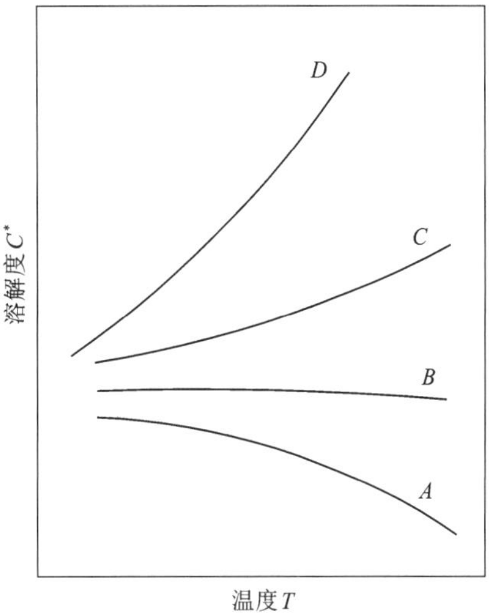

图 7-7　溶解度曲线的分类

(2) 蒸发法。

蒸发法是借蒸发除去部分溶解剂的结晶方法，也称等温结晶法，在加压、常压或减压下通过加热蒸发使溶液达到过饱和。此法主要适用于溶解度随温度的降低而变化不大的物系或随温度升高溶解度降低的物系，如图 7-7 中曲线 A、B 所代表的值 $\mathrm{d}C^*/\mathrm{d}T$ 很小或为负值的那些物质。用蒸发法结晶时消耗热能最多，加热面结垢问题使操作遇到困难，一般不常采用。

(3) 真空蒸发冷却法。

真空蒸发冷却法是指溶剂在真空下迅速蒸发而后进行绝热冷却的过程，实质上是以冷却及除去部分溶剂的两种方法来达到过饱和度。此法适用于 $\mathrm{d}C^*/\mathrm{d}T$ 值中等的物质，如图 7-7 中曲线 C 所代表的那些物质。真空蒸发冷却法为自 20 世纪 50 年代以来一直应用较多的结晶方法。这种方法设备简单，操作稳定，最突出的特点是容器内无换热面，所以不存在晶垢的问题。

上述的三种主要的结晶方法的适用范围的划分并非绝对的，例如对 $\mathrm{d}C^*/\mathrm{d}T$ 值中等的物系也可以采用热饱和溶液冷却法；相反，对于 $\mathrm{d}C^*/\mathrm{d}T$ 值较高的物系也可采用真空蒸发冷却法。

4) 晶核形成

晶核是过饱和溶液中新生成的微小晶体粒子，是晶体生长过程必不可少的核心。晶核形成是一个新相产生的过程，由于要形成新的表面，就需要对表面做功。所以晶核形成时需要消耗一定的能量才能形成固液界面。自动成核时，体系总的吉布斯自由能的改变为 ΔG，它由两项组成：一项为表面过剩吉布斯自由能 ΔG_s(固体表面和主体吉布斯自由能的差)；另一项为体积过剩吉布斯自由能 ΔG_v(晶体中分子与溶液中溶质吉布斯自由能的差)。显然，ΔG_s 为正值，其值为界面张力与表面积的乘积，而在过饱和溶液中，ΔG_v 为负值。若完整考虑，必须满足 $\Delta G=\Delta G_s+\Delta G_v<0$ 的条件，才能形成新相核心——晶核。ΔG_v 是负值，推动晶核产生，一旦产生晶核，必须形成新的界面；ΔG_s 是正值，阻碍晶核形成。能否产生晶核，取决于两者的相对大小。

在晶核形成之初，须有一定数目的且依一定规律排列的原子或分子聚拢在一起，形成晶格单元，若干个单元结合起来形成比晶核还小的晶胚。由于晶胚极不稳定，一些晶胚会重新溶解而消失，而另一些晶胚则长大成为稳定的晶核，这些晶核再继续长大就可成为晶体。

晶核形成过程中应注意成核速度，即单位时间内在单位体积晶浆或溶液中生成新粒子的数目。成核速度是决定晶体产品粒度分布的首要动力学因素。工业结晶过程要求有一定的成核速度，如果成核速度超过要求，必将导致细小晶体生成，影响产品质量，因此应避免过量晶核的形成。

5)影响结晶沉淀的因素

(1)纯度。纯度是指所需要的组分在样品总量中所占的比例(一般为质量分数)。杂质占比例越低，则所制备物质的纯度越高。各种物质在溶液中均须达到一定的纯度才能析出结晶，这样就可使结晶和母液分开，以达到进一步分离纯化的目的。一般说来纯度愈高，愈易结晶。

(2)浓度。结晶液一定要有合适的浓度，溶液中的溶质分子或离子间便有足够的相碰机会，并按一定速率作定向排列聚合，才能形成晶体。当溶液过饱和度太高时，溶质分子在溶液中聚集析出的速度太快，超过这些分子形成晶体的速率，相应溶液黏度增大，共沉物增加，反而不利于结晶析出，只能获得一些无定形固体微粒，或生成纯度较差的粉末状结晶。结晶液浓度低于不饱和度时，结晶形成的速率远低于晶体溶解的速率，也得不到结晶。因此只有在一定饱和状态下，即在形成结晶速率稍大于结晶溶解速率的情况下，才能获得晶体。结晶的大小、均匀度和结晶的饱和度有很大关系。

(3)pH。pH 的变化可以改变溶质分子的带电性质，是影响溶质分子溶解度的一个重要因素。在一般情况下，结晶液所选用的 pH 与沉淀的大致相同。

(4)温度。冷却的速度及冷却的温度直接影响结晶效果。冷却太快会引起溶液突然过饱和，易形成大量结晶微粒，甚至形成无定形沉淀。冷却的温度太低，溶液浓度增加，也会干扰分子定向排列，不利于结晶的形成。

(5)时间。结晶的形成和生长需要一定时间，不同的化合物，结晶时间长短不同。在生化产品制备中，时间不宜太长，通常要求在几小时之内完成，以缩短生产周期，提高生产效率。

(6)晶种。不易结晶的生化产品常需加晶种。

7.3.2 结晶沉淀方法

结晶沉淀方法主要有以下几种。

(1)蒸发结晶法。

此法常用于溶解度变化不大的物质。例如盐田晒盐(氯化钠)，即将海水或盐卤引入盐田，经风吹、日晒使水分蒸发、浓缩而结晶出食盐。《天工开物》中就记载了我们的祖先采取此法生产食盐的事实。

(2)冷冻结晶法。

此法使溶液冷却(冷冻)而达到饱和产生结晶。此法用于溶解度随温度下降而减少的物质，如硝酸铵、硝酸钾、氯化铵、磷酸钠、芒硝等，这些物质的溶解度温度系数变化很大，当温度下降后，这些物质的溶解度下降，即可形成过饱和溶液，处于热力学不稳定状态，溶质就会自溶液中结晶析出，这些物质特别适合用冷冻结晶法分离。核工业的铀水冶厂用硫酸提取矿石中的铀时，得到了含铀的反萃取液，从其中沉淀铀后产生了含大量 Na_2SO_4 的 Na_2CO_3+NaOH 溶液，为了回收这种碱液，必须除去其中的 Na_2SO_4，此时铀工厂就是采用冷冻结晶法。在大约 0 ℃时结晶出芒硝，过滤分离后，得到的碱液再返回用于生产中，该过程既回收了碱液，降低了工厂生产成本，又回收了有用的副产物芒硝。

(3)盐析结晶法。

此法主要是利用共同离子效应，降低被分离物质的溶解度而使其结晶析出。例如，在用侯德榜法生产纯碱时就是用此法分离的氯化铵。由图7-8中氯化钠和氯化铵的溶解度曲线可知，当溶液温度<10 ℃，氯化铵的溶解度低于氯化钠，此时可往溶液中添加磨细的氯化钠粉末，固体氯化钠溶解后提供了大量的氯离子使氯化铵的溶解度大大降低而析出。氯化钠溶解是一种吸热反应(1.2 kcal/mol)，氯化钠溶解使溶液温度进一步下降，氯化铵进一步析出。此操作既分离出了副产物氯化铵，又向溶液中引进了下一步工序所需的钠离子，是冷冻结晶和盐析结晶分离技术巧妙结合应用的杰作。

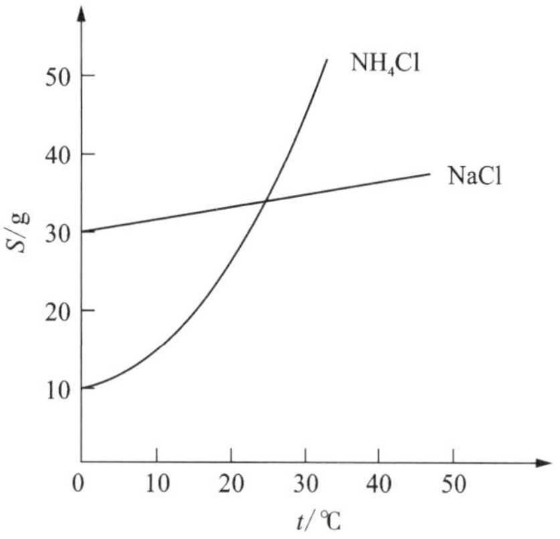

图7-8　氯化钠和氯化铵的溶解度曲线

(4)分步结晶法。

此法适用于某些相似盐溶解度具有的差异的情况。由于这种差异，混合物盐类在固相和液相间分配时，溶解度小的组分便富集于固相，溶解度大的组分便留于液相中，该法广泛地用于多种物质的结晶分离。例如，稀土元素复盐的分离，此法也可用来除去杂质成分。分步结晶过程通常采用蒸发结晶或冷冻(冷却)结晶，经过分步作业，会使一些难溶组分和易溶组分分别富集于流程的首、尾部分，生成纯度较高的产品。

(5)化学反应结晶。

这是工业上常用的方法，铀水冶工艺中沉淀(结晶)铀浓缩物就是一种典型的化学反应结晶过程。溶液的过饱和度、搅拌速度、溶剂性质、溶液组成和 pH 都是直接或间接影响结晶的因素。结晶过程的影响因素很多，当过程条件是最优时，实现工业化生产的关键是设计一台优秀的反应设备。

7.3.3　结晶沉淀设备

(1)强制循环结晶器。

强制循环结晶器(FC 结晶器)也叫成长型结晶器，由结晶室、循环管、循环泵、换热器等组成(图7-9)。这种结晶器具有结构简单、容易操作的特点。强制循环结晶器用于真空冷却法时不需换热器，但需要循环泵，结晶室与真空系统相连，以维持一定的真空度，达到沸腾降温的目的。强制循环结晶器可用于蒸发结晶、间壁冷却结晶及闪蒸结晶。结晶室有锥形底，晶浆从锥形底排出后，经循环管用轴流式循环泵送至换热器，被加热或冷却后重新送入结晶室，如此循环。晶浆排出口位于接近结晶室的锥形底处，而进料口则在排料口之下的较低的位置上，可以连续操作，也可以间歇操作。

强制循环结晶器采用的是较为初始的结晶形式，几乎可适用于绝大部分的物料(如硫酸铜、硫酸锌、硫酸锰等)的蒸发结晶、冷却结晶、闪蒸结晶过程，多用在蒸发系统中。

(2) DTB 冷却结晶器。

DTB 冷却结晶器是一种依靠降低物料温度，从而使物料产生过饱和度，最终促使物料进行结晶的设备(图 7-10)。目前，带搅拌或外循环釜式的结晶器应用较广，其冷却可采用以夹套换热或通过外换热器的方式实现；也可直接冷却结晶——依靠溶液与冷却介质直接混合制冷，冷却介质常用乙烯、氟利昂等碳氢化合物惰性液体。DTB 冷却结晶器有釜式、回转式、湿壁塔式等多种。这种设备适合用于处理溶解度随温度下降而显著降低的物料。

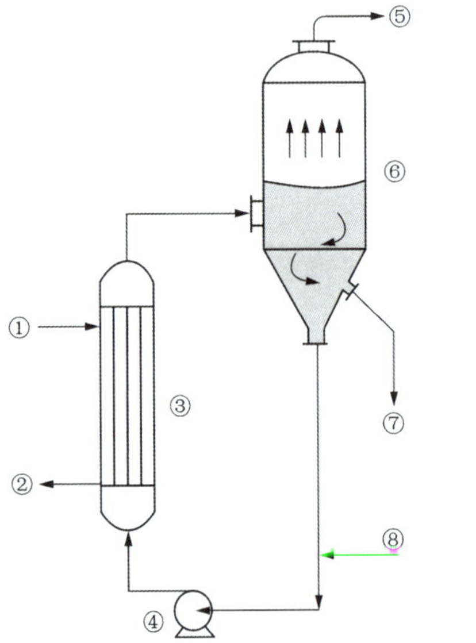

1—蒸汽进；2—冷凝水出；3—加热室；4—循环泵；
5—二次气；6—结晶室；7—晶浆出；8—进料。

图 7-9　强制循环结晶器

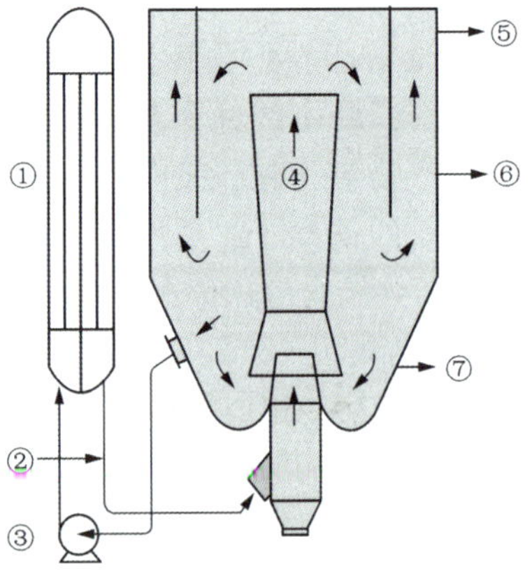

1—外冷器；2—进料；3—循环泵；4—结晶器；
5—清母液出；6—细晶出；7—晶浆出。

图 7-10　DTB 冷却结晶器

(3) OSLO 真空结晶器。

OSLO 真空结晶器可为晶体的生长提供一个工位优良的场所(图 7-11)。过饱和度产生的区域与晶体生产的区域分别设置在结晶器的两处，晶体在母液循环液中流化悬浮。溶液的过饱和产生于沸腾液面，然后被送到结晶器底部，在上升的过程中穿过晶体床层，逐步消除过饱和，晶体逐渐长大。

OSLO 真空结晶器避免了在换热面上析出晶体，在连续操作的基础上，能生长成为大而均匀的晶体。该仪器适用于溶解曲线较陡且母液黏度不大的物料降温结晶或蒸发结晶。

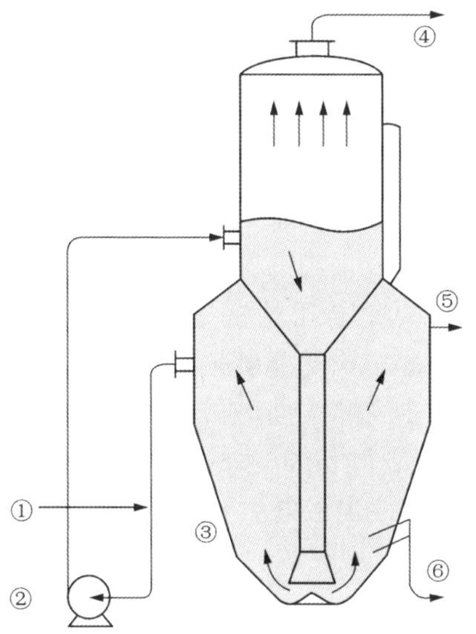

1—进料；2—循环泵；3—结晶器；
4—蒸汽去真空系统；5—细晶出；6—晶浆出。

图 7-11　OSLO 真空结晶器

7.4　电积沉淀法

将适当的电极插入电解质溶液中，接上直流电源，此时电路中即有电流流过。这时与电源正极相连的电极称为阳极，与负极相连的电极称为阴极，电解质溶液形成外电路电流，由阳极流向阴极，而电解质溶液内部则形成离子流，阴离子向阳极移动，到达阳极后将多余的电子交给阳极而被氧化，而阳离子则向阴极移动，从阴极获得电子而被还原，此过程称为电解。电解作业可据电解时阳极是否溶解分为可溶阳极电解和不溶阳极电解两大类。

可溶阳极电解是将粗金属铸成阳极板，以同种纯金属作为阴极板并以该种金属盐溶液作电解液组成电解槽，控制好电解条件，使比目的组分电位更负的杂质优先从阳极溶解但在阴极难以析出而留在溶液中，比目的组分电位更正的杂质不从阳极溶解而沉于电解槽底部成为阳极泥，只有目的组分才既可从阳极溶解又可在阴极析出，从而得到提纯。

不溶阳极电解简称电解沉积，是指在电解条件下阳极不溶，只使目的组分不断在阴极析出，直至溶液中的目的组分降至一定值后正常电解作业无法进行为止。因此，可溶阳极电解只用于粗金属的精炼，如钢、铅、镍、镉、金、银的提纯，而不溶阳极电解一般用于从含目的组分的溶液中直接电解提取目的组分。两者除阳极是否溶解外，基本原理大致相同。

电积沉淀法的电解液必须严格净化，除去破坏电解槽平衡和影响沉积金属纯度的杂质，电积沉淀法得到的化学选矿产品一般很纯，可以作为商品出售。电解液经处理再生后，可作为浸出剂送回浸出工序再用。

电积沉淀法主要用于以下三大类金属的提取。

(1)贵金属金、银的提取。

(2)稀散元素镓、碲、铊、铼的提取。

(3)铜、锑、汞、镉、锰、镍及钴的提取。

7.5 化学选矿产品制备技术的现状与发展趋势

沉淀与结晶是一种古老而经典的提取技术，在现代条件下，该技术值得一提的新进展是高温水解和高温沉淀过程。金属溶液在高温水解条件下，由于达不到平衡，因而可实现某些在常温条件下难以达到的分离过程。采用高温水解作为吸附和溶剂萃取法分离三价、四价或更高价金属与低价金属的预处理过程，可达到更彻底的分离效果。同时，采用高温水解过程，可得到纯净易过滤的具有结晶结构的氢氧化物沉淀，如在电解前用此法部分地净化除去硫酸铜溶液中的铁离子。此外，在高温条件下，通过严格控制加入反应器中硫化氢的数量，可以做到选择性地从金属溶液中沉淀所要除去的杂质金属离子。在某些矿物的湿法冶金工艺中，沉淀与结晶技术至今仍是金属浸出液的主要净化方法，原因是该技术简单可靠。但该技术也有缺点，就是试剂耗量较大、工序较多、金属回收率较低。该技术也在不断改进和发展中，除通常用的无机沉淀剂外，近年还采用一些有机沉淀剂，如草酸、丹宁酸、黄原酸、铜铁灵和乌托品等。有机沉淀剂可以沉淀提取钍、稀土和稀有金属等。此外，近年还研究了采用生化方法沉淀金属。在沉淀设备方面，除冷却、蒸发沉淀器外，还开发了固体循环式沉淀器、流化床沉淀器和真空式沉淀器等。

金属置换沉积也是比较古老的金属提取技术，在现代条件下该技术部分被电沉积技术取代。但由于该法的成本比电积沉淀法低得多，因而对含金属浓度很低的溶液用此法处理是经济可行的，而且置换母液经调节再生后还可以返回浸出工序。这就是该技术在某些条件下仍然被广泛采用的主要原因。近年该技术的主要发展是采用高效的沉积设备、改进沉积工艺和提高生产效率。如置换设备的改进，现在除流槽和锥形置换槽外，还有转换置换器、脉动置换器和流化床置换器等多种新型高效的置换设备。

加压氢还原是一种新的金属沉淀技术，利用该技术可以得到高纯度的金属粉状产品，不需进一步精炼，已在工业上用于提取镍、钴等有色金属；除氢气外，还可以利用其他还原性气体。由于高压技术和设备的发展，该技术会有较好的发展前景。另一种可以得到纯金属产品的还原技术是电沉积，该技术在现代湿法冶金中被广泛用于有色金属及贵金属等的精制过程。其中的铜矿浸出—溶剂萃取—电沉积和金矿氰化—吸附—电沉积等流程已成为当今的主导工艺流程。不溶阳极电解精炼也是一种电还原技术，现在许多有色金属、贵金属和稀有金属的精制都是利用这种技术完成的。电沉积技术的发展主要是开发研制高效低耗的新设备和价廉耐用的新电积材料。此外，从低浓度金属溶液中直接电积回收金属及更好地解决贫电积液的利用等也是值得研究的课题。

随着科学技术的发展，在铀工业发展中产生的离子交换技术如今也发生了巨大变化。初期所用的固定床清液离子交换技术已经被流化床连续逆流离子交换的清液离子交换和矿浆离子交换技术取代，因而大大简化了生产流程并显著提高了湿法冶金的经济效益。铀矿加工中的矿浆离子交换和金矿加工中的炭浆吸附工艺，已成为当今提取这两种金属的主导工艺流程。吸附与浸出结合的工艺也很受重视，已成功地用于从某些金矿中提取金。离子交换与溶剂萃取结合的淋萃流程，在某些金属的提取工艺中开始被广泛推广采用。因为该流程具有较强的净化能力，可以生产出纯度很高的产品。如今，不断有各种新的具有特殊性质与用途的离子交换树脂被合成，因此离子交换与吸附技术的应用范围也在不断扩大，除了湿法冶金以外，该技术在水处理、化工、制药、食品加工等部门都被广泛利用。从发展看，应当继续研制新的离子交换与吸附材料，在湿法冶金中推广流化床连续逆流离子交换设备。在工艺方面，应开展综合回收浸矿液中的各种有用组分，并致力于从低浓度溶液如矿坑水、工业废水和其他天然水中回收金属及其他有用组分。

本章习题

1. 如何确定用氢氧化物沉淀法处理重金属废水时的 pH 条件？

2. 举例说明可溶性络离子的生成对化学沉淀法的处理效果有何影响。

3. 综述石灰法在水处理中的应用(包括作用原理、去除污染物范围、工艺流程、优点及存在问题、处理实例)。

4. 试述硫化物沉淀法常用药剂、去除对象及特点，并剖析硫化物沉淀法除 Hg(Ⅱ)的基本原理。

5. 什么是过饱和溶液？形成过饱和溶液的方法有哪些？试举例说明。

6. 结晶的过程有哪几个步骤？

7. 影响结晶沉淀的因素有哪些？

8. 生产结晶的方法有哪些？

9. 什么叫电解沉积法？其与金属置换沉积法相比有什么特点？

10. 写出从铜的硫酸浸出液中电解沉积铜的原则流程。

11. 已知 $\varphi^{\ominus}_{Cd^{2+}/Cd}=-0.402$ V，$\varphi^{\ominus}_{Zn^{2+}/Zn}=-0.763$ V。在 298 K，$p^{\ominus}$压力下，用电解沉积的方法来分离溶液中的 Cd^{2+}和 Zn^{2+}。已知原液中 Cd^{2+}和 Zn^{2+}的浓度均为 0.10 mol/kg，设活度系数均为 1。$H_2(g)$在 Cd(s)和 Zn(s)上的超电势分别为 0.48 V 和 0.70 V，设电解液的 pH 保持在 7.0，试问：

(1)阴极上首先析出何种金属？

(2)第二种金属析出时，前一种金属离子的残留浓度为多少？

(3)氢气是否有可能析出而影响分离效果？

12. 简述用电解沉积法提取镍的理论基础及其常见工艺流程。

参考文献

[1]　《溶液中金属及其他有用成分的提取》编委会. 溶液中金属及其他有用成分的提取[M]. 北京：冶金工业出版社，1995.

[2]　黎海燕，韩勇. 化学选矿[M]. 长沙：中南工业大学出版社，1989.

[3]　A. C. 切尔尼亚科. 化学选矿[M]. 邓飞，译. 北京：中国建筑工业出版社，1982.

[4]　黄礼煌. 化学选矿[M]. 2 版. 北京：冶金工业出版社，1990.

[5]　刘慧纳. 化学选矿[M]. 北京：冶金工业出版社，1995.

[6]　王成彦，邱定蕃，江培海. 国内铋湿法冶金技术[J]. 有色金属，2001，53(4)：15-18.

[7]　柳松，马荣骏. 水溶液中的沉淀过程[J]. 稀有金属与硬质合金，1996(2)：2-50.

[8]　李洪桂. 湿法冶金学[M]. 长沙：中南大学出版社，2002.

[9] 高锡珍. 化学沉淀与结晶(溶液中金属及其他有用成分的提取)[M]. 北京: 冶金工业出版社, 1994.
[10] 许兴伟. 盐类结晶沉淀的原理[J]. 中国特种设备, 2007 , 23(10): 65-66.
[11] 丁绪淮, 谈遒. 工业结晶[M]. 北京: 化学工业出版社, 1985.
[12] 哈姆斯基 E B. 化学工业中的结晶[M]. 古涛, 叶铁林, 译. 北京: 化学工业出版社, 1984.
[13] 黄静康. 工业结晶技术前沿[J]. 现代化工, 1996(10): 15-18.
[14] 钱鑫. 铜的选矿[M]. 北京: 冶金工业出版社, 1984.
[15] 蒋汉瀛. 湿法冶金过程物理化学[M]. 北京: 冶金工业出版社, 1984.
[16] 全宏东. 矿物化学处理[M]. 北京: 冶金工业出版社, 1984.
[17] 哈伯斯 F. 湿法冶金[M]. 北京: 冶金工业出版社, 1979.
[18] NIU Z, LI G B, HE D D, et al. Resource-recycling and energy-saving innovation for iron removal in hychometallargy: Crystal transformation of ferric hychoxide precipitates by hydrothermal treatment[J]. Journal of Hazardous Materials, 2021, 416(2): 125972.

第 8 章　几种典型资源的化学选矿

8.1　铀矿化学选矿

8.1.1　概述

铀是自然界的一种天然放射性元素，熔点为 1132.2 ℃，沸点为 4131 ℃，密度为 19.1 g/cm^3。地壳中铀的平均含量为 $3\times10^{-6}\sim5\times10^{-6}$，即平均每吨地壳物质中含 3~5 g 铀。地壳中的铀大多以化合物的形式存在，单质铀几乎没有。铀在地壳的各类岩石中分布极不均匀，主要赋存在酸性火成岩中。地壳中各类岩石的平均铀含量见表 8-1。

表 8-1　地壳中各类岩石的平均铀含量

火成岩		沉积岩	
岩石名称	平均铀含量	岩石名称	平均铀含量
酸性岩(花岗岩、流纹岩等)	3.5×10^{-6}	黏土及页岩	3.2×10^{-6}
中性岩(闪长岩、安山岩等)	1.8×10^{-6}	碳质页岩	2.1×10^{-6}
基性岩(玄武岩、辉长苏长岩)	3×10^{-7}	砂岩	1.5×10^{-6}
超基性岩(纯橄榄岩、橄榄岩)	3×10^{-7}		

目前具有工业价值的铀矿仅有方铀矿、沥青铀矿、铌钛铀矿、晶质铀矿等 20 余种，仅为已发现铀矿的十分之一。这些铀矿石按照化学成分可以分为以下三类：铀的氧化物，四价铀与钛、钍的混合氧化物，六价铀与其他金属的化合物、六价铀的氧化物和氢氧化物。铀矿石按照铀矿物的生成条件、铀的价态和工艺处理的难易又可以分为原生铀矿物、原生含铀矿物、次生铀矿物和含铀矿物。

(1)原生铀矿物：包括晶质铀矿和沥青铀矿，其分子式可用 $UO_2\cdot nUO_3\cdot mPbO$ 表示，式中 n 值取决于矿物年龄和埋藏深度，m 值取决于矿物年龄，原生铀矿物中的铀主要为四价，相对难以分解。晶质铀矿性质类似于 UO_2，是最难分解的铀矿物之一，可与 ThO_2、ReO_2 形成一系列同晶产物，其中主要为铀钍矿 $(U、Th)O_2$、钇铀矿 $(U、Re)O_2$ 和方钍石 $(Th、U)O_2$。沥青铀矿虽然与晶质铀矿分子式相同，但成因和性质不同，而且分布广泛，具有很好的工业应用价值。值得注意的是，两者的显著区别在于前者并不含钍和稀土。

(2)原生含铀矿物：具有工业价值的是伟晶岩矿床，铀以类质同象的形态交换取代复杂氧化物中的钍、稀土、锆和钙。这类矿物的组成相当复杂，主要是钛钽铌酸盐类，有24种矿物。另外，铀也在独居石、萤石、锆英石、斜锆石、钍石和钛铁矿等矿物中以类质同象形式存在。此类矿物稳定性极高，需要彻底破坏其结构才能使铀得以提取。因此，只有能综合利用其中的大部分有用组分时，从这类矿物原料中提铀在经济上才划算。一般先进行物理选矿获得矿物精矿，再进行化学处理获得对应的化学精矿。从这个角度讲，原生含铀矿物并不是具有工业应用价值的铀矿物。

(3)次生铀矿物和含铀矿物：从冷水液中结晶析出或同晶置换和吸附所生成的次生铀矿物和含铀矿物最有工业价值，有工业意义的次生铀矿物为磷酸盐和钒酸盐。最重要的次生铀矿物为含铀磷块岩、含铀煤和含铀页岩。这类矿物中铀为六价，且与氧生成铀酰离子 UO_2^{2+}，易溶于稀酸和碳酸盐溶液中，这类矿石中的铀较容易浸出、提取。

铀在工业和农业及科学技术领域都有广泛的用途，在工业上利用射线实现生产自动控制，无损伤检查等；在农业上利用射线培育良种，防治病虫害等；在医学上用于灭菌消毒，临床诊断及治疗；在地质勘探工作中用来找矿。此外，铀作为重要核动力燃料，用于核电站和航海事业，是重要的国防战略物资。在全球资源紧缺情况日益加剧下，核能的发展具有重要意义，铀的原子能可通过核反应堆转化为热能，可用于供暖、发电等，相对成本也更加低廉。

为高效利用铀资源，要进行铀矿石选矿，即从铀矿石或者含铀矿石中分离、富集、提取铀，从而获得不同形式的铀产品。铀矿石的分选包括物理选矿和化学选矿两种方法。物理选矿包括放射性选矿、浮游选矿、重力选矿、光电选矿、电磁选矿等方法，通过物理选矿可以提高铀矿石的品位，有效降低加工利用成本。但是铀矿石物理选矿存在困难，应用仍较少，通常用于化学选矿前的预处理或综合回收别的有用组分。铀矿石难以采用物理分选的主要原因有以下几点。

(1)铀在矿石中多以均匀分散状态存在，有的铀矿浸染粒度极细，甚至以离子吸附形式或类质同象的形式存在于其他矿物中，较难单体解离。

(2)铀矿石一般性脆，易泥化，要使铀矿物和含铀矿物单体解离，需要极细的磨矿粒度，磨矿后的铀矿需在极细至超细级别下进行分选，目前的物理分选难解决这一问题。

(3)同一矿石中，铀的存在形式极其复杂，既有性质各异的各种铀矿物，又有部分脉石矿物(通常为吸附和包裹铀)和其他含铀的金属矿物(通常为类质同象)。即使物理分选能够将其富集起来，其富集率也比较低。

(4)铀及其化合物对人体极其有害，故要求被抛弃的尾矿中铀含量应极低，普通的物理分选方法难以达到安全无害的尾矿要求。在铀的回收率方面也难以与化学选矿相比。

铀矿石的化学选矿方法通常采用先浸出铀矿石，得到含铀的浸出液。对于铀浓度高、杂质含量低的浸出液可直接采用化学沉淀法得到精矿；而对于铀浓度低、杂质含量高的浸出液通常先采用离子交换法或萃取法进一步富集铀，除杂后再采用化学沉淀法获得精矿。化学选矿处理的主要铀矿物有晶质铀矿、沥青铀矿和次生铀矿物，可在提取稀有元素时顺便回收原生含铀矿物中的铀。次生含铀矿物和海水中的铀含量较低，但储量相当大，是潜在的铀资源，作为副产品回收的前景相当可观。铀矿石的预选方法和浸出方法主要取决于矿石中的铀矿物组成和脉石矿物组成。矿石的浸出方法主要取决于铀矿石矿物类型和脉石组成。表8-2汇总了铀矿石矿物类型与相应的浸出方案。

表 8–2　铀矿石矿物类型与相应的浸出方法

矿石类型	矿物类型	矿物名称	组成	铀含量/%	浸出方法
原生矿石	氧化物	晶质铀矿	U_3O_8	55～64	稀酸或浓酸氧化浸出
		沥青铀矿	U_3O_8	42～76	稀酸氧化浸出、碱浸
	钛、钽、铌氧化物	钛铀矿	$(TiO_2\cdot U_2O_3)TiO_3$		浓酸氧化浸出
		铀钛磁铁矿	$FeTi_3O_7$		浓酸氧化浸出
次生矿石	氢氧化物	深黄铀矿	$7UO_2\cdot 11H_2O$		稀酸氧化浸出
		脂铅铀矿	晶质铀矿蚀变产物		稀酸氧化浸出
	硅酸盐	水硅铀矿	$U(SiO_4)_{1-x}(OH)_{4-x}$		稀酸氧化浸出或碱浸
		硅钙铀矿	$(H_2O)_2Ca(UO_2)_2(SiO_4)\cdot 3H_2O$		稀酸氧化浸出或碱浸
		铀石	$U(SiO_4)_{1-x}(OH)_{4x}$		稀酸或浓酸氧化浸出
		铀钍矿	钍石的含铀变种		稀酸或浓酸氧化浸出
	磷酸盐	钙铀云母	$Ca(UO_2)_2P_2O_8$	46～52	稀酸浸出或碱浸
		铜铀云母	$Cu(UO_2)_2P_2O_8\cdot 2H_2O$	42	稀酸浸出或碱浸
	钒酸盐	钾钒铀矿	$K_2(UO_2)_2(VO_4)_2\cdot 2H_2O$	42～46	稀酸氧化浸出
		钙钒铀矿	$CaO\cdot UO_3\cdot V_2O\cdot nH_2O$	41～48	稀酸浸出或碱浸
	碳氢化合物	碳铀钍矿	晶质铀矿与碳氢化合物络合物		稀酸或稀酸氧化浸出
		沥青岩	含铀有机络合物变种		稀酸或稀酸氧化浸出
		含铀页岩	含铀有机络合物变种		稀酸或稀酸氧化浸出
		含铀煤	含铀有机络合物变种		稀酸或稀酸氧化浸出
混合矿石	沥青铀矿–铀黑	原生和次生铀矿共生	—		稀酸氧化浸出
	沥青铀矿–铀云母	原生和次生铀矿共生	—		稀酸氧化浸出
	沥青铀矿–含水铀氧化物	原生和次生铀矿共生	—		稀酸氧化浸出
	沥青铀矿–硅钙铀矿	原生和次生铀矿共生	—		稀酸氧化浸出或碱浸
	沥青铀矿–钾钒铀矿–钙钒铀矿	原生和次生铀矿共生	—		稀酸氧化浸出或碱浸

8.1.2 铀矿石浸出

铀矿石浸出主要分为酸浸和碱浸两大类，酸浸主要针对硅酸盐矿物，碱浸主要针对碳酸盐类矿物，并且主要应用于碳酸钠浸出。

8.1.2.1 酸浸出

浸出原理：原生矿中铀主要为 UO_2，其次为 UO_3，可使用盐酸、硝酸或硫酸作浸出剂。从试剂价格、分解能力及对设备的腐蚀等因素考虑，最常用的浸出剂为稀硫酸。硫酸价格低，对铀的浸出率较高，其对设备的腐蚀性比盐酸和硝酸小，浓硫酸可用碳钢容器储运，浸出设备可用含钼不锈钢或用衬耐酸陶瓷和衬橡胶的方法解决。

铀在硫酸浸液中所发生的反应如下：

$$UO_3+H_2SO_4 \rightleftharpoons UO_2SO_4+H_2O$$

$$U_3O_8+\frac{1}{2}O_2+3H_2SO_4 \rightleftharpoons 3UO_2SO_4+3H_2O$$

$$UO_2SO_4+SO_4^{2-} \rightleftharpoons [UO_2(SO_4)_2]^{2-}$$

$$[UO_2(SO_4)_2]^{2-}+SO_4^{2-} \rightleftharpoons [UO_2(SO_4)_3]^{4-}$$

铀在硫酸浸液中以 UO_2^{2+}、UO_2SO_4、$[UO_2(SO_4)_2]^{2-}$、$[UO_2(SO_4)_3]^{4-}$等形态存在。其间的比例取决于浸出液的酸度、铀浓度、硫酸根离子浓度和温度等因素。在一定的酸度和温度条件下，其间的比例主要决定于各自的配合常数和游离硫酸根的浓度。

酸浸时将铀矿转化为 UO_2^{2+} 存于浸液中，因此，在浸出过程中需对浸出电位进行调控。当浸液的还原电位大于 200 mV 时，四价铀氧化为 UO_2^{2+}；而当电位为 400~500 mV 时，铀基本上以六价形态存在，且浸液的 pH 应小于 3.5，否则 UO_2^{2+} 会水解为氢氧化物沉淀析出。

为了使浸出液的还原电位大于 400 mV，浸出时须加入氧化剂。从反应速度考虑，有效的氧化剂为三价铁离子。另外为了快速将二价铁氧化成三价铁，在浸出的过程中还经常通过添加 MnO_2 的方式，加快氧化。

主要工艺参数：浸出时的矿石粒度为 0.147~0.991 mm；液固比为 0.6~1.2；酸用量与矿石组成有关，易浸矿石的剩余酸度一般为 3~8 g/L，难浸矿石的为 30~40 g/L；浸出温度一般为 60~90 ℃；MnO_2 用量为矿石重量的 0.5%~2.0%；溶液的还原电位为 0.4~0.45 V；浸出时间因矿石性质和浸出条件而异。

8.1.2.2 碱浸出

碱浸出多数为碳酸盐浸出，优点是选择性好，浸液较纯，杂质含量少，试剂可部分返回使用，且对设备腐蚀小；缺点是浸出时间较长，浸出率较低，尤其存在四价铀时更是如此。

碱浸出处理的矿石包括次生铀矿物经氧化焙烧、加盐烧结所生成的三氧化铀和碱金属铀酸盐。原生铀矿中的六价铀易被碳酸盐溶液溶解，但其中的四价铀只在氧化剂存在的条件下才能溶于碳酸盐溶液中。

在铀矿的压热碱浸过程中，铀以三碳酸铀酰离子的形式进入浸出液，反应方程式如下：

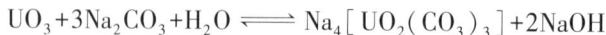

$$UO_3+3Na_2CO_3+H_2O \rightleftharpoons Na_4[UO_2(CO_3)_3]+2NaOH$$

对矿石中存在的四价铀，浸出反应为：

$$UO_2+\frac{1}{2}O_2+3Na_2CO_3+H_2O \rightleftharpoons Na_4[UO_2(CO_3)_3]+2NaOH$$

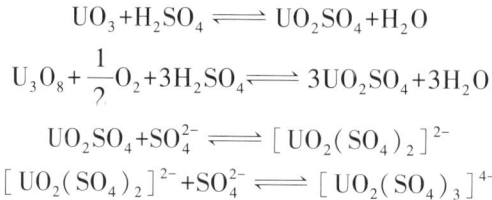

由于浸出过程中产生了 NaOH，溶液的碱性增强，从而破坏了三碳酸铀酰络合物的稳定性，络合物会发生下列分解反应：

$$2Na_4[UO_2(CO_3)_3]+6NaOH \rightleftharpoons Na_2U_2O_7\downarrow+6Na_2CO_3+3H_2O$$

为了防止重铀酸钠沉淀生成，生产上可向浸出槽中加入一定量的碳酸氢钠以中和产生的 NaOH。

浸出过程中，矿石中的氧化硅、氧化铝、氧化铁和碳酸盐等脉石相当稳定，而磷、钒、钼、砷等氧化物极易被碳酸盐溶液分解，金属硫化物和硫酸盐也易被碳酸盐分解。碱土金属氧化物可强烈地与碳酸盐溶液作用。

碱浸时的矿石粒度需小于 0.147 mm，液固比常为 0.8~1.4，常压浸出时的试剂浓度较高，常为矿石质量的 4%~8%。浸出剂的用量也比较大，所产生的成本也较高，因此碱的循环使用是判断碳酸盐浸出能否实现的一个关键因素。

国内某铀水冶厂碳酸盐浸出的实例如下，该厂采用压热碱浸工艺处理含铀、钼和铼等多种金属的矿石，原矿各组分含量见表 8-3。

表 8-3　原矿各组分含量

成分	U	Mo	Re	As	P	CaO
含量/%	0.132	0.356	0.00078	0.28	0.057	1.74
成分	MgO	SiO_2	CO_2	Al_2O_3	Fe_2O_3	
含量/%	5.33	54.2	3.68	8.66	9.92	

主要工艺参数：矿石磨至+80 目矿石<5%，-200 目矿石>70%，浸出液固体积质量比为 1.6，溶液中碱质量浓度为 50~60 g/L，温度为 145 ℃，空气从高压釜底部吹入空流量为 8~9 m³/min，釜内压力为 1.86 MPa。浸出过程在 10 台串联立式空气搅拌高压釜中完成，工艺流程图如图 8-1 所示。

8.1.2.3　微生物浸出

微生物浸出方法是一种独特的冶金技术，通过利用一类嗜酸微生物对金属矿石深度氧化，从而将目的金属转移到液相中，再进行回收。微生物浸出法在处理贫铀矿石中具有显著优势。目前，易被微生物浸出的铀矿主要有沥青铀矿、黑铀矿、云母铀矿、钙铀云母等。

浸出原理：普遍观点主张微生物浸出铀矿是利用一类嗜酸性微生物在有氧条件下氧化金属矿石中的 FeS_2，并生成强氧化剂(Fe^{3+})和硫酸，氧化处于稳定状态的四价铀(间接作用)，也有人提出微生物可以直接作用于铀矿(直接作用)。主要发生如下反应：

$$UO_2+Fe_2(SO_4)_3 \rightleftharpoons UO_2SO_4+2FeSO_4$$

$$2UO_2+O_2+2H_2SO_4 \rightleftharpoons 2UO_2SO_4+2H_2O$$

$$4FeSO_4+O_2+2H_2SO_4 \rightleftharpoons 2Fe_2(SO_4)_3+2H_2O$$

浸出因素主要有外部因素和内部因素两部分。外部因素主要体现在浸出过程中的各种环境限制，主要是 pH 与温度。浸出关键在于嗜酸性微生物的选择，主要有氧化亚铁硫杆菌、氧化硫杆菌或两者结合使用，所以环境酸度对细菌的生存繁殖有明显影响，同时 pH 还控制着浸出液中铁离子的沉淀。温度通过影响微生物活性而对浸出率产生影响。例如，适宜氧化

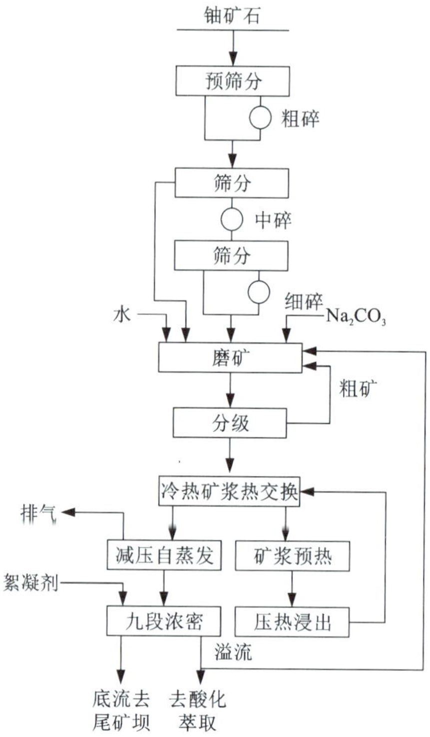

图 8-1 国内某铀水冶厂的矿石破碎磨矿及加热浸出流程图

亚铁硫杆菌生长的温度为 30~32 ℃，当温度低于 10 ℃ 时，细菌活力减弱，生长繁殖速率降低；若超过 40 ℃，则细菌生存会受到威胁甚至会被杀死。此外，紫外线和矿床成分等因素亦对微生物浸出率有着显著影响。内部因素重点在于矿石自身的物理化学特性。矿床的渗透系数制约着菌液在矿床、矿堆中的流动以及与矿石接触的时间、接触的范围，从而影响浸出率，矿石粒度、矿浆浓度甚至矿石成分都会通过直接控制渗透系数来间接影响浸出率。此外，微生物浸出是在酸法、碱法浸出的基础上引入了微生物的氧化特性，其影响因素不但与酸法、碱法颇有联系，还涉及微生物的菌种选育、培养、增殖等微生物技术。

生物浸矿特点：微生物开采技术融合了选矿、冶金和生物技术，凭借其低能耗、低成本、流程简单、零污染的优势，成功规避了传统开采中的井巷建设与矿石搬运等流程，同时设备费用也得到缩减。此种开采方式引入浸出体系的物质少，有效避免了开采过程中对地下水环境造成的污染；然而，微生物浸出技术涉及物理、化学及微生物学等多个学科领域，受多种因素影响，尤其是微生物培养过程中务必保证操作环境无杂菌，因此应用条件相对苛刻。

8.1.3 铀浸出液净化

每升铀浸出液中通常含有数百毫克的铀，高的为 1~2 g/L，大量的游离硫酸（或碳酸根）及铁、磷、铝、锰、钒、钙、镁、硅、钼等杂质的含量为几克至几十克每升，有的甚至达几百克每升。因此，浸出液一般需采用离子交换法或溶剂萃取法进行净化，以制得较纯的含铀溶液，然后采用化学沉淀或结晶的方法制取铀化学精矿。

8.1.3.1　离子交换净化法

1) 从硫酸浸出液中提取铀

铀在浸出液中可以 UO_2^{2+}、UO_2SO_4、$UO_2(SO_4)_2^{2-}$、$UO_2(SO_4)_3^{4-}$ 等形态存在，其间的比例可用如下方法进行计算：

$$UO_2^{2+}+SO_4^{2-} \rightleftharpoons UO_2SO_4 \qquad K_1=50$$

$$UO_2^{2+}+2SO_4^{2-} \rightleftharpoons [UO_2(SO_4)_2]^{2-} \qquad K_2=350$$

$$UO_2^{2+}+3SO_4^{2-} \rightleftharpoons [UO_2(SO_4)_3]^{4-} \qquad K_3=2500$$

溶液中铀的总浓度：

$$C=[UO_2^{2+}]+[UO_2SO_4]+[UO_2(SO_4)_2^{2-}]+[UO_2(SO_4)_3^{4-}]$$

$$=[UO_2^{2+}]\{1+K_1[SO_4^{2-}]+K_2[SO_4^{2-}]^2+K_3[SO_4^{2-}]^3\}=K[UO_2^{2+}]$$

吸附阶段铀从液相转入树脂相，铀的吸附率除与树脂性能有关外，还与一系列操作因素和化学因素有关。铀在浸出液中一般以离子形态存在，因此采用阴离子交换树脂进行离子交换。如果存在的杂质离子也包含一些阴离子的话，它也会被树脂交换，就不利于铀的吸附，所以需要对阴离子杂质进行预处理。影响铀吸附率的主要化学因素是游离硫酸根浓度、介质 pH、铀浓度、阴离子杂质类型及浓度等。

(1) 硫酸根浓度：硫酸根浓度的变化直接影响铀在溶液中的存在形式与硫酸氢根离子浓度。其他条件相同时，$[UO_2(SO_4)_3]^{4-}$、HSO_4^- 浓度皆随硫酸根浓度的提高而提高；然而，尽管 $[UO_2(SO_4)_3]^{4-}$ 浓度增加有助于提升铀的吸附能力，但 HSO_4^- 浓度的提高会降低铀的吸附容量。通常不用其他方法调节浸出液中的硫酸根浓度，当有硫酸根积累时应考虑其对铀吸附容量的影响。

(2) 介质 pH：介质 pH 对强碱性树脂的交换能力影响较小，但影响铀的存在形态和硫酸氢根浓度。随着剩余酸度的上升，硫酸氢根浓度亦随之增加，从而降低了铀的吸附容量。酸度下降时，硫酸氢根浓度下降，且随着 pH 的升高，铀酰离子会部分水解形成多聚铀酰离子的配阴离子，这两者均有利于铀的吸附，因此，当 pH 增加时，铀的吸附饱和度也相应增大，直至达到某个峰值。超过此值时，由于杂质吸附量的增大及铀吸附率下降导致铀吸附容量下降。实际生产中，介质 pH 要严格控制在 1~2。

(3) 铀浓度：树脂吸铀容量随吸附原液铀浓度的增加而提高，铀的作业回收率却随着铀浓度的增大而减少。为了确保尾液符合废弃标准，需加大树脂用量或调整其他操作方式以维持较高的吸铀效率。因此，离子交换法一般用于从稀铀溶液中提取铀。

(4) 阴离子杂质：浸出液中所有的阴离子杂质均可被阴离子树脂吸附，但它们对树脂的亲和力不同，对铀的吸附容量的影响也各异。影响较大的有 Cl^-、NO_3^-、$[Fe(OH)_4]^-$、$[(SO_4)_2]^{4-}$、HPO_4^{2-}、$HAsO_4^{2-}$、VO_3^-、MoO_4^{2-}、CN^-、SCN^-等阴离子。

(5) 温度：提高吸附原液温度可以提高吸附速率。为了保持树脂的热稳定性，原液温度一般应低于 50 ℃。

2) 从碳酸盐浸出液中提取铀

碳酸盐浸出液较纯，在铀浓度偏高的浸出液中，可以通过化学沉淀直接制备高品位的化学精矿。然而，对于贫矿所产生的低浓度浸出液，其处理过程中面临试剂消耗多、回收率低下以及在母液中铀消耗多的问题。在此情况下，可用强碱性阴离子树脂进行预处理，以提高过程的技术经济指标。

铀吸附容量受铀与碳酸根及碳酸氢根的相对浓度、两者的比例以及溶液 pH 等多种因素影响。实验发现，当 pH 从 10 降至 9 时，铀的吸附容量将降低 50%以上。其他阴离子(如 Cl^-、NO_3^-、SO_4^{2-} 等)也会对铀吸附容量产生负面影响。此外，有机质(碱浸时多为有机酸钠)可使树脂中毒，降低铀的吸附容量。

当树脂达到铀饱和状态后，通常使用中性或碱性淋洗剂进行清洗。不可采用酸性淋洗剂，避免生成大量二氧化碳气体产生沟流，减弱冲洗效果。但是碳酸盐或苛性钠溶液并不适宜作为淋洗剂，碳酸盐的淋洗效率低，淋洗液体积大，在经济上不合理。用苛性钠溶液淋洗时，当 pH>11.6 时会析出重铀酸盐沉淀，使操作变得困难。较为理想的淋洗剂是硝酸盐或氯化物的中性或碱性溶液，如 1~2 mol/L Na_2CO_3 溶液。加入碳酸盐可防止铀酰离子水解和提高淋洗效率。

8.1.3.2 溶剂萃取净化法

铀浸出液或淋洗液中铀浓度较低，杂质含量较高，因此，萃铀的萃取剂对铀的分配系数要大，萃取容量可以小些。如常用的有机胺类和有机磷类萃取剂。铀矿萃取工艺中常用的萃取剂性能比较列于表 8-4 中。

表 8-4 胺类萃取剂和磷类萃取剂萃取性能比较

项目	胺类萃取剂	磷类萃取剂
对铀的选择性	高，对杂质的分离系数为 10^3~10^5	一般，P_{204}(磷酸二异辛酯)能同时萃取 Fe^{3+}
萃取速度	快	较慢
分配系数	高	较低，TBP(磷酸三丁酯)比 P_{204} 更低
饱和容量	较低	较高，TBP 容量最高
反萃性能	易反萃，用硝酸盐， 氯化物碳酸盐作反萃取剂	需用 10% 碳酸盐或强酸液作反萃取剂
对酸、碱、辐射的稳定性	稳定	一般
稀释剂中溶解度	较小，需加添加剂	较大
进料中悬浮固体含量	要求很低<50×10^{-6}	可允许达 300×10^{-6}
乳化情况	易产生乳化	不易产生乳化
中毒情况	钼易在 TFA(三脂肪胺)中积累， 7402 易被有机物中毒	

1)有机胺萃取剂萃取铀

铀工艺中用得最广的为三脂肪胺和季铵盐。前者适用于从硫酸体系中提取铀，后者适用于从碳酸盐体系中提取铀。

(1)三脂肪胺萃取铀。

三脂肪胺是 8~12 个碳原子的混合叔胺，以 8 个碳原子的叔胺为主萃取铀的主要反应为

$$2Re_3N+H_2SO_4 \rightleftharpoons (Re_3NH)_2SO_4$$

$$2(Re_3NH)_2SO_4+UO_2(SO_4)_3^{4-} \rightleftharpoons (Re_3NH)_4UO_2(SO_4)_3+2SO_4^{2-}$$

$$(Re_3NH)_2SO_4+UO_2(SO_4)_2^{2-} \rightleftharpoons (Re_3NH)_2UO_2(SO_4)_2+SO_4^{2-}$$

$$(Re_3NH)_2SO_4+UO_2(SO_4)_2 \rightleftharpoons (Re_3NH)_2UO_2(SO_4)_3$$

反萃：用硝酸盐、氯化物、氢氧化钠、氢氧化铵、碳酸钠或碳酸铵溶液反萃，常用的反萃剂为氯化物(0.05 mol/L H_2SO_4 与 1~1.5 mol/L NaCl)、碳酸盐(10% Na_2CO_3)和碳酸铵与氢氧化物的混合溶液。

三脂肪胺萃取铀的工艺流程如图 8-2 所示。

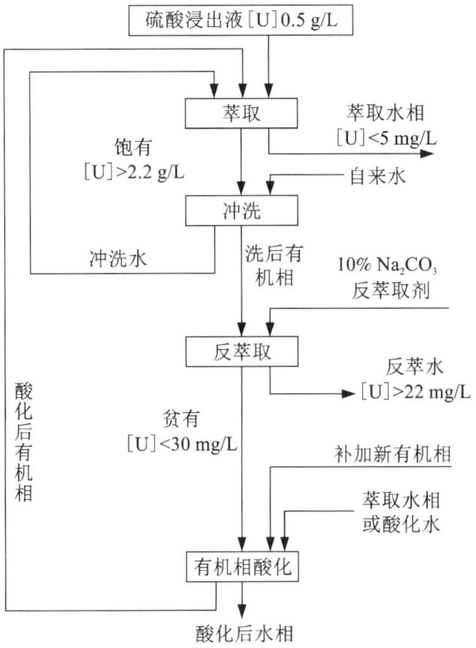

图 8-2　三脂肪胺萃取铀的工艺流程图

用硫酸浸出液首先进行萃取，萃取时工艺参数为 0.05 mol/L 的萃取剂三脂肪胺加上 3%~5%的混合醇煤油溶液。萃取剂有机相的温度为 20~40 ℃，pH 为 0.5~1.0。由于在工业上相比测量较困难，所以一般测流比，在相同的时间内有多少水、有多少有机相流出，即流比为有机相/水=1/6~1/4。接触相比为有机相/水=1/1~2/1，接触时间为 1.5 分钟，澄清时间为 8 分钟，段数为 3~5 段，也就是 3 级萃取到 5 级萃取。

萃取之后饱有铀含量是 2.2 g/L，效率很高，富集比达 4.4 倍。萃取有机相再进行一次冲洗，冲洗时用自来水，并且冲洗水还能再返回进行萃取。对洗后有机相进行反萃取，反萃取时用 10% 的碳酸钠，温度为 20~40 ℃。接触相比是有机相/水=1/1~2/1。流比为有机相/水=10/1，接触时间是 2 分钟，澄清时间是 12 分钟，段数是 1~4 段。经过反萃取以后，反萃水相里面的反萃水铀浓度大于 22 mg/L。反萃后的有机相应进行酸化。

（2）季铵盐萃取铀。

季铵盐萃取铀的主要反应为

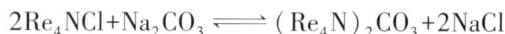

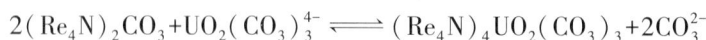

$$2Re_4NCl+Na_2CO_3 \rightleftharpoons (Re_4N)_2CO_3+2NaCl$$

$$2(Re_4N)_2CO_3+UO_2(CO_3)_3^{4-} \rightleftharpoons (Re_4N)_4UO_2(CO_3)_3+2CO_3^{2-}$$

因为季铵盐具有强碱性，所以它的 pH 应用范围较宽，从强酸性到强碱性都可以使用。一般采用的季铵盐是含氯离子的氯盐，首先用碳酸钠进行碳酸化，把氯离子替代出来变成新的盐。这个有机相再跟碳酸铀酰络阴离子进行萃取反应，得到的萃合物进行反萃时采用的反萃剂也是碳酸盐，一般采用 0.7 mol/L 的碳酸钠和 1 mol/L 的碳酸氢钠作为反萃剂，温度是 20~35 ℃，也可以用 25 %的碳酸铵进行反萃结晶。由于萃取和反萃均在同一阴离子体系中进行，不会引进其他阴离子杂质，产品品位较高，母液便于返回使用。母液返回比例可通过试验决定，以免产生杂质积累现象。接下来看季铵盐萃取流程实例，如图 8-3 所示。

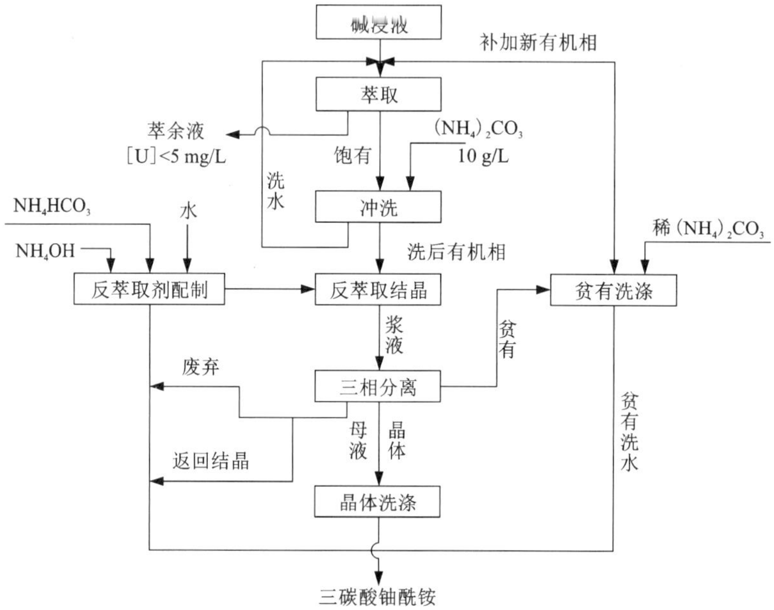

图 8-3　季铵盐萃取工艺流程图

首先对碱浸液进行萃取，萃取时的有机相是 0.1 mol/L 的季铵盐加上 3%的仲醇磺化煤油，水相为碱性浸出液，浸出液中含铀 0.4 g/L，碳酸钠为 20 g/L，碳酸氢钠为 5 g/L，接触相比为有机相/水相=1/1，流比为有机相/水相 = 6/1 ~ 8/1，温度为室温，萃取后的萃余液为 5 mg/L。对萃取饱和的有机相进行冲洗，冲洗水采用的是 10 g/L 的碳酸铵，流比是有机相/水=20/1，接触相比为有机相/水 = 1/1。冲洗后进行反萃取结晶。反萃液用的是 250 g/L 的碳酸铵和 5 g/L 的氢氧化铵，流比为有机相/水 = 8/1，接触相比为有机相/水 = 1/1，时间为 2 小时，温度在 40 ℃左右。采用母液法结晶，接近 20%的外排，因为它有杂质元素，不能 100%进行返回。其中有一部分废弃，另一部分返回。最后经过洗涤可以得到三碳酸铀酰铵产品，煅烧之后就能得到三氧化铀。

2)有机磷萃取铀

铀工艺中应用最广的有机磷萃取剂为 $D_2EHPA(P_{204})$ 和 TBP。P_{204} 适用于从硫酸浸液或淋洗液中萃取铀，TBP 适用于从硝酸液中萃取铀。

(1) P_{204} 萃取铀。

$D_2EHPA(P_{204})$ 为酸性磷酸醋，其萃铀反应为

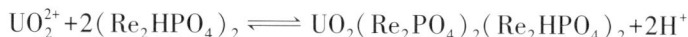

$$UO_2^{2+}+2(Re_2HPO_4)_2 \rightleftharpoons UO_2(Re_2PO_4)_2(Re_2HPO_4)_2+2H^+$$

图 8-4 是 P_{204} 萃取的工艺流程图。

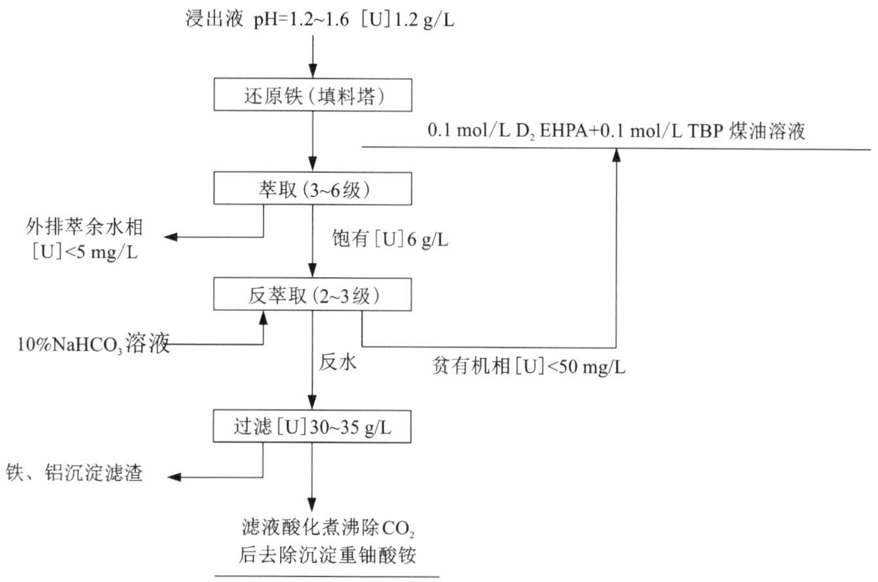

图 8-4 P_{204} 萃取的工艺流程图

浸出液 pH 为 1.2~1.6，含铀 1.2 g/L。首先要还原铁，要把三价铁还原成二价铁，这样做的优点是使进入有机相的铁变少，从而增加产品纯度。然后进行 3~6 级萃取，萃取液中铀含量一般小于 5 mg/L，饱和的有机相中含铀 6 g/L，负级别相当于 5 倍。再进行反萃取，为 2~3 级，反萃液是 10%的碳酸钠溶液，反萃取后贫有机相中含铀小于 50 mg/L，反萃液里含铀 30~35 g/L，富集比最终接近 30 倍。P_{204} 萃取铀的缺点是在有机相中混入杂质，所以最终过滤掉铁、铝沉淀滤渣后，还要对滤液进行酸化煮沸去除 CO_2 和重铀酸铵。

(2) TBP 萃取铀。

TBP 为中性磷酸酯，只能从硝酸体系中萃铀。TBP 萃铀的主要反应为

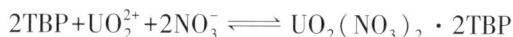

$$2TBP+UO_2^{2+}+2NO_3^- \rightleftharpoons UO_2(NO_3)_2 \cdot 2TBP$$

它是一个中性萃取体系，所以必须要有硝酸根离子和铀酰根离子形成硝酸铀酰的中性分子，然后跟 TBP 作用形成萃合物，图 8-5 是 TBP 萃取的工艺流程图。

有机相主要包括两个，一个是磷酸三丁酯，另一个是磺化煤油。浸出液要用硝酸进行酸化，然后进行萃取、冲洗和反萃取。反萃剂是硫酸，萃余液和反水中夹带的有机相要用煤油回收，最终去沉淀得到重铀酸铵。

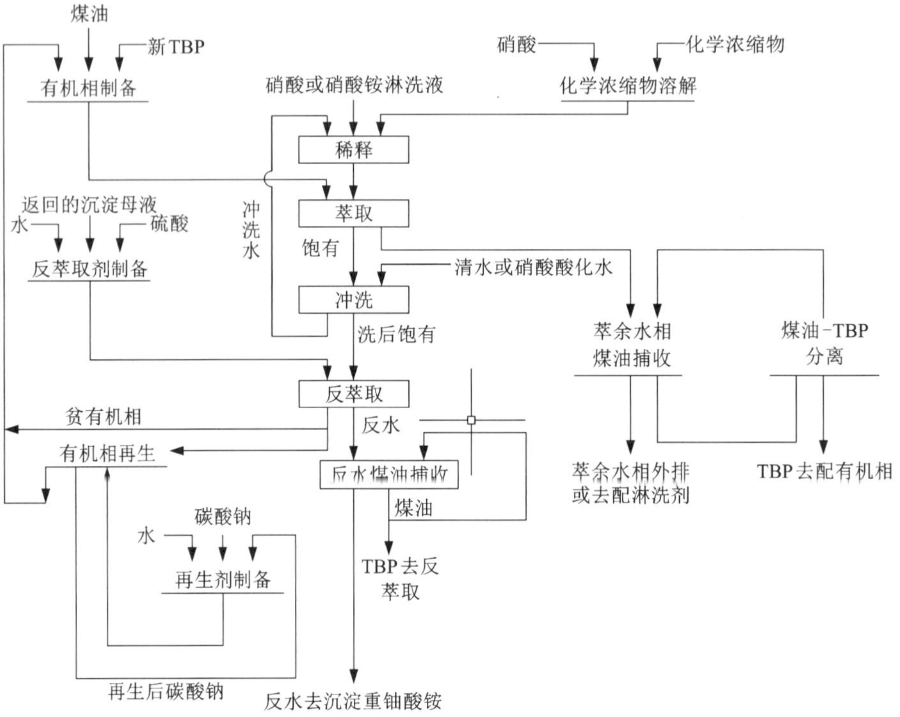

图 8-5　TBP 萃取的工艺流程图

8.1.4　沉淀法制备铀化学精矿

20 世纪 50 年代初，铀通常只由化学沉淀法从铀矿浸出液中提取；然而，这种方法所得铀化学精矿的品质较差且含有大量杂质，回收效率低下，而所需试剂用量巨大，造成生产成本居高不下。随后，采用离子交换法与萃取法对浸出液进行净化，再从淋洗液或反萃液中获取铀化学精矿，使得最终精矿的质量高，回收率提高。部分厂家更直接从铀矿的碱性浸出液中沉淀铀，所获的铀化学精矿通称为“黄饼”，一般含铀 40%~70%，为中间产品，必须进一步精制以去除杂质并获得核纯制产品。目前主要采用淋-萃流程处理铀矿浸出液，通过结晶反萃法制备核纯的三碳酸铀酰铵产品。

8.1.4.1　从酸性含铀溶液中沉淀铀

常用氨水、苛性钠、石灰和氧化镁等作碱沉淀剂，以碱中和的方法制取铀化学精矿或纯的重铀酸产品沉淀剂。以氨水为例，相关的化学反应如下

$$H_2SO_4+2NH_4OH \longrightarrow (NH_4)_2SO_4+2H_2O$$

$$2UO_2SO_4+6NH_4OH \longrightarrow (NH_4)_2U_2O_7\downarrow+2(NH_4)_2SO_4+3H_2O$$

$$Fe_2(SO_4)_3+6NH_4OH \longrightarrow 2Fe(OH)_3\downarrow+3(NH_4)_2SO_4$$

$$Al_2(SO_4)_3+6NH_4OH \longrightarrow 2Al(OH)_3\downarrow+3(NH_4)_2SO_4$$

铀的沉淀效果、质量和物理性能受各种因素的影响，例如 pH、温度、沉淀时间、搅拌力度、原液成分以及沉淀剂选择等。其中，沉淀 pH 对铀的沉淀效果与产品质量起着关键作用。

因此，生产上沉淀终了 pH 应控制在 7.0 左右，同时需要缓慢添加沉淀剂，以便控制 pH 逐步升高到 7.0,这有利于控制和获得较粗的沉淀物。当采取阶段性的 pH 调节方式进行连续沉淀时，每个阶段的 pH 设置都对成品中硫酸根含量产生极大影响。例如，沉淀 pH 分 2~2.5、4.5~5、6.5~7.0 三段控制时，产品中硫酸根含量可为 11%~13%，若 pH 改为 2~2.5、6.5~6.8、6.8~7.0 三段控制时，产品中硫酸根含量可降至 1%~3%。其原理是在 pH 为 4~6 时，易生成碱式硫酸铀酰 $(UO_2)_2SO_4(OH)_2 \cdot 4H_2O$ 沉淀，可通过避开这个区间来降低产品中的硫酸根含量。有时也可采用分步沉淀法，如先中和至 pH 为 3~3.5 以除去大部分铁和硫酸根及部分磷、钒等杂质，然后中和至 pH=7.0。但这种方法需要多个固液分离操作，所以在实际应用中并不多见。沉淀的最佳温度通常为 50~65 ℃，而理想的沉淀时间则不低于 2 h，搅拌力度必须适当，以免破坏沉淀颗粒。

沉淀剂种类会对沉淀效率、沉淀物品质以及物理特性产生重大影响。实际中通常选用氨水作为沉淀剂，因其成本低廉，使用便利，不污染产品，利于后续工序处理。然而其存在不足之处，即氨浓度一般只有 20%~25%，并含大量碳酸根，这将降低铀的沉淀效果，导致铀在母液中的流失增多。石灰和氧化镁虽价廉易得，可得粗粒易过滤的沉淀物，但是反应过程缓慢，产品容易受到未完成反应的石灰和氧化镁的污染。因此，它们主要用于制备铀的简单化的化学精矿。苛性钠售价较高，具有强烈腐蚀性，易吸收大气中的水分及二氧化碳，形成难以过滤的泥状物质，因此在实际中较少应用，仅偶尔用于一些交通不便的偏远地区。

原液中的铀浓度越高，所需沉淀剂就越少，铀的沉淀效率就越高，产出的质量也就越好。料液中切忌含有能与铀生成可溶性配合物的阴离子杂质(如 F^-、CO_3^{2-} 等)，这些阴离子会严重降低铀的沉淀率。为了降低沉淀剂耗量，沉淀母液可部分返回用于配制淋洗剂或反萃剂，返回的比例应通过实验决定，以免杂质离子积累，降低淋洗率和反萃率。

8.1.4.2　从碱性含铀溶液中沉淀铀

(1)沉淀方法：碱分解法。

原理：一般情况下，铀在碱性含铀溶液中的存在形式是碳酸铀酰，三碳酸铀酰配合物仅在弱碱性介质中才稳定，若 pH 大于 11.6，会分解析出重铀酸盐沉淀。

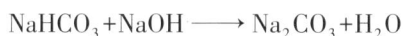

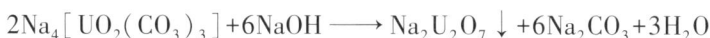

$$NaHCO_3 + NaOH \longrightarrow Na_2CO_3 + H_2O$$

$$2Na_4[UO_2(CO_3)_3] + 6NaOH \longrightarrow Na_2U_2O_7 \downarrow + 6Na_2CO_3 + 3H_2O$$

图 8-6 是碱性含铀溶液碱分解法工艺流程图。向碱性含铀溶液中加入氢氧化钠使 pH>12 进行碱分解，然后固液分离母液。母液中主要是碳酸钠和一部分的氢氧化钠，经过加二氧化碳进行再生，把里面的氢氧化钠变成了碳酸钠，然后返到浸液里，碳酸钠可以作为浸出剂或淋洗液使用，固液分离后最终得到的就是铀化学精矿。

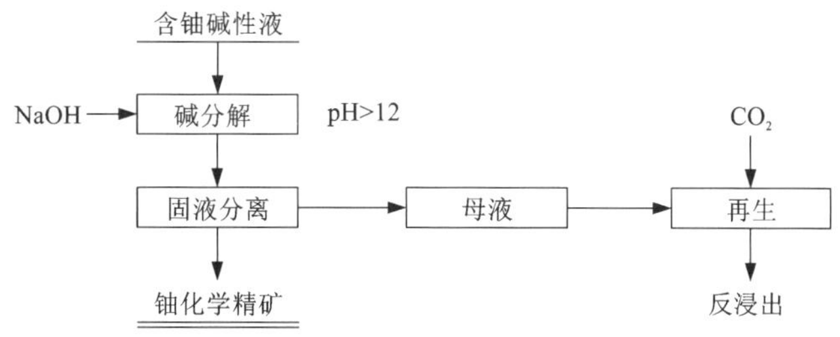

图 8-6　碱性含铀溶液碱分解法工艺流程图

(2)沉淀方法：酸分解法。

原理：将碱性含铀溶液用硫酸酸化至 pH 为 3~4 时进行反应。

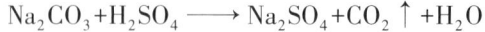

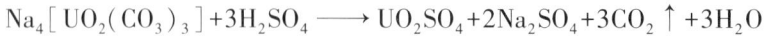

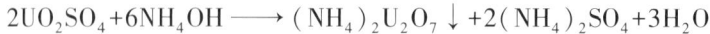

$$Na_2CO_3+H_2SO_4 \longrightarrow Na_2SO_4+CO_2\uparrow+H_2O$$

$$Na_4[UO_2(CO_3)_3]+3H_2SO_4 \longrightarrow UO_2SO_4+2Na_2SO_4+3CO_2\uparrow+3H_2O$$

$$2UO_2SO_4+6NH_4OH \longrightarrow (NH_4)_2U_2O_7\downarrow+2(NH_4)_2SO_4+3H_2O$$

加热煮沸溶液赶除二氧化碳，此时铀及所有杂质均转入溶液中，再用碱中和至 pH 为 6.5~7.0，使沉淀析出。其工艺流程图如图 8-7 所示。该流程适于处理不含钒的碱性液。

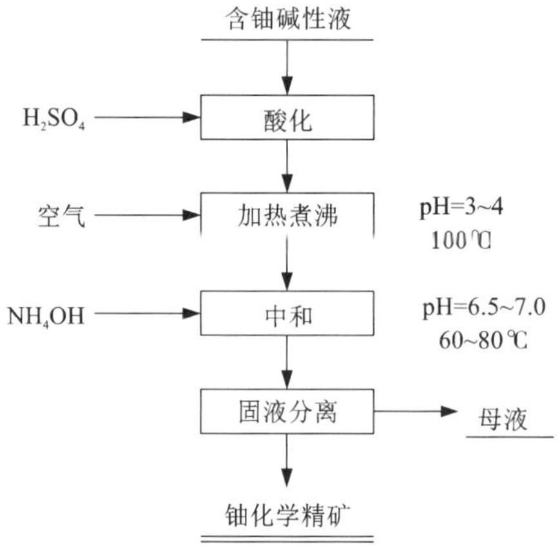

图 8-7　碱性含铀溶液酸分解法工艺流程图

8.2 铜矿化学选矿

8.2.1 概述

铜在地壳中的丰度为 68×10^{-6}，原生铜矿主要有黄铜矿、斑铜矿、硫砷铜矿等，在自然界的作用下，通过取代、氧化生成许多次生铜矿，如辉铜矿、铜蓝、孔雀石、蓝铜矿、硅孔雀石、赤铜矿，以及铜的盐类矿物。依物相分析中氧化铜和硫化铜的含量，铜矿石一般可分为硫化矿石(氧化铜含量<10%)、氧化矿石(氧化铜含量>30%)和混合矿石(氧化铜含量 10%~30%)。硫化铜矿物的可浮性较好，常用浮选法处理。氧化铜矿物中可浮性较好的氧化矿和混合矿也可用浮选法处理而得到铜矿物精矿。有些氧化铜矿物的可浮性较差，尤其当矿石中的铜以难浮的硅孔雀石、赤铜矿及以被氢氧化铁、铝硅酸盐所浸染的铜矿物或以结合铜形态存在时，铜矿物嵌布粒度极细，结合铜含量高，矿泥含量高，用浮选法处理很难得到理想的技术经济指标。目前，铜金属的提取技术主要有火法冶炼与湿法冶炼两种。其中，火法冶炼主要处理以硫化矿为主的铜精矿，铜精矿通过熔炼-吹炼得到粗铜，进一步精炼铸成阳极板，再经电解得到电解铜产品；湿法冶炼主要处理低品位难处理铜矿物，其工艺为浸取-萃取-电积技术。

在一万多年以前，人类就开始利用自然铜制成各种工具。至今发掘到的最早炼制铜器是在伊朗出土的刮刀、锥、凿等物，可能制造于公元前 3800 年。我国利用湿法提取金属铜的历史非常悠久，在甘肃发现的青铜小刀的炼制时间约为公元前 2700 年，铁置换铜的发现源自西汉。汉代《淮南万毕术》记载“白青得铁，即化为铜也”，白青即为水胆矾。用铁从天然铜水中置换、提取金属铜在唐朝已经开始，两宋时期已形成规模，当时称为“浸铜法”。由于蓝绿色的铜水被称为“胆水”，因此所得的铜称为“胆铜”。据宋代史书《宋会要辑稿》记载的当时东南各路九处产铜情况，仅韶州岑水场(今广东翁源县北)一处年产胆铜就达 80 万斤，各处之和多达 187.4427 万斤。

国外最早的湿法炼铜厂为匈牙利境内靠近西莫尔尼兹的一个矿山，其从 15 世纪就开始从矿水中用铁置换铜。从 1752 年开始，西班牙的 Rio Tinto 矿对含铜黄铁矿先进行氧化焙烧，然后浸取，再从浸取液中置换回收铜。据记载，1854 年西班牙人发明了焙烧-浸取-置换法生产铜的一项技术，可能是由于焙烧产生的二氧化硫造成过度污染；20 世纪初，他们开始发展并采用堆浸技术，所得浸取液须流经一系列木制大桶，桶中堆放铸铁块。

进入 20 世纪，随着铜的需求量日益扩大，人们开始重视铜矿表层氧化矿的开发利用，湿法逐渐成为处理氧化铜矿的主要冶金方法，在浸取技术方面有了长足的进步。在过去几十年，随着萃取、离子交换等技术水平的提高，湿法炼铜技术得到了飞速的发展，形成了浸取-萃取-反萃-电积的现代湿法炼铜工艺。

自 20 世纪 70 年代以来，全世界每年采用湿法工艺生产的铜在 100 万吨以上，在 20 世纪末期达到 250 万吨，占铜年产总量的 15%。我国湿法炼铜的研究起步不晚，但是在工业应用方面却发展较慢，第一家生产厂于 1983 年投产。虽然近年一些地方的小矿山采用了湿法炼铜技术，但规模均较小，除江西德兴铜矿湿法炼铜规模较大外，其余多为年产阴极铜几百吨的小矿山。随着我国铜资源的开发与利用，尤其是低品位铜矿的利用，我国铜湿法冶金技术将具有很好的发展前景。

处理难选铜矿物原料时，化学选矿方法的选择取决于矿石中铜的物相组成、围岩特性和矿石结构构造等因素。若脉石为酸性岩、铜矿物为次生铜矿物时，可用稀硫酸分解矿石；若矿石中除次生铜矿物外还含有相当量的硫化铜矿物和自然铜时，则宜采用氧化酸浸(热压氧酸浸、高价盐浸、细菌浸出)或氧化焙烧-酸浸的方法分解矿石；若脉石主要为碱性岩、铜为次生铜矿物和金属铜时，可用一般氨浸法分解；若还含较多的硫化铜矿物时，可用热压氨浸法处理；若矿石中铜为难分解的硅酸铜或为结合铜形态时，可用还原焙烧-氨浸或离析法处理。根据分解铜矿石所得浸液的特性和对产品形态的要求，可分别采用铁置换法、沉淀-浮选法、直接电积法、萃取-电积法和蒸馏-沉淀等方法从浸液中回收铜，离析铜一般采用浮选法回收。浸出时根据矿石的特性和具体条件分别采用渗滤槽浸、地浸、堆浸或各种搅拌浸出的工艺。

8.2.2　铜矿浸出原理

8.2.2.1　氧化铜矿浸出原理

氧化铜矿浸出方法主要有一般酸浸、氨浸。

(1)一般酸浸。

铜的氧化物如孔雀石、赤铜矿、蓝铜矿能与酸反应生成铜离子而被浸出，其反应式如下：

孔雀石的一般酸浸反应式

$$Cu_2(OH)_2CO_3+4H^+ = 2Cu^{2+}+CO_2+3H_2O$$

赤铜矿与酸反应时，亚铜发生歧化，无氧气参与时仅一半铜溶解；在有氧气参与的情况下，赤铜矿可被完全浸出为铜离子

$$Cu_2O+2H^+ \xlongequal{\quad} Cu^{2+}+Cu+H_2O$$

$$2Cu_2O+8H^++O_2 \xlongequal{\quad} 4Cu^{2+}+4H_2O$$

硅孔雀石与酸反应生成水合二氧化硅（$SiO_2 \cdot nH_2O$）包覆在矿物颗粒表面，会发生阻滞反应

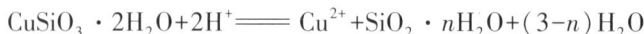

$$CuSiO_3 \cdot 2H_2O+2H^+ \xlongequal{\quad} Cu^{2+}+SiO_2 \cdot nH_2O+(3-n)H_2O$$

上述浸取反应主要与溶液的 pH 有关，图 8-8 为水胆矾、孔雀石、铜蓝的稳定区图，氧化铜矿的稳定性与溶液的 pH 及组成盐的阴离子有关，与矿浆的氧化电位无关。

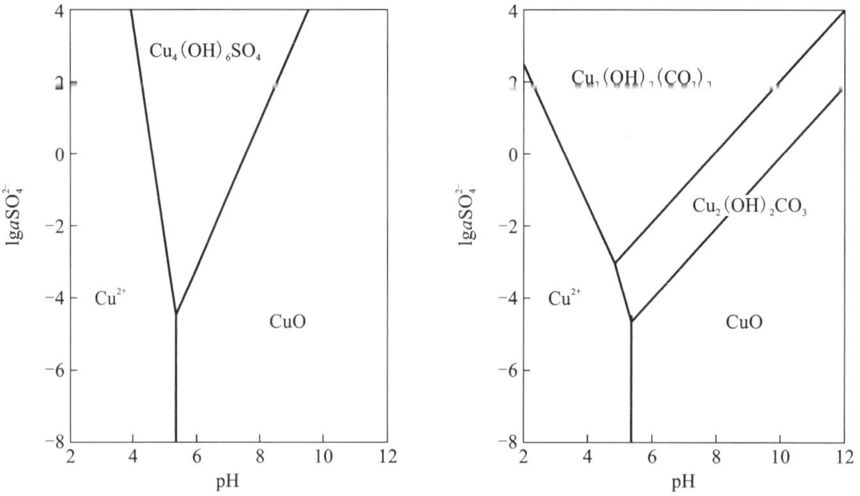

(a) 水胆矾的稳定区图　　(b) 孔雀石、铜蓝的稳定区图

图 8-8　氧化铜矿的稳定区图

（2）氨浸。

铜离子在氨溶液中会形成稳定的配位化合物，从而导致铜的氧化物在溶液中溶解。在氨浸过程中，常加入硫酸铵或碳酸铵等铵盐，可以缓冲溶液中的 pH，阻止铜的水解反应。孔雀石和铜蓝等氧化铜矿物氨浸的化学反应式为

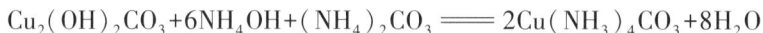

$$Cu_2(OH)_2CO_3+6NH_4OH+(NH_4)_2CO_3 \xlongequal{\quad} 2Cu(NH_3)_4CO_3+8H_2O$$

从反应式可见，提高浸出体系中的铵离子浓度，可以促进孔雀石等矿物的溶解。提高浸出温度虽然可以提高反应速率，但会导致氨的分压增加，不利于浸出过程，因此氨浸过程开放体系应该选取合适的浸出温度。

8.2.2.2　硫化铜矿浸出原理

硫化铜矿物不溶于稀酸溶液，因此常通过氧化使铜矿物能溶于稀酸。硫化铜矿化学浸出方法可分为如下几类：焙烧-浸出、加热氧化酸浸、高铁酸浸、电化学浸出、细菌浸出、氯化物浸出、氧化铵浸。下面将对几种主要的浸出方法原理进行阐述。

（1）焙烧-浸出。

焙烧-浸出为处理硫化铜精矿的成熟方法，其基本原理为将硫化铜矿物经过硫酸化焙烧，

将铜的硫化物转化为可溶于稀硫酸的 $CuSO_4$ 及含少量铜的氧化物，而铁全部转化为 Fe_2O_3。在焙烧过程中，温度的控制对焙烧产物的形成尤为重要，一般控制为 675~680 ℃。浸出液常采用稀硫酸，浸出温度为 80~90 ℃。浸出原理与氧化铜矿一般酸浸相同。

(2)加热氧化酸浸。

加热氧化酸浸原理为在一定浸出温度下，硫化铜矿被氧气氧化并溶于稀酸。例如黄铜矿的加热浸出反应式为

$$2CuFeS_2+H_2SO_4+8\frac{1}{2}O_2 = 2CuSO_4+Fe_2(SO_4)_3+H_2O$$

在浸出过程中，硫化铜中的硫被氧化成硫酸根离子，铜以硫酸盐形式溶于溶液。根据加热温度的高低，加热氧化酸浸可分为高温酸浸(200~230 ℃)、中温酸浸(150~170 ℃)。

(3)高铁酸浸。

高铁酸浸利用了三价铁的氧化性能，将硫化铜矿物中的低价硫和亚铜离子氧化成高化合价，使得金属铜离子以硫酸铜形式溶于水溶液体系中，常用的浸出剂有硫酸铁与氯化铁。浸出反应方程式如下：

辉铜矿高铁酸浸出化学反应式

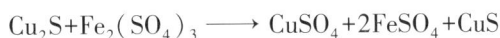

$$Cu_2S+Fe_2(SO_4)_3 \longrightarrow CuSO_4+2FeSO_4+CuS$$

铜蓝高铁酸浸出化学反应式

$$CuS+Fe_2(SO_4)_3 \longrightarrow CuSO_4+2FeSO_4+S$$

斑铜矿高铁酸浸出化学反应式

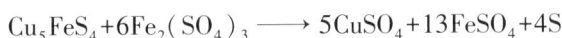

$$Cu_5FeS_4+6Fe_2(SO_4)_3 \longrightarrow 5CuSO_4+13FeSO_4+4S$$

黄铜矿高铁酸浸出化学反应式

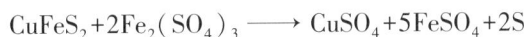

$$CuFeS_2+2Fe_2(SO_4)_3 \longrightarrow CuSO_4+5FeSO_4+2S$$

影响反应速度的主要因素有 Fe^{3+} 与 Cu^{2+} 质量比、浸出时间、温度、浸出粒度、溶液 pH 及铜离子浓度。三氯化铁的理论用量：对黄铜矿，其 Fe^{3+} 与 Cu^{2+} 质量比为 3.5；对辉铜矿，该比值为 1.7。当三氯化铁用量为理论量时，浸出剂 Fe^{3+} 浓度高对铜浸出有利(图 8-9)，Cu^{2+} 也可加快铜浸出的速率(图 8-10)。

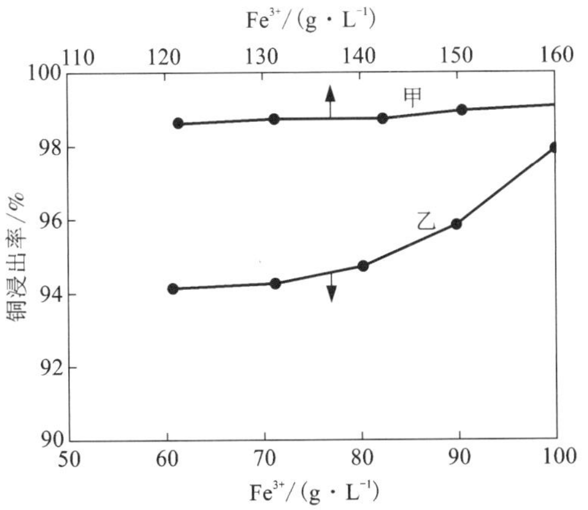

图 8-9　Fe^{3+} 离子浓度对铜浸出的影响

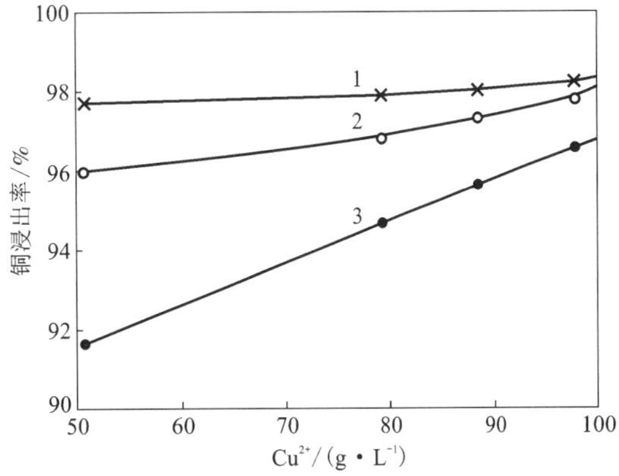

1—Fe^{3+} 浓度 100 g/L；2—Fe^{3+} 浓度 80 g/L；3—Fe^{3+} 浓度 66 g/L。

图 8-10　添加 Cu^{2+} 离子对铜浸出的影响

(4)电化学浸出。

铜的电化学浸出是在用隔膜把阳极室与阴极室隔开的电解浸出槽中，使矿物浸出、铜沉积和铁浸出剂再生同时进行的方法。铜矿物原料可以做成阳极板或悬浮在阳极室溶液中进行电化学氧化浸出，同时产生 H^+。进入溶液的铜离子穿过隔膜在阴极板上还原沉积，阴极室的阴离子(Cl^- 或 SO_4^{2-})通过隔膜进入阳极室。电化学浸出的实质是通过阳极放电生成的活性氧使金属硫化物氧化浸出：

阳极室硫化铜矿的电化学浸出反应如下。

在氯化铁阳极液中：

黄铜矿

$$CuFeS_2+3HCl-3e^- \longrightarrow CuCl+FeCl_2+2S+3H^+$$

辉铜矿

$$Cu_2S+2HCl-2e^- \longrightarrow 2CuCl+S+2H^+$$

铜蓝

$$CuS+HCl-e^- \longrightarrow CuCl+S+H^+$$

在硫酸铁阳极液中：

黄铜矿

$$CuFeS_2+2H_2SO_4-4e^- \longrightarrow CuSO_4+FeSO_4+2S+4H^+$$

$$2CuFeS_2+2H_2SO_4-4e^- \longrightarrow 2CuSO_4+Fe_2S+3S+4H^+$$

$$CuFeS_2+2H_2SO_4-4e^- \longrightarrow CuSO_4+FeSO_4+2S+4H^+$$

$$CuFeS_2+\frac{1}{2}H_2SO_4-e^- \longrightarrow \frac{1}{2}Cu_2SO_4+\frac{1}{2}Fe_2S+\frac{3}{2}S+H^+$$

辉铜矿

$$Cu_2S+H_2SO_4-2e^- \longrightarrow Cu_2SO_4+S+2H^+$$

$$Cu_2S+Fe_2(SO_4)_3 \longrightarrow CuSO_4+2FeSO_4+CuS$$

$$S+4H_2O-6e^- \longrightarrow H_2SO_4+6H^+$$

在阴极室，铜离子被还原成金属铜。主要反应如下：

在高电流密度条件下，在电解槽的阴极室内，一些金属析出后呈金属粉末状

$$CuCl+e^- \longrightarrow Cu+Cl^-$$

$$CuSO_4+2e^- \longrightarrow Cu+SO_4^{2-}$$

$$PbCl_2+2e^- \longrightarrow Pb+2Cl^-$$

$$AgCl+e^- \longrightarrow Ag+Cl^-$$

三价铁离子还原成二价铁离子

$$Fe^{3+}+e^- \longrightarrow Fe^{2+}$$

关于细菌浸出硫化铜矿物的基本原理可见生物浸出的相关章节。

8.2.3 含铜浸出液萃取原理

含铜浸出液的萃取工艺是复杂铜矿资源化学选矿的关键环节，不仅能够有效实现铜与其他杂质离子的深度分离，还能将铜离子富集到 100 g/L 左右的浓度，满足高效电沉积铜的要求。

对矿石浸出的含杂质的富铜液进行溶剂萃取工序后，铜被有机相中的萃取剂萃取，实现铜与杂质分离，然后将含杂质和再生硫酸的萃余液作返回浸出。负载(铜)有机相用硫酸反萃，产出符合电积要求的高浓度纯铜电解液，然后将其送往电积工序生产阴极铜。反萃后的再生有机相返回萃取，供循环使用。

溶剂萃取化学反应如下：

萃取

$$CuSO_4+2\overline{Rh} = \overline{CuR_2}+H_2SO_4$$

反萃

$$\overline{CuR_2}+H_2SO_4 = CuSO_4+2\overline{Rh}$$

铜的萃取/反萃属于可逆过程。溶液的酸度决定反应过程的方向。当溶液的酸度低(高 pH)时，铜离子与萃取剂反应朝萃合物生成的方向进行，有利于萃取反应；而在高酸度条件下，萃取配合物中的铜会被反萃，实现有机相再生。

铜的特效萃取剂有羟酮肟和羟醛肟两大类，均属于螯合萃取剂。这两种萃取剂均是通过羟基中氧的共价键和肟基中氮的配位键来实现萃取的。羟酮肟属于手性分子，存有反式羟酮肟[图 8-11(a)]和顺式羟酮肟[图 8-11(b)]两种结构，但只有反式羟酮肟才能与铜产出萃合物，其结构式如图 8-11(c)所示。羟醛肟与铜形成萃合物的结构与羟酮肟是一致的[图 8-11(d)]，差别是酮肟中的 R_2 是烃基，而醛肟中的 R_2 是氢。

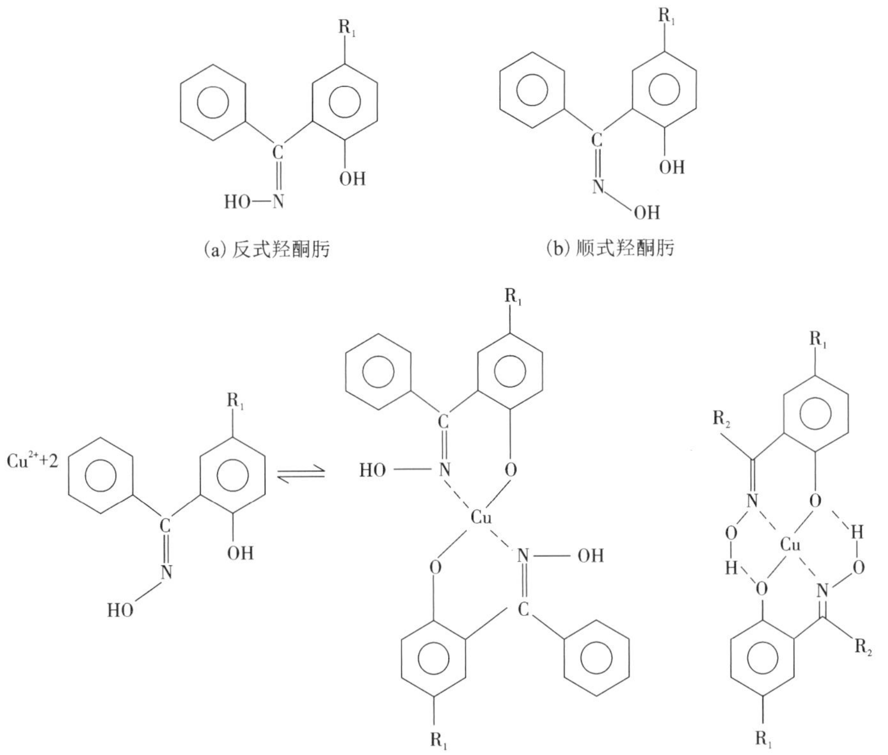

(a) 反式羟酮肟　(b) 顺式羟酮肟

(c) 芳羟酮肟铜螯合物　(d) 羟(酮)醛肟铜螯合物

图 8-11　羟酮(醛)肟与铜离子的螯合物

8.2.4 含铜溶液电积原理

铜电积的基本工艺流程如图 8-12 所示。

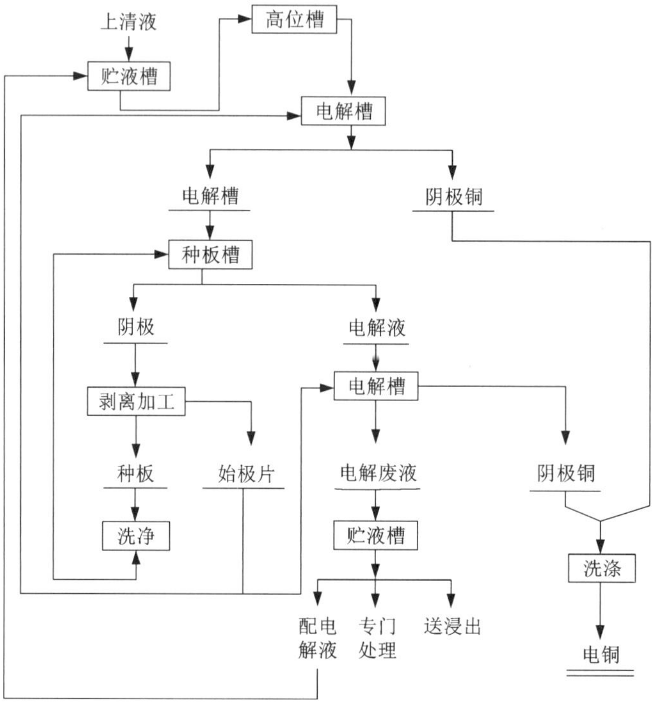

图 8-12 铜电积的基本工艺流程

电解液为经过净化后的铜的浓溶液。电解槽可用下列电化系统表示：Cu(纯) | H_2O, H_2SO_4, $CuSO_4$ | Pb。电解液中含 Cu^{2+}、SO_4^{2+}、H^+、OH^-及某些杂质离子，电积时的电极反应为

阳极反应

$$Pb-2e^- = Pb^{2+} \qquad \varepsilon^{\ominus}=-0.126\ V$$

$$SO_4^{2-}-2e^- = SO_3+\frac{1}{2}O_2 \qquad \varepsilon^{\ominus}=+0.401\ V$$

阴极反应

$$Cu^{2+}+2e^- = Cu \qquad \varepsilon^{\ominus}=+0.337\ V$$

$$2H^++2e^- = H_2 \qquad \varepsilon^{\ominus}=0.00\ V$$

通常采用铅银合金(1%银)或铅锑合金(5%~7%锑)或铅银锑合金(1%银、5%~7%锑)作阳极，从标准电位可知，电积开始时是阳极铅溶解，当铅离子浓度在阳极表面达到$K_{S(PbSO_4)}$时，在阳极表面生成多孔难溶的硫酸铅薄膜，减少了阳极的有效面积，使阳极电流密度增大，使二价铅离子进一步氧化为四价，四价铅硫酸盐水解生成 PbO_2 膜，使阳极钝化，铅阳极成为不溶阳极。过氧化铅膜有很高的导电性，放电作用可在其表面继续进行。

氢在铜阴极上的超电位为 0.584 V

$$\varepsilon_{析}=0+0.032\lg 0.435-0.584=-0.596\ \mathrm{V}$$

因此，在阴极只析铜而不析氢，在理论上，只有当铜离子的浓度降至 1×10^{-5} g/L 以下时，阳极才能析氢。

此外，电解液中的 Fe^{3+} 可在阴极被还原为 Fe^{2+}，还可与析出的金属铜作用，使铜反溶：

$$Fe^{3+}+e^{-} \longequal Fe^{2+}$$

$$2Fe^{3+}+Cu \longequal 2Fe^{2+}+Cu^{2+}$$

因此，溶液中含 Fe^{3+} 不利于电极过程的进行，浸出液中 Fe^{3+} 浓度高时应于电积前将其除去。

综合阳极和阴极的反应，电极铜的总反应为

$$CuSO_4+H_2O \longequal Cu+H_2SO_4+\frac{1}{2}O_2\uparrow$$

随着电积过程的进行，铜不断在阴极沉积，在阳极不断析出氧气，电解铜中的铜含量不断下降，硫酸浓度不断增加。阴极上沉积 1 kg 铜，阳极上可析出 0.25 kg 氧气，溶液可增加 1.5 kg 硫酸。

8.2.5　铜矿物化学处理实例

8.2.5.1　氧化铜矿酸浸-萃取-电积

酸浸-萃取-电积工艺是目前处理氧化铜矿的主要方法，浸矿方式常有堆浸、柱浸、就地浸出及槽浸(一般适用于品位较高的氧化矿，Cu 含量 1%~2%)。浸出液中含铜 1~2 g/L，pH 为 2 左右。国外广泛采用 Lix(R)系列萃取剂从酸性浸铜液中萃取铜，国内现有的萃取剂为 N510、N530、N53l、O3045 等，与 Lix(R)一样属肟类螯合剂。N510 适于从贫铜液(含铜 1~3 g/L)中萃铜，萃取率随 pH 的提高而增大，一般用于氨浸液。用肟类螯合剂萃铜时，通常采用废电解液进行反萃，反萃液含铜可为 50 g/L 左右，然后采用不溶阳极电积法得到电积铜。反萃有机物可供萃取作业循环使用。

酸浸-萃取-电积工艺是 20 世纪 60 年代以后发展起来的。自美国通用矿山公司开发出 Lix 系列萃取剂(Lix63、Lix64、Lix65)之后，铜的溶剂萃取工艺得到了飞速发展。1968 年 3 月，美国兰彻斯特矿业公司在亚利桑那州蓝鸟矿区建成投产了一座年产铜 6000 t 的溶剂萃取电积工厂，实现了铜的溶剂萃取-电积的工业化生产。江西永平铜矿是一个以铜、硫为主，伴生钨、金、银等多金属的大型露天矿山，该矿露采丢弃的表外矿中难选氧化铜矿的矿石量为 402.2 万 t，含铜金属 2.002 万 t，采用堆浸-萃取-电积的方法对此矿已废弃低品位表外矿、含铜铁矿、难选氧化矿等含铜废石进行处理，通过一系列技术改造，最终获得的每吨阴极铜可获利 7000 元，其经济效益十分可观。江西永平铜矿提铜工艺流程图如图 8-13 所示。

8.2.5.2　氧化铜矿氨浸-萃取-电积工艺

我国昆明市东川区汤丹镇有大型氧化铜矿床，金属总储量 100 万 t，是目前全国已探明的储量最大的独立氧化铜矿床。铜矿物主要是孔雀石(55%)、斑铜矿(20%)和硅孔雀石(11%)、黄铜矿(5%)、辉铜矿(4%)。铜矿物大部分呈极细颗粒嵌布在脉石之中，因此选矿回收率仅为 70%左右。由于汤丹的氧化铜矿石具有高氧化率、高结合率、高钙镁、低品位的特征，极大地限制了其选矿加工方法的选择，酸浸-萃取-电积及生物冶金等方法此时都不适用。如果用这些方法来处理汤丹的矿石，则酸耗太高，经济性差，所以只能采用氨浸法。其氨浸-萃取-电积工艺如下：氨浸原矿以得到固液分离后的铜氨溶液，然后通过萃取方法将

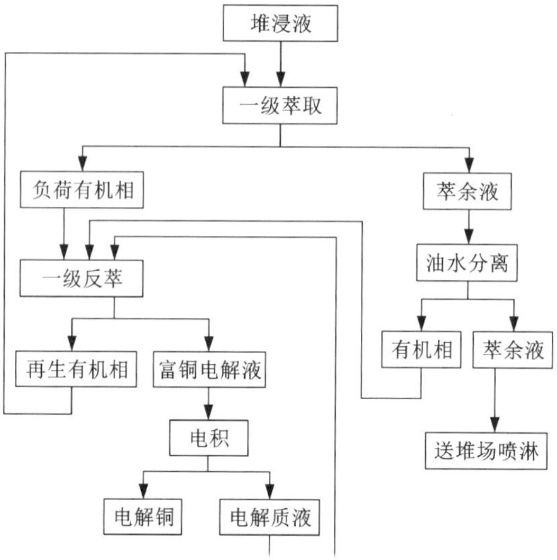

图 8-13　江西永平铜矿提铜工艺流程图

Cu^{2+}转换到有机相中，再用硫酸反萃，最后电积得到电解铜。其工艺流程图如图 8-14 所示。研究发现，萃取剂 Lix54 能够很好地从铜氨溶液中把 Cu^{2+}萃取到有机相中，并能用硫酸溶液很好地反萃。在 1990 年 10 月进行的 5 t/d 试验中，氨浸阶段铜浸出回收率为 75.64%，萃取段铜回收率为 98.5%，反萃富铜液进行电积，获电积铜纯度≥99.95%，全流程铜总回收率为 83.95%。1997 年在东川建成了一座年产 500 t 电铜的氨浸-萃取-电积湿法冶金示范工厂。

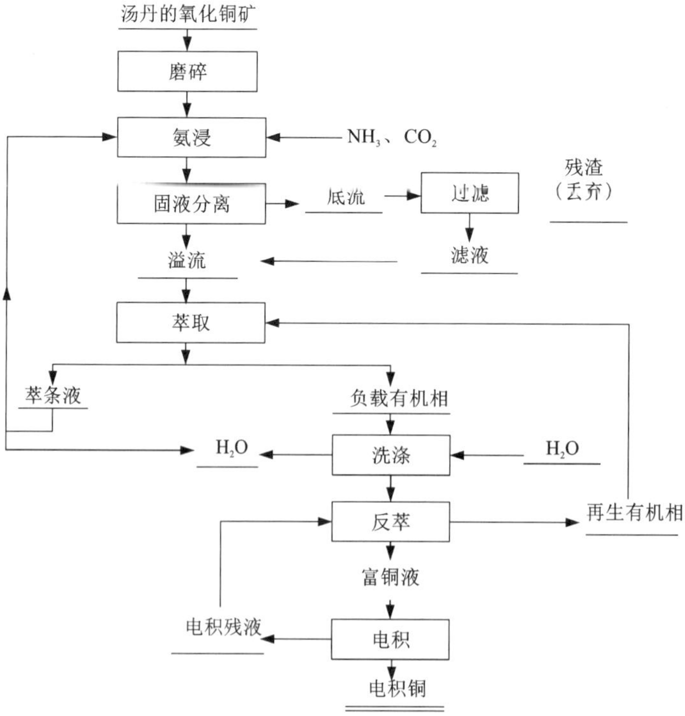

图 8-14　汤丹的氧化铜矿氨浸-萃取-电积工艺流程图

8.2.5.3　焙烧-浸出-电积工艺

美国第一个铜精矿焙烧-浸出-电积工厂 1957 年建于亚利桑那的湖岸矿(Lakeshore)。该工艺至今还在非洲扎伊尔和赞比亚应用。在中国，这种方法被称为“马坝流程”，是马坝冶炼厂首先发展起来的，在 20 世纪 60 年代末至 70 年代初曾风行一时，最多可生产 2000 t/a 电解铜。该工艺中焙烧是保证回收率的关键，通过焙烧使铜精矿中的铜转化为水溶性的硫酸铜或酸溶性的氧化铜，避免生成不溶性铁酸铜。一般而言，由于铜精矿含铜品位高，可以直接产出适合电积需要的浸出液。在电积之前，浸出液通常都需要经过化学沉淀净化除铁及除去其他杂质。在溶剂萃取出现之前，这是湿法炼铜的主要方法。这种方法的缺点是铁渣、洗水和废酸中的铜难以回收，铜的总回收率低。

我国云南(滇)铜资源丰富，其中 76.5%的储量集中在滇中成矿区。滇中地区的硫化铜矿石具有硅高、硫低、铁低的特点。20 世纪 90 年代以来，采用硫酸化焙烧-浸出-电积工艺从低品位硫化铜矿石中回收铜，取得了一定效果。低品位硫化铜矿(铜品位 1%左右)通过浮选产生铜精矿(铜品位 18%~30%)，对铜精矿用焙烧-浸出-电积工艺生产电解铜。采用该工艺处理硫化铜矿石，投料试生产 223 天，共处理铜精矿 6435 t，产出 1#电解铜 1238.75 t，产出渣 1750.80 t，渣中铜品位 5.36%。从硫化铜矿中回收铜的主要工业指标见表 8-5。

表 8-5　从硫化铜矿中回收铜的主要工业指标

	原矿铜品位/%	焙砂铜品位/%	浸出渣铜品位/%	电铜产量/t	电铜回收率/%	电铜直收率/%	铜总回收率/%
生成指标	4.04	21.85	5.36	1238.75	99.88	85.54	89.75

8.2.5.4　加温酸浸工艺

以南非的盎格鲁·阿美利加研讨室(Anglo American Research Laboratory，AARL)为主开发的孔科拉流程是高温酸浸工艺的典型代表。

孔科拉(Konkola)铜矿是著名的赞比亚铜带的一部分，位于铜带的西北端，从 1957 年开始开采。孔科拉矿石的主要铜矿物是辉铜矿、斑铜矿，其次才是黄铜矿。因此其精矿的特点是高铜、低硫、低铁和高硅，并且含有钴矿物，所以在熔炼时必须加入黄铁矿和石灰。但是，这些特点使得它非常适合采用加压浸取。孔科拉深部矿样中斑铜矿占铜矿物的 22%、辉铜矿占 18%、黄铜矿占 11%、铜蓝占 5%，主要脉石是钾长石(19%)、石英石(8%)和云母石。钴主要以硫铜钴矿形式与铜矿物共存。

AARL 受委托就孔科拉矿的冶炼，并结合恩昌加难冶矿的利用，提出了联合湿法流程，联合湿法流程图如图 8-15 所示。AARL 的试验一共取了 6 种不同的钦可拉难冶矿样，矿样中的一种典型的成分和孔科拉精矿样品一起列于表 8-6。在进行了充分的试验验证之后，按照图 8-15 进行连续的中间工厂试验，规模为 4 kg/h 精矿和 2 kg/h 难冶矿。氧化剂为纯氧。硫化矿加压浸取和难冶矿常压浸出条件见表 8-7。

表 8-6 孔科拉精矿和钦可拉难冶矿典型成分

成分/%	Cu	Co	Fe	Al	Mg	Ca
精矿	41.44	0.40	6.51	3.01	0.88	0.35
难冶矿	1.03	0.06	2.94	5.26	3.48	0.58
成分/%	Mn	Ni	Si	Zn	CO_3	S
精矿	0.02	<0.01	10.22	<0.01	2.0	约 15
难冶矿	0.14	<0.01	29.7	0.02	2.48	—

表 8-7 硫化矿加压浸取和难冶矿常压浸出条件

矿物	工序	温度/℃	停留时间/h	总压/kPa	氧分压/kPa
硫化矿	分解碳酸盐	65	3	2300	700
	加压浸取	200	1		
难冶矿	一段常压	30	2		
	二段常压	65	6		

经过 52 天的试验，加压浸取的结果为铜平均浸取率 98.1%，钴浸取率 96.5%，每吨矿的浓酸加入量 203.6 kg，浸出液铜浓度 89.0 g/L，酸浓度 6.5 g/L，平均操作温度 198 ℃，压力 2170 kPa。在高压釜中溶液的实际测定平均停留时间为 59 min，固体为 56 min，与从釜体积估算的结果相近。

图 8-16 为孔科拉流程浸取过程中各主要成分的平均浓度分布。取样点 1、2 为碳酸盐分解前、后的成分，当加入酸后，铜和铁都有明显的溶出，游离酸升至 49 g/L。取样点 3 至 8 分别是高压釜 6 个室的样品，由于样品是从 200 ℃的釜中取出的，取样时有大量蒸汽挥发，故釜中溶液的浓度约为图 8-16 中浓度乘以 0.8。取样点 9 是取自减压槽的样品。

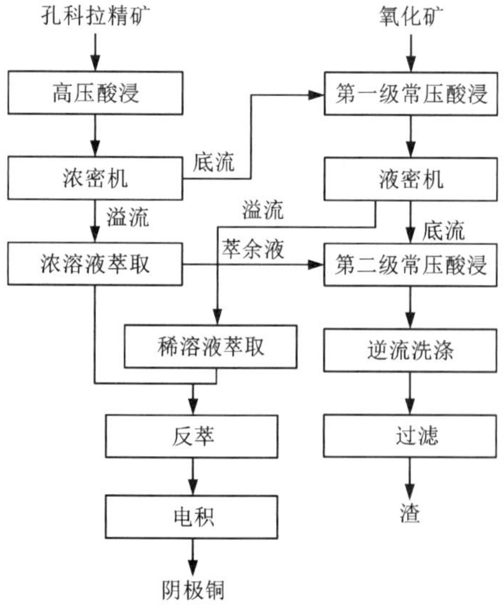

图 8-15 联合湿法流程图

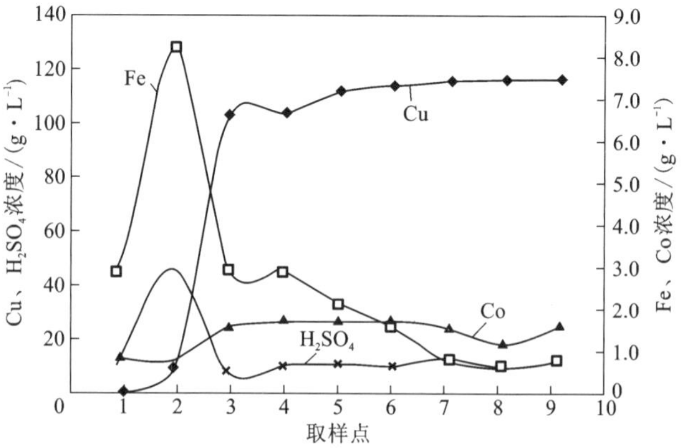

图 8-16 孔科拉流程浸取过程中各主要成分的平均浓度分布

这些结果表明，在釜中浸出的铁很快氧化、水解，然后沉淀。沉淀包括赤铁矿和铁的碱式硫酸盐。酸主要消耗于铜和钴的浸出反应，固体样品的分析表明，铜约在 40 min 时已浸出完毕，而钴浸出则需要 60 min 才能完成。铜矿物的浸出顺序为：斑铜矿>辉铜矿>铜蓝>黄铜矿。

8.2.5.5　细菌浸出工艺

澳大利亚的 Conzine Riotinto 有限公司从 1965 年开始用细菌堆浸法从 Rum Jungle 铜矿的废矿中回收铜。该地区气候温暖干燥，常年平均温度接近 32 ℃，对细菌生长很有利。该矿体的矿物组成主要为黄铜矿等，在主矿体的上部分布着易碎的氧化矿，由于选矿能力有限，所以留下大量品位较高的尾矿。浸出用的硫化矿堆平均含铜为 1.61%，氧化矿堆含铜为 2%。

在堆浸过程中，要控制的主要工艺参数是溶液酸度，当 pH>2 时，会产生铁沉淀影响浸出，为防止产生沉淀，浸出液的 pH 要小于 1.8，最好在 1.3 左右，但酸度太高对细菌不利，硫酸高铁矿和黄铁矿作用生成 $FeSO_4$ 的反应，对溶液的电位有决定性影响。由于细菌对 $FeSO_4$ 的氧化作用有利于提高溶液电位，且浸出过程的电位要维持在 400 mV 以上，故为使流入硫化矿堆的溶液含铁量小于 5 g/L 并避免铁沉淀，须排出部分尾液。部分舍弃量(约占舍弃量的 50%)是由漏损造成的，另外的 50%送入贮液池后再排出。

堆浸过程中要控制的另一个工艺参数是维持细菌的营养供应。在浸出过程中，一般可生产足够细菌消耗的 Mg、K 等无机盐，但有时会缺少 N、P，应当及时补充。Rum Jungle 铜矿试验操作数据列于表 8-8。浸出液用置换法回收铜，每千克海绵铜用铁 1.1~1.5 kg。

表 8-8　Rum Jungle 铜矿试验操作数据

成分	Cu/($g \cdot L^{-1}$)	Fe/($g \cdot L^{-1}$)	Fe^{2+}/($g \cdot L^{-1}$)	pH
硫化矿堆循环液	0.15	3.6	3.4	2.2
从硫化矿堆到氧化矿堆溶液	0.66	3.0	2.6	1.2
进入置换池浸出液	1.20	2.8	2.2	1.7
从置换池排出的尾液	0.16	4.6	4.5	2.1

8.3　金矿化学选矿

金是典型的贵金属。由于金具有良好的物理机械性能和很强的化学稳定性，长期以来，金主要用于制造货币、首饰和装饰品，至今尚无黄金的替代品用作国际货币。20 世纪 60 年代后期以来，由于镀金及合金技术的飞速发展，金及其合金在飞机、火箭、核反应堆、电子工业及宇航等方面获得了广泛的应用，已成为发展核能和宇航技术的不可缺少的原材料。此外，金在化学工业、医学及陶瓷玻璃工业中也有一定的用途。

1850 年以前，世界上以开采砂金为主，砂金常采用重力分法选进行分离与富集。20 世纪初开始大量开采脉金矿，目前世界脉金产量占总产金量的 65%~75%。随着金的开采量增加，金的化学选矿技术也得到了发展。

8.3.1 预处理

金在自然界中多以自然金、金与银的固溶体系列矿物、金的碲化物存在；金与硫化矿物密切相关，且通常与黄铁矿和毒砂相伴生，赋存于黄铁矿和毒砂等矿物中。当金银矿物原料磨至-0.036 mm 占 80%~95%后进行氰化浸出，金的氰化浸出率小于 70%时，则认为该金银矿物原料属难浸出的金银矿物原料。这类矿石中的金多以微细粒包裹于伴生矿物(主要为黄铁矿和砷黄铁矿)及脉石矿物(主要为石英或碳酸盐)中，故接触不到氰化液和溶解氧，这是部分金不能被直接氰化提取的主要原因。另外，矿石中的铜、钴、铁贱金属硫化物等耗氰物质和耗氧物质容易与溶液中的氰化物和溶解氧反应，造成氰化物及溶解氧的不必要消耗；含锑、铋、碲等元素的导体矿物易使金的阴极溶解反应钝化，同时活性炭型有机碳、黏土等“劫金”物质在浸金过程中易吸附金与氰化物形成配位化合物造成金的不必要流失，从而影响金的浸出过程。难浸金矿石在氰化浸出前的预处理过程是很有必要的。预处理方法的实质就是通过一些物理、化学的方法，消除矿物中的有害杂质，或破坏矿物中脉石等物质对金的包裹，使其暴露于浸出液中，从而达到提高浸出率的效果。因此，难浸出金银矿物原料预处理方法主要为氧化法，其中包括氧化焙烧法和各种氧化酸浸出法。

8.3.1.1 氧化焙烧法

氧化焙烧法是应用最广泛的预处理技术，它是通过高温分解难处理金矿石中的硫化物、砷化物和碳质物。通过焙烧可将金表面的包裹体氧化成疏松状，增大了与氰化物的接触面积，并实现细粒金的富集，为后续浸出过程提供有效的动力学条件。

1)传统氧化焙烧法

传统的氧化焙烧法可以处理多种类型的矿石，温度一般控制为 650~750 ℃。该方法的优点是工艺方案相对完善、焙烧设备种类齐全且检修方便、维护费用低。该方法的缺点为焙烧的温度、时间和气氛条件要求较高，难以达到最理想的焙烧效果，焙烧过程会产生大量的 SO_2 和 As_2O_3 等有害气体。

根据原料中的砷含量来确定焙烧段数，可以采用一段或两段焙烧。当原料中砷含量较低时，采用一段氧化焙烧。在 600~700 ℃条件下进行一段氧化焙烧 1~2 h。焙砂中的硫可降低至 1.5%，碳可降低至 0.08%。所得焙砂疏松多孔，为后续金银浸出创造了良好条件。当原料中砷含量较高时，采用两段氧化焙烧。两段焙烧法是一种对高砷、高硫金矿进行预处理的有效方法。该方法通过控制每段焙烧过程的温度和气氛条件来脱除矿石中的砷和硫。通常情况下，第一段焙烧主要是在弱氧化气氛或中性气氛中除去砷和部分硫，焙烧温度为 450~500 ℃；第二段焙烧主要是在强氧化气氛中除去剩余的硫，焙烧温度通常为 550~650 ℃。

2)富氧焙烧法

富氧焙烧是在焙烧过程中通入氧气。与传统的焙烧方法相比，富氧焙烧法具有突出优点：焙烧时间短，产生的烟气体积较小且 SO_2 浓度较高(可用于生产硫酸)，减少了烟气处理和冷却系统。由于氧化较充分，故能产出高质量的焙砂并缩短焙烧时间，且金浸出率有显著提高。与常规焙烧相比，焙烧温度可以降低 100 ℃，焙烧时间可缩短 1 h，金浸出率可提高 2.54%，氰化物消耗可以节省 0.4 g/t。

3)闪速焙烧法

该工艺已用于焙烧水泥、磷酸盐、铝矾土等。闪速焙烧法是在焙烧炉的下部喷入高速、高温气流，矿石从焙烧炉上部正对气流方向投入，在高速、高温气流的作用下，矿石以悬浮状态在炉内短暂停留后迅速完成焙烧。闪速焙烧提高了金矿石的孔隙率和活性，且闪速焙烧炉的能耗低，是一种新型高效的焙烧方法。

闪速焙烧工艺优点：设备模块式的设计，方便回收利用热能，以适应放热反应或吸热反应型矿石及各种干燥设备和不同的反应气氛(氧化气氛、还原气氛或氧化与还原气氛)；单条生产线处理能力强，单位处理量的设备规格大大缩小，因此降低了基建投资；生产压差低，降低了电能消耗。

4)固化焙烧法

固化焙烧法是基于传统焙烧工艺发展起来的。在焙烧时加入钙盐、钠盐或利用原料中的碳酸盐，使硫、砷变成稳定无毒的硫酸盐、砷酸盐，从而固定于焙砂中，进而降低有毒烟气对环境的污染。固化焙烧法最好利用矿石自身含有的碳酸盐或钙盐，以降低生产成本。实践证明，加入钙盐和钠盐焙烧预处理含砷、硫难处理金矿，可有效地将污染环境的砷、硫固着在焙砂中。

5)微波焙烧法

微波作用下金与脉石的升温程度不同，在矿石局部会存在温度差，导致金与脉石之间产生热应力，在一定程度下矿石产生裂缝，矿物界面变得疏松，从而增大金与浸出剂之间的接触面积，提高浸出率。与传统方式相比，微波焙烧优势明显：选择性加热物料，加热效率高且升温速率快；大幅降低反应温度及能耗。微波焙烧作为一项新的焙烧技术，需对其作用机理进行更深入的研究，研发出适应性更强的微波发生器，以实现在实际生产中的应用。

8.3.1.2　热压氧浸法

热压氧浸法的基本原理是在高温、高压、有氧条件下，加入酸或碱分解矿石中包裹金的硫、砷化合物，使金暴露出来，达到提高金回收率的目的。该工艺既适合处理精矿又适合处理原矿，根据溶液介质的不同，可分为酸法和碱法 2 种。热压氧浸应在高压釜中进行，温度一般为 170~190 ℃，压力为 1.5~2.0 MPa，反应时间 1~3 h，矿浆浓度 40%~50%。

酸性加压氧化法是在高温、高压、有氧条件下，将矿石磨细、制浆、酸化后加入高压釜中进行处理，原料中的硫被氧化为硫酸盐，砷被氧化为砷酸盐，从而使被包裹的金暴露。该方法适合处理酸性或弱碱性原料，主要化学反应式为

$$4FeS_2+15O_2+2H_2O = 2Fe_2(SO_4)_3+2H_2SO_4$$

$$4FeAsS+13O_2+6H_2O = 4FeSO_4+4H_3AsO_4$$

碱性加压氧化法适合处理碳酸盐型碱性矿石，其介质为苛性钠，操作温度一般为 100~200 ℃，压力>2 MPa，主要化学反应式为

$$4FeS_2+15O_2+16NaOH = 2Fe_2O_3+8Na_2SO_4+8H_2O$$

$$2FeAsS+7O_2+10NaOH = Fe_2O_3+2Na_2SO_4+2Na_3AsO_4+5H_2O$$

加压氧化工艺的优点：对环境污染小、金回收率高；对有害金属锑、铅等敏感性低、反应速度快、适应性强。其缺点：设备材料要求高、投资费用大、操作技术要求高、工艺成本较高、对含有机碳较多的物料效果不好。

根据上述特点，加压氧化工艺较适合规模大或品位高的大型金矿，即用规模效益来弥补较高的成本费用。

8.3.1.3 微生物氧化法

微生物氧化是利用氧化亚铁硫杆菌、耐热细菌和硫化裂片菌等，在酸性条件下将包裹金的黄铁矿、砷黄铁矿等硫化物氧化成硫酸盐、碱式硫酸盐或砷酸盐，达到暴露金的目的。

目前，主要有直接氧化、间接氧化和复合作用3种方法。直接氧化机理认为微生物吸附在矿物表面，对矿物直接进行氧化分解，将不可溶的硫化矿物氧化为硫酸盐而溶于浸出液中，化学反应式为

$$2FeS_2+7O_2+2H_2O = 2FeSO_4+2H_2SO_4$$

间接氧化机理则认为微生物新陈代谢的产物 Fe^{3+} 将矿石中的硫化矿物氧化，同时产物 Fe^{2+} 又很快被细菌氧化为 Fe^{3+}，这样就形成一个循环反应，化学反应式为

$$4FeSO_4+O_2+2H_2SO_4 = 2Fe_2(SO_4)_3+2H_2O$$

$$4FeAsS+9O_2+6H_2O = 4FeSO_4+4H_3AsO_2$$

复合作用既有直接作用又有间接作用，二者共同作用，达到使金暴露的目的。

微生物氧化的特点是在黄铁矿、砷黄铁矿共存的金精矿中优先氧化并溶解砷黄铁矿。另外，细菌沿金及硫化物矿物晶界及晶体缺陷部位进行化学腐蚀，并优先腐蚀金聚集区，这种选择性腐蚀的结果导致矿石变成了多孔状，为氰化浸出创造了有利条件。此外，氧化过程常会钝化碳，使碳失去或降低"劫金"能力。

微生物氧化法的优点是生产成本低、工艺方法简单、操作方便、无环境污染，微生物氧化法也可用于堆浸，可大大提高堆浸工艺的金回收率；其缺点是氧化周期长，细菌对氧化环境(如酸度、温度、杂质含量)要求严格。

该工艺的一般操作条件：氧化时间4~6天，液固比4∶1，pH为2.0~2.2，温度40~50 ℃。目前工业应用的细菌是氧化亚铁硫杆菌，这是一种亲酸的化学自氧菌，其以含硫、铁等元素的无机盐为养料。有关嗜热或嗜高温研究也取得了一定进展，微生物氧化技术将会显示出更强的生命力。

8.3.1.4 化学氧化法

化学氧化法是通过添加化学试剂来实现氧化的目的，主要用于含碳质矿石和非典型黄铁矿矿石的处理。常见的氧化剂有臭氧、过氧化物、高锰酸钾、二氧化锰、氯气、高氯酸盐、次氯酸盐、硝酸等。化学氧化法可分为氯气氧化法、硝酸氧化法、碱浸法等。

1)氯气氧化法

氯气溶于水后，会转化成有强氧化性的次氯酸。氯气氧化法正是利用这一机理对难处理金矿进行预处理。其目的是将矿物中的硫化物氧化，使其中的金得以暴露出来。当某碳质金矿中有较高的氧化钙含量时，氯气氧化法是处理此类金矿较有效的方法之一，因为次氯酸能与矿石中的氧化钙发生作用，转化成次氯酸钙或氢氧化钙，这些物质会对矿物中碳物质起作用，减轻"劫金"现象。

2)硝酸氧化法

硝酸氧化法是以硝酸为氧化剂，在一定的矿浆浓度、氧气浓度和温度条件下，硝酸可以快速与含铁硫化矿反应，从而将金暴露于氰化物环境中。为防止氧化过程中产生单质硫，通常在氧化过程中采用加压的方法，但这种方法增加了生产成本，此外也可采用添加$(NH_4)_2S$溶剂来解决产生单质硫的问题。硝酸氧化法可分为Arseno法、Nitrox法、Redox法和HMC法。

8.3.2　浸出

8.3.2.1　氰化浸出

我国金矿资源丰富，开采历史悠久，2007 年黄金产量居世界第一。目前我国黄金资源量为 1.5 万~2 万 t，保有储量为 4634 t。保有储量中，岩金 2786 t、砂金 593 t、伴生金 1255 t。我国金矿储量虽然可观，但资源分散、品位较低、成分复杂、规模小，不能形成大规模开采。

自约 5000 年前人类认识和利用黄金以来，黄金的生产技术经历了漫长的发展时期。19 世纪末氰化法开始应用于提金工业，极大地促进了黄金生产的发展。随着社会经济、技术的发展，黄金提取技术也在不断革新与发展，但目前普遍采用的黄金提取方法仍是氰化法。

1) 氰化浸出热力学

金的氰化过程发生的反应主要按下式进行

$$2Au+4CN^-+O_2+2H_2O = 2Au(CN)_2^-+2OH^-+H_2O_2$$

根据热力学理论，金的标准电位非常高，$Au^++e=Au$，$\varphi^\ominus=1.73$ V。工业上常用的氧化剂电位都比它低，因此都不能使金氧化。氰化物溶液呈碱性，在碱性介质中使用最广泛的氧化剂是氧，其反应有

$$O_2+2H_2O+4e^- = 4OH^- \qquad \varphi^\ominus=+0.40\ V$$

$$O_2+2H_2O+2e^- = H_2O_2+2OH^- \qquad \varphi^\ominus=+0.15\ V$$

$$H_2O_2+2e^- = 2OH^- \qquad \varphi^\ominus=+0.95\ V$$

上述反应都不足以使金氧化成 Au^+ 而进入溶液。但是，根据能斯特方程，金属在它的溶液中的电位与这个金属的离子活度有关

$$\varphi=\varphi^\ominus+(RT/nF)\ln\alpha_{Me^{n+}}$$

25 ℃时金的电位方程为

$\varphi=1.73+0.0591g\alpha_{Au^+}$

所以，金的电位随着溶液中 Au^+ 活度的降低而降低，这就是金能溶于氰化物溶液的依据。总之，存在 CN^- 时，Au^+ 的活度急剧地降低。因此，Au^+ 和 CN^- 可以形成非常牢固的络合离子 $Au(CN)_2^-$。

2) 氰化浸出动力学

金在氰化物溶液中的溶解机理，本质上是一个电化学腐蚀过程。按电化学腐蚀观点受腐蚀金属的两个相邻表面，一个是阴极，另一个是阳极（阳极是金；阴极是其他矿物或金的另一区域）。电化学腐蚀的电极反应如下

阳极反应

$$O_2+2H_2O+2e^- = H_2O_2+2OH^-$$

阴极反应

$$2Au(CN)_2^-+2e^- = 2Au+4CN^-$$

两式相减，则总反应为

$$2Au+4CN^-+O_2+2H_2O = 2Au(CN)_2^-+H_2O_2+2OH^-$$

金和氰化物溶液的相互作用，是一个典型的气、固、液多相反应过程。由于金溶解的电化学反应的电动势较大，反应速度很快，因此像大多数多相反应一样，金的溶解速度在一般

情况下受扩散控制。故强化扩散、加强搅拌和充气是强化浸出的主要途径。

研究证明：溶金速度在低氰化物浓度范围内随氰化物浓度增加而增大，氰化物浓度增加到某一极限值时，溶金速度不再增大。溶液中氧浓度的影响则有另外的特征：在低氰化物浓度下，溶解速度与溶液上空的氧压无关；在高氰化物浓度下溶解速度随氧分压增高而增大。换而言之，反应速度在高氧浓度时，取决于氰化物离子通过扩散层向阳极区的扩散；在高氰化物浓度时，则取决于氧通过扩散层向阴极区的扩散。在固定的氧压下，反应速度随着氰化物浓度增高而增大，最后接近平稳值，即该氧压下的极限速度。此平稳值与氧压成正比。

由反应式

$$2Au+4CN^-+O_2+2H_2O = 2Au(CN)_2^-+H_2O_2+2OH^-$$

可知，溶金速度为氧的消耗速度的 2 倍，为氰离子消耗速度的一半。当溶液中氰化物(CN^-)的浓度很低时，溶金速度只随氰化物浓度而变。当溶液中氰化物浓度很高时，溶金速度取决于氧的浓度。

研究表明，生产当中无论是溶液中的 O_2 浓度或是 CN^-浓度，对氰化物溶金都是重要的，两者的浓度应符合一定的比值，才能使溶金速度达到最大。一般游离氰离子浓度和游离氧浓度的比值为 6 左右时，溶金速度达到最大。如果只致力于提高溶液中 O_2 的浓度，即一味充气，而溶液中缺少游离氰化物，则溶金速度不会达到最大值；相反，只提高氰化物浓度不进行适当的充气，过量的氰会造成浪费。

3)氰化浸出工艺参数

(1)矿浆中氰化物浓度和氧浓度。

动力学研究表明，金、银溶解时，所需的氰化物和氧的浓度是成比例的，1 mol 氧需 4 mol 的 CN^-。在室温和大气下，浸金的最佳游离氰化物的质量分数约为 0.01%，浸银的约为 0.02%。空气中饱和的氰化液中氧的质量浓度为 8.2 mg/L。实际上，在大多数情况下，生产中采用的溶液氰化物质量分数为 0.02%~0.05%，或者更高一些。这是因为金矿石中含有许多在氰化溶液中可溶的伴生矿物，使部分氰化物和溶解氧消耗于这些副反应。

试验研究表明，当矿浆中的氰化物质量分数小于 0.05%时，金银浸出率随氰化物质量分数的升高呈直线上升，然后随氰化物质量分数的升高而缓慢升至最大值，此时对应的氰化物质量分数约为 0.15%。此后再增大氰化物质量分数，金银浸出率反而有所下降。

低浓度氰化液中金银浸出率高的原因：①低浓度氰化液中氧的溶解度较大；②此时氰根和氧的扩散速度较大；③此时贱金属浸出率低，氰化物耗量少。因此，金银浸出时，搅拌氰化的氰化物质量分数一般为 0.03%~0.1%，渗滤氰化的氰化物质量分数一般为 0.03%~0.2%。生产实践表明，常压条件下，氰化物质量分数为 0.05%~0.1%时，金的浸出速度最快。有时，氰化物质量分数为 0.02%~0.03%时，金的浸出速度最快。处理黄铁矿含量较高及渗滤氰化浸出时，或贫液返回使用时，采用较高的氰化物质量分数。

为了提高氧在溶液中的浓度，强化金的浸出过程，可以通过渗(溶)氧溶液或在高压下进行氰化浸出。在氧气分压为 7×10^5 Pa 时，金的溶解速度要比常规条件下高出数十倍，金的回收率可提高 15%左右。

(2)矿浆 pH。

为防止矿浆中氰化物水解、使氰化物充分解离为 CN^-，使金银氰化处于最佳 pH，须加入碱以调节矿浆 pH。加入的碱，常称为保护碱。可采用苛性钠、苛性钾或石灰作保护碱。生产中常用石灰，因其价廉易得，且其可使矿泥凝聚、氰化矿浆变得浓密以及利于过滤。

石灰加入量以维持矿浆 pH 在 9~12 为宜，矿浆中氧化钙质量分数为 0.002%~0.012%。目前多数金选矿厂采用高碱氰化工艺，以降低氰化物耗量。当高碱介质可加速硫化矿物氧化时，可采用低碱氰化工艺，但矿浆 pH 须大于 9.0。用石灰为保护碱，当 pH 大于 11.5 时，金的氰化浸出速度明显下降，这可能是由于石灰与矿浆中积累的过氧化氢作用生成过氧化钙。若用苛性钠、苛性钾为保护碱，当 pH 大于 12 时，金的氰化浸出速度也有所下降。因此，氰化矿浆最适宜的 pH 应根据含金物料性质，并通过试验确定。

(3)矿浆温度。

金的氰化浸出速度与矿浆温度的关系如图 8-17 所示。

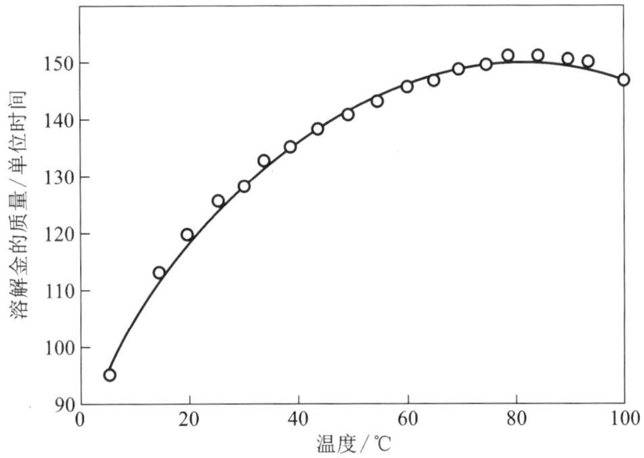

图 8-17　金的氰化浸出速度与矿浆温度的关系

温度从两个方面影响氰化过程：一方面提高温度将导致扩散系数增大和扩散层减薄，可加速化学反应，通常温度每升高 10 ℃分解速度增加近两倍；另一方面，温度升高会降低氧在矿浆中的溶解度，从而降低溶液中氧的浓度。当矿浆温度接近 100 ℃时，氧的溶解度已降到趋于零。总的来说，金的最高溶解速度在温度约 85 ℃时达到极限，如温度再增高，就会因氧的溶解度减少而降低金的溶解度、加速氰化物的水解和氰化液的蒸发、增加氰化物消耗量、污染环境、增加能耗等。因此，工业上一般不对矿浆进行人工加热，即使在冬天也只采取保温措施，使矿浆温度保持在室温(15~20 ℃)。

(4)金粒大小及其表面状态。

特粗粒金和粗粒金的氰化浸出速度很慢，需要很长的浸出时间。多数金矿石中的自然金呈细粒金和微粒金的形态，金选矿厂常在氰化前采用混汞、重选或浮选法预先回收粗粒金。

金矿石经破碎、磨矿后，特粗粒金和粗粒金可单体解离，细粒金可部分单体解离，很多细粒金呈连生体形态。在通常氰化的磨矿细度条件下，部分微粒金呈已暴露的连生体形态，很多微粒金呈硫化矿物包体金和脉石包体金形态。硫化矿物包体金和脉石包体金一般无法直接氰化回收，须经预处理破坏包体矿物后才能采用氰化法回收金银。只有当微粒金包裹于疏松多孔的非硫化矿物(如褐铁矿、碳酸盐)时，才能直接氰化回收金银。

金矿石中的微粒金含量随矿石中硫化矿物含量的增大而增大，且随矿石类型而异。一般金-黄铁矿矿石中的微粒金含量为 10%~15%；金铜、金砷、金锑矿石中的微粒金含量为 30%~50%；某些含金多金属矿石中的金几乎全为微粒金。因此，矿石中的金粒大小是决定金银氰化浸出率的重要因素之一。

金粒呈薄片状时较易浸出；为具有内空穴的金粒时，固液相界面积随浸出时间的增加而增大，金粒较易浸出。金粒呈大小不等的球粒时，小球比大球易浸出。磨矿后，大部分金粒已单体解离，大部分金粒呈已暴露的连生体形态。金银氰化浸出速度取决于金粒的暴露程度。金粒只有暴露，才能与氰化液接触，才能被浸出。

金银氰化浸出速度与金粒的表面状态密切相关。纯金表面最易浸出；但金粒与氰化液接触时，金粒表面可能生成硫化物膜、过氧化钙膜、氧化物膜、不溶氰化物膜(如氰化铅膜)、黄原酸盐膜等表面膜，它们可显著降低金银氰化浸出速度。

(5)矿泥含量与矿浆浓度。

浸出矿浆中含有原生矿泥和次生矿泥。原生矿泥来自矿石中的高岭土之类的黏土矿物；次生矿泥是矿石在运输、破碎、磨矿过程中产生的矿泥，主要为石英、硅酸盐和硫化矿物之类的矿物质。矿浆中的矿泥难沉降，且会增加矿浆黏度，降低试剂扩散速度和金银氰化浸出速度，还可吸附部分已溶金。

矿浆黏度与矿浆浓度和矿泥含量有关。矿浆浓度较低时，可相应提高金银氰化浸出速度和浸出率，缩短浸出时间。但此时矿浆体积大，须增大设备容积，且试剂耗量大，贵液中金银含量低。矿浆浓度较高时，虽可适当降低试剂耗量，但将延长浸出时间。因此，金银氰化浸出适宜的矿浆浓度须根据矿石性质用试验的方法来决定。一般处理泥质含量少的粒状矿物原料时，搅拌氰化矿浆的浓度宜小于 30%。处理泥质含量较高的矿物原料时，搅拌氰化矿浆的浓度宜小于 20%。

(6)氰化浸出时间。

氰化浸出时间因矿石性质、氰化浸出方法和氰化作业条件而异。氰化浸出初期的金银氰化浸出速度较高，氰化浸出后期的金银氰化浸出速度较低。当延长浸出时间所产生的产值低于所花成本时，应终止浸出。一般搅拌氰化浸出时间常大于 24 h，有时会超过 40 h，硫化金的氰化浸出时间需 72 h。渗滤氰化浸出时间一般大于 120 h(5 天以上)。

4)氰化浸出提金工艺实例

玲珑金矿采用二段氰化浸出、二段洗涤工艺流程，采用锌粉置换和酸化法回收尾液中的氰化钠及重金属，且采用了一系列新技术和新设备，形成了金精矿的典型二浸二洗提金工艺。其氰化工艺流程图如图 8-18 所示。

山东招远玲珑金矿属含金石英脉硫化矿，其浮选精矿化学成分见表 8-9。

表 8-9　浮选精矿化学成分

元素	Au	Ag	Cu	Pb	Zn	Fe	S	As	P	Hg
含量	90.0 g/t	53.0 g/t	0.83%	0.29%	0.31%	27.80%	31.60%	0.02%	0.03%	0.001%

金精矿进入氰化作业前，先经再磨、脱药及碱处理，然后进行二段浸出和二次洗涤。洗涤后，含金的贵液经锌粉置换而得到金泥，金泥送炼金室冶炼而产出合质金。置换后贫液经

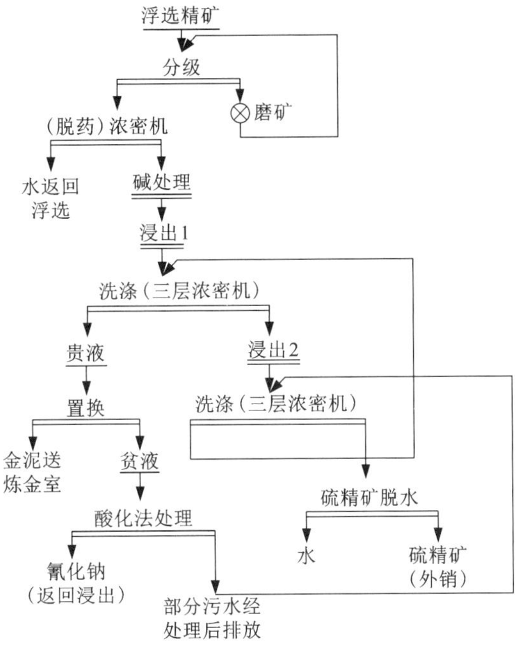

图 8-18　玲珑金矿精矿氰化工艺流程图

酸化法处理，回收其中的氰化物；酸化处理后的污水大部分返回洗涤作业，少部分经处理后排放至尾矿库。采用的主要设备有：MQY1530 球磨机 1 台，NX18 浸前浓缩机 1 台，一段采用 $\phi3.0$ m×3.5 m 浸出搅拌槽 6 台，二段为 $\phi4.0$ m×4.5 m 浸出搅拌槽 4 台，$\phi9$ m 三层浓密机 4 台，$\phi1.5$ m 脱氧塔 3 台，板式过滤机 2 台，锌粉加料机 1 台及 40 m^2 置换压滤机 2 台。两段氰化浸出均控制氰化钠质量分数为 0.08%，氰化钙质量分数为 0.03%，矿浆浓度为 30%。

该工艺主要特点有：①二浸二洗工艺解决了含铜金精矿氰化回收率低、氰化物消耗高的问题；②置换后贫液氰化钠浓度为 2100~2300 mg/L，酸化法可回收其中 70%的氰化钠，并能使重金属沉淀，同时回收硫氰化亚铜；③氰化浸出前使用石灰进行碱性预处理，能使铜、锌等金属氧化物表面形成一层钝化膜，使其在氰化液中不被溶解；④引进国外双叶轮中空轴充气式浸出槽，使搅拌机功率由 17 kW 降至 7.5 kW，不但节能，而且浸出效果更显著。

新城金矿属中温热液蚀变花岗岩型金矿床，矿石中主要金属矿物有银金矿、黄铁矿、菱铁矿，其次是黄铜矿、方铅矿、闪锌矿及少量黝铜矿、辉铜矿等；脉石矿物主要有石英、绢云母，其次是长石、方解石等。金主要赋存在黄铁矿及金属硫化矿的晶隙和裂隙之中，黄铁矿晶隙金占 41.4%，黄铜矿晶隙金占 16%，黄铁矿中包裹金占 5.5%。金的粒度较细，大于 0.07 mm 粒级的占 1.72%，0.07~0.005 mm 粒级的占 76.46%，小于 0.005 mm 粒级的占 21.82%。其原矿成分见表 8-10。

表 8-10　新城金矿原矿成分

元素	Au	Ag	Cu	Al_2O_3	Fe_2O_3	CaO	SiO_2
含量	8.18 g/t	11.38 g/t	0.05%	11.46%	6.30%	0.64%	68.9%

该矿采用浮选、二段浸出、二段洗涤常规氰化法提金工艺，其工艺流程如图 8-19 所示。

该工艺过程主要包括下列步骤：

(1)碎矿。采用两段一闭路流程。采用 400 mm×600 mm 颚式破碎机粗碎，ϕ1200 mm 中型圆锥破碎机细碎，碎矿产品粒度小于 16 mm。

(2)磨矿、浮选。磨矿、浮选由两个平行系列组成，粉矿石经摆式给料机送入 ϕ2100 mm ×2200 mm 球磨机磨矿并与 ϕ1500 mm 单螺旋分级机构成闭路，溢流细度 55%~60% 为小于 0.074 mm 粒级，经调浆进入浮选回路，经一次粗选、一次扫选、两次精选，产出浮选精矿。

(3)精矿再磨与浓密。浮选精矿经 ϕ125 mm 旋流器组分级，底流进入 ϕ1500 mm× 3000 mm 球磨机再磨，溢流进入 ϕ12 m 浓密机脱水脱药，旋流溢流细度 95% 为小于 0.043 mm 粒级。

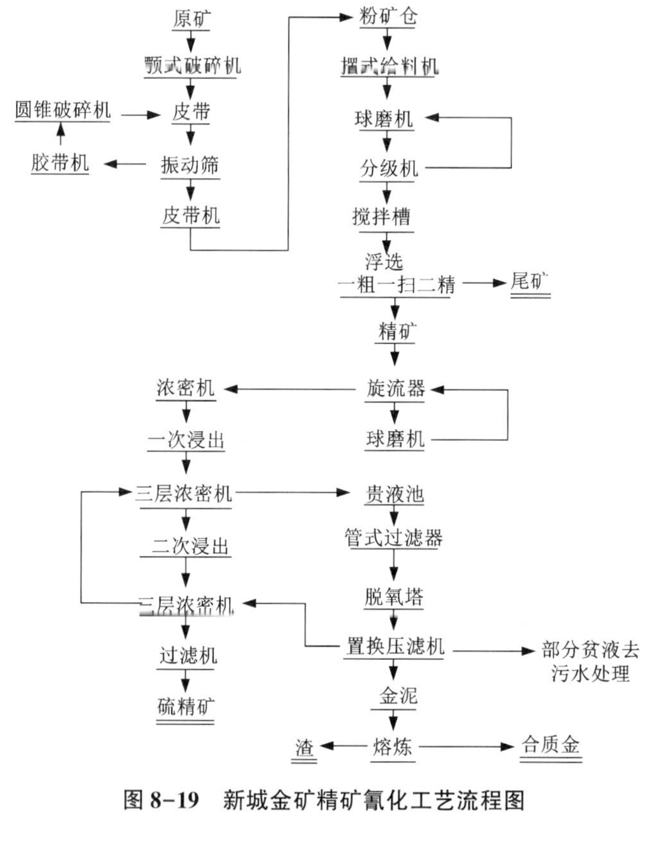

图 8-19　新城金矿精矿氰化工艺流程图

(4)浸出与洗涤。采用二段浸出、二段洗涤流程。ϕ12 m 浓密机的排矿调浆至 33%，进入串联的 3 台 ϕ3000 mm×3000 mm 机械搅拌浸出槽进行一段浸出，浸出时间 24 h，然后用泵扬送到 ϕ9 m 三层浓密机进行一段洗涤，浓密机溢流(贵液)自流至 200 m^3 贵液池；底流用泵扬至二段浸出的 3 台串联的 ϕ3000 mm×3000 mm 机械搅拌浸出槽浸出 24 h，氰化矿浆再用泵送到二段洗涤的 ϕ9 m 三层浓密机，其溢流返至一段洗涤浓密机，底流经 10 m^2 过滤机过滤得到硫精矿。

(5)贵液净化，脱氧和置换。贵液在贵液池沉淀后，再经管式过滤器过滤，溶液中悬浮物可降至 1 mg/L。脱氧采用 ϕ1500 mm×3600 mm 脱氧塔 1 台，脱氧后贵液溶氧量可降至 1 mg/L。锌粉置换采用锁紧 25 m^2 压滤机 1 台及返吹风用的 1 V-3/8 型压风机 1 台。生产中挂锌粉初始层的过程称为挂浆。挂浆设备配有 ϕ1500 mm 贫液储槽、ϕ1500 mm 搅拌槽及 2PNJ 砂泵等挂浆系统。挂浆一般用贫液，锌粉与醋酸铅按 10∶1 添加，锌粉初始量为 20 kg，挂浆后即可进行置换。

(6)金泥粗炼和电解精炼。金泥经稀酸除锌、干燥，配熔剂(40%~45%硼砂、30%~35%硝酸钾、5%~10%石英)于 1200~1300 ℃下在电炉中炼成合质金(含 Ag 44%、Au 40%)，合质金在中频感应炉中配银(按质量比 Ag∶Au=7∶3)熔化铸极板送电解精炼，得到电解银品位 99.90%，电解金品位 99.95%。

选冶综合技术指标和每吨原矿主要材料消耗见表 8-11 和表 8-12。

表 8-11　选冶综合技术指标

项目	指标	项目	指标
原矿金品位/$(g \cdot t^{-1})$	4.07	浸出率/%	97.78
精矿品位/$(g \cdot t^{-1})$	72.52	洗涤率/%	99.54
尾矿品位/$(g \cdot t^{-1})$	0.18	置换率/%	99.81
选矿回收率/%	95.84	氰化总回收率/%	97.11
氰化渣品位/$(g \cdot t^{-1})$	1.595	金泥品位/%	21.62
贵液品位/$(g \cdot m^{-3})$	9.47	合质金品位/%	42.91
贫液品位/$(g \cdot m^{-3})$	0.018		

表 8-12　每吨原矿主要材料消耗

项目	指标	项目	指标
钢球/$(kg \cdot t^{-1})$	0.27	1 m^3 贵液耗锌粉量/kg	0.047
黄原酸盐/$(kg \cdot t^{-1})$	0.085	1 m^3 贵液耗醋酸铅量/kg	0.003
2 号油/$(kg \cdot t^{-1})$	0.041	选矿电耗/$(kW \cdot h \cdot t^{-1})$	33.2
1 t 精矿耗氰化钠量/kg	5.35	氰化电耗/$(kW \cdot h \cdot t^{-1})$	75
1 t 精矿耗石灰量/kg	10.1	选矿水耗/$(m^3 \cdot t^{-1})$	2.85

8.3.2.2　硫脲浸出

硫脲浸金是一种利用金在酸性条件下可与硫脲形成可溶性络离子的性质将金提出的方法。硫脲(H_2NCSNH_2，简写 TU)易溶于水，是一种具有还原性质的有机配合剂，可与许多金属离子形成络合物。相对分子质量 76.12，密度 1.405 g/m^3，熔点 180~182 ℃。

1)硫脲浸出热力学

硫脲的重要特性是在水溶液中与过渡金属离子生成稳定的络阳离子，反应通式

$$Me^{n+}+x(TU) \longrightarrow [Me(TU)_x]^{n+}$$

式中：TU 为硫脲；n 为化合价；x 为配位数。

硫脲作为一种强配位体可以通过氮原子的非键电子对或硫原子与金属离子选择性地结合。Au-硫脲络阳离子$[Au(TU)_2^+]$性质与对应的氰络阴离子$[Au(CN)_2^-]$完全不同，尽管前者稳定性比后者稍差，但除汞的硫脲络离子较金稳定外，其他金属（Ag、Cu、Cd、Pb、Zn、$FeSO_4$、Bi）的硫脲络合物都不如金的硫脲络合物稳定，故硫脲对金有一定的选择性。当然，Cu^{2+}、Bi^{2+}等也可与硫脲形成较稳定的络阳离子，原料中含有这些组分时，将增加硫脲的消耗，降低其溶金效率。

许多研究证明：在氧化剂存在的条件下，金可溶于硫脲的酸性溶液中，且以硫脲的硫酸溶液的溶金效果较好，同时金以络阳离子 $Au(SCN_2H_4)_2^+$ 的形式存在于硫脲的酸性溶液中。硫脲溶解金银必须使其从零价态氧化成+1 价的氧化态，硫脲在酸性溶液中也可被氧化。在有氧化剂如过氧化氢、高铁离子等存在时，硫脲可逐步氧化成多种产物，首先生成的是二硫甲脒$(SCN_2H_3)_2$，简写作 RSSR，其中 R 为 $C(NH_2)NH$，它可作为金银的选择性氧化剂。硫脲氧化成 RSSR 的反应是可逆的，但若溶液的电位过高，RSSR 将被氧化成下一步产物，如氨基氰、硫化氢和元素硫等。因此，为使硫脲损失降到最低，必须严格控制硫脲浸出液的电位。

常见氧化剂的标准氧化还原电位值列于表 8-13，由所列数据可知：较为理想的氧化剂为高价铁盐、二硫甲脒、二氧化锰和溶解氧。普拉克辛的试验表明：当采用漂白粉、高锰酸钾、重铬酸钾作氧化剂时，金溶解量小但溶液中却很快出现元素硫沉淀，说明此时硫脲很快被氧化分解而失效。

表 8-13　常见氧化剂的标准氧化还原电位值

氧化电对	H_2O_2/H_2O	MnO_4^-/Mn^{2+}	CrO_4^{2-}/Cr^{3+}	Cl_2/Cl^-	ClO_4^-/Cl_2	$Cr_2O_7^{2-}/Cr^{3+}$
$E^{\ominus}/V$	1.776	1.507	1.447	1.395	1.385	1.333
氧化电对	O_2/H_2O	MnO_2/Mn^{2+}	NO_3^-/HNO_2	Fe^{3+}/Fe^{2+}	$(SCN_2H_3)_2/SCN_2H_4$	SO_4^{2-}/H_2SO_3
$E^{\ominus}/V$	1.228	1.228	0.94	0.77	0.42	0.17

溶液中氧的氧化能力较强。由于硫脲酸性液处理含金矿物原料时必有部分铁等杂质进入浸液中，因此，溶金时只需不断地向矿浆中充入空气，高价铁盐即可得到再生，而溶液中的溶解氧本身也足可使金氧化并使其转入浸液中。试验证明，浸金时向矿浆中鼓入氧气可提供较稳定的氧化性气氛，而活性更强的氧化剂如过氧化氢会使硫脲消耗过多，这是因为 RSSR 不可逆地被氧化成下一步产物。RSSR 的生成反应为

$$4(TU)+O_2 \longrightarrow 2RSSR+2H_2O \tag{8-7}$$

综合考虑硫脲酸性液溶金时金的被氧化和氧的被还原，金溶解的总化学反应方程为

$$4Au+8SCN_2H_4+O_2+4H^+ \longrightarrow 4Au(SCN_2H_4)_2^++2H_2O \tag{8-8}$$

当硫脲浓度和溶解氧的压力一定时，金溶解反应的推动力随介质 pH 和金硫脲络阳离子浓度的降低而增大，而当介质 pH 一定时，溶解反应的推动力将随溶解氧压力和硫脲浓度的增大而增大。

2) 硫脲浸出工艺参数

(1) 矿浆 pH。

在硫脲浸出金过程中，常用硫酸调解溶液 pH。它不仅起配位作用，而且对硫脲的分解起保护作用，故它既是一种调整剂也是一种保护酸。许多研究报告认为，pH 控制得越低，金的浸出率越高。理论计算和试验表明，在常用硫脲用量条件下，浸出矿浆的 pH 以 1~1.5 为宜。浸出矿浆的 pH 过低，会增加杂质矿物的酸溶量，增加硫脲耗量和降低金的浸出率。

(2) 金粒大小及裸露解离程度。

矿物原料中金矿物的嵌布粒度和赋存状态，是硫脲浸出金成败的关键因素之一。硫脲酸性液浸出金时，一般不破坏载金矿物，故只能浸出单体解离的矿物和裸露的矿物，无法浸出金属硫化矿物和铝硅酸盐脉石中的包体矿物。在矿物原料中，金为自然金形态。当其矿物呈粗粒(大于 0.074 mm)和细粒(0.037~0.074 mm)时，金矿物原料须磨至-0.036 mm 占 80%~95%后，方可使原料中的金矿物单体解离和裸露，硫脲酸性液浸出时可获得较高的浸出率。

若矿物原料中金矿物呈微粒或显微粒(小于 0.037 mm)时，在选厂通常磨矿细度条件下，磨矿产品中金矿物主要为包体形态，此时直接进行硫脲酸性液浸出很难获得满意的金浸出率。此时再磨后的金矿物应进行预处理(如氧化焙烧、生物氧化酸浸、热压氧化酸浸、液氯氧化酸浸、硝酸浸出等)，以破坏载金矿物，使金矿物单体解离和裸露，然后再进行硫脲酸性液浸出，才能获得较高的金浸出率。

硫脲酸性液浸出前，均须将金物料进行再磨，再磨细度常用小于 0.041 mm 或小于 0.036 mm 的百分数表示，如-0.036 mm 占 90%。

(3) 硫脲浓度。

浸出时，硫脲主要消耗于氧化分解、碱分解、热分解、浸出金银、浸出杂质组分和保持一定的剩余浓度。其中，浸出金银和保持一定剩余浓度的硫脲消耗为有效消耗，只占硫脲消耗的极小部分；其他的硫脲消耗为无效消耗，占硫脲消耗的大部分。硫脲为有机配合剂，可与许多金属阳离子生成金属硫脲配阳离子，消耗大量的硫脲。因此硫脲浸金要规范操作，尽可能降低硫脲的无效消耗。每吨矿物原料耗量为几千克至几十千克。

(4) 氧化剂与还原剂。

在硫脲浸出时常使用的氧化剂为过氧化氢、空气、硫酸铁和二硫甲脒。氧化剂需要维持矿浆液的还原电位，超过此值，硫脲将大量氧化分解失效。

金物料中含有大量的杂质矿物，硫脲酸性液浸出金时不可避免地会有酸溶铁等杂质进入浸出液中，只要浸出液维持一定的溶解氧浓度，浸出液中的亚铁离子将不断氧化为高价铁离子。因此，硫脲酸性液浸出金时只需在开始时加入少量的过氧化氢或高价铁盐，并不断向矿浆中鼓入空气即可满足硫脲酸性液浸出金银时对氧化剂的要求。

硫脲酸性液浸出金时，在起始阶段要求将 30%左右的硫脲氧化为二硫甲脒，在浸出后期要求将二硫甲脒还原为硫脲，以维持较高的硫脲游离浓度。故在浸出后期，可加入二氧化硫或亚硫酸盐等还原剂以降低硫脲耗量，可获得较高的浸出速度和金浸出率。

(5) 浸出温度。

硫脲酸性液浸出金的浸出速度，在 2~35 ℃随浸出温度的增加而增加；温度高于 60 ℃时，由于硫脲耐热性较低，故浸出矿浆温度不宜超过 55 ℃，宜在室温或约 40 ℃条件下浸出金银。

3) 试验研究与应用

(1) 从金精矿中提金。

某金矿浮选产出的黄铁矿精矿含 Au 56 g/t、Ag 49 g/t、Cu 约 1%。金精矿再磨至 -0.038 mm 占 77%，采用硫脲 7.5 kg/t、硫酸 22.5 kg/t，液固比 1.5 : 1，温度 40 ℃，采用添加过氧化氢氧化硫脲和添加二氧化硫还原二硫甲脒的方法控制溶液的还原电位，进行二段浸出，每段浸出 2 h，金浸出率为 96%。

半工业试验每段有 6 个浸出槽，槽中装搅拌器和蛇管加热器，将矿浆加热至 40 ℃，液固比 1.5 : 1，第一段浸出矿浆过滤，滤饼经硫脲液和水洗涤后送至第二段浸出。第二段浸出矿浆过滤，滤饼经硫脲液和水洗涤。每个浸出段第 1 槽加入 5% 的过氧化氢，以使 20%～30% 的硫脲被氧化为二硫甲脒。每个浸出段第 3 槽和第 5 槽，充入二氧化硫气体以使过量的二硫甲脒还原为硫脲。

采用雾化铝粉从贵液中沉金，置换前先用二氧化硫气体将贵液中的二硫甲脒还原为硫脲。然后按 600 mg/L 加入雾化铝粉置换 30 min，金置换率为 99.5%。试验过程中各浸出槽金的平均含量列于表 8-14。

表 8-14　各浸出槽金的平均含量　　单位：g/t

槽号	进料	1	2	3	4	5	6	产品	金浸出率/%
第一段	59.3	28.7	15.5	10.0	8.2	7.2	6.2	5.8	90.2
第二段	5.9	3.4	3.1	3.2	2.9	2.9	2.9	3.0	94.9

第一段浸出产品的固体含量为 42.9%，第二段浸出产品的固体含量为 37.9%。从表 8-14 数据可知，大部分金在第一段浸出；第二段浸出时，大部分金在第 1 槽浸出。第一段浸出液中含金 45.2 mg/L，第二段浸出液中含金 2.1 mg/L。

试验过程浸出槽中硫脲浓度的变化列于表 8-15 中。

表 8-15　浸出槽中硫脲浓度的变化　　单位：g/L

槽号	进料	1	2	4	6
第一段	5.00	4.78	4.72	4.68	4.60
第二段	5.00	4.97	4.91	4.82	4.75

溶液中硫脲的游离浓度视其氧化程度而异，硫脲的氧化程度宜控制为 20%～30%。

第二段硫脲的总耗量平均为 0.65 g/L，即 0.95 kg/t。若将第一段贫液的 50% 返回第二段补加新浸出剂溶液，硫脲耗量为 4.1 kg/t；若将第一段贫液的 80% 返回第二段，硫脲耗量降为 1.9 kg/t。硫脲浸出金精矿不消耗硫酸，当返回 50% 贫液时，硫酸耗量为 11 kg/t，过氧化氢耗量为 1.7 kg/t，二氧化硫耗量为 3.2 kg/t，雾化铝粉耗量为 0.75 kg/t。返回 50% 贫液的浸出结果与使用新鲜浸出剂的浸出结果相当。

(2)硫脲浸出-铁板置换一步法(FeIP)。

20 世纪 70 年代初期，冶金工业部长春黄金研究所(现长春黄金研究院有限公司)研发的硫脲铁浆工艺(FeIP)经小试、扩试、半工业试验和工业试验。1983 年，在广西龙水金矿建立了我国首座日处理 10 t 含金黄铁矿精矿的硫脲提金车间。

广西龙水金矿产出的含金黄铁矿精矿，主要金属矿物为黄铁矿、黄铜矿、方铅矿、闪锌矿、褐铁矿、孔雀石和自然金。脉石矿物主要为石英、绢云母、绿泥石、高岭土和碳酸盐类矿物。绝大部分自然金呈细粒嵌布。工业试生产工艺条件为浮选金精矿再磨至-0.045 mm 为 80%~85%，矿浆液固比为 2∶1，硫脲用量 6 kg/t(原始浓度为 0.3%)，硫酸用量为 100.5 kg/t(pH 为 1~1.5)，铁板置换面积为 3 m^2/m^3，金泥刷洗时间间隔为 2 h，浸出时间为 35~40 h。金浸出率大于 94%，金置换沉积率大于 99%。其工业试生产流程如图 8-20 所示。

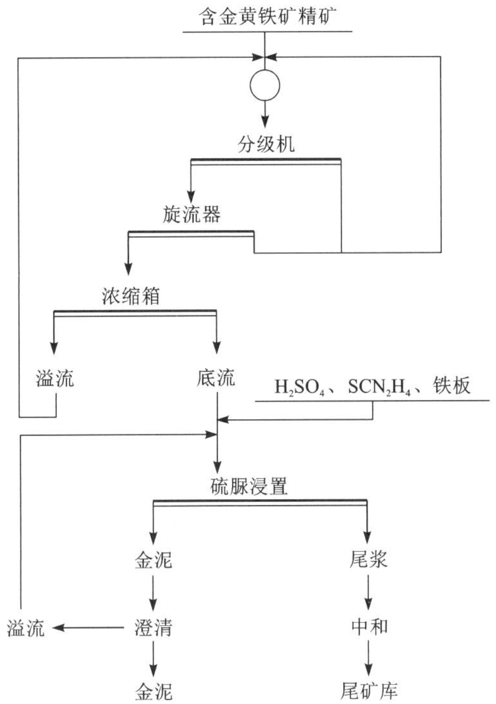

图 8-20　硫脲浸出-铁板置换一步法(FeIP)工业试生产流程

其工业试生产指标列于表 8-16。

表 8-16　工业试生产指标

序号	浸出			置换			浸置率/%
	金精矿 /($g\cdot t^{-1}$)	浸渣 /($g\cdot t^{-1}$)	浸出率 /%	贵液 /($g\cdot m^{-3}$)	贫液 /($g\cdot m^{-3}$)	置换率 /%	
1	80.77	4.44	94.50	38.17	0.25	99.35	93.89
2	75.50	3.62	95.21	35.94	0.13	99.64	94.85

从表 8-16 中数据可知，浸置段的金浸出率和金置换沉积率均较理想，但所得金泥含金仅 0.3%~0.5%，浸出时间长，硫酸耗量高，铁板有一处麻坑即废弃，铁板耗量高。

金泥的处理流程：氧化焙烧→硫酸浸铜→铜浸渣硝酸浸银→银浸渣王水浸金→亚铁还原沉金，最后产出海绵铜、银锭和金锭 3 种产品。

试生产过程中发现的主要问题有生产成本高，金实收率较低，金属量不平衡。成本高的主要原因是硫酸和铁板耗量高，这是工艺本身不可克服的矛盾，因在硫酸介质中铁板会被腐蚀，肯定会起麻坑，只要有麻坑，金泥就会留在麻坑中无法刷下来，铁板就报废了，加之金泥中含大量矿泥，处理流程长，试剂耗量大，最后只得停产。

(3)硫脲浸出-SO_2 还原法。

硫脲浸出-SO_2 还原法(又称 SKW 法)是在常规硫脲浸出法的基础上向硫脲浸金体系中通入还原剂 SO_2 以加强浸出的方法。

硫脲稳定性能较差，在含 Fe^{3+} 和 O_2 的硫脲浸金过程中易被氧化，导致硫脲消耗量过高，增加了硫脲提金法的成本。在含 Fe^{3+} 较高(3~6 g/L)的溶液中，硫脲会由于下列反应分解而失效

$$2SCN_2H_4 \underset{+2e^-}{\overset{-2e^-}{\rightleftharpoons}} (SCN_2H_3)_2+2H^+ \longrightarrow SCN_2H_4+\text{亚磺化物} \longrightarrow 2CNNH_4+2S^0$$

上述反应是分三步进行的。第一步是可逆反应，硫脲能氧化生成二硫甲脒，在有还原剂时生成的二硫甲脒又可还原为硫脲。第二步是不可逆反应，二硫甲脒受歧化作用部分还原为硫脲，部分生成组分不明的亚磺化物。第三步也是不可逆反应，它们被最终分解为氨基氰和元素硫。氨基氰还可进一步分解为尿素。上述反应的存在，使硫脲耗量常常高于作为溶金药剂的纯消耗量许多倍，且最终分解生成的元素硫具有黏性，会覆盖在物料的表面发生钝化，使金等的浸出率降低。

为克服这些缺点，防止浸出液中二硫甲脒浓度过高，通过加入还原剂使二硫甲脒按可逆反应部分还原成硫脲，这是研究 SKW 法的基本思想。

研究发现，在硫脲浸金的特定条件下，二氧化硫虽是一种高效的还原剂，但只要有二硫甲脒存在，它就不会还原其他氧化剂。

试验已经证明：在硫脲浸金的实际应用中，将矿浆温度提高至 40 ℃，以加速硫脲氧化生成二硫甲脒；然后以适当速度向矿浆中通入 SO_2，以还原矿浆中过量的二硫甲脒。SO_2 的供入速度只要能控制矿浆中 50%的硫脲量，并保持二硫甲脒的氧化状态，就能实现金、银的高速浸出和降低硫脲消耗。这一措施是 SKW 法成功的关键。

对含 Pb 50%、Zn 6.8%、Fe 26.5%、Ag 315 g/t、Au 10.6 g/t 的一种难处理氧化矿，分别采用氰化法、常规硫脲法和 SKW 法进行对比试验，结果列于表 8-17 中。试验表明：硫脲浸出矿浆中供入 6.5 kg/t SO_2，在 5.5 h 内，金、银的浸出率比氰化法和常规硫脲法高得多，且可使硫脲的消耗量降至 0.57 kg/t。可见 SKW 法的硫脲消耗低、浸出时间短，它用来处理高品位的金精矿是经济的，且它用来处理低品位的金矿石也可能是经济有效的。

表 8-17　不同方法对难处理氧化矿的浸出对比试验(浸出 5.5 h)

指标	氰化法	常规硫脲法	SKW 法
药剂消耗/(kg·t^{-1})	7	34.1	0.37
浸出时间/h	24	2.4	5.5
SO_2 消耗量/(kg·t^{-1})			6.5
金浸出率/%	81.2	24.7	85.4
银浸出率/%	38.6	1.0	54.8

浸出液中的金、银可以采用活性炭、强酸性阳离子交换树脂或硫醇树脂吸附，再用热酸或硫脲液进行解吸。由于硫脲用量很少，甚至无须考虑再回收它。在小规模试验的基础上，进行了 1 t 规模的工业试验。其技术指标为 1 t 原料(干料金品位 35 g/t)，调酸用了硫酸 5 kg；经循环再生后，硫脲用量为 1.05 kg/t。SKW 法试验可得出下列结论：

(1)提高作业温度至 40 ℃，可加速硫脲氧化生成二硫甲脒。

(2)控制 SO_2 的供入速度，将过量的二硫甲脒还原为硫脲，并使矿浆中硫脲总量的 50% 保持在二硫甲脒状态，可降低硫脲消耗，以获得最高的金、银溶解速度。

(3)浸出作业用的氧化剂 Fe^{3+}，由原料自身所含铁经酸溶解和 H_2O_2 氧化而得，H_2O_2 的用量工业试验指标为 0.75 kg/t。

(4)浸出矿浆中硫脲浓度为 5.5 g/L；浸出后过滤液含硫脲 4.55 g/L，浸出时间为 5.5 h。

(5)硫脲浸出矿浆中，SO_2 总耗量为 6.5 kg/t。

(6)浸出液中金的回收率为 88%，二次洗涤回收率为 10%，总浸出回收率为 98%；最终滤饼中渣含金 0.7 g，尾液含金 0.05 g，合计损失 0.705 g，损失率为 2%。其中，渣中金的损失较大。

(7)贵液中金、银的回收，若采用活性炭吸附，载金容量高达 100 kg/t，经三次吸附，金总吸附回收率为 97.86%；载金炭经煅烧后熔炼或进行解吸处理。若采用离子交换树脂吸附，树脂的载金容量虽比炭小，但可用少量浓硫脲液解吸产出富金贵液后，送电解或置换回收。

8.3.2.3　水溶液氯化法浸出

水溶液氯化法又称液氯化法，是采用氯气或硫酸加漂白粉溶液从含金矿浆中浸出金，并用硫酸亚铁或 SO_2 从浸出液中还原沉淀金的方法。

该工艺的特点是投资少，回收率高，有利于环保。水氯化法实质上是一种氧化浸出。氯溶于水后，发生水解反应生成氧化性极强的次氯酸并使金氯化成 $HAuCl_4$ 或 $NaAuCl_4$，再用二氧化硫、硫酸亚铁还原沉淀。按使用的氯化剂和介质的不同，水氯化分为盐酸介质水溶液氯化、次氯酸盐(次氯酸钠或次氯酸钙)氯化和电氯化三种主要工艺。

水氯化法浸金原理是金在有饱和氯气的酸性氯化物溶液中被氧化，形成三价金的络阴离子，反应过程如下

$$2Au+3Cl_2+2HCl \xlongequal{} 2HAuCl_4$$

$$2Au+3Cl_2+2NaCl \xlongequal{} 2NaAuCl_4$$

三价金在氯化物溶液中电位相当高

$$Au+4Cl^- \xlongequal{} AuCl_4^-+3e^- \quad \varphi^{\ominus}=1.00\ V$$

因此，已溶金很易被还原，故矿石浸出时溶液中必须有饱和氯气。

我国吉林省冶金研究院采用电氯化-矿浆树脂法处理原料含金 11.45 g/t 的铁帽金矿石，金回收率为 83.8%。

采用无隔膜钢板搅拌电解槽，槽体(ϕ900 mm×1000 mm)为阴极，250 mm×700 mm 的石墨板为阳极。每个电解槽有 5 块阳极板，固定于槽体和搅拌桨之间，极间距为 200 mm。原矿经破碎、磨至-0.074 mm 占 71.92%，液固比为 3.5∶1，氯化钠耗量 30 kg/t，盐酸耗量 20 kg/t，pH 为 2.0，采用 717 型苯乙烯系强碱性阴离子交换树脂(粒度为 0.294~0.991 mm)，树脂耗量 10 kg/t，电流密度为 285 A/m^2(体积电流密度为 0.65 A/L)，槽压为 13 V，温度为 50 ℃，连续搅拌电解-吸附 8 h。144 h 连续试验指标：载金树脂含金 1.69 kg/t，尾液含金 0.03 mg/L，阴极泥含金 6.26 g/t，金吸附回收率为 99.1%。

采用跳汰-筛分-摇床工艺分离矿浆中的载金树脂，用电解解吸沉积法解吸载金树脂中的金。试验采用 ϕ340 mm×500 mm 的瓷搅拌电解槽作解吸槽，转速为 352 r/min，解吸剂为 4% 硫脲和 2% 盐酸混合液，解吸剂液固比为 7∶1，石墨板为阳极，铅板为阴极，极间距为 80 mm，电流密度为 400 A/m^2，槽压为 2 V，电解解吸 8 h，金的解吸率为 99.6%，金的沉积率为 98.2%，硫脲损失率为 16%。

电氯化-矿浆树脂吸附作业和电解解吸沉积作业均在密封电解槽中进行，抽出的废气经洗涤塔用 2% NaOH 液洗涤吸收后排空。解吸后的 717 树脂先用 2% NaOH 液处理 2 h(液固比为 3∶1)，过滤后水洗至中性；再用 2% HCl 液处理 2 h(液固比为 3∶1)，然后返回矿浆树脂吸附作业循环使用。由于磨矿粒度较粗，金粒常为 0.001~0.005 mm，致浸渣含金大于 1 g/t，金的总回收率仅 83.8%。

8.3.2.4 硫代硫酸盐法浸出

硫代硫酸盐提金溶液介质为氨性溶液，适合处理碱性组分多的金矿，尤其适于含有对氰化敏感的金属铜、锰、砷的金矿或金精矿。硫代硫酸盐浸出金速度快、选择性高、试剂无毒、价格低、对设备无腐蚀性。

硫代硫酸盐法提金在加热条件下进行，对温度影响敏感，故浸出温度区间狭窄，工艺不容易控制。该法试剂用量比较大，必须加强试剂的再生利用。因此，研究适宜的硫代硫酸盐提金工艺，对促进硫代硫酸盐法在工业上的应用是很重要的。

硫代硫酸盐是含有 $S_2O_3^{2-}$ 基团的化合物，与酸作用时形成的硫代硫酸立即分解为硫和亚硫酸，后者又立即分解为二氧化硫和水，反应式为

$$S_2O_3^{2-}+2H^+ \xlongequal{} H_2O+SO_2+S$$

因而浸出过程需要在碱性条件下进行。

硫代硫酸盐能与许多金属(金、银、铜、铁、铂、钯、汞、镍、镉)离子形成络合物，如

$$Au^++2S_2O_3^{2-} \xlongequal{} Au(S_2O_3^{2-})_2^{3-}$$

$$Ag^++2S_2O_3^{2-} \xlongequal{} Ag(S_2O_3^{2-})_2^{3-}$$

这是硫代硫酸盐法浸出金银的基础之一。

最重要的硫代硫酸盐是硫代硫酸钠和硫代硫酸铵，两者通常均为无色或白色粒状晶体。

在有氧存在时，金在硫代硫酸盐溶液中可能发生如下反应

$$4Au+8S_2O_3^{2-}+O_2+2H_2O \xlongequal{} 4Au(S_2O_3^{2-})_2^{3-}+4OH^-$$

金与硫代硫酸根形成稳定的络合物。

20 世纪 90 年代，许多学者针对高铜、碳质、高铅、高锌、高锰等复杂金矿石，采用硫代硫酸盐浸金的方法进行试验。较典型的硫代硫酸盐浸金的工艺参数列于表 8-18。

表 8-18　较典型的硫代硫酸盐浸金的工艺参数

矿石类型	Au /$(g \cdot t^{-1})$	温度 /℃	浸出时间/h	$S_2O_3^{2-}$ /$(mol \cdot L^{-1})$	NH_3 /$(mol \cdot L^{-1})$	Cu^{2+} /$(mol \cdot L^{-1})$	SO_3^{2-} /$(mol \cdot L^{-1})$	pH	金回收率/%
氧化矿 0.05%Cu	4.78	30~65	2	1 %~22%	1.3%~8.8%	0.05%~2%	1%	—	93.9
Pb-Zn 硫化矿	1.75	21~75	3	0.125~0.5	—	—	—	6~8.5	95.0
硫化矿 3%Cu	62	60	1~2	0.2~0.3	2~4	0.047	—	10~10.5	95.0
氧化矿 0.02%Cu	1.65	常温	48	0.2	0.09	0.001	—	11	90
碳质矿 1.4%C	2.4	常温	288~600	0.1~0.2	0.1	60×10^{-6}	—	9.2~10	—
金矿	51.6	25	3	2	4	0.1	—	8.5~10.5	80
细菌预浸矿 0.14%Cu	3.2	常温	—	15 g/L	加至 pH 为 9.0	0.5 g/L	0.5 g/L	9.5~10	80
碳质硫化矿	3~7	55	4	0.02~0.1	2 g/L	0.5 g/L	0.01~0.5	7~8.7	70~85
金矿 0.36%Cu	7.2~7.9	常温	24	0.5	6	0.1	—	10	95~97

从表 8-18 中的数据可知，金的浸出速率和浸出率均取决于原料特性和金的赋存状态。近年的研究工作倾向于采用低浓度的硫代硫酸盐和低浓度铜溶液作浸出剂，以尽量降低硫代硫酸盐的氧化损耗。

8.3.3　提纯

8.3.3.1　金化学提纯

金用化学法提纯主要采用硫酸浸煮法、硝酸分银法、王水分金法、水溶液氯化法浸金-草酸还原法等方法。

1)硫酸浸煮法

硫酸浸煮法是用浓硫酸在高温下进行长时间浸煮，使合金中的银及铜等贱金属形成硫酸盐而被除去，以达到提纯金的目的。用硫酸浸煮时，合金中金的含量不应大于 33%，铅的含量应尽可能低(不大于 0.25%)，当铅含量高时应预先用火法除去铅，否则产出的金中将含有大量铅等杂质，还须进一步处理。此法的浓硫酸消耗量为合金质量的 3~5 倍。

浸煮时，先将合金熔化并水淬成粒状或铸(或压碾)成薄片置于铸铁锅中，分次加入浓硫酸，在 160~180 ℃下搅拌浸出 4~6 h 或更长时间。浸煮中，银及铜等杂质转化成硫酸盐。浸煮完成后，冷却，倾入衬铅槽中，加 2~3 倍热水稀释后过滤，并用热水洗净除去银、铜等硫酸盐。再加入新的浓硫酸进行加温浸出，反复浸出洗涤 3~4 次后，产出的金粉经洗净烘干，金的品位在 95%以上，加熔剂熔炼，产出的金纯度为 99.6%~99.8%，产出的硫酸盐液和洗液用铜置换银(如合金中有钯，被溶解的钯也和银一道被还原)后，再用铁置换铜。余液经蒸发浓缩除去杂质后回收粗硫酸。

由于浓硫酸浸煮作业的剧烈反应会产出大量的含硫气体，劳动条件恶劣，应在通风罩下进行。

2）硝酸分银法

硝酸分银法适用于金含量小于33%的金银合金。分银前将合金熔淬成粒或铸（碾压）成薄片，分银作业在带搅拌器的耐酸搪瓷反应罐或耐酸瓷槽中进行。加入碎合金后，先用水润湿，再分次加入1：1稀硝酸，加酸不宜过快，以免溶液外溢。若溶液外溢，可加少量冷水冷却。反应在自热条件下进行。加完全部酸后，若反应很缓慢，可加热以促进银的浸出。当液面出现硝酸银结晶时，可加适量热水稀释浸液以使浸银作业继续进行。

通常，逐步加完硝酸后，反应逐渐缓和时，可抽出部分硝酸银溶液，重新加入新硝酸，反复浸出2~3次。浸出残渣经洗涤、烘干后，在坩埚内加硝石熔炼造渣，可产出金含量为99%以上的金锭。浸液经铜置换后可回收银、铂、钯，产出海绵银。

分银作业逸出的大量含氮气体须经液化烟气接收器和洗涤器吸收后才能排空。

3）王水分金法

王水分金法适用于银含量小于8%的粗金提纯。一般采用浓王水，由1份工业硝酸加3~4份工业盐酸配成。配制王水在耐烧玻璃或耐热瓷缸中进行，先加盐酸，再在搅拌下缓慢加入硝酸。配制王水时，反应强烈，放出许多气泡并生成部分氧化氮气体，溶液颜色逐渐变为橘红色。

操作时，先将粗金淬成粒或铸（碾压）成薄片，置于溶解皿中，每份粗金分次加入3~4份浓王水。在自热和后期加热下搅动，金转入溶液中，银留在渣中。须将溶解皿置于大盘或大容器中，以免溶解皿破裂而造成损失。溶解后过滤，用亚铁（或二氧化硫或草酸）还原金，金粉经仔细洗涤后，再用硝酸处理以除去杂质，最后洗净、烘干、铸锭，产出品为金含量在99.9%以上的金锭。分金作业应反复进行2~3次，产出的氯化银用铁屑或锌粉还原回收。

回收金后的残液含少量金，可加入过量的亚铁充分搅拌，静置12 h，过滤回收得粗金。母液含残余金和铂族金属时，可加入锌块或锌粉置换至溶液澄清，再经过滤、滤渣洗净、烘干可得到铂族化学精矿，送去分离铂族金属。

4）水溶液氯化法浸金-草酸还原法

水溶液氯化法浸金-草酸还原法适用于金含量为80%的粗金锭或粗金粉提纯，溶解粗金可用王水或水溶液氯化法。王水溶解粗金酸消耗量大，劳动条件差，工业上应用较少。水溶液氯化法浸金相对较简单，经济，适应性强，劳动条件较好，工业上应用较普遍。

水溶液氯化法是在常压下于盐酸水溶液中通入氯气浸出金，金变为金氯酸（HAuCl）后转入浸液中。提高溶液酸度可以提高氯化效率，故加入适量硝酸可提高反应速度，加入适量硫酸可对铅、铁、镍的溶解起一定的抑制作用。加入适量氯化钠也可以提高氯化效率，但会提高氯化银的溶解度和降低氯气的溶解度，因而总体上会降低金的氯化效率。溶液酸度一般为1~3 mol/L的盐酸。

氯化反应为放热反应，开始通入氯气时的溶液温度不宜过高，以50~60 ℃为宜。氯化过程温度以80 ℃为宜。液固比以（4~5）：1为宜，氯化4~6 h，反应基本完成。根据处理量，氯化反应可在搪瓷釜或三口烧瓶中进行，设备应密封，尾气用10%~20% NaOH溶液吸收后才能排空。

水溶液氯化浸金可用氯酸钠代替氯气，此时金以金氯酸钠形态转入浸液中。

从金氯酸(钠)溶液中还原金可采用草酸、抗坏血酸、甲醛、氢醌、二氧化硫气体、亚硫酸钠、硫酸亚铁和氯化亚铁等作还原剂。其中草酸还原的选择性高，速度快，应用较广。草酸还原反应可表示为

$$2HAuCl_4+3H_2C_2O_4 \longrightarrow 2Au\downarrow+8HCl+6CO_2\uparrow$$

操作时，先将王水浸金液或水溶液氯化浸金液加热至 70 ℃左右，用 20% NaOH 溶液将浸液 pH 调至 1~1.5，在搅拌下一次性加入理论量 1.5 倍的固体草酸，反应开始激烈进行。反应平稳后，再加适量 NaOH 溶液，反应又加快。直至加入 NaOH 溶液无明显反应时，再补加适量固体草酸使金完全还原。还原过程中应控制溶液 pH 为 1.5。反应终了静置一定时间，过滤得海绵金。用 1∶1 稀硝酸和去离子水洗涤海绵金，以除去金粉表面的草酸和贱金属杂质，再烘干、铸锭，所得金锭含金量大于 99.9%。

还原金溶液用锌粉置换以回收残存金，置换所得粗金用盐酸浸以除去过量锌粉，浸渣返回水溶液氯化浸金作业。

8.3.3.2　金电解提纯

金电解提纯是以粗金属为阳极，纯金属薄片(或特殊导电片)为阴极，以含有游离酸的金属盐水作为电解液的电解过程。当通以直流电时，粗金属从阳极溶解，并以离子状态进入溶液。通过控制电位，使溶解电位比精炼金属正的杂质留在阳极或沉积在阳极泥中；溶解电位比精炼金属负的杂质则溶入溶液，且不会在阴极上析出，从而在阴极上可得到精炼的高纯金属。

金电解的原料纯度一般在 90%以上，因此电解精炼提纯金一般以纯度在 90%以上的粗金板为阳极，以纯金片或惰性金属片为阴极，以金的氯配合物水溶液及游离盐酸作电解液。电解过程中，在阳极主要发生下列反应

$$Au-3e^- = Au^{3+}$$

$$Me-ne^- = Me^{n+}$$

式中：Me 为比较活泼的金属元素。

在阴极主要发生下列反应

$$Au^{3+}+3e^- = Au$$

$$Me^{n+}+ne^- = Me$$

正常电解时，阳极上主要发生金的氧化溶解反应。各种杂质金属在电化学反应中的行为与其标准电极电位(表 8-19)有关。

表 8-19　某些金属在酸性溶液中的标准电极电位

元素	Ag	Cu	Fe	Pb	Bi	Sb
$E^{\ominus}$/V	+0.79	+0.34	-0.44	-0.13	0.32	-0.51
元素	Si	Pd	Sn	Cr	Ni	Mn
$E^{\ominus}$/V	0.10	+0.99	-0.14	-0.74	-0.25	-1.18
元素	Cd	Al	Pt	Ti	Zn	Au
$E^{\ominus}$/V	-0.40	-1.66	+1.20	-1.63	0.76	4.50

依据标准电极电位、电极行为可分为如下几种情况：铱、锇、铑、钌不溶解进入阳极泥；铂、钯有一部分与金形成合金进入阳极泥中，还有一部分与金一道进入溶液，但一般不会在阴极析出；比金电位负的金属，除一部分银氧化溶解后迅速与溶液中的氯离子形成氯化银外，铜、铁、铅、铋等绝大部分金属均进入电解液中。

在电解过程中，通过选择适当的槽电压，控制阴极只有金析出，使比较活泼的金属（Me）不析出，仍留在电解液中，从而达到纯化金的目的。

某些厂的金电解提纯的技术条件列于表 8-20。

表 8-20 某些厂的金电解提纯的技术条件

项目	厂号				
	1	2	3	4	5
阳极金含量/%	90	>88	≥90	>90	96~98
阳极银含量/%	—	—	—	<5	<2
电解液温度/℃	30~50	30~70	40~50	35~50	50~70
电解液金含量/($g \cdot L^{-1}$)	250~300	250~350	250~300	250~300	250~350
电解液盐酸含量/($g \cdot L^{-1}$)	250~300	150~200	250~300	200~250	200~300
阴极电流密度/($A \cdot m^{-2}$)	200~250	500~700	190~230	250~280	450~500
同极中心距/mm	80~90	120	70~80	90	90
电流比（直流：交流）	1：2	1：(1.5~2.0)	1：1.5	1：1	无交流
电解液密度/($g \cdot cm^{-3}$)	1.4	1.36~1.4	—	—	—
槽电压/V	0.2~0.3	0.3~0.4	0.2~0.3	—	0.4~0.6

某些厂的金电解提纯的技术经济指标列于表 8-21。

表 8-21　某些厂的金电解提纯的技术经济指标

名称	厂号		
	1	2	3
电流效率/%	95	—	>98
提纯槽电压/V	0.2~0.3	0.3~0.4	0.4~0.6
造液槽电压/V	2.5~4.5	2.5~4.5	2.8~3.5
直流电耗/($kW \cdot h \cdot kg^{-1}$)	2.14	—	—
残极率/%	20	—	15~20
阳极泥率/%	20~25	—	10

续表8-21

名称	厂号		
	1	2	3
盐酸耗量/kg · kg^{-1}	4	—	2
阴极金含量/%	≥99.96	>99.95	>99.99
金锭金含量/%	>99.99	>99.99	>99.99
每块金锭质量/kg	—	11~13	12~13
电解回收率/%	99	99.73	>99
金锭浇铸回收率/%	99.93	100	100
金锭浇铸合格率/%	100	91.35	—
金提纯回收率/%	98.5	82	98.2
金冶炼回收率/%	98	—	—

某些厂的金电解提纯电解槽的技术性能列于表 8-22。

表 8-22　某些厂的金电解提纯电解槽的技术性能

项目	厂号				
	1	2	3	4	5
直流电流强度/A	80	80~120	50~60	18~20	40~50
交流电流强度/A	180~200	120~240	75~90	18~20	无
阴极电流密度/(A · m^{-2})	200~250	500~700	190~230	250~280	450~500
阳极尺寸/mm×mm×mm	100×150×10	165×100×10	128×68×2	100×78×10	130×100×10
阴极尺寸/mm×mm×mm	190×120	210×180×0.2	128×68	—	140×110
种板尺寸/mm×mm×mm	260×250×1.5	无种板	—	—	—
种板材料	压延纯银板	始极片为压延金箔	—	压延纯银板	压延纯银板
每槽阳极数/片	4 排，每排 2 片	3	4 排，每排 3 片	4	3
每槽阴极数/片	5 排，每排 2 片	4	5 排，每排 3 片	4	4
同极中心距/mm	80~90	120	80	90	90
电解槽尺寸/mm×mm×mm	310×310×340	380×280×360	—	280×150×220	450×170×300
电解槽个数/个	2	6	—	2	2
电解槽材质	硬聚氯乙烯	硬聚氯乙烯	—	硬聚氯乙烯	耐酸陶瓷

8.3.3.3 金萃取提纯

溶剂萃取技术具有速率快、效率高、容量大、选择性多、为全液过程、易分离、易自动化、试剂易再生、操作安全方便等特点。该方法广泛用于化学工业和冶金工业，可用于金的提取和提纯作业。

近40多年来，萃取技术在我国贵金属提取领域的试验研究和应用获得了迅速发展，许多学者对金的萃取剂进行了大量的试验研究工作。试验表明，二丁基卡必醇、二异辛基硫醚、仲辛醇、乙醚、甲基异丁基酮、磷酸三丁酯、酰胺N503、石油亚砜、石油硫醚等是金的良好的萃取剂。

适于萃取分离和提纯的含金原料分布较广，如金精矿或原矿的浸出液、氰化金泥、铜阳极泥、铂族金属化学精矿及各种含金的边角废料等，原料中的金含量波动范围大，为百分之几至百分之几十，将其浸出溶解后，金以金氯酸形态存在于溶液中。

1）二丁基卡必醇萃取金

二丁基卡必醇（二乙二醇二丁醚）为长链醚类化合物，分子式为 $C_{12}H_{26}O_3$，其结构式为 $C_4H_9-O-C_2H_4-O-C_2H_4-O-C_4H_9$，密度为 0.888 g/cm^3（20 ℃），沸点为 252 ℃（98.7 kPa），闪点为 118 ℃，水中溶解度为 0.3%（20 ℃）。

二丁基卡必醇的萃取速度快，30 s 可达到平衡。金的萃取容量在 40 g/L 以上。有机相中夹带的杂质可用 0.5 mol/L HCl 液洗涤除去，相比为 1∶1。负载有机相反萃较困难，可将其加热至 70~80 ℃，用 5%草酸液还原反萃 2~3 h，金可全部被还原反萃析出。海绵金经酸洗、水洗、烘干、熔铸后，可得到金含量为 99.99%的金锭。

我国某厂从锇钌蒸馏残液中采用二丁基卡必醇萃取金的工艺流程如图 8-21 所示。料液组成为：Au 3 g/L、Pt 11.72 g/L、Pd 5.13 g/L、Rh 0.88 g/L、Ir 0.36 g/L、Fe 2.39 g/L、Cu 0.32 g/L、Ni 5.60 g/L。萃取相比为 1∶1，4 级，室温，混合澄清各 5 min，料液酸度为 2.5 mol/L HCl。负载有机相用 0.5 mol/L HCl 液洗涤除杂，除杂相比为 1∶1，3 级，室温，各

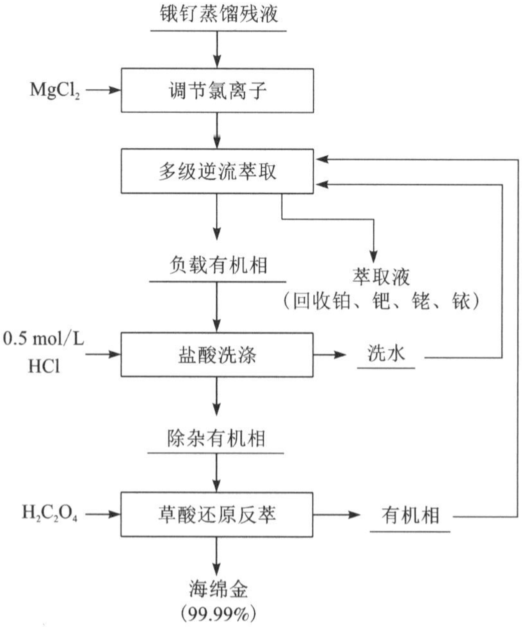

图 8-21 从锇钌蒸馏残液中采用二丁基卡必醇萃取金的工艺流程

级混合澄清5 min。萃取和洗涤均在箱式混合澄清器中进行。洗涤后负载有机相用草酸进行还原反萃，草酸浓度为5%，草酸用量为理论量的1.5~2倍，温度70~85 ℃，搅拌2~3 h。金萃取率大于99%，金回收率为98.7%，海绵金含量为99.99%。

2)二异辛基硫醚萃取金

二异辛基硫醚为无色透明油状液体，无特殊臭味，与煤油等有机溶剂可无限混溶。其分子式为$C_{16}H_{32}S$，相对分子质量为285，密度为0.8485 g/cm²(25 ℃)，闪点高于300 ℃，黏度为3.52 CP（25 ℃）。

二异辛基硫醚的萃金反应式可表示为

$$HAuCl_4+n\overline{C_{16}H_{32}S} \rightleftharpoons \overline{AuCl_3 \cdot nC_{16}H_{32}S}+HCl$$

我国某厂用王水溶金，二级萃取、洗涤，二级反萃取，加浓盐酸酸化沉金。海绵金经过滤、洗涤、烘干、熔铸，可得到金锭。水相含金50 g/L，盐酸浓度2 mol/L。有机相为50%二异辛基硫醚-煤油(含三相抑制剂)，萃取相比1∶1，2级，常温，萃取1 min，金萃取率为99.99%。负金有机相用0.5%稀盐酸液洗涤除杂。反萃剂为0.5 mol/L NaOH+1 mol/L Na_2SO_3，反萃相比1∶1，2级，常温，反萃取5~10 min，金反萃取率为99.1%。萃取和反萃取均在离心萃取器中进行。将反萃液加热至50~60 ℃，加入与亚硫酸钠等物质的量的浓盐酸，金沉淀析出，金析出率为99.97%，金回收率为99.99%，金锭含金与电解金相当。

3)仲辛醇萃取金

仲辛醇的分子式为$C_8H_{17}OH$，结构式为$CH_3(CH_2)_5$-CHOH-CH_3，密度为0.82 g/cm³，沸点为174~181 ℃，无色，易燃，不溶于水。其萃金和反萃的反应式可表示为

$$\overline{C_8H_{17}OH}+HCl \rightleftharpoons \overline{[C_8H_{17}OH_2]^+ \cdot Cl^-}$$

$$HAuCl_4+\overline{[C_8H_{17}OH_2]^+ \cdot Cl^-} \rightleftharpoons \overline{[C_8H_{17}OH_2]^+ \cdot AuCl_4}+HCl$$

$$2\overline{[C_8H_{17}OH_2]^+ \cdot AuCl_4}+3H_2C_2O_4 \longrightarrow 2Au\downarrow+2\overline{C_8H_{17}OH}+8HCl+6CO_2\uparrow$$

我国某厂用水溶液氯化法浸出铜阳极泥，获得含金、铂、钯和铜、铅、硒等贱金属的氯化浸液，采用仲辛醇萃金。萃金前，国产工业仲辛醇用等体积的1.5 mol/L HCl饱和。金氯化浸液酸度为1.5 mol/L HCl，萃取相比取决于金氯化浸液中的金含量，仲辛醇的萃金容量大于50 g/L，萃取相比一般为有机相∶水相=1∶5。萃取温度为25~35 ℃，萃取时间为30~40 min，澄清时间为30 min。负载有机相含金以40~50 g/L为宜。还原反萃的草酸浓度为7%，反萃相比为1∶1，还原反萃温度应高于90 ℃，还原反萃时间为30~40 min。

还原反萃后的有机相用等体积2 mol/L HCl液洗涤再生后返回萃取作业使用。有机相损失率小于4%。

萃余液采用铜置换法回收金、铂、钯等有用组分。试验表明，只有当氯化浸液中$w(Au):w(Pt+Pd)>50$时，仲辛醇萃金才具有较高的选择性。

8.3.4　产品制备

熔铸成品金锭的原料主要为电解金及达标准要求的化学提纯和萃取提纯产出的纯金。

熔铸成品金锭一般采用柴油地炉熔化以提高炉温，柴油地炉的构造与煤气地炉相同。采用60号坩埚，逐渐升温至1300~1400 ℃，待金全部熔化并过热时，金液呈赤白色，加入化学纯硝酸钾和硼砂造渣。

熔铸成品金锭时，经造渣和清渣后，取出坩埚，用不锈钢片清理净坩埚口的余渣，在液温1200~1300 ℃、模温150~180 ℃下，将金液沿模具长轴的垂直方向注入模具中心。浇铸速度应快、均匀，避免金液在模内剧烈波动。金液注入位置应平稳地左右移动以防金液侵蚀模底。

浇完的金锭经厂检验员检验合格后，用钢码打上顺序号、年、月，按块磅码放(精度百分之一克)，开票交库。

8.4 稀土矿化学选矿

8.4.1 稀土概述

8.4.1.1 稀土简介

稀土元素早在1794年便由芬兰杰出的化学家约翰·加多林在瑞典相对稀缺的矿物中发现。当时学者们普遍认为这类元素很珍贵，并且由于其对应的氧化物具有不易溶解于水的"土性"，因此得名"稀土"。然而如今我们已经发现，其实稀土元素在地球外壳中的平均质量分数(即克拉克值)相较于更为常见的金属元素如铜、铅、锌及银来说，反而更高一些。同时，尽管它们的性质并不像真正意义上的土质，而是一组活跃度极高的金属元素，但因为这个颇具特色的命名方式，稀土一词得以延续至今。

稀土是稀土元素(或称稀土金属)的简称，由17种元素组成，这17种包括第三副族中的镧(La)、铈(Ce)、镨(Pr)、钕(Nd)、钷(Pm)、钐(Sm)、铕(Eu)、钆(Gd)、铽(Tb)、镝(Dy)、钬(Ho)、铒(Er)、铥(Tm)、镱(Yb)、镥(Lu)，以及物理化学性质与镧系元素相似的21号元素钪(Sc)和39号元素钇(Y)。

8.4.1.2 稀土元素在地壳中的分布及其赋存状态

地球地壳的稀土类元素的平均质量百分含量统计数据列于表8-23中。据该表所示，17种稀土元素在地表岩石总质量中所占据比例的平均值为0.0153%；而铈则以其最高的比重(占有率达0.0046%)居于首位，其次则分别属于钇、钕以及镧元素，其含量与锌、锡、钴等常见元素相仿佛。稀土元素中钷、铥、镥、铽、铕、钬、铒、镱等含量相对较少，尽管如此，它们相比于如铋、银、汞、金等常见元素来说，其含量仍然较高。

表8-23 稀土元素在地球地壳中的平均质量分数(克拉克值)

原子序数	元素	平均质量分数/%	原子序数	元素	平均质量分数/%
21	Sc	5.0×10^{-4}	64	Gd	6.36×10^{-4}
39	Y	2.8×10^{-3}	65	Tb	9.1×10^{-5}
57	La	1.8×10^{-3}	66	Dy	4.5×10^{-4}
58	Ce	4.6×10^{-3}	67	Ho	1.15×10^{-4}
59	Pr	5.53×10^{-4}	68	Er	2.47×10^{-4}
60	Nd	2.39×10^{-3}	69	Tm	2.0×10^{-5}
61	Pm	4.5×10^{-20}	70	Yb	2.66×10^{-4}
62	Sm	6.47×10^{-4}	71	Lu	7.5×10^{-5}
63	Eu	1.06×10^{-4}			

稀土元素在地壳中的分布特征具备以下几个显著特点：①尽管稀土元素在地壳中的总量达到了 153 g/t，使得它的丰度甚至超过了常见的铜(100 g/t)、锌(50 g/t)、锡(40 g/t)以及铅(16 g/t)，但是这些稀土元素在地表上分布得极为分散，而且独立出现的矿床数量相对较少。②稀土元素中，铈族元素的含量要比钇族元素的更高，铈族稀土的克拉克值为 101 g/t，钇族为 47 g/t，钪为 5 g/t。③稀土元素在地壳中分布并不均衡，而是从镧到镥呈波浪式下降趋势。然而，在某些特定的矿物和矿床中，却可以观察到违背此规律的反常现象。④稀土元素主要集中于地壳中的岩石层部分，特别是在花岗岩、碱性岩石、碱性超基性岩石以及与其相关的稀土矿床中，这些地方通常是稀土元素富集程度最高的区域。值得注意的是，尽管稀土元素在地壳中广泛分布，但各类岩石中的稀土元素含量并不均衡。

稀土元素在地壳中主要以矿物形态存在，具体的赋存状态大致有三种形式：首先，稀土元素作为矿物中的基本组成部分，会以离子化合物的形式深藏于矿物晶格的深处，这对于构建矿物的结构来说至关重要，这类矿物通常被称作稀土矿物，如独居石、氟碳铈矿等均属于稀土矿物；其次，稀土元素也可能以类质同象替换的方式散布于造岩矿物和稀有金属矿物当中，这类矿物可归为含有稀土元素的矿物类别，如磷灰石、萤石等都包含稀土元素；最后，稀土元素还可能以离子态被吸附于某些矿物的表面或颗粒之间，这类矿物主要包括黏土矿物以及云母类矿物。

8.4.1.3　稀土矿物的种类

迄今为止，已经被发现的稀土矿物约 250 种，然而令人遗憾的是，当前可供人类开采的稀土矿物仅 10 种左右。现如今，应用于工业领域提取稀土元素的主要矿物包括氟碳铈矿、独居石矿、磷钇矿以及特殊类型的风化壳淋积型矿床中的矿物，这些矿物的总和达到了稀土总产量的 95%。尤其需要指出的是，独居石与氟碳铈矿中主要含轻稀土，磷钇矿则主要含重稀土，但磷钇矿的矿源相对较少。

常见的稀土矿物按化学成分大致可分为五大类：

(1)碳酸盐及氟碳酸盐类，如氟碳铈矿、碳锶铈矿等。

(2)磷酸盐类，如独居石矿、磷钇矿等。

(3)氧化物类，如褐钇铌矿、黑稀金矿、易解石等。

(4)硅酸盐类，如硅铍钇矿、褐帘石、硅钛铈矿等。

(5)氟化物类，如钇萤石、氟铈矿等。

8.4.1.4　稀土资源的分布及储量

在地壳内部，稀土资源的储量极为丰厚，部分稀土元素的含量甚至远超过了铜、锌等常见金属。然而，由于其富集程度较低，当前能找到并实际开采与利用的稀土矿藏数量相对有限，且其分布状况极为不平衡。表 8-24 为 2022 年由美国联邦地质调查局公布的 2020—2021 年世界稀土资源分布情况。数据显示，世界稀土总储量 1.2499 亿 t，中国 4400 万 t，越南 2200 万 t，巴西和俄罗斯各 2100 万 t。排名前五国家的稀土储量占世界总储量的 72.6%。稀土资源的分布呈现出非常集中的特点。

表 8-24 2020—2021 年世界稀土资源分布情况(以 ReO 计)

地区	储量/万 t	占世界总储量百分比/%
中国	4400	35.20
越南	2200	17.60
巴西	2100	16.80
俄罗斯	2100	16.80
印度	690	5.52
澳大利亚	400	3.20
美国	180	1.44
格陵兰	150	1.20
坦桑尼亚	89	0.71
加拿大	83	0.66
南非	79	0.64
其他地区	28	0.23
总计	12499	100

我国境内有着极为丰富珍贵的稀土矿产资源，主要包括独居石矿、氟碳铈矿、风化壳淋积型稀土矿(离子吸附型稀土)、褐钇铌矿、磷钇矿等，涵盖了各种类型的稀土元素。位于我国华北地区的白云鄂博含铁稀土矿床稀土资源储量稳居全国乃至世界第一，其所含稀土资源总量约占我国稀土总储量的 96%，但以轻稀土为主，镧、钕、镨、铈这四种元素占比高达 98%。尽管我国华南地区广泛分布的离子吸附型矿床查明的稀土资源总量相对较少，但是由于其蕴含较高比例的重稀土资源(少数矿区重稀土含量甚至超过 60%)，因此也成为全球稀土资源中不可或缺的组成部分。

我国稀土资源的储备量相当可观，并具有很好的成矿环境，矿床类型齐备，分布区域广泛。当前，我国的地质科学家已经在全国三分之二以上的省(自治区、直辖市)发现了数量众多的矿床和矿化产地。然而，这些矿床绝大多数仍集中分布在内蒙古的白云鄂博、江西省南部、广东省北部、四川省凉山州和山东省微山县一带，形成了北、南、西、东的矿床分布格局，具体见表 8-25。

表 8-25 我国稀土在全国各地区的储量

地区	探明储量/万 t	工业储量/万 t	远景储量/万 t
内蒙古白云鄂博	10600	4350	>13500
南方七省	840	150	5000
四川凉山	240	150	>500
山东微山	1270	400	>1300

续表8-25

地区	探明储量/万 t	工业储量/万 t	远景储量/万 t
其他	220	150	>400
总计	13170	5200	>20700

中国境内的稀土矿主要包括白云鄂博矿、四川省冕宁县矿、山东省微山县矿和江西省离子吸附型稀土矿等，另外，我国还拥有广东、广西、江西等地的钯矿资源；湖南、广东、广西、海南及台湾的独居石矿；贵州省含有稀土元素的磷矿；长江重庆段游砂中的钪矿；以及我国沿海绵长海岸线上的海滨含稀土砂矿。

综上所述，我国稀土资源主要具备如下显著特点：其一，资源赋存范围分布呈“北轻南重”的态势；其二，轻稀土矿主要分布在内蒙古包头市和其他北部地区，而中重稀土矿（离子型稀土）则主要分布于江西赣州市、福建龙岩市等南部地区。

8.4.1.5　稀土矿主要选别流程

稀土矿床分内生和外生两大类。内生矿床中，稀土矿物一般与重晶石、萤石、碳酸盐、硅酸盐和铁矿物等易浮和密度较大的矿物共生，多数稀土矿物的相对密度较大（一般为 4～5 g/cm^3），性脆易碎（如氟碳铈矿等），嵌布粒度细，一般具弱磁性。因此，内生矿石一般均采用浮选或重选-浮选联合流程来处理。

外生稀土矿床一般系内生稀土矿床经地壳变迁、风化和水洗、搬运等作用而形成的次生稀土矿床，它可分为稀土风化壳矿床、坡积和冲积砂矿床及海滨砂矿三类，其中以海滨砂矿的工业意义最大。稀土砂矿因产地不同而性质各异，但其选别原则及流程大致相同，一般在矿床附近用扇形溜槽及其附属设备（圆锥选矿机等）、跳汰机、螺旋选矿机、摇床、溜槽等重选设备进行粗选，获得密度大于 4 g/cm^3 的重矿物精矿（重砂），其中除稀土矿物外，还含有铁矿物（磁铁矿、赤铁矿和褐铁矿）、钛矿物（钛铁矿、金红石、白钛石等）和锆英石，有时还含金、锡石等，以及电气石、石榴子石及少量石英。重砂精矿一般采用浮选、磁选、电选为主的联合流程进行精选，获得稀土及其他有用组分的矿物精矿。

稀土风化壳矿床系内生稀土矿风化的残余矿床，根据其风化程度可分为全风化和半风化两类。全风化矿床的矿物解离完全，选别前不用破碎、磨矿。半风化矿床的矿物解离不完全，但矿质疏松，选别前只需轻微破碎、磨矿即可使矿物解离。这类稀土矿石含泥量高，稀土元素较分散，有的甚至呈稀土离子吸附于风化的花岗岩类矿物中形成离子吸附型稀土矿床。稀土风化壳矿石的选别流程据稀土存在形态而异，若稀土元素呈单矿物形态存在，其选别流程与砂矿相似，先用重选法得粗精矿，然后采用磁选、电选为主的精选流程产出稀土和其他有用的矿物精矿。若稀土元素以离子吸附形态存在，则只能采用化学选矿法处理，产出稀土化学精矿。若 稀土元素以单矿物和离子吸附形态存在，则可采用物理选矿和化学选矿的联合流程获得稀土 矿物精矿和稀土化学精矿。

8.4.2　离子吸附型稀土矿（风化壳淋积型稀土矿）化学分离

8.4.2.1　离子吸附型稀土矿化学组成

离子吸附型稀土矿即风化壳淋积型稀土矿，其原岩主要为含矿花岗岩，此类稀土矿中

90%的稀土元素呈离子形态吸附于黏土矿物(高岭土、云母、埃洛石)等表面。在内生矿床的全风化过程中，各稀土元素常分带富集，因而此类矿中的稀土配分情况因产地而异。一般可据稀土配分情况将此类矿分为重稀土型(钇与重稀土含量高)、轻稀土型(镧含量少而铈轻稀土含量高)及中钇富铕型(钇含量介于前两类之间，但铕含量高于前两类)三种，见表8-26。

表 8-26　单一稀土的相对含量(离子吸附型稀土矿)

稀土氧化物	重稀土型/%	轻稀土型/%	稀土氧化物	重稀土型/%	轻稀土型/%
La_2O_3	4.1~4.2	36.1	Dy_2O_3	7.2~7.9	2.6
CeO_2	2.4~4.1	4.4	Ho_2O_2	1.6~3.2	<0.4
Pr_6O_{11}	1.2~1.5	8.7	Pr_6O_{11}	4.3~5.1	1.2
Nd_2O_3	5.3~6.4	25.9	Er_2O_3	0.3~0.7	0.1
Sm_2O_3	2.4~2.7	5.1	Tm_2O_3	3.3~4.2	0.9
Eu_2O_3	<0.18	0.5	Lu_2O_3	0.4~0.7	<0.1
Gd_2O_3	6.5~7.3	4.8	Y_2O_3	53~65	13.5
Tb_4O_7	1.1~1.6	0.6			

离子吸附型稀土矿风化壳层厚度为10~40 m，矿化最大深度约20 m，原矿似泥土，手捏成团，撒之成粒状，主要含高岭土(30%~45%)、钾长石(20%~35%)、石英(20%~40%)及云母(3%~4%)，稀土含量低(0.05%~0.3%)(表8-27)，50%以上的稀土赋存于产率为24%~32%的-0.074 mm粒级中。离子吸附型稀土矿的化学组成见表8-27。

表 8-27　离子吸附型稀土矿的化学组成

成分	含量/%		成分	含量/%	
	重稀土型	轻稀土型		重稀土型	轻稀土型
Re_xO_y	0.1356	0.2	Cu	—	0.006
THO_2	<0.01	<0.006	Fe	1.15	2.39
U	<0.006	—	Mn	0.041	0.078
Nb_2O_5	痕	0.0055	K_2O	—	4.25
Ta_2O_5	痕	0.0008	Na_2O	—	1.40
$(Zr、Hf)O_2$	—	0.065	CaO	0.006	微
TiO_2	—	0.504	MgO	<0.089	0.481
BeO	—	<0.00137	Al_2O_3	14.74	16.58
Pb	<0.025	0.031	SiO_2	—	67.25
WO_3	<0.002	—	P	<0.002	0.006
As	0.014	0.02	S	<0.002	—
Bi	<0.002	—	烧失量	—	5.20

8.4.2.2　化学处理工艺

处理离子吸附型稀土矿化学选矿的主要作业为矿石渗浸、浸液处理和试剂再生回收等最终产品为混合稀土氧化物或分组后的稀土氧化物(图 8-22 及图 8-23)。

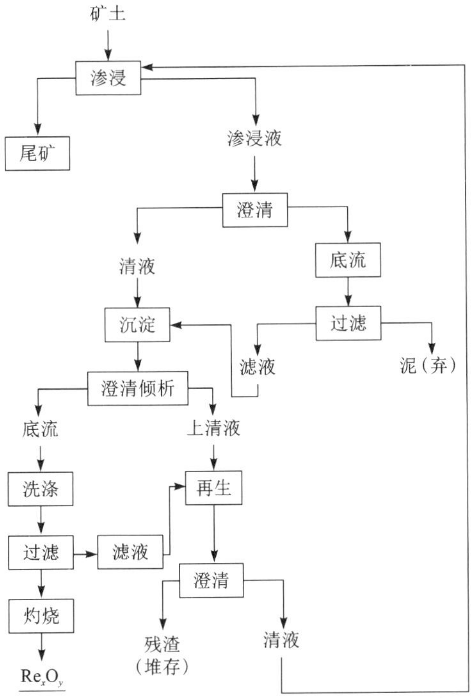

图 8-22　提取混合稀土氧化物的化学选矿流程

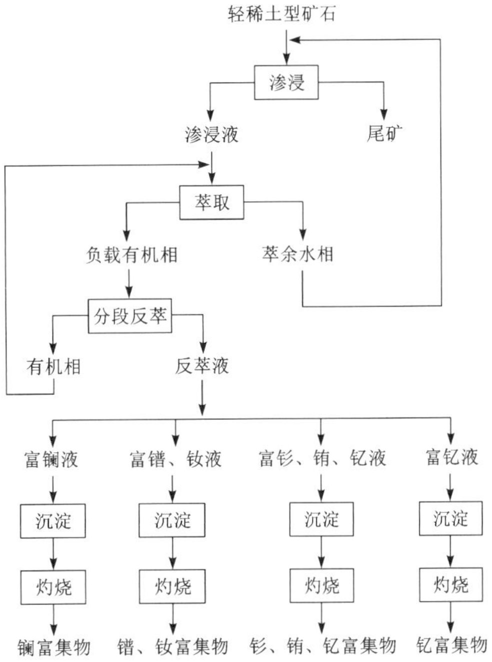

图 8-23　轻稀土离子吸附型矿石萃取分组工艺流程

离子吸附型稀土矿石的浸出本质上属离子交换过程，即利用适宜浓度的浸出剂(确切而言为淋洗剂)进行处理，以替换被吸附的稀土离子，从而遵循离子交换吸附规律。吸附与淋洗具有可逆性。依据所选择的浸出剂，浸取工艺可划分为氯化钠浸取工艺及硫酸铵浸取工艺。同样地，按照浸出形式的差异划分，浸出方法分为渗滤池浸、堆浸以及原地渗透浸出等类型。浸出液通常采用草酸直接沉淀或碳酸氢铵沉淀两种方法产出混合稀土氧化物；或通过萃取分级-草酸沉淀法得到分组稀土氧化物(轻稀土氯化物)。

1)氯化钠浸取工艺

开采风化壳淋积型稀土矿初期阶段，最主要的方法是采用盐水浸提法来提取稀土元素。该方法可以细分为氯化钠桶浸与氯化钠池浸两种方式。然而，由于桶浸工艺的生产成本相对较高，生产规模较小，因此随着时间推移和实践经验的积累，氯化钠池浸技术逐渐取代了桶浸工艺。图 8-24 展示了氯化钠池浸风化壳淋积型稀土矿工艺流程。

在实际工业操作中，常用水泥池作为池浸的载体进行淋浸过程。首先，将稀土原始矿样(平均颗粒尺寸大约为 1 mm)均匀地铺放在池中的过滤层之上，堆积厚度通常控制在 1～1.5 m；其次，选择的池面积大约为 12 m^2；最后，使用纯度为 7%的氯化钠溶液从上往下自然注入到滤层之中。在这个淋浸过程中，Na^+会将原矿中的稀土粒子(Re^{3+})替换出来并进入溶

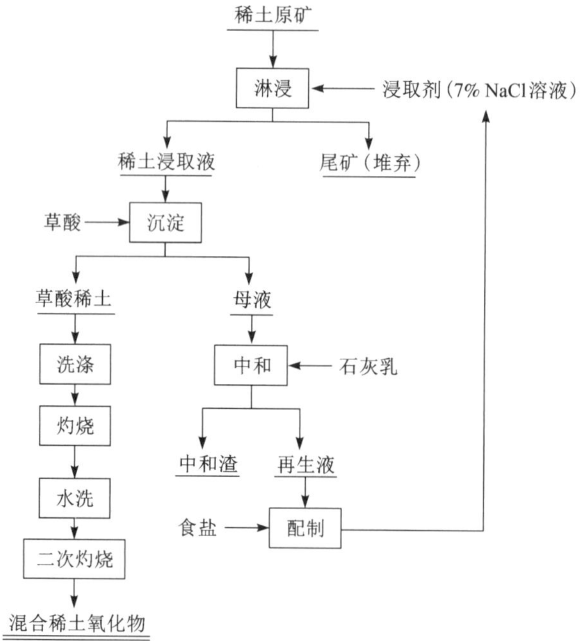

图 8-24　氯化钠池浸风化壳淋积型稀土矿工艺流程

液中，渗透液则会汇聚于池子底部。池底会形成一定的斜坡角度，以便能根据稀土浓度的不同来区分收集到的浸取液。最初淋积出的溶液中的稀土浓度较高，而后续淋积得到的稀土浓度则相对较低，这类稀土浓度较低的溶液适合再次用于配置新的淋洗液。

2)硫酸铵浸取工艺

鉴于稀土矿中稀土元素含量低，若采用氯化钠盐浸取工艺，则试剂消耗量巨大，而氯化钠残余物在尾矿中的大量积累会导致土壤呈酸性，给植被带来无法挽回的损害，这无疑会给环保工作带来极大压力。科研工作者经过深入探索与反复试验，成功地将硫酸铵提取稀土的先进技术应用到了实际的生产过程中。如今，通过使用低浓度的浸取剂(硫酸铵浓度保持在1%至4%之间)，有效地降低了浸取剂的需求量，规避了其对生态环境产生的潜在威胁，同时能够保证产品质量符合相关标准。图 8-25 展示了硫酸铵浸取风化壳淋积型稀土矿工艺流程。

8.4.2.3　主要影响因素

浸出离子吸附型稀土矿时，影响浸出率的主要因素有浸出剂类型、浓度，pH，矿土中离子相对含量，矿土含水量及粒度特性，渗浸速度，浸出时间等。

适宜浓度范围内的各类电解质溶液(如酸性、碱性以及各类盐溶液)皆具备作为离子吸附型稀土矿石有效浸出剂的功能。表 8-28 和表 8-29 详细罗列出了利用不同试剂进行浸出离子吸附型稀土矿试验结果。从表中数据可知，各类钠盐和铵盐的浸出效率相对较高。这主要是因为稀土离子以阳离子的形式选择性地吸附在黏土矿物的表面之上，浸出过程符合阳离子间的交换规律，而这种交换势与阳离子的价态、离子大小和浓度等诸多变量密切相关。在全部条件不变的情况下，阳离子之间的吸附顺序大致如下：$Tl^+>K^+>NH_4^+>Na^+>H^+>Li^+>La^{3+}>$

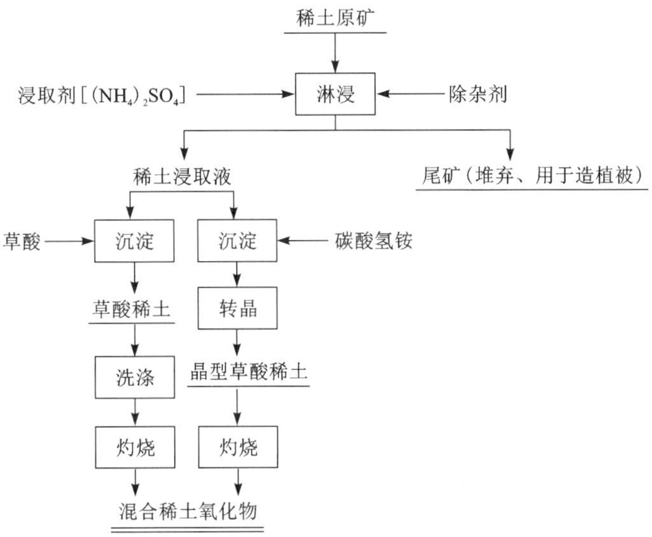

图 8-25　硫酸铵浸取风化壳淋积型稀土矿工艺流程

$Ce^{3+}>\cdots>Lu^{3+}>Fe^{3+}>Al^{3+}>Ca^{2+}$。然而在实际操作中，为了兼顾试剂来源的方便性、成本的合理性，设备腐蚀的预防以及操作的便利性等多种因素，工业生产往往会选择使用氯化钠或者硫酸铵作为浸出剂。当采用氯化钠溶液进行浸出处理时，后续的处理工段会显得较为烦琐，因为草酸钠可能会同稀土离子形成一种难以溶解的复盐沉淀，因此必须先对初烧产物进行微酸性水溶液的洗涤，再进行复烧，这样才能确保最终产品的质量，而且食盐单耗也比较大，这些都使得工业生产中更倾向于采用硫酸铵来作为浸出试剂。

表 8-28　高岭土类黏土矿物中稀土被不同试剂浸出的试验结果

试剂	浓度	pH	浸出率/%
盐酸	2%	0.5	52.92
硫酸	2%	0.5	76.09
氯化铵	1 mol/L	5	94.72
硝酸铵	1 mol/L	6	94.66
氯化钠	1 mol/L	5.4	97.53
氯化钾	1 mol/L	5.4	92.99
柠檬酸三铵	0.5 mol/L	4.5	95.18
酒石酸钾钠	0.5 mol/L	7.7	98.06
碳酸钠	1 mol/L	13	92.51
碳酸钾	1 mol/L	13	92.69
碳酸铵	1 mol/L	9	91.24
硫酸铁	1%	2.5	70.00
硫酸亚铁	1%	2.5	67.00
天然水	—	7.2	0.00

续表8-28

试剂	浓度	pH	浸出率/%
磁化水	—	7.2	0.00
乙醇	95%	—	0.00

表 8-29 吸附型重稀土矿石在各种电解质溶液中浸出的试验结果

试剂	浓度	pH	浸出率/%
硫酸	2%	0.5	76.1
盐酸	2%	0.5	52.9
氯化铵	1 mol/L	5.0	94.7
醋酸钠	1 mol/L	6.0	94.7
氯化钠	1 mol/L	5.4	97.5
氯化钾	1 mol/L	5.4	93.0
柠檬酸钠	0.5 mol/L	4.5	95.2

用电解质溶液作浸出剂时，稀土浸出率随试剂浓度的升高而上升(图 8-26)，浸出剂浓度愈高，浸出时间愈短；浸液中稀土含量愈高，浸液中其他杂质的含量也愈高。从图 8-26 的曲线可知，$(NH_4)_2SO_4$ 的浸出效率高于 NaCl 。因此，工业上可用1.5%~3.5% $(NH_4)_2SO_4$ 溶液代替 5%~7% NaCl 溶液作为浸出剂，这可以大大降低浸出剂的消耗。

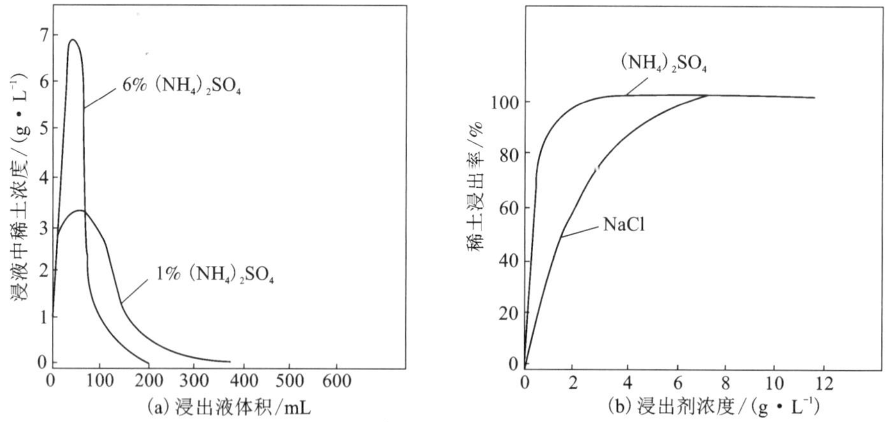

图 8-26 浸出剂体积和浸出剂浓度对稀土浸出的影响

在实践应用中，浸出剂的 pH 对其浸出能力具有显著的影响力(表 8-30)，并对后续处理流程的效果产生影响。根据相关研究，稀土离子的水解所需适宜的 pH 区间为 6 至 7.5 之间。因此，若浸出剂的 pH 大于此范围，则可能导致水解反应过度发生，部分稀土离子会被析出；然而，如果 pH 过低的话，不仅会导致非稀土杂质的大量析出，还将会提升溶液中其他杂质的稳定性和浓度。因此，在实际生产中，通常推荐选择 4.5 至 5.5 左右的 pH 作为浸出剂的最佳适用范围，此时浸液中钙、镁、铝等杂质含量较低。

表 8-30　浸出剂 pH 对稀土浸出率的影响

$(NH_4)_2SO_4$ 溶液 pH	1.01	2.01	3.0	4.01	5.02	6.06	7.02	8.05
稀土浸出率/%	75.68	78.0	88.40	96.20	89.78	83.53	72.30	52.21

渗浸速度与矿层厚度、原矿粒度组成及含水量等因素有关。浸出时的离子交换非常迅速，在保持一定的渗浸速度条件下，适当提高矿层厚度可降低浸出液固比，提高浸液浓度和浸出率(表 8-31)。渗浸时间一般为 10~18 h(图 8-27)，矿层厚度为 1 m 左右，浸出液固比一般为矿土：浸出液：顶补水 = 1：0.6：0.1，此时稀土浸出率在 90%以上。

表 8-31　矿层厚度与浸出率的关系

序号	矿层厚度/cm	浸出液固比	浸出率/%
1	11	2.5：1	75
2	23	2.3：1	82.3
3	35	2.0：1	87.6
4	46	1.6：1	96.85
5	58	1.4：1	99

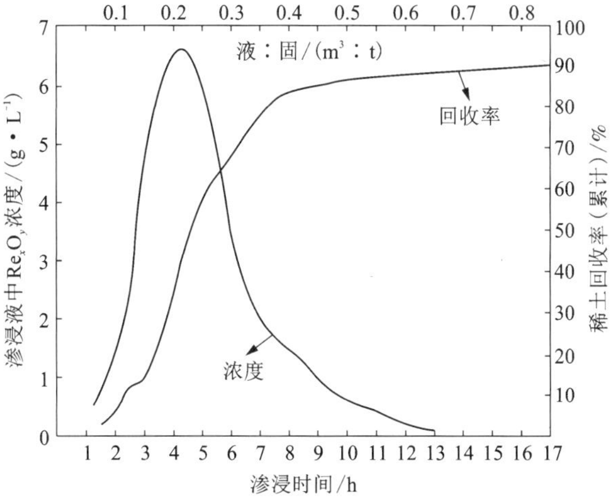

图 8-27　浸出率与浸出时间的关系

原矿的含水量呈现出较为显著的波动特性，这主要是由于受到原矿中黏土质成分以及气候环境等因素共同作用。在矿山开采过程中，通常采取人工露天挖掘作业方式，当天晴时，原矿所含水分便相对较低，矿石容易通过捏合形成块状固体，并可以散布成为颗粒状形态；

然而，在雨天情况下，采集到的矿石则可能含有过高的水分，这将导致浸矿池内的矿物质堆积，进而产生板结现象，严重时甚至可能使得渗透作业完全无法正常开展。试验表明，矿石含水量较高将会直接影响稀土元素的浸取效率，与之相反，适量干燥的矿石样本(含水率低于2.5%)与经过105 ℃高温烘干处理的矿石样本，它们的浸出率几乎没有差异，因此，雨天一般不进行浸矿作业。而对于原地浸出工艺而言，仅需钻凿出适当的井洞，然后将浸矿试剂注入其中，同时向矿层底部挖掘巷道，便可回收浸出液。

在浸出剂浓度恒定不变的情况下，浸出温度的高低对浸出效率造成的影响非常有限。因此，对于离子吸附型稀土矿石来说，随着季节变换而带来的浸出率变化相对较小，除了在雨天或者冬季出现冻结情况外，一年内的绝大部分时间均适宜进行露天渗滤池浸出或者原地渗出工作。

然而，值得注意的是，虽然上述手段能够成功浸取出离子吸附相中的稀土离子，但是却无法浸取出矿物相中的稀土组分。换句话说，如果离子吸附相中的稀土元素含量越高，占据的比例越大，那么稀土的浸出效率也就相应提高。此外，矿石质地越疏松、多孔，浸出剂也就更易于扩散渗透，从而有利于提升稀土的浸出效果。

8.4.2.4 产品制备

目前工业上主要采用草酸直接沉淀或萃取分组后草酸沉淀的方法处理渗浸液。草酸沉淀时的主要反应为

$$2Re^{3+}+3H_2C_2O_4+xH_2O \xrightarrow{pH=1.5\sim2.5} Re_2(C_2O_4)_3\cdot xH_2O\downarrow+6H^+$$

$$Ca^{2+}+H_2C_2O_4 \xrightarrow{pH=5\sim6} CaC_2O_4\downarrow+2H^+$$

$$2Na^++H_2C_2O_4 \longrightarrow Na_2C_2O_4\downarrow+2H^+$$

在沉淀操作过程中，通常需要把浸出液的pH调整到1.5~2.5，接着添加草酸饱和液，其用量比例应控制为$Re_2O_3:H_2C_2O_4=1:(1.3\sim2.5)$，然后澄清静置24 h，并确保分离出上层清液，对所得沉淀物必须进行多次充分洗涤，完成澄清后，将沉淀物进行过滤、晾晒，再送去灼烧。采用食盐水浸出时，由于大量草酸钠共沉淀使初次灼烧物中的混合稀土总量仅65%~70%，需要用微酸性水洗涤去除其中的钠盐，之后再次进行灼烧操作才能够获得稀土总量高于92%的混合稀土氧化物。倘若选用硫酸铵作为浸出剂，则只需经过一次灼烧便能得到总稀土含量约为94%的混合稀土氧化物。对于草酸沉淀后的剩余上清液和滤液，它们的pH在1.5左右，其草酸根离子含量较大，因此需要加入适当的碱性化合物，如氢氧化钠或碳酸铵，将pH调至5.5~6.0，从而促使草酸根以草酸钙晶体的形式沉淀，此时，溶液中的草酸根浓度可以下降至大约40 mg/L，补加适量的浸出剂后可返回浸出作业使用。

轻稀土型稀土矿的典型特性是其中所包含的铈元素含量相对较低而镧钕元素以及钐铕钆的含量相对偏高。为了充分挖掘这类稀土资源的潜力，目前工业实践中已经采用萃取分组的技术来有效处理吸附型稀土矿的渗浸液。具体的萃取步骤是用1 mol/L的P_{204}-磺化煤油溶剂将所有稀土完全萃取进入有机相，而剩余的水相则需要补充浸出剂，再返回浸矿作业继续利用。负载有稀土元素的有机相可以通过不同浓度的盐酸溶液进行分级反萃，从而分别得到富镧、富镨钕、富钐铕钆和富钇的反萃液，随后分别进行草酸沉淀可得到4种富集物，其各自的组成分别列于表8-32~表8-35。

表 8-32　镧富集物组成

成分	Tr_2O_3	La_2O_3	CeO_2	其他 Re_xO_y	杂质
含量/%	>97	>70	<1.0	<25	<3

注：放射性比强度<18.5 Bq/Kg。

表 8-33　镨钕富集物组成

成分	Tr_2O_3	Pr_6O_{11}	Nd_2O_3	其他 Re_xO_y	杂质
含量/%	>97	>18	<65	<12	<2.5

注：放射性比强度<1850 Bq/Kg。

表 8-34　钐铕钆富集物组成

成分	Tr_2O_3	Sm_2O_3	Eu_2O_3	Gd_2O_3	其他 Re_xO_y	杂质
含量/%	>98	>38	6~10	>28	<25	<2

表 8-35　重稀土富集物组成

成分	Tr_2O_3	Y_2O_3	Tb_4O_7	Dy_2O_3	Ho_2O_3	其他 Re_xO_y	杂质
含量/%	>97	60~65	3~4	19~20	2~3	<12	<3

对于重稀土型稀土矿而言，其渗浸过程中使用的萃取剂可以选择 15%的环烷酸、10%混合醇以及 75%磺化煤油，并以盐酸洗液洗涤负载有机相，采用分馏萃取法使钇尽量回到萃余水相，水相富含钇后，通过草酸沉淀，灼烧草酸沉淀物可得氧化钇含量大于 99%的氧化钇产品。洗涤后的负载有机相用稀盐酸液反萃，反萃液经草酸沉淀所获得的沉淀物，经灼烧后可得含少量钇的非钇混合稀土氧化物。

草酸直接沉淀法和萃取-草酸沉淀法具有工艺简单、易操作的特点，尤其是萃取-草酸沉淀法可以大大提高矿山经济效益，并为下一步稀土分离创造较有利的条件。

尽管离子形态的稀土矿浸出液中草酸直接沉淀方式在其工艺实施以及指标的可靠性方面已经表现得相当成熟和稳定，但是浸出液内稀土的浓度较低(0.6~1.0 g/L)，使得草酸的消耗量显著增大，直接沉淀率降低，进一步增加了产品的制造成本并对稀土的总体回收效率产生不利影响，浪费了宝贵的稀土资源。因此，为了解决在实际生产过程中面临的以上主要问题，有关单位投入了巨大的精力进行了大量的试验研究工作，如采用相应的碱试剂(如碳酸氢铵、苛性钠或碳酸钠等)直接或分步沉淀的方法来代替草酸沉淀法。然而，这种碱沉淀法仅仅适合于处理那些稀土浓度相对较高并且杂质量较低的浸出液。在处理稀土浓度偏低，甚至杂质量偏高的浸出液时，由于大量原料杂质会共同沉淀下来，最终灼烧物中的稀土总量通常只有 80%到 85%。而且，这种方法仍然存在着类似的问题，即沉淀剂的用量较大，沉淀率也相对较低。有研究显示，可以使用碱沉淀-浮选-过滤工艺取代草酸直接沉淀法来处理稀土。此时采用苛性钠作沉淀剂，在 Re_2O_3 : NaOH = 1 : (1~1.2)的条件下直接沉淀稀土，然后用脂肪酸类捕收剂浮选沉淀物，再将沉淀物过滤、灼烧可得混合稀土氧化物。这种方法相较于碳铵沉淀法更为优越，产品质量更高，且沉淀物易过滤，但试剂耗量及生产成本较高，产品质量较难保证，只适用于稀土含量高、杂质含量低的浸出液的处理，无法推广应用于一般离子型稀土矿浸出液的处理。

为了克服草酸直接沉淀和碱试剂直接或分步沉淀工艺固有的试剂耗量高、生产成本高、沉淀率较低的缺点，黄礼煌教授于 1988 年研制了浸出-浓缩-沉淀工艺，该工艺的原则流程如图 8-28 所示，浸出液经浓缩可得稀土含量高、杂质含量低的富稀土液和稀土含量极低、杂质含量相对较高的贫稀土液。富稀土液可用碱试剂或草酸沉淀，沉淀物经过滤、洗涤、灼烧可得混合稀土氧化物，贫稀土液、沉淀上清液和洗液合并，补加一定量浸矿剂后可返回给渗浸作业使用。浓缩作业可使稀土浓度增加 40~60 倍，富稀土液中的杂质含量降低，在碳酸氢铵单耗为 2~2.4 的条件下，沉淀灼烧物中的稀土总量为 97%左右，产品中的铝含量小于 0.1%，用该工艺生产的产品质量比用草酸直接沉淀工艺的高。试验表明，该工艺具有流程短、稳定性好、易操作、试剂耗量低(试剂成本仅为草酸工艺的 1/4)、回收率高(回收率可提高 10%~15%)、沉淀物易过滤、试剂易再生回收、不排污、产品纯度高等一系列优点，目前该工艺被认为是代替草酸直接沉淀工艺和碱试剂直接或分步沉淀工艺较理想的工艺路线。

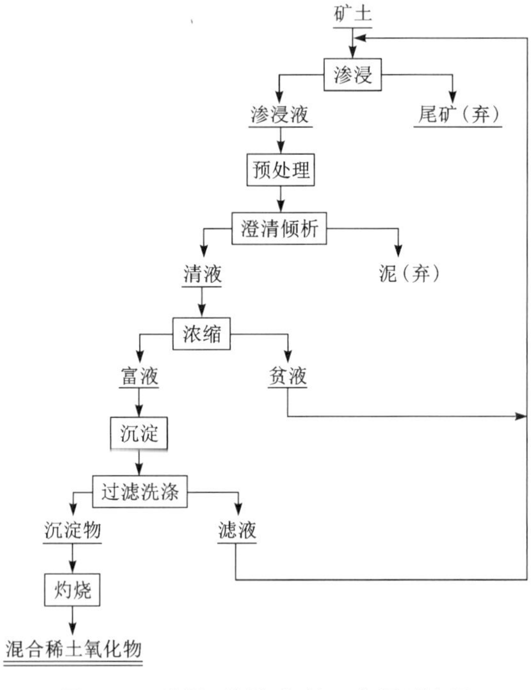

图 8-28　渗浸-浓缩-沉淀工艺原则流程

8.4.2.5　典型实例

20 世纪 70 年代，通常以氯化钠作为主要浸出试剂，针对离子型稀土矿实施桶浸及池浸的开采方式。在此过程中，由于池浸每产出 1 t 氧化镧系元素(Re_xO_y)至少需要毁坏 160 m^2 的森林植被，与此同时，尾渣排放量也极其庞大，超过了 1500 t/a。随着时间推移，研究者们逐步转向以氨盐作为新型浸出试剂，对原矿实施堆浸和原地浸出。目前工业界普遍采用硫酸铵溶液原地浸出法来获取浸出液，随后通过除杂剂对稀土浸出液进行精细化除杂处理，最终加入 NH_4HCO_3 或 $H_2C_2O_4$ 进行沉淀，进而浓缩稀土物质。整个过程依次包括过滤、灼烧等步骤，最终生成混合稀土氧化物的产品。图 8-29 给出了离子型稀土矿原地浸出工艺流程。

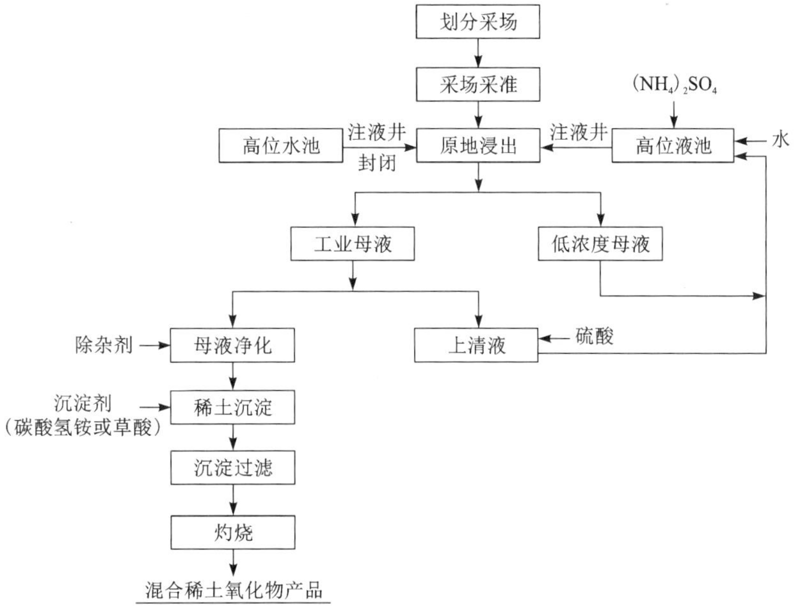

图 8-29　离子型稀土矿原地浸出工艺流程

需要指出的是，使用硫酸铵溶液原地浸出时，稀土的总体回收率低于 70%。每产出 1 t Re_xO_y 需要消耗 7~10 t 硫酸铵、3~6 t 碳酸氢铵，而这引发的环境问题不容忽视——庞大的氨氮废水处理成为难题，同时导致土壤中存在的 Ca、Mg、K 等营养元素流失，严重影响植被的生长。为了改善这一现状，北京有色金属研究总院、有研稀土新材料股份有限公司研发出以 $MgSO_4-CaCl_2-FeSO_4$ 为复合浸出剂，P_{507}/P_{204} 为萃取剂的浸出萃取一体化工艺，如图 8-30 所示。这套创新工艺流程相比于传统的 $(NH_4)_2SO_4$ 原地浸出工艺更为高效简洁，同时大幅度降低了生产成本，使得稀土的总体回收率上升 8%以上，从根本上解决了氨氮废水的产生以及含放射性废渣的妥善处置问题。

此外，为了因地制宜地应用这一新技术，同时满足各个矿区土壤成分的差异性需求，研究团队严格控制交换态钙与镁质量比为 8~12，以确保符合当地土壤成分的基本要求。经过反复实践和验证，这套新工艺已经成功运用于中铝公司以及厦门钨业公司的大规模工业化生产之中。

8.4.3　风化壳混合型稀土矿化学分离

在混合型稀土风化壳矿石中，部分稀土以离子吸附相的形式存在，然而也有一些则呈单稀土矿物相。例如，我国中南地区某一风化壳矿床内，其原矿中便包含了多种形态的稀土元素，包括矿物相、离子吸附相、类质同相以及固体分散相等状态。其中，主要的稀土矿物类

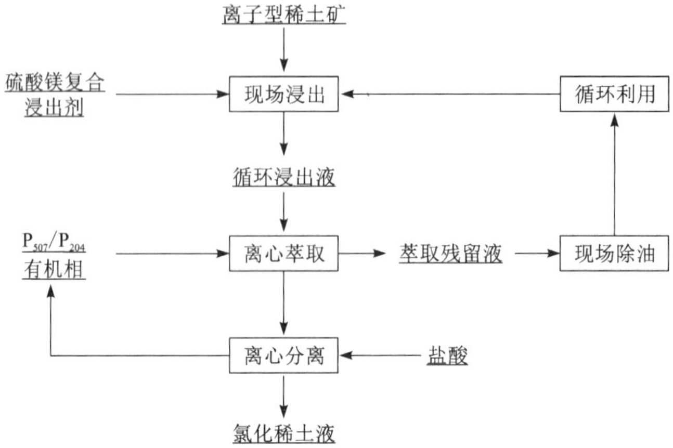

图 8-30　离子型稀土矿浸出萃取一体化工艺流程

型包括磷钇矿，其次有较丰富的独居石(表 8-36)，此外也包含了少量的锆英石、钛铁矿、锐钛矿、磁铁矿以及褐铁矿等矿物。至于脉石矿物，主要由石英构成，接下来依次为高岭石类黏土、钾长石、黑云母等。原矿中所含的氧化稀土(Re_2O_3)含量约为 0.044%，其中钇元素占有高达 67.62%(其中 Y_2O_3 占据了总稀土量的 47.73%)，剩余的则是含量为 32.38%铈元素。

表 8-36　我国中南地区某风化壳矿床中稀土存在形态及其分布

稀土赋存状态	矿物	矿物含量/%	单矿物中 Re_2O_3/%	合原矿品位 Re_2O_3/%	占有率/%	稀土赋存相/%
矿物相	磷钇石	0.02754	60.20	0.01658	37.68	63.84
	独居石	0.01716	67.06	0.01151	26.16	
离子吸附相	高岭石类黏土	≤27.70	0.0415	0.01052	23.91	28.64
	黑云母	4.78	0.0436	0.00208	4.73	
类质同相	高岭石类黏土	≤27.70	0.0065	0.0018	4.09	7.52
	钾长石	26.63	0.00107	0.00028	0.64	
	黑云母	4.78	0.00116	0.00055	1.25	
固体分散相	石英	39.32	<0.00175	0.00068	1.54	
合计	—	—	—	0.044	100.00	100.00

针对某风化壳型磷钇矿稀土矿原矿性质特点，采用物理选矿和化学选矿的联合流程(图 8-31)。由于全风化矿床矿物之间的解离度相对较高，原矿经过筛分(筛孔为 1 mm)丢弃了产率为 50.73%的脉石矿物，其稀土占有率为 17.48%。对于-1 mm 的物料，通过分级重选后，可获得稀土氧化物 Re_xO_y 占比高达 0.811%的重砂精矿，该回收率达到 41.93%。接下来，针对重砂精矿，采用重-磁场流程精选。首先，利用弱磁选除去杂铁，随后进行重-磁选

别，从而获取到稀土矿物精矿，产品中 Re_xO_y 品位达到 32.46%，其回收率亦达到 39.51%，见表 8-37。

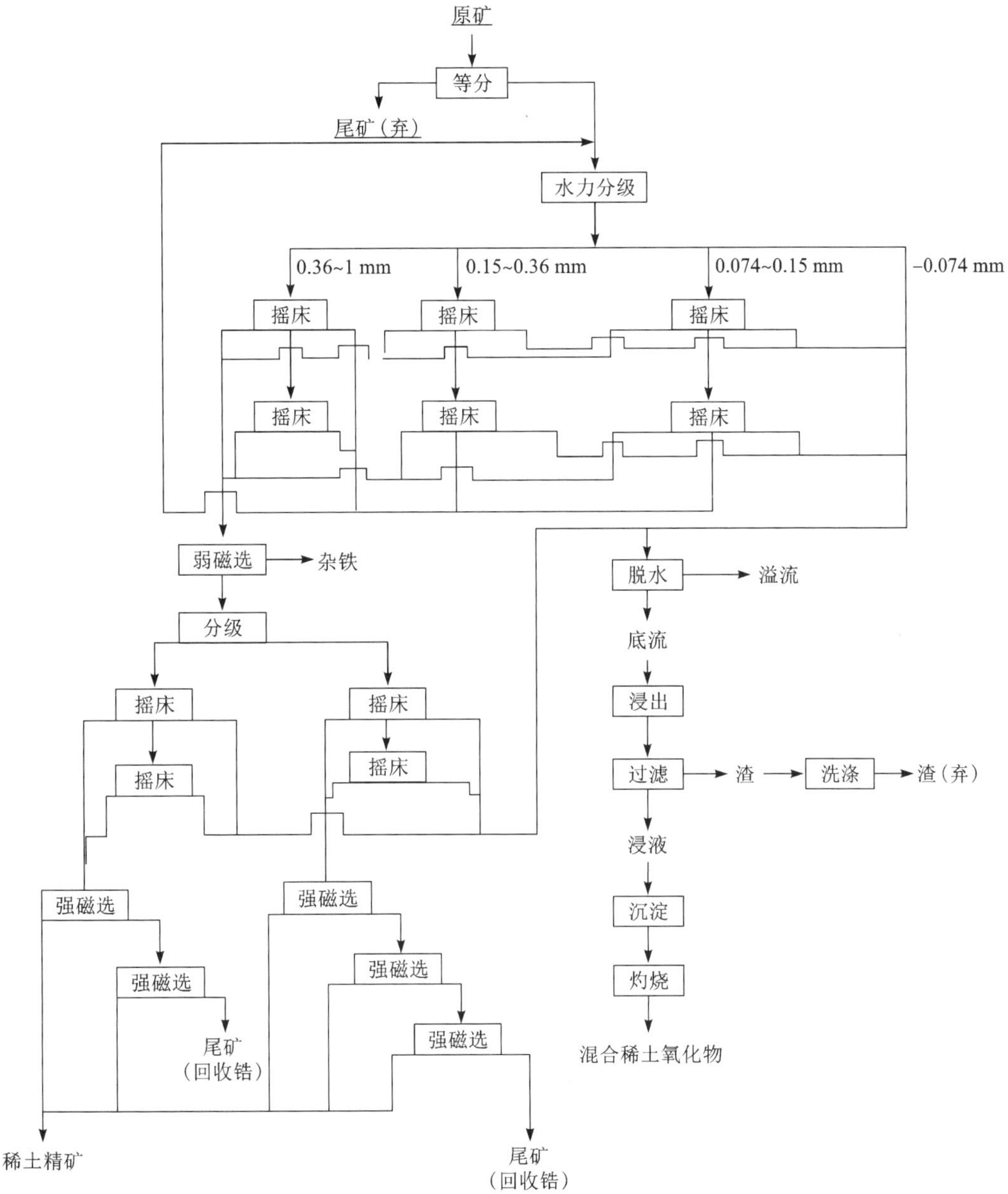

图 8-31　某风化壳型磷钇矿稀土矿石选别工艺流程

-1 mm 粒级重选尾矿以及分级溢流，采取渗浸-草酸沉淀-灼烧工艺处理，最终获得混合稀土氧化物，其 Re_xO_y 含量为 59.40%，回收率达到 12.72%，稀土总回收率为 52.23%。

表 8-37　某全风化稀土矿选别试验指标

产品		产率/%		品位/%			回收率/%	
		个别	累计	Re_xO_y	平均	Y_2O_3	Re_xO_y	累计
+1 mm 级别		50.734	—	0.015	—	—	17.48	17.48
重砂精矿	稀土精矿	0.053	—	32.46	0.811	10.24	39.51	41.93
	磁尾精矿	0.121	—	0.262		—	0.73	
	精选铁矿	2.053	—	0.0335		—	1.57	
	杂铁	0.025	2.252	0.208		—	0.12	
重选中矿		3.991	—	0.0388	—	—	3.56	—
重选总尾矿		43.023		0.0375			37.03	
原矿		100.00		0.0435			100.00	

8.4.4　氟碳铈矿-独居石混合型稀土矿化学分离

我国拥有丰富的氟碳铈矿-独居石混合型稀土矿，储量位居世界第一，是罕见的复合型稀土矿。值得指出的是，这类混合型稀土矿物当中富含高温下相当稳定的稀土磷酸盐矿物——独居石，因而常温条件下难以被酸性物质分解。正是基于这个原因，现阶段工业技术对这类混合型稀土精矿的处理方式主要局限于两种方法：浓硫酸焙烧法和苛性钠溶液分解法。然而，这两种方法无论在环境保护和生产成本等方面都存在一定的问题。就浓硫酸焙烧法而言，钍以焦磷酸盐形态进入渣中，造成放射性污染，且无法回收，造成钍资源浪费；其次，由于该过程还将产生大量的含氟及含硫废气和工业废水，无疑对环境构成了重大威胁。相对而言，苛性钠溶液分解法不会产生含氟废气，三废处理方面相较于浓硫酸焙烧法更为简单易行，但是烧碱价格高、用量大，运行成本高；且稀土、钍、氟等均比较分散，苛性钠溶液分解法不太适合稀土品位较低（如 $Re_xO_y<50\%$）的包头混合稀土精矿。因此开发经济环保的新工艺是后续发展的趋势。

8.4.4.1　酸法浸出

酸法浸出是指使用酸性溶浸液将矿石中的有用组分选择性地溶解到溶液中的过程。酸法浸出稀土矿可采用浓硫酸、盐酸和氢氟酸等无机酸作浸出剂。氟碳铈矿-独居石混合型稀土矿可采用硫酸分解。

混合型稀土矿原料与浓硫酸混合后加热至一定温度，稀土和钍与其发生反应转变为可溶性硫酸盐。过程中的主要反应方程式如下

$$2ReFCO_3+3H_2SO_4 \longrightarrow Re_2(SO_4)_3+2HF\uparrow+2CO_2\uparrow+2H_2O$$

$$Th_3(PO_4)_4+6H_2SO_4 \longrightarrow 3Th(SO_4)_2+4H_3PO_4$$

$$2U_3O_8+O_2+6H_2SO_4 \longrightarrow 6UO_2SO_4+6H_2O\uparrow$$

$$Re_2O_3+3H_2SO_4 \longrightarrow Re_2(SO_4)_3+3H_2O\uparrow$$

杂质矿物的主要反应方程式为

$$CaF_2+H_2SO_4 \longrightarrow CaSO_4+2HF\uparrow$$

$$4HF+SiO_2 \longrightarrow SiF_4\uparrow+2H_2O\uparrow$$

$$Fe_2O_3+3H_2SO_4 \longrightarrow Fe_2(SO_4)_3+3H_2O\uparrow$$

$$SiO_2+2H_2SO_4 \longrightarrow H_2SiO_3+H_2O\uparrow+2SO_3\uparrow$$

$$H_2SiO_3 \longrightarrow SiO_2+H_2O\uparrow$$

将氟碳铈矿-独居石混合型稀土矿精矿与浓硫酸混合后，按照处理量的大小，在回转窑或焙烧锅内焙烧。根据原料中的稀土含量、稀土配分值和杂质组分的含量及其存在形态，硫酸用量为稀土原料量的 1~2 倍。原料中稀土含量高时，硫酸用量较低；杂质矿物萤石、铁矿物等含量高时，硫酸用量较大。硫酸用量还与反应时间及反应温度有密切的关系，在保证同样的分解效率的条件下，提高反应温度和缩短反应时间可适当降低硫酸消耗量。在温度较高的条件下，可使某些杂质硫酸盐分解并有利于硅酸脱水，还有利于水浸渣的沉降和过滤。但是温度过高会降低稀土硫酸盐的溶解度和稀土回收率。实践经验证明，在焙烧过程中，一般反应温度控制为 180~200 ℃，分解时间为 2~4 h。

浓硫酸焙烧后，一般生成粒径为 30~50 mm 的小球。焙烧产物送水浸，在此过程中，稀土、铀、钍等的硫酸盐会溶于溶液中，而硫酸钙、硫酸钡等杂质则沉积于浸渣之中。除此之外，溶液中还包含了铁、磷、锰等杂质物质。水浸时的水量不仅与硫酸稀土的溶解度有关，还与残渣吸附稀土造成的损失有关。因此，水浸液固比不宜太小，应根据被浸硫酸焙烧渣的性质而异，一般水浸液固比为 7~15.1。水浸渣须用水洗涤，洗涤液可用于浸出下一批焙烧矿，这将有利于水的回收利用。硫酸稀土的溶解度随温度的提高而下降。因此，硫酸焙烧渣的浸出一般在室温下进行，溶液温度应不超过 25 ℃。

浓硫酸焙烧法分解氟碳铈矿-独居石混合型稀土精矿的工艺原则流程图如图 8-32 所示。

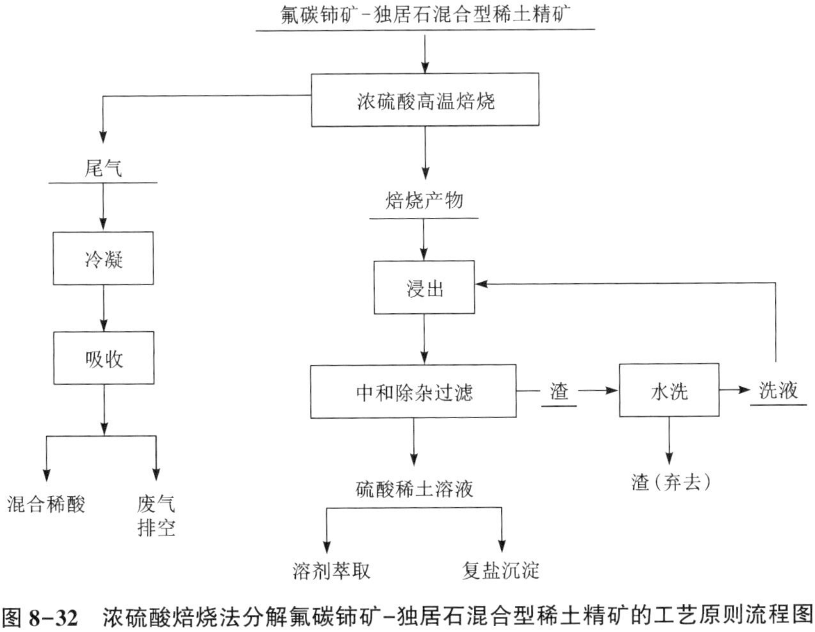

图 8-32　浓硫酸焙烧法分解氟碳铈矿-独居石混合型稀土精矿的工艺原则流程图

北京有色金属研究总院张国成院士自1978年以来，采用浓硫酸焙烧法，将高品位稀土精矿经浓硫酸高温焙烧水浸除杂，萃取转型制取氯化稀土或碳酸稀土。该方法工艺流程短、精矿品位适应性强，可连续化生产，稀土总收率在90%以上，原材料消耗少，成本低。

8.4.4.2 碱法浸出

碱法浸出是指使用碱性溶液将矿石中的有用组分选择性地溶解到溶液中的过程。碱法浸出混合稀土矿的方法主要有苏打焙烧-稀硫酸浸出法和苛性钠溶液分解法等。在这里主要 介绍用苛性钠溶液分解法处理氟碳铈矿-独居石混合稀土矿。

苛性钠溶液分解法主要适用于高品位($Re_xO_y>60\%$)细粒度的矿物原料。混合稀土矿的钙含量较高，在7%左右，在分解过程中易引起难溶氟化物沉淀和难溶性稀土磷酸盐的生成，从而造成稀土的损失。因此，用苛性钠溶液处理混合精矿时，预先要对精矿进行酸浸除钙，溶解除去精矿中的萤石等含钙矿物，然后进行碱分解处理。

苛性钠溶液处理混合型稀土精矿的原则流程，如图8-33所示。

(1)酸浸除钙用稀盐酸浸泡稀土精矿，使其中含钙矿物被溶解出来，主要反应方程式为

$$CaF_2+2HCl \xlongequal{} CaCl_2+2HF$$

$$CaCO_3+2HCl \xlongequal{} CaCl_2+H_2O+CO_2\uparrow$$

部分氟碳铈矿也参与下列反应

$$3ReFCO_3+6HCl \xlongequal{} 2ReCl_3+ReF_3+3H_2O+3CO_2\uparrow$$

$$ReCl_3+3HF \xlongequal{} ReF_3+3HCl$$

在酸浸过程中，萤石和氟碳铈矿均能部分地被溶解，又由于萤石部分溶解使进入溶液的氟能与进入溶液的稀土离子形成氟化稀土沉淀，致使萤石不断被溶解。这样，可使精矿中的萤石相当完全地被酸浸泡除去，而酸浸液中稀土元素的损失又不是很大。

(2)液碱分解采用60%~65%的苛性钠溶液于160~165 ℃温度下，在三相交流电极的分解槽中进行混合稀土精矿的液碱分解，主要化学反应方程式如下

$$RePO_4+3NaOH \xlongequal{} Re(OH)_3+Na_3PO_4$$

$$Th_3(PO_4)_4+12NaOH \xlongequal{} 3Th(OH)_4+4Na_3PO_4$$

$$ReF_3+3NaOH \xlongequal{} Re(OH)_3+3NaF$$

$$CaF_2+2NaOH \xlongequal{} Ca(OH)_2+2NaF$$

$$3Ca(OH)_2+2Na_3PO_4 \xlongequal{} Ca_3(PO_4)_2+6NaOH$$

在液碱分解过程中，过量的NaOH和反应生成的Na_2CO_3、Na_2PO_4、NaF等不溶于水的物质可在水洗时除去。工业生产中的水洗条件按固液比1：(10~12)在60~70 ℃下进行，以保证可溶性钠盐基本除净。浓度较高的废碱溶液还可送去回收碱再利用。

(3)盐酸溶解经过洗涤后的氢氧化物沉淀即碱饼，在酸溶槽中添加盐酸使其溶解。其目的是使未分解的矿物及不溶性杂质被分离、除去；同时，使在水洗过程中被氧化的部分铈也溶于盐酸，该过程的主要化学反应方程式为

$$Re(OH)_3+3HCl \xlongequal{} ReCl_3+3H_2O$$

$$Ce(OH)_4+4HCl \xlongequal{} CeCl_4+4H_2O$$

$$2CeCl_4 \longrightarrow 2CeCl_3+Cl_2\uparrow$$

此时，$Th(OH)_4$、$Fe(OH)_3$、$Fe(OH)_2$也与稀土一起进入溶液，稀土浓度为200~250 g/L，

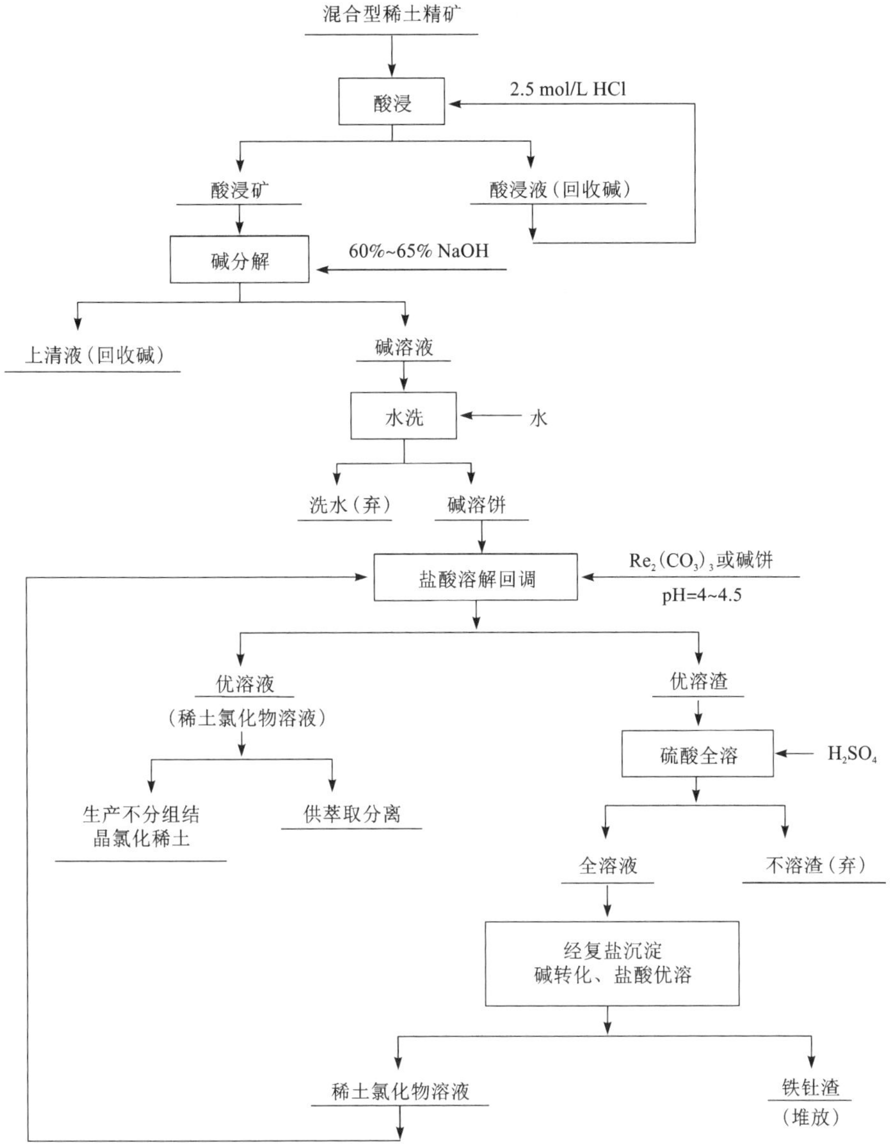

图 8-33　苛性钠溶液处理混合型稀土精矿的原则流程

最终 pH 为 1~2，不溶性渣经水洗后返回碱分解，或进行单独处理。

(4)盐酸溶解回调酸溶后的溶液中，还含有 Re^{3+}、Th^{4+}、Fe^{3+}、Fe^{2+}等离子，由于它们溶度积和水解沉淀的 pH 不同，故可以把它们从溶液中一一去除。

在生产实践中，常常利用水洗后的碱饼或碳酸稀土，将酸浸溶液的 pH 由 1~2 调整到 4.5 左右，再加入少量凝聚剂。澄清过滤所得的铁钍渣(优溶渣)单独存放，且可将其作为提取钍元素的原料。比较纯净的氯化稀土溶液(250 g/L 左右)可用于生产混合结晶氯化稀土或作为萃取分离用的料液。

(5)硫酸全溶优溶渣中还含有尚未溶解的精矿($Re_2O_3 \geqslant 10\%$)及钍、铁等杂质，为了回收其中的稀土元素，将采用硫酸全溶的方法对其进行处理，其主要反应方程式为

$$2RePO_4+3H_2SO_4 = Re_2(SO_4)_3+2H_3PO_4$$

$$2ReF_3+3H_2SO_4 = Re_2(SO_4)_3+6HF$$

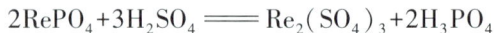

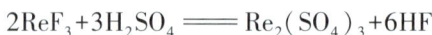

同时，渣中铁、钍也被硫酸溶解而进入溶液中

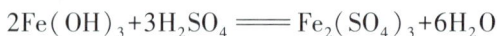

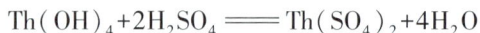

$$2Fe(OH)_3+3H_2SO_4 = Fe_2(SO_4)_3+6H_2O$$

$$Th(OH)_4+2H_2SO_4 = Th(SO_4)_2+4H_2O$$

所得上述硫酸盐溶液，经复盐沉淀、碱转化及盐酸优溶后再返回酸溶工序。

包钢冶金研究所与上海跃龙化工厂等单位合作在1976年至1978年用烧碱(氢氧化钠)分解法先后完成了三次半工业试验。试验结果：精矿分解率大于99%，稀土优先溶率大于90%，湿法过程钍回收率为72.50%，氧化稀土符合标准，稀土总回收率≥81%。

8.4.4.3 典型实例

因氧化焙烧-盐酸浸出处理稀土精矿具有投资小、生产成本低等优势，目前该工艺在工业中应用最广泛，具体工艺流程如图8-34所示。通常精矿在500~700 ℃下焙烧后，氟碳铈矿中的Ce(Ⅲ)逐渐被氧化成CeO_2(Ⅳ)，根据四价铈在稀盐酸中难溶解而三价稀土易溶的特性，可实现稀土元素分离。然而该工艺生产不连续，且存在诸多问题，如稀土回收率低(产品铈纯度为97%~98%)，价值低，氟及放射性钍元素分别分布在废水和渣中，故其回收难度大且会对环境造成严重污染。为解决上述问题，北京有色金属研究总院、有研稀土新材料股份有限公司提出了绿色分离方法：氟碳铈矿氧化焙烧-盐酸浸出-萃取工艺，详细工艺如图8-35所示。通过该工艺获得含F^-、Ce^{4+}与Th^{4+}的硫酸稀土溶液，采用洗涤、多级萃取分离提取铈、氟、钍。氟以冰晶石形式回收、钍以二氧化钍方式回收，二氧化铈和二氧化钍的纯度均高达99.5%，在四川乐山采用该工艺已建成2000 t/a氟碳铈矿生产线。

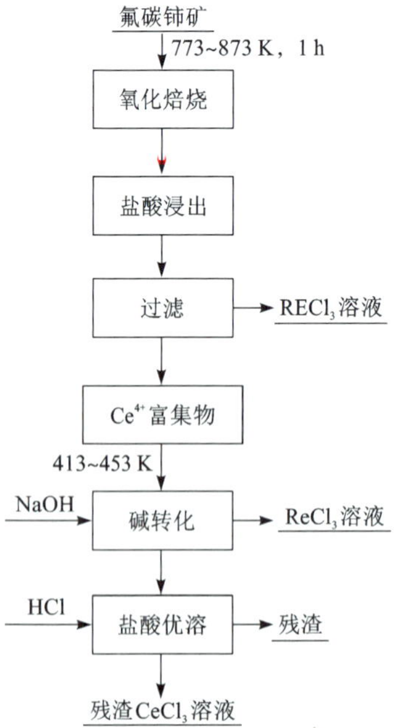

图8-34 氧化焙烧-盐酸浸出法处理氟碳铈矿工艺流程

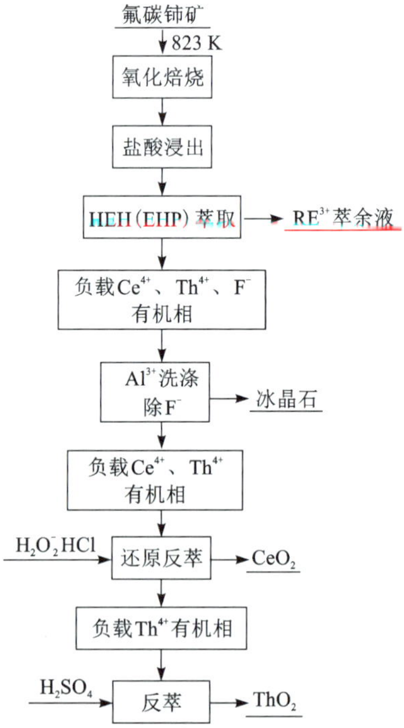

图8-35 氟碳铈矿氧化焙烧-盐酸浸出-萃取处理工艺流程

8.4.5　独居石稀土矿化学分离

独居石是稀土和钍的磷酸盐矿物 $RePO_4$、$Th_3(PO_4)_4$，所含的铀以 U_3O_8 形式存在。独居石稀土原料可用浓硫酸焙烧法处理，但在工业上处理独居石主要采用苛性钠溶液分解法，其反应过程如下

$$RePO_4+3NaOH \longrightarrow Re(OH)_3\downarrow+Na_3PO_4$$

$$Th_3(PO_4)_4+12NaOH \longrightarrow 3Th(OH)_4\downarrow+4Na_3PO_4$$

$$2U_3O_8+O_2+6NaOH \longrightarrow 3Na_2U_2O_7\downarrow+3H_2O$$

$$ZrSiO_4+4NaOH \longrightarrow Na_2ZrO_3\downarrow+Na_2SiO_3+2H_2O$$

$$ZrSiO_4+2NaOH \longrightarrow Na_2ZrSiO_5\downarrow+H_2O$$

$$TiO_2+2NaOH \longrightarrow Na_2TiO_3\downarrow+H_2O$$

$$SiO_2+2NaOH \longrightarrow Na_2SiO_3+H_2O$$

$$Fe_2O_3+2NaOH \longrightarrow 2NaFeO_2+H_2O$$

$$Al_2O_3+2NaOH \longrightarrow 2NaAlO_2+H_2O$$

苛性钠溶液分解独居石稀土矿的原则流程图如图 8-36 所示。

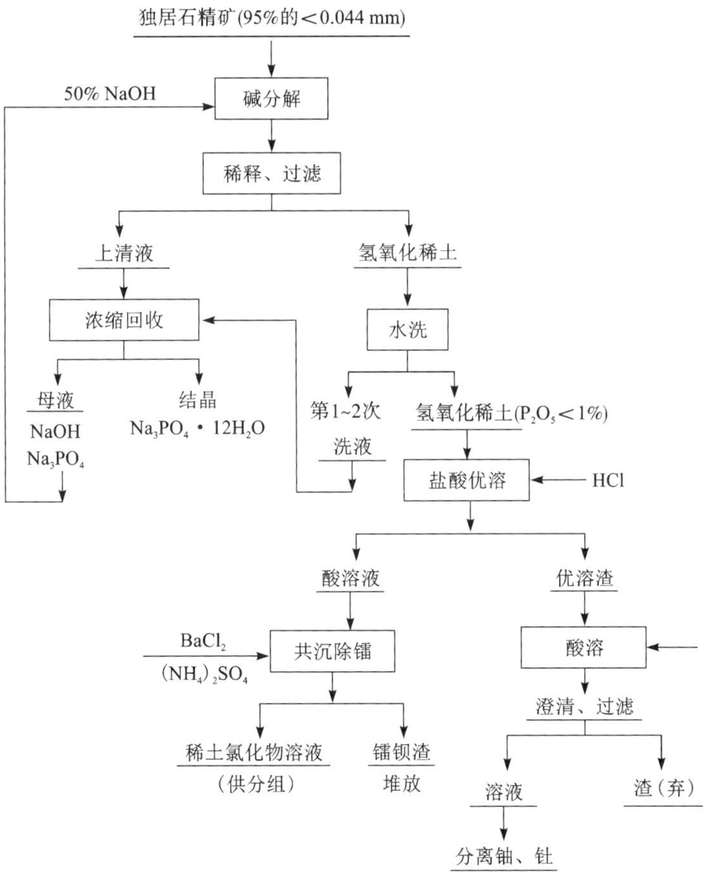

图 8-36　苛性钠溶液分解独居石稀土矿的原则流程图

一般先将独居石磨至小于0.044 mm的含量为95%，再用浓度为50%的苛性钠溶液在NaOH：稀土精矿=1.3：1(重量比)和140 ℃的条件下进行浸出。在分解时，反应速度随温度升高而加快，这是溶液黏度减小，扩散系数增大导致的。但温度过高易引起稀土和钍的氢氧化物脱水，会降低它们在后续工序的无机酸中的溶解性能。因此为了强化分解过程，将反应温度控制为140~150 ℃比较合适。这一温度与矿浆、碱液组成的料液沸点相当。苛性钠溶液浓度与沸点的关系列于表8-38，苛性钠在水中的溶解度与温度的关系列于表8-39，浸出时间与浸出率的关系列于表8-40。从表8-40可知，浸出5 h，浸出率在95%以上。

表8-38　苛性钠溶液浓度与沸点的关系

浓度/%	37.58	48.30	60.13	69.97	77.53
沸点/℃	125	140	160	180	200

表8-39　苛性钠在水中的溶解度与温度的关系

温度/℃	0	10	20	30	40	50	60
溶解度/%	29.6	34.0	52.2	54.3	56.3	59.2	63.5

表8-40　浸出时间与浸出率的关系

浸出时间/h		1.5	4.4	7.3	10.2	13.1
平均浸出率/%	稀土	94.55	96.99	97.25	97.69	98.37
	钍	96.67	97.55	97.54	98.47	98.45

固体碱在水中溶解时放出大量的热量，会引起碱液飞溅，不易防护。因此，生产上常用电解食盐得的碱液，经减压浓缩后配制成苛性钠溶液。苛性钠溶液浸出后，先用热水稀释，并在70 ℃条件下保温陈化，以便于氢氧化物的凝聚和沉降。温度低于60 ℃时，易析出磷酸三钠结晶；但温度过高时，由于物料的翻动，不利于固体物沉降。陈化中止后，用倾析法将上层清液排出，再用热水充分洗涤底流，水洗可用错流洗涤或逆流洗涤的方法进行。水洗后的氢氧化物中碱和磷的含量低，不必过滤，可直接送去酸溶。

盐酸溶解时，将pH控制在一定的范围内可使大部分稀土优先溶解，而钍、铀、铁等溶解就较少。操作时可先控制pH=2.5~3.5，此时除稀土氢氧化物溶解外，部分铀、钍也将进入溶液中。然后将pH升至4.5左右，铀、钍、铁等重新沉淀，这将有利于提高稀土回收率。将pH调至4.5以后，再将溶液煮沸1 h以保证铀、钍、铁沉淀完全，可使溶液中的非稀土杂质含量降至最低值。

盐酸优先溶解后过滤，滤饼中尚含10%左右的稀土，可用浓酸(盐酸或硫酸)浸出滤饼。溶液送萃取，可用TBP萃取法使稀土和铀、钍分离，滤饼为钍渣。

8.5　城市矿山的处置实践

8.5.1　概述

随着人类文明不断发展，科技不断进步，自然资源如石油、矿产等被应用到社会发展的方方面面。由于自然资源的储量是有限的，这就使得循环经济等新理论、新思想得以诞生和发展，除了传统的自然矿产资源，城市中产生的数量庞大的废旧物资中所蕴含的丰富的矿产资源，也日益受到人们的重视。

城市矿山是指自然矿产经过人类的开采后，由地下转移到地上，蕴藏在消费产品、城市基础设施中的各类资源的总称。我国对城市矿山的定义，是在工业化和城镇化过程中产生的，蕴藏在各类载体，包括废旧机电设备、电线电缆、通信工具、汽车、家电、电子产品、金属和塑料包装物以及其他废料中可以循环利用的钢铁、有色金属、稀贵金属、塑料、橡胶等资源，并强调城市矿山的可用量和价值相当于原生矿产资源。在城市矿山概念中，将城市比喻为一座座蕴含有价资源的矿山，其中的有价资源则来源于城市发展所带来的生产生活的废弃物。将城市比作矿山，通过资源回收综合利用的方式对其进行开发，符合循环经济和环境保护的思想。

对于城市矿山的开发利用大多包括 6 个阶段，分别是城市矿山的识别、物流运输过程、收集和分类过程、分类和拆解过程、破碎和分离过程、金属回收过程。

其中城市矿山的识别是回收的基础，这些资源并不一定全部来自城市，可能是由人类活动而造成的废弃物。识别城市矿山与采矿前的矿产资源勘探类似，需要对其产量和回收的必要性做评估。

物流运输过程则是回收各阶段之间的桥梁，用以实现资源的空间转移，在适合的地方完成资源的回收。

收集和分类过程则相当于金属富集前的预富集工作，其目的是将散落在各地的资源集中起来，通过人工手段实现资源储量的提升，同时通过分类工作将各类不同资源分开，便于后续处理工作的进行。

分类和拆解过程包含破坏性、半破坏性、非破坏性 3 种技术。其中回收部分组件、产品进行梯次利用属于非破坏性技术；而手工拆解和分离组件属于半破坏性技术；自动化拆解、破碎技术则是破坏性的。

在金属回收过程之前，城市矿山中的各种材料需要被解离出来，这就需要借助破碎和分离过程。粉碎指将物料变成颗粒，从而使物料富集的过程，可以降低物料的粒度，便于后续金属回收过程的进行。在粉碎过程完成后，需要通过分离过程实现不同组分的分离，常用的分离方式包括磁选、筛分、涡流分选、重选等。

金属回收过程是实现城市矿山资源回收的重要步骤，是废弃物向有价值材料转变的关键。常用的金属回收工艺包括火法冶金、湿法冶金、生物浸出等。

火法冶金是指在高温下从冶金材料中提取或精炼有色金属以加工高品位矿石的过程，需要消耗较高的能量。在火法冶炼路线中，城市矿山资源的回收通常采用炉内冶炼、焚烧/燃烧和热解等工艺。在冶炼过程中，城市矿山资源与铜或铅废料一起被分配到熔炉中进行铸造，并产生熔融产品。而焚烧的目的仅仅是减少废物体积，实现部分热回收；热解则更侧重于资源回收，如通过生产火油或火气，用作燃料或化学物质源。与焚烧不同，热解过程减少了重金属的排放。从城市矿山资源中回收和纯化部分贵金属可以通过火法冶金途径实现，但它们后续需要用湿法冶金和电化学技术来从贱金属中提取纯的贵金属。

在湿法冶金中，城市矿山资源中的金属通过酸性或碱性浸出剂(如氰化物、硫化物、硝酸和硫酸、硫代硫酸盐、硫脲和卤化物)溶解在溶液中。得到溶液后，可通过采用电沉积、电精炼、沉淀、胶结、溶剂萃取、离子交换或吸附等回收技术来富集金属。与火法冶金路线相比，湿法冶金在回收金属方面更具选择性，回收过程相关风险更加可控，造成的环境危害更小，消耗的能源更少。

开发城市矿山对人类社会发展具有重要意义，具体包括以下 3 个方面：

(1)缓解资源枯竭状况。

(2)缓解环境污染状况。

(3)提供新的经济发展方向。

城市矿山颠覆了传统的资源获取方式，并带来巨大经济、社会和环境效益，对控制和消除二次污染、优化生态环境、促进就业、稳定社会均具有重大的现实意义。

8.5.2 废旧印刷线路板

印刷线路板是电子工业的基础，它几乎是所有的电子产品的重要组成部分。印刷线路板是由玻璃纤维增强树脂和多种金属制成的混合物。所有的印刷线路板的组成通常包括电子组件、丝网印刷(可选)、阻焊膜、连接材料、金属涂层及聚合物基底，这些组件使得印刷线路板能够实现对电器的控制。然而，每一块印刷线路板都有其使用寿命，在印刷线路板到达其使用寿命的终点或受到外界作用而失效时，该印刷线路板就达到了报废标准，成为废旧印刷线路板。

废旧印刷线路板是城市矿山的电子废弃物中回收价值占比最大的物质。废旧印刷线路板中包含 60 多种元素，在如此多的组分中，金属占 30%。其中包括 Cu(约 16%)、Sn(约 4%)、Fe(约 3%)、Ni(约 2%)、Zn(约 1%)和许多贵金属如 Au(约 0.03%)、Ag(约 0.05%)、Pt、Pd 等，它们是回收的主要目标组分。在废旧印刷线路板中，非金属组分则约占 70%，主要成分为塑料、环氧树脂、玻璃纤维等，故通常被认为回收的经济效益低下。

在对废旧印刷线路板的回收进行讨论之前，有必要对其结构和组成进行分析(表 8-41)，以便更好地选取合适的回收方法。

表 8-41 基于层数和板材类型的 PCB 分类

类型	特征	应用
单面	在层压板的一侧有导电层，易于设计和制造	电视和家用电器
双面	在层压板的两侧都有导电层	仪器、计算机、LED 照明等
多层	3 层印刷线路，带有连接不同层的金属化孔	复杂的医疗设备、卫星系统等
刚性	具有防止线路板扭曲的刚性基板，有单层、双层或多层	用途与它们相同

续表8-41

类型	特征	应用
柔性	自由弯曲、折叠和易于卷曲，有单层、双面或多层	用于有特殊要求的，例如复杂的形状
柔性-刚性	适用于流线型设计，减少整体板的尺寸和重量	在所占空间或重量是主要问题的情况下使用，例如手机、数码相机

在废旧印刷线路板的回收研究中，主要包括预处理、金属富集、金属回收 3 个过程。预处理过程是将成分复杂的废旧印刷线路板进行拆解、分类，从而使得后续回收过程更容易进行。金属富集过程则是将含量较低的贵金属通过富集手段，使其更易于回收。一些金属回收技术如物理、化学、火法冶金、湿法冶金、生物冶金等工艺，已经得到广泛的研究。

废旧印刷线路板湿法回收和火法回收工艺示意图如图 8-37 所示。

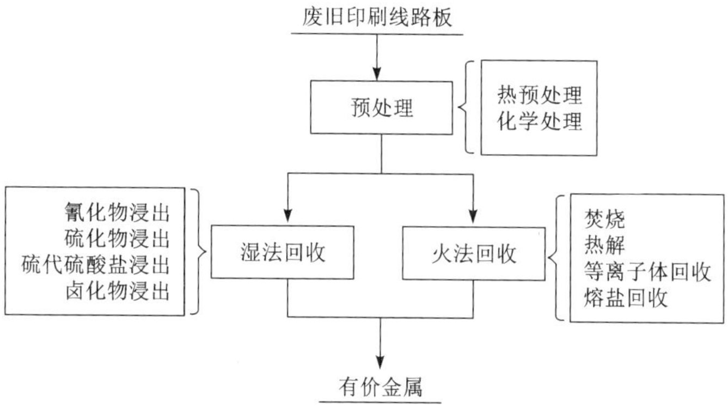

图 8-37　废旧印刷线路板湿法回收和火法回收工艺示意图

8.5.2.1　预处理

预处理过程通常包括机械法和化学法。

1) 机械法

机械法处理废旧印刷线路板的流程包括拆解、破碎和分离。在拆解前，需要对各组件进行组装分析，确定可重复利用的、有价值的和有害的组件。其中，电池和阴极射线管等可重复使用但具有危险性的部件应首先挑选出来。此外，不同电子元件之间的连接元素、组件层次结构和连接类型也不同。常见的连接类型包括插座-底座、通孔装置(THD)、表面安装装置(SMD)、螺纹接头和铆钉，各种连接类型需要不同的方法来拆卸。部件通过插座-底座连接的可以在无损状态下进行拆卸。然而，用于拆卸 SMD 或 THD 连接部件的方法总是具有破坏性的，包括去除焊料或引脚。

目前，开发了借助自动化设备对废旧印刷线路板的组件进行分析和拆解的工艺，但受限于其成本高、材料浪费大和环境污染严重，该工艺距离大规模应用还有一段路程要走。此外，还开发了溶解焊料从而实现了电子组件拆解的工艺。该工艺借助水溶性离子液体，在高温下实现焊料的溶解，是目前最具竞争力的工艺，有望大规模应用。

2)化学法

在机械加工过程中，由于金属被化学物质覆盖，金属和非金属很难完全分离。此外，卤代环氧树脂(HER)通常用于增强金属层和玻璃纤维之间的结合强度，这使得分离更加困难。有必要寻找成本低廉、分离效率高且对环境友好的化学试剂用于废旧印刷线路板的分离。成本低、易于再生和环保的包括二甲基亚砜(DMSO)、N-甲基-2-吡咯烷酮(NMP)、二甲基乙酰胺(DMA)和二甲基甲酰胺(DMF)在内的有机溶剂，已被广泛用于通过破坏范德华键然后形成氢键来分离废旧印刷线路板。此外，一些酸、碱、离子液体也可用于分离废旧印刷线路板。

8.5.2.2 湿法回收

为了将金属从固体材料转移到溶液中以进一步回收，浸出是湿法冶金过程中不可避免的步骤。常见的实验室内浸出装置如图 8-38 所示。

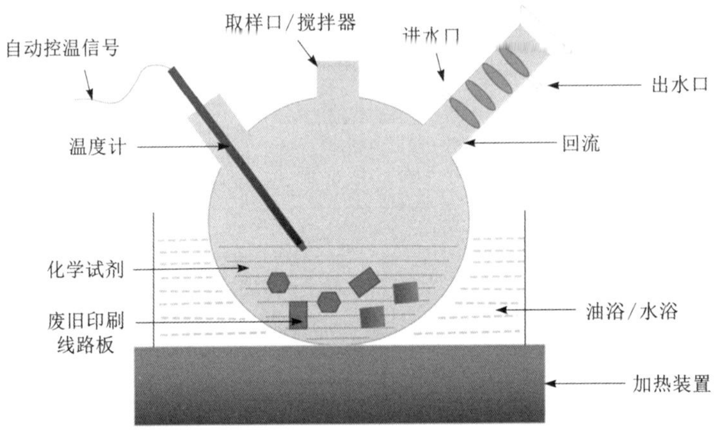

图 8-38 常见的实验室内浸出装置

废旧印刷线路板中的贱金属包含 Cu、Zn、Sn、Fe 和 Al 等，这些金属通常作为印刷线路或组件支撑材料存在。在金属回收过程中，通常需要将这些贱金属与贵金属分开回收，以保证贵金属的回收率和纯度。

1)贱金属回收

通常采用浸出的方式对贱金属进行回收，常用的浸出剂包括无机酸如硫酸、硝酸、盐酸，以及碱液如氨水等。以 Fe 为例，Fe 与稀硫酸反应的方程式如下

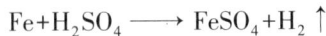

$$Fe+H_2SO_4 \longrightarrow FeSO_4+H_2\uparrow$$

在贱金属中，Cu 的化学活性较低，通常只能采用氧化性酸或者非氧化性酸与氧化剂结合进行浸出，Cu 与稀硫酸和过氧化氢反应的方程式如下

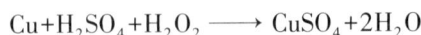

$$Cu+H_2SO_4+H_2O_2 \longrightarrow CuSO_4+2H_2O$$

此外，氨水和铵根离子与 Cu 反应会形成$[Cu(NH_3)_n^{2+}]$实现选择性浸出 Cu

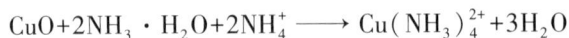

$$2Cu+O_2 \longrightarrow 2CuO$$

$$CuO+2NH_3\cdot H_2O+2NH_4^+ \longrightarrow Cu(NH_3)_4^{2+}+3H_2O$$

2)贵金属回收

在采用无机酸对废旧印刷线路板中的贱金属进行回收后，须对其中剩余的贵金属进行回收。贵金属的回收通常也采用浸出工艺来实现，常用的浸出剂有氰化物、硫脲、硫代硫酸盐、硫氰酸盐、卤化物等。

(1)氰化物浸出。

尽管氰化物具有剧毒，但其高效和低成本的优势，使其在工业上仍然优于其他非氰化物的贵金属浸出剂。在氰化物溶液中，浸出 Au 的反应方程式如下

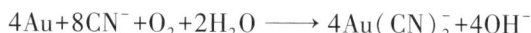

$$4Au+8CN^-+O_2+2H_2O \longrightarrow 4Au(CN)_2^-+4OH^-$$

需要注意的是，在氰化物溶液中对贵金属回收需要在碱性条件($pH \geqslant 10.5$)下进行，这就意味着在通过酸浸回收贱金属后，需要大量的碱液进行中和。

(2)硫脲浸出。

硫脲[$(NH_2)_2CS$, TU]是近年来开发出的低毒性贵金属浸出试剂，相较于氰化物，其毒性较小、更环保，并且具有更高的浸出效率。硫脲可以分别在酸性条件和碱性条件下对废旧印刷线路板中的贵金属进行浸出。

①酸性硫脲浸出。

在酸性条件下，硫脲通过形成阳离子络合物[$Au(SCN_2H_4)_2^+$ 和 $Ag(SCN_2H_4)_2^+$]对废旧印刷线路板中的 Au 和 Ag 进行浸出。此过程还需借助氧化剂将天然 Au 和 Ag 氧化，常用的氧化剂为 Fe^{3+}，Au 与硫脲和 Fe^{3+} 反应的方程式如下

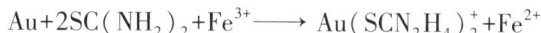

$$Au+2SC(NH_2)_2+Fe^{3+} \longrightarrow Au(SCN_2H_4)_2^++Fe^{2+}$$

然而，硫脲在 $pH>4.3$ 的条件下容易分解，且 Fe^{3+} 与硫脲易发生氧化还原反应，影响贵金属的浸出效率，反应式如下

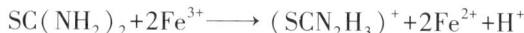

$$SC(NH_2)_2+2Fe^{3+} \longrightarrow (SCN_2H_3)^++2Fe^{2+}+H^+$$

在溶液中，Fe^{3+} 与硫脲还可以络合形成[$FeSO_4SC(NH_2)_2$]$^+$，这会增加硫脲的耗量。

②碱性硫脲浸出。

在碱性条件下，使用硫脲作为浸出剂对废旧印刷线路板中的贵金属进行浸出的机理与酸性条件下相似，都是通过形成 $Au(SCN_2H_4)_2^+$ 络合物实现的。由于 Fe^{3+} 在碱性条件下不能稳定存在，因此需要选择其他氧化剂进行浸出。目前，常用的氧化剂有 $Na_2S_2O_8$ 和 $K_3Fe(CN)_6$，此外，一些稳定剂如 Na_2SO_3、Na_2SiO_3 和 $(Na_3PO_3)_6$ 的加入可以抑制硫脲的分解，提高其稳定性。碱性硫脲浸出仍处于早期发展阶段，仍需进一步提高其性能。

(3)硫代硫酸盐浸出。

硫代硫酸盐($S_2O_3^{2-}$)相较于氰化物和硫脲，具有较低的环境风险、高选择性、低腐蚀性和廉价的成本等优势。硫代硫酸盐浸出是在 pH 为 9~10.5 的碱性环境中进行的，因为它在酸性溶液中很容易分解。由于仅以溶液中的氧气作为浸出反应的氧化剂，硫代硫酸盐用于 Au 浸出的反应较缓慢，故可添加铜氨[$Cu(NH_3)_4^{2+}$]作为催化剂，从而提高浸出速率，发生的反应如下式所示

$$Au+5S_2O_3^{2-}+Cu(NH_3)_4^{2+} \longrightarrow Au(S_2O_3)_2^{3-}+4NH_3+Cu(S_2O_3)_3^{5-}$$

$$2Cu(S_2O_3)_3^{5-}+8NH_3+\frac{1}{2}O_2+H_2O \longrightarrow 2Cu(NH_3)_4^{2+}+2OH^-+6S_2O_3^{2-}$$

硫代硫酸盐浸出的主要问题是浸出过程中硫代硫酸盐的高消耗量和相对较低的浸出动

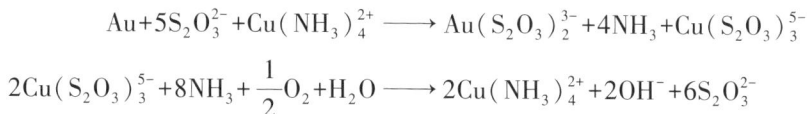

力，尽管该工艺具有潜在的环境效益，但上述缺点使其经济效益和浸出效率都较低下。

（4）硫氰酸盐浸出。

长期以来，硫氰酸盐（SCN^-）作为从矿物中提取 Au 的浸出剂被广泛应用，将其应用于回收废旧印刷线路板中的 Au 是非常有潜力的。

采用硫氰酸盐作为浸出剂、Fe^{3+} 作为氧化剂，对废旧印刷线路板中的 Au 进行浸出的反应如下式所示

$$Au+2SCN_2H_4+Fe^{3+} \rightleftharpoons Au(SCN_2H_4)_2^++Fe^{2+}$$

（5）卤化物浸出。

卤化物用于矿物中 Au 的浸出要早于氰化物的应用，这意味着卤化物也可用于从废旧印刷线路板中回收 Au。Au 可以与氯化物、溴化物和碘化物形成 Au^+ 和 Au^{3+} 络合物，它们的络合原理如下式所示

$$2M+L_2+2L^- \longrightarrow 2ML_2^-$$

$$2M+3L_2+2L^- \longrightarrow 2ML_4^-$$

式中：M 为废旧印刷线路板中的贵金属；L 为卤族元素如氯、溴、碘；L_2 为氧化剂，L^- 为络合剂。

上述浸出回收废旧印刷线路板中金属的方法，存在各自的优势与短板。回收过程应结合具体的废旧印刷线路板的组成和结构来选择合适的工艺，可以预测，将开发出更多使用混合方法的新工艺，涉及跨学科技术的新方法可能是该领域的未来趋势。此外，还应关注采取方法对环境的影响及经济效益等，力求探索出高效、绿色、经济的废旧印刷线路板回收工艺。

8.5.2.3 火法回收

在对废旧印刷线路板进行火法回收前，同样需要对物料进行预处理，以简化后续处理的工艺难度，提高处理能力。

焚烧是其中一种火法处理过程，该方法需在有氧条件下将废旧印刷线路板放入焚化炉。其中的有机成分在高温下热分解燃烧，生成 CO_2 和 H_2O。焚烧残渣中的玻璃纤维和金属氧化物将通过物理和化学方法处理进行回收利用。与其他火法冶金处理方法相比，焚烧是一种原始的回收技术。焚烧虽然存在环境污染风险，但具有很大的经济优势。因此，通过优化工艺来减少污染物的产生和排放是未来研究的重点。

热解是使有机树脂在 350~900 ℃，无氧或惰性气体存在的条件下发生热化学分解，由高分子量物质转化为低分子量物质。热解产物冷凝得到热解油，余热回收后的不凝性气体可作为燃料使用。废旧印刷线路板中的金属和玻璃纤维则存在于热解残留物中。由于废旧印刷线路板的热解是在无氧条件下进行的，因此不易生成二噁英。热解法的优点是可回收废旧印刷线路板中的树脂，而不是对其进行简单的焚烧处理。采用热解法，废旧印刷线路板中的溴化物会向热解油中运移，这限制了热解油的再利用。此外，由于反应条件的限制，热解反应器难以被制成大规模形式，限制了热解的工业应用。

等离子体回收是利用高效电弧等离子体在高温炉中将有机物分解为气体，将玻璃纤维熔化形成玻璃体，产生的气体、玻璃体和剩余的金属可以进行有效分离。等离子体存在的问题是其只利于贵金属的回收，对树脂等物质无法实现有效回收。

在熔盐工艺中，熔盐是将惰性的、稳定的熔盐作为直接导热流体，在高温下分离液态或固态金属制品。可采用熔融 KOH-NaOH 共晶来溶解废旧印刷线路板中的玻璃、氧化物和树

脂成分，并确保最有价值的金属不被氧化。该方法可有效回收废旧印刷线路板中的富铜金属组分，去除其中的玻璃纤维和树脂组分，并且排放的气体大多是环保的。

8.5.3　废旧锂离子电池

随着电动汽车产业的发展，锂离子电池的产量逐年增加。除用作电动汽车的能源之外，锂离子电池在 3C 数码、储能等领域也有广泛的应用。然而，锂离子电池的使用寿命为 3~5 年，在其生命周期结束后，便会作为废旧锂离子电池而退役。目前，处理废旧锂离子电池的主要选择是填埋，梯次利用，利用火法冶金工艺、湿法冶金工艺、直接回收工艺进行回收，如图 8-39 所示。

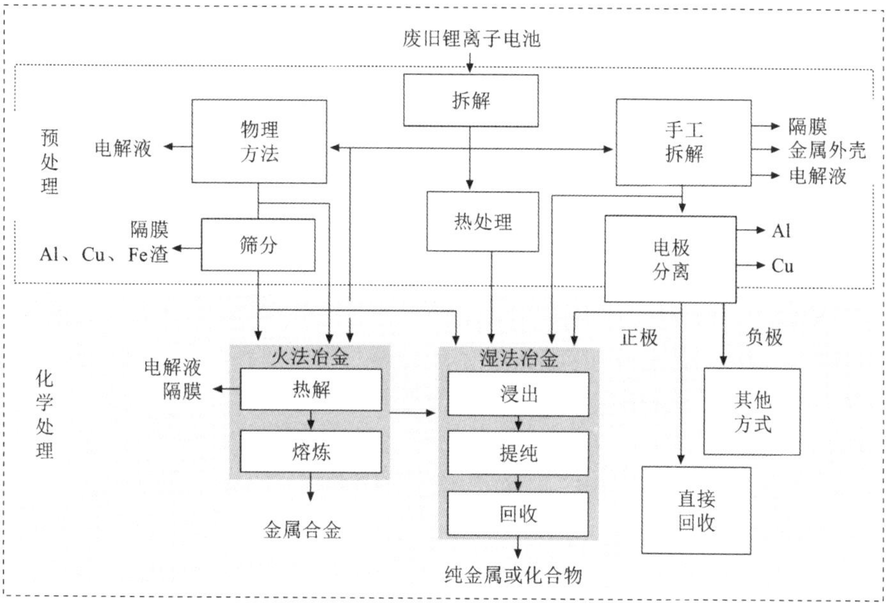

图 8-39　废旧锂离子电池回收工艺

在上述这些处理方法中，填埋可能会造成污染，因为钴、锂、铁、锰和铜等金属可能会慢慢渗入土壤、地下水或地表水中。梯次利用是将容量降低至 80%以下的锂离子电池，通过测试、组装等方法将其用于非动力类应用场景中。但该工艺不能解决根本问题，只能延迟电池的退役时间，并且受限于成本问题，目前未得到大规模应用。火法冶金则是通过高温冶金的方式将废旧锂离子电池中的有价金属提炼出来，具有高回收率和流程简单的优点；然而，该工艺适用于处理钴酸锂材料等钴含量较高的材料，目前锂离子电池发展的趋势是尽量减少钴元素的比例，以及研发磷酸铁锂材料，这就限制了火法冶金在当前废旧锂离子电池回收工业中的发展。湿法冶金工艺则是在溶液中对废旧锂离子电池中的有价组分进行回收的工艺，具有环境友好、回收率高、产品纯度高等优点，应用较为广泛。

湿法冶金是目前应用较为广泛的废旧锂离子电池回收工艺，主要流程包括预处理、化学浸出、元素分离。

8.5.3.1 预处理

废旧锂离子电池的组成包括电池外壳、正极、负极、隔膜、电解液等，如图 8-40 所示。

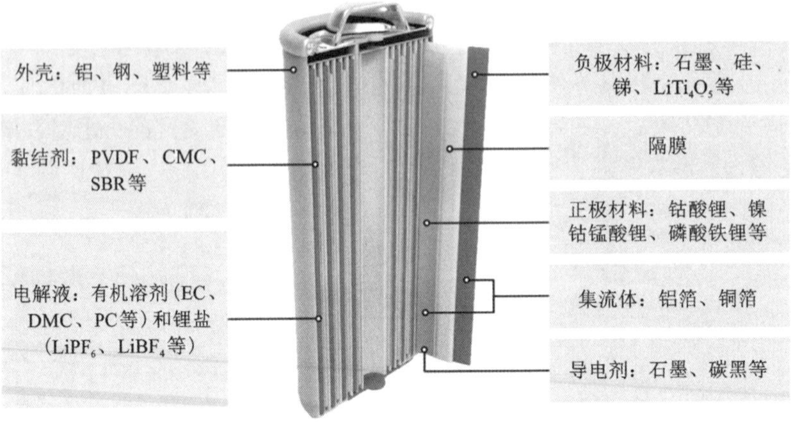

图 8-40　锂离子电池组成结构

为实现各组分的高效回收，在湿法过程进行前应进行预处理即将各结构分离，从而得到适合进行湿法回收的正极材料。预处理通常包含放电、拆解、破碎和分类等步骤。

放电过程常采用钠的盐溶液如氯化钠、硫酸钠等对废旧锂离子电池进行浸泡，锂离子电池正极和负极分别作为阴极和阳极，氯化钠作为电解质，通过电解过程完成能量的消耗，从而完成放电。

拆解通常是用手工拆解法，由于锂离子电池结构多样，智能化和自动化拆解过程较难实现。

破碎过程的目的是使正、负极得到充分解离，使其能够在后续分类过程中得以通过重选、磁选等方式分离黑粉与铜箔、铝箔。

分类过程是将正、负极活性材料与铝箔、铜箔分离开的过程，通常是通过筛分实现的，有些还可以通过重选、磁选等方式实现分离，从而得到适用于浸出过程的材料。

8.5.3.2 浸出过程

浸出是湿法冶金回收过程中不可缺少的工序，一般是将正极活性材料中的金属从固态溶解到溶液中进行进一步处理。化学浸出过程通常采用无机酸、碱、有机酸等作为浸出剂，将废旧锂离子电池中的有价组分浸出到溶液中。常用的无机酸有盐酸、硝酸、硫酸等，有机酸则包含草酸、柠檬酸、甲酸等。

采用盐酸作浸出剂对废旧锂离子电池正极材料进行浸出的反应如下

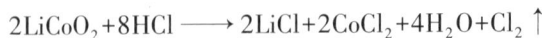

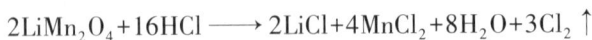

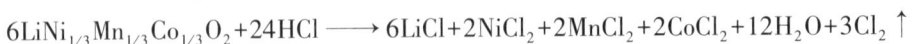

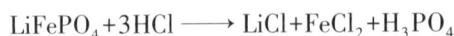

$$2LiCoO_2+8HCl \longrightarrow 2LiCl+2CoCl_2+4H_2O+Cl_2\uparrow$$

$$2LiMn_2O_4+16HCl \longrightarrow 2LiCl+4MnCl_2+8H_2O+3Cl_2\uparrow$$

$$6LiNi_{1/3}Mn_{1/3}Co_{1/3}O_2+24HCl \longrightarrow 6LiCl+2NiCl_2+2MnCl_2+2CoCl_2+12H_2O+3Cl_2\uparrow$$

$$LiFePO_4+3HCl \longrightarrow LiCl+FeCl_2+H_3PO_4$$

采用硫酸和过氧化氢分别作为浸出剂和还原剂（或氧化剂，针对磷酸铁锂材料）对废旧锂

离子电池正极材料进行浸出的反应式如下所示

$$2LiMO_2+3H_2SO_4+H_2O_2 \longrightarrow Li_2SO_4+2MSO_4+4H_2O+O_2\uparrow \text{（M 为 Ni，Co，Mn）}$$

$$2LiFePO_4+H_2SO_4+H_2O_2 \longrightarrow Li_2SO_4+2FePO_4\downarrow +2H_2O$$

采用磷酸和过氧化氢对废旧锂离子电池正极材料进行浸出的反应式如下

$$LiCoO_2+3H_3PO_4+\frac{1}{2}H_2O_2 \longrightarrow LiH_2PO_4+Co(H_2PO_4)_2+2H_2O+\frac{1}{2}O_2\uparrow$$

$$LiNi_xCo_yMn_zO_2+2(x+y+z+\frac{1}{2})H_3PO_4+2H_2O_2 \longrightarrow LiH_2PO_4+xNi(H_2PO_4)_2+zMn(H_2PO_4)_2$$

$$+yCo(H_2PO_4)_2+(x+y+z+\frac{5}{2})H_2O+(\frac{7}{4}-\frac{x}{2}-\frac{y}{2}-\frac{z}{2})O_2\uparrow$$

$$LiFePO_4+H_3PO_4+\frac{1}{2}H_2O_2 \longrightarrow LiH_2PO_4+FePO_4+H_2O$$

采用草酸作为浸出剂对钴酸锂材料进行浸出的反应如下

$$7H_2C_2O_4+2LiCoO_2 \longrightarrow 2LiHC_2O_4+2Co(HC_2O_4)_2+4H_2O+2CO_2\uparrow$$

$$4H_2C_2O_4+2LiCoO_2 \longrightarrow Li_2C_2O_4+2CoC_2O_4+4H_2O+2CO_2\uparrow$$

$$6H_2C_2O_4+2LiCoO_2+3H_2O_2 \longrightarrow 2LiHC_2O_4+2Co(HC_2O_4)_2+6H_2O+2O_2\uparrow$$

$$3H_2C_2O_4+2LiCoO_2+H_2O_2 \longrightarrow Li_2C_2O_4+2CoC_2O_4+4H_2O+O_2\uparrow$$

$$2LiNi_{0.5}Co_{0.2}Mn_{0.3}O_2+4H_2C_2O_4 \longrightarrow Li_2C_2O_4+2(Ni_{0.5}Co_{0.2}Mn_{0.3})C_2O_4+4H_2O+2CO_2\uparrow$$

在湿法冶金研究中，氨可以作为浸出剂，对含 Ni^{2+}、Co^{2+} 的物料进行浸出，在这个过程中需要亚硫酸钠作为还原剂，将 Co^{3+} 还原为 Co^{2+}，但氨与锰之间的反应不易发生。氨和亚硫酸钠体系与 Ni^{2+}、Co^{2+} 发生的反应如下

$$Ni^{2+}+nNH_3 \longrightarrow Ni(NH_3)_n^{2+}$$

$$Co^{2+}+nNH_3 \longrightarrow Co(NH_3)_n^{2+}$$

8.5.3.3　回收过程

浸出过程是将固体材料中的有价组分转换为液体中的金属离子，这些金属离子则需要通过回收过程得以利用，常见的回收方法包括化学沉淀法、溶剂萃取法、离子交换法、电化学法等。

1）化学沉淀法

化学沉淀法是最常用的一种金属回收方法，具有回收率高、选择性好、产品纯度高等优点。化学沉淀法的分离机制取决于金属化合物在特定 pH 下的不同溶解度。例如，对于含有 Mn^{2+}、Ni^{2+} 和 Co^{2+} 的浸出液，基于每种金属在特定 pH 下的氢氧化物溶解度或硫化物溶解度，可以使用氢氧化钠（NaOH）来实现沉淀，其反应式如下

$$Co^{2+}+2OH^- \longrightarrow Co(OH)_2$$

$$Ni^{2+}+2OH^- \longrightarrow Ni(OH)_2$$

其中，$Co(OH)_2$ 的溶度积为 5.92×10^{-15}，$Ni(OH)_2$ 的溶度积为 5.48×10^{-16}，则氢氧化镍可在相对较低的 pH 下沉淀，而氢氧化钴则在去除氢氧化镍后可通过升高 pH 来完成沉淀，溶液中的 Mn^{2+} 则可通过加入 Na_2CO_3 去除。

此外，在含 Ni^{2+}、Co^{2+}、Mn^{2+}的浸出液中，锰的回收还可以通过加入高锰酸根来实现，在加入高锰酸根后，Mn^{2+}发生氧化还原反应，生产二氧化锰沉淀，使锰与 Ni^{2+}、Co^{2+}分离。其反应式为

$$3Mn^{2+}+2MnO_4^-+2H_2O \longrightarrow 5MnO_2+4H^+$$

在去除锰后，还可加入 NH_3 溶液，使 Ni^{2+}与 NH_3 结合生成 $Ni(NH_3)_n^{2+}$，再加入二甲基乙肟($C_4H_8N_2O_2$)与 $Ni(NH_3)_n^{2+}$ 结合生成沉淀。

在磷酸铁锂材料的酸性浸出液中，Fe^{3+}的去除通常也是通过调整 pH 来实现的，pH 为 1~3 时，Fe^{3+}与溶液中的磷酸根结合生成 $FePO_4$ 沉淀。

锂的回收通常是通过加入碳酸钠或磷酸钠溶液实现的，使锂以碳酸锂或磷酸锂的形式得以回收。

2)溶剂萃取法

溶剂萃取法是利用系统中组分在溶剂中溶解度的不同来实现组分分离的方法，可以从溶液中选择性地提取目标金属元素。溶剂萃取的机理可以用下式表示

$$M_{aq}^{2+}+A_{org}^-+2(HA)_{2org} \longrightarrow MA_2 3(HA)_{org}+H_{aq}^+$$

$A_{org}^-+2(HA)_{2org}$ 是经过皂化反应得到的萃取剂，皂化反应如下式所示

$$Na_{aq}^+ + \frac{1}{2}(HA)_{2org} \longrightarrow NaA_{org}+H_{aq}^+$$

金属的萃取效率是通过金属在水相和有机相中的分布系数来计算的。

3)电化学法

电化学法可以通过控制电压、电流和电解质条件，溶解或沉积特定的元素，达到分离各种元素的目的，对不同的离子具有很高的选择性。

在元素回收过程中，通常用到的电化学方法有电沉积、电渗析、电解等。电沉积是指溶液中的金属离子在外加电压作用下获得电子并沉积在阴极上。离子沉积的顺序与沉积金属离子的性质、电解液的组成、pH、温度和电流密度有关。因此，调出不同的条件，可使特定的金属离子优先还原，该方法常用于溶液中各种金属元素的回收。电渗析法是在外加电压作用下，通过半透膜对阴离子和阳离子的选择性渗透，分离溶液中的不同离子。溶液电解法是通过施加电流代替化学试剂作为反应驱动力，该过程与锂离子电池的充电过程类似，将锂离子驱入电解质溶液中，可以选择性地去除正极材料中的锂离子，大大减少试剂的消耗。由于电化学法存在能耗较高、效率低下等问题，目前并未得到广泛应用。

8.5.4 汽车废三元催化器

三元催化器，是汽车排气系统中最重要的尾气净化装置，它可将汽车尾气排出的一氧化碳、碳氢混合物和氮氧化物等有害气体通过氧化和还原作用转变为无害的二氧化碳、水和氮气。三元催化器的结构如图 8-41 所示。

催化剂本身通常是贵金属的混合物，主要来自铂族。它们的广泛应用可归因于其独特的物理和化学性质，如催化活性、化学惰性和耐腐蚀性。铂是最活泼的催化剂并且被广泛使用，但由于发生了不需要的额外反应及其高成本，并不适合所有的应用。钯和铑是另外两种

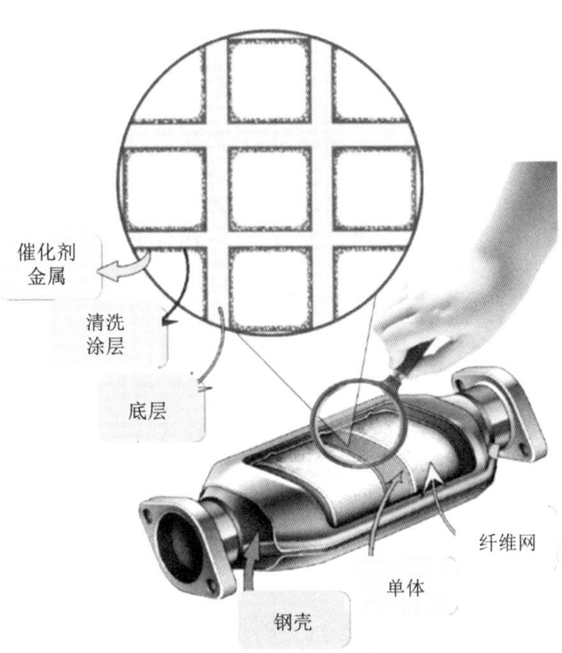

图 8-41　三元催化器的结构

使用较多的催化剂。铑用作还原催化剂和氧化催化剂，铂用于还原和氧化。

近年来，汽车工业发展迅速，由于铂族金属是汽车尾气催化器的重要组成部分，世界各国对铂族金属的需求量大大提高。然而，铂族金属资源短缺且分布不均，学者们便将目光转向报废汽车的废旧尾气催化器中含有的铂族金属。

废旧三元催化器中的铂族金属含量明显高于天然矿石。根据发动机容量的不同，汽车催化转化器可含有 1~5 g 铂、0~3 g 铑和少量的钯。

回收利用这些废旧三元催化器中的铂族金属是非常重要的，这为这些金属的开采提供了补充来源，从而通过限制废物处理的数量来保护环境，节省自然资源的开采，限制电力消耗，减少污染物排放。

从废旧三元催化器中回收铂族金属的过程包括预处理、富集、提取、分离纯化和还原为金属制品 5 个阶段。废旧三元催化器收集后，首先将其从外部容器中拆卸下来，然后进行破碎、研磨和筛分预处理，以得到所需的粒度，然后通过火法冶金、湿法冶金等方法富集铂族金属，回收流程示意图如图 8-42 所示。

8.5.4.1　预处理

1）热预处理

对有机金属催化剂等不同废物料进行热处理，可以提高金属的浸出效率。材料在合适气氛中进行热处理，如氢气、氧气、氮气或空气中，具体取决于要去除的不需要的有机成分。

含铂、钯、铑的废汽车催化器在 250 ℃的氢气气氛下加热，由于消除了催化器表面的碳氢化合物和木炭，并减少了氧化的铂族金属，从而提高了浸出过程中的金属回收率。

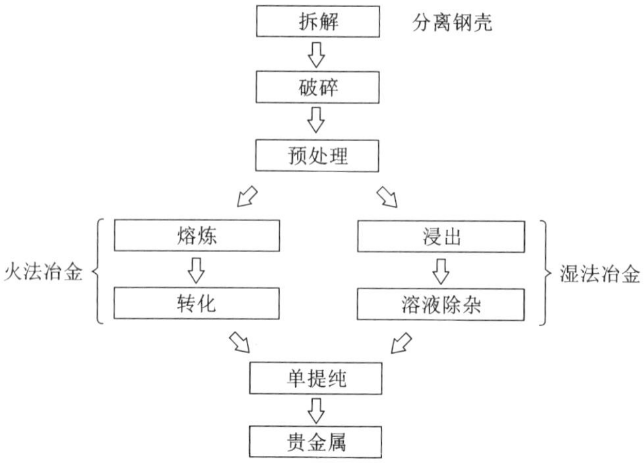

图 8-42　废旧三元催化器回收过程示意图

2)氢预处理

氢预处理可以还原被氧化的铂族金属，从而稳定铂族金属的金属形态，以增强其在浸出过程的溶解。如果铂族金属以氧化态形式存在，则氢预处理的意义就会更大。

8.5.4.2　火法回收

火法回收常用于从废旧金属混合物中回收各种贵重金属，包括金属冶炼、氯化挥发和金属蒸汽处理。

1)金属冶炼

金属冶炼是最常用的从废旧三元催化器中回收铂族金属的工业方法。在此过程中，废旧三元催化器在熔炼过程中首先与助熔剂、捕收剂和还原剂混合，得到铂族金属-捕收剂合金，该合金需要进一步提纯。而废旧三元催化器中的杂质(氧化铝、二氧化硅等)被助熔剂熔炼成渣。一般常用铅、铜、铁作为捕收剂。

用铅作为捕收剂是较为古老的火法冶炼方法，虽然铅捕集具有操作和后续精炼工艺简单、冶炼温度低、投资少等优点，但 Rh 回收率低(70%~80%)，且会产生有毒的 PbO，具有一定的健康和环境风险。

铜捕集是一种通过在传统电弧炉中添加助熔剂(如 SiO_2 和 CaO)、捕收剂($CuCO_3$ 或 CuO)和还原剂来处理废旧三元催化器的方法，在低温弱还原气氛下完成铂族金属的富集。铜捕集的优点是冶炼温度适中，铂族金属回收率高，特别是允许重复使用回收的铜。

铁作为捕收剂的冶炼方法一般在等离子弧炉中进行，将粉碎后的废旧三元催化器与铁或氧化铁、还原剂和助熔剂混合，在约 2000 ℃的温度下熔炼，形成铂族金属-Fe 合金，然后通过合金与炉渣之间的密度差将其分离。虽然该工艺中集电极铁的成本较低，但等离子枪的使用寿命短，限制了它的应用。同时，在等离子体熔化过程中，硅容易被还原成硅铁合金，导致后续溶解困难，从而导致铂族金属回收率降低。

2)氯化挥发

氯化挥发是指铂族金属在高温下挥发形成气相氯盐，然后在低温下冷凝使其与载体分

离，从而实现铂族金属的富集。铂族金属转化为氯化物的反应式如下

$$Pt+Cl_2 \longrightarrow PtCl_2$$

$$Pd+Cl_2 \longrightarrow PdCl_2$$

$$\frac{2}{3}Rh+Cl_2 \longrightarrow \frac{2}{3}RhCl_2$$

虽然氯化挥发可以实现铂族金属的高回收率，并且载体可以重复使用，但该过程具有高腐蚀性且氯气有毒，从而限制了其在工业中的应用。

3)金属蒸汽处理

金属蒸汽处理是指铂族金属与活性金属(如 Ca、Mg 或 Zn)的蒸汽在高温下发生反应，形成活性金属-铂族金属合金，与纯铂族金属相比，铂族金属合金更容易溶解于王水或硫酸，从而更易被回收。但该工艺仍处于初步试验阶段，尚未应用于实际生产中。

8.5.4.3　湿法回收

用湿法冶金技术回收铂族金属主要是指在 O_2、I_2、Br_2、Cl_2、H_2O_2 等添加剂的作用下，用合适的酸碱溶液对铂族金属进行选择性溶解和分离，从而实现铂族金属的富集。

由于三元催化器在使用过程中会发生各种物理或化学反应，使其组成和物相受到了影响，因此，在进行湿法回收前，应对废旧三元催化器做预处理，以提高其浸出率。常见的预处理过程包括细磨、焙烧、还原等过程，上述过程可以去除废旧三元催化器中的碳和有机物。

1)氯化物浸出

铂族金属在酸、碱等介质中热力学稳定，具有较高的标准电势，具体如下式所示

$$Pt^{2+}+2e^- \longrightarrow Pt \qquad E^\ominus=1.2\ V$$

$$Pd^{2+}+2e^- \longrightarrow Pd \qquad E^\ominus=0.92\ V$$

$$Rh^{3+}+3e^- \longrightarrow Rh \qquad E^\ominus=0.8\ V$$

表明铂族金属从金属到溶解态需要的氧化电位较高，只有当铂族金属与合适的配体络合时，才能降低还原电位，从而有利于铂族金属的直接浸出。因此，需要一些具有适当标准电位的氧化剂来促进铂族金属的溶解。

盐酸-氧化剂体系是最常用的浸出铂族金属的体系，最常见的氧化剂是 Cl_2、H_2O_2、HNO_3 和 $NaClO_3$。以 HNO_3 为例，铂族金属与盐酸-硝酸体系反应的方程式如下所示

$$HNO_3+3HCl \longrightarrow NOCl+Cl_2+2H_2O$$

$$2NaClO_3+12HCl \longrightarrow 2NaCl+6Cl_2+6H_2O$$

$$H_2O_2+2HCl \longrightarrow Cl_2+2H_2O$$

$$Pt+2Cl_2+2HCl \longrightarrow PtCl_6^{2-}+2H^+$$

$$Pd+Cl_2+2HCl \longrightarrow PdCl_4^{2-}+2H^+$$

$$2Rh+3Cl_2+6HCl \longrightarrow 2RhCl_6^{3-}+6H^+$$

$$3Pt+18HCl+4HNO_3 \longrightarrow 3PtCl_6^{2-}+6H^++4NO+8H_2O$$

$$3Pd+12HCl+2HNO_3 \longrightarrow 3PdCl_4^{2-}+6H^++2NO+4H_2O$$

$$Rh+6HCl+HNO_3 \longrightarrow RhCl_6^{3-}+3H^++NO+2H_2O$$

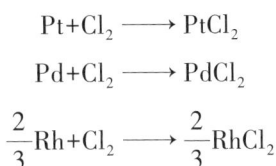

由于 HCl-氧化剂浸出体系会产生有毒气体，造成环境污染，有学者对碱金属盐预处理-盐酸浸出进行了研究。将 Pt、Pd、Rh 粉末的混合物与碱金属盐（如 Na_2CO_3、Li_2CO_3 或 K_2CO_3）分别在 600~800 ℃下煅烧 1~24 h，以获得复合氧化物，然后直接通过盐酸浸出以回收铂族金属，相关反应式如下

$$Pt+Li_2CO_3+O_2 \longrightarrow Li_2PtO3+CO_2$$

$$PdO+Li_2CO_3 \longrightarrow Li_2PdO_2+CO_2$$

$$Rh+Li_2CO_3+O_2 \longrightarrow Li_2RhO_3+CO_2$$

$$Li_2PtO_3+8HCl \longrightarrow H_2PtCl_6+2LiCl+3H_2O$$

$$Li_2PdO_2+6HCl \longrightarrow H_2PdCl_4+2LiCl+2H_2O$$

$$Li_2RhO_3+9HCl \longrightarrow H_3[RhCl_6]+2LiCl+\frac{1}{2}Cl_2+3H_2O$$

该工艺的优点是不添加氧化剂，不产生污染气体，Pt 和 Rh 浸出率高。但实际废旧三元催化器中 Pd 的浸出率较低。因此，实际废旧三元催化器的浸出条件需要进一步优化。

2）氰化物浸出

19 世纪以来，人们一直用氰化物浸出处理金矿，至今仍是主要的金浸出方法，NaCN 是最常用的浸出剂。铂族金属的金属键比金的金属键强，导致铂族金属在常温常压下的浸出性能较差。因此，通常需要高压和高温来提高铂族金属的浸出率。铂族金属与氰化钠形成稳定配合物的反应如下

$$2Pt+8NaCN+O_2+2H_2O \longrightarrow 2Na_2[Pt(CN)_4]+4NaOH$$

$$2Pd+8NaCN+O_2+2H_2O \longrightarrow 2Na_2[Pd(CN)_4]+4NaOH$$

$$4Rh+24NaCN+3O_2+6H_2O \longrightarrow 4Na_3[Rh(CN)_6]+12NaOH$$

虽然工艺时间短，铂族金属浸出率高，但生产中大量使用剧毒氰化钠存在严重的操作风险，浸出后产生的有毒氰化钠废弃物会导致环境问题。

参考文献

[1] ARORA M, RASPALL F, FEARNLEY L, et al. Urban mining in buildings for a circular economy: Planning, process and feasibility prospects [J]. Resources, Conservation and Recycling, 2021, 174: 105754.

[2] XAVIER L H, OTTONI M, ABREU L P P. A comprehensive review of urban mining and the value recovery from e-waste materials [J]. Resources, Conservation and Recycling, 2023, 190: 106840.

[3] XAVIER L H, GIESE E C, RIBEIRO-DUTHIE A C, et al. Sustainability and the circular economy: A tHeoretical approach focused on e-waste urban mining [J]. Resources Policy, 2021, 74: 101467.

[4] LI H, EKSTEEN J, ORABY E. Hydrometallurgical recovery of metals from waste printed circuit boards (WPCBs): Current status and perspectives - A review [J]. Resources, Conservation and Recycling, 2018, 139: 122-39.

[5] HAO J, WANG Y, WU Y, et al. Metal recovery from waste printed circuit boards: A review for current status and perspectives [J]. Resources, Conservation and Recycling, 2020, 157: 104787.

[6] LI J, LU H, GUO J, et al. Recycle technology for recovering resources and products from waste printed circuit boards [J]. Environmental science & technology, 2007, 41(6): 1995-2000.
[7] WANG H D, ZHANG S H, LI B, et al. Recovery of waste printed circuit boards through pyrometallurgical processing: A review [J]. Resources, Conservation and Recycling, 2017, 126: 209-218.
[8] QIU R, LIN M, RUAN J, et al. Recovering full metallic resources from waste printed circuit boards: A refined review [J]. Journal of Cleaner Production, 2020, 244: 118690.
[9] ASADI DALINI E, KARIMI G, ZANDEVAKILI S, et al. A Review on Environmental, Economic and Hydrometallurgical Processes of Recycling Spent LitHium - ion Batteries [J]. Mineral Processing and Extractive Metallurgy Review, 2020, 42(7): 451-472.
[10] YU W, GUO Y, XU S, et al. Comprehensive recycling of lithium-ion batteries: fundamentals, pretre atment, and perspectives [J]. Energy Storage Materials, 2022.
[11] HE Y, YUAN X, ZHANG G, et al. A critical review of current technologies for the liberation of electrode materials from foils in the recycling process of spent lithium-ion batteries [J]. Sci Total Environ, 2021, 766: 142382.
[12] JUNG J C-Y, SUI P-C, ZHANG J. A review of recycling spent lithium-ion battery cathode materials using hydrometallurgical tre atments [J]. Journal of Energy Storage, 2021, 35: 102217.
[13] ZHANG X, LI L, FAN E, et al. Toward sustainable and systematic recycling of spent rechargeable batteries [J]. CHem Soc Rev, 2018, 47(19): 7239-7302.
[14] SUN S, JIN C, HE W, et al. A review on management of waste three-way catalysts and strategies for recovery of platinum group metals from them [J]. Journal of Environmental Management, 2022, 305: 114383.
[15] FORNALCZYK A, SATERNUS M. Removal of platinum group metals from the used auto catalytic converter [J]. Metalurgija, 2009, 48(2): 133.
[16] XIA J, GHAHREMAN A. Platinum group metals recycling from spent automotive catalysts: metallurgical extraction and recovery technologies [J]. Separation and Purification Technology, 2023, 311: 123357.
[17] JHA M K, LEE J-C, KIM M-S, et al. Hydrometallurgical recovery/recycling of platinum by the leaching of spent catalysts: A review [J]. Hydrometallurgy, 2013, 133: 23-32.
[18] JIMENEZ DE ABERASTURI D, PINEDO R, RUIZ DE LARRAMENDI I, et al. Recovery by hydrometallurgical extraction of the platinum - group metals from car catalytic converters [J]. Minerals Engineering, 2011, 24(6): 505-513.
[19] 王红鹰, 郑伟. 铜的浸出-萃取-电积工艺及萃取剂[J]. 湿法冶金, 2002(1): 5-9.
[20] 项则传. 难选氧化铜矿堆浸-萃取-电积提铜的研究和实践[J]. 有色金属(选矿部分), 2004(4): 1-4.
[21] 程琼. 东川汤丹高钙镁难处理氧化铜“氨浸-浮选”试验研究及机理初探[D]. 昆明: 昆明理工大学, 2005: 19-21.
[22] 李明凤, 严茂文, 唐谷清, 等. 湿法冶金技术在滇中铜矿石处理中的应用[J]. 湿法冶金, 2006(3): 117-120.
[23] WHYTE R M, SCHOEMAN N, BOWES K G. in: Copper, Nickel, Cobalt and Zinc Recovery, SoutH Africa Mining and Metallurgy Society, 2001, JoHannesburg, 15-33.
[24] 朱屯. 现代铜湿法冶金[M]. 北京: 冶金工业出版社, 2006.
[25] 黄礼煌. 稀土提取技术[M]. 北京: 冶金工业出版社, 2006.
[26] 黄礼煌. 化学选矿[M]. 2 版. 北京: 冶金工业出版社, 2012.
[27] 何东升. 化学选矿[M]. 北京: 化学工业出版社, 2019.

[28] 张泾生. 现代选矿技术手册[M]. 北京：冶金工业出版社，2011.
[29] 张锦瑞，贾清梅，张浩. 提金技术[M]. 北京：冶金工业出版社，2013.
[30] 孙传尧. 选矿工程师手册[M]. 北京：冶金工业出版社，2015.
[31] 孙传尧. 矿产资源高效加工与综合利用——第十一届选矿年评(上册)[M]. 北京：冶金工业出版社，2016.
[32] 黄礼煌. 金银提取技术[M].3 版. 北京：冶金工业出版社，2012.
[33] 罗仙平，陈江安，熊淑华. 近年化学选矿技术进展[J]. 四川有色金属，2006(3)：13-19，12.
[34] 汪淑慧. 铀矿选矿技术研究进展与展望[J]. 铀矿冶，2009，28(02)：70-76.
[35] 汪淑慧. 铀矿的需求与选矿[J]. 国外金属矿选矿，2007(1)：18-20.
[36] 刘志超，李广，强录德，等. 普通选矿在我国铀矿冶中的应用[J]. 铀矿冶，2015，34(2)：127-130.
[37] 王金堂. 铀矿选冶技术的发展趋势[J]. 核科学与工程，1984(03)：193-196，5.
[38] 李松清，朱阳戈，崔拴芳，等. 从某低品位铀矿石中正浮选回收铌钛铀矿[J]. 矿冶，2020，29(1)：22-26.
[39] 崔拴芳，杨帅. 低品位硬岩型铀矿选冶技术的新进展[J]. 铀矿冶，2020，39(2)：75-78，86.
[40] 池汝安，田君. 风化壳淋积型稀土矿化工冶金[M]. 北京：科学出版社，2006：142-184.
[41] 黄礼煌. 稀土提取技术[M]. 北京：冶金工业出版社，2006：52-151.
[42] 吴炳乾. 稀土冶金学[M]. 长沙：中南大学出版社，1997：31-64.
[43] 赵靖，汤洵忠，吴超. 我国离子吸附型稀土矿开采提取技术综述[J]. 云南冶金，2001，30(1)：10-14.
[44] 汤洵忠，李茂楠，杨殿. 原地浸析采矿在龙南稀土矿区的应用和推广. 第六届全国采矿学术会议论文集，96-98.
[45] 侯宗林. 我国稀土资源与地质科学发展述评[C]//2003 中国钢铁年会论文集：213-216.
[46] 邱廷省，罗仙平，方夕辉，等. 风化壳淋积型稀土矿磁场强化浸出工艺. 矿产综合利用，2002(5)：14-16.
[47] 董金诗. 离子吸附型稀土矿低浓度浸出液非皂化—非平衡萃取富集过程研究[D]. 沈阳：东北大学，2019.
[48] 郭佩佩. 贵州西部玄武岩风化壳中稀土元素赋存状态和浸出工艺研究[J]. 中国稀土学报，2022，40(5)：8.
[49] 卢勇. 稀土资源提取分离技术研究进展[J]. 四川有色金属，2019(3)：3-6.
[50] 徐光宪. 稀土[M].2 版. 北京：冶金工业出版社，1995.
[51] 中山大学金属系. 稀土物理化学常数[M]. 北京：冶金工业出版社，1978.
[52] 吴松涛. 稀土冶金学[M]. 北京：冶金工业出版社，1981.
[53] 徐光宪. 稀土的溶剂萃取[M]. 北京：科学出版社，1987.
[54] 池汝安，王淀佐. 稀土选矿与提取技术[M]. 北京：科学出版社，1996.

图书在版编目(CIP)数据

化学选矿 / 张国范主编. —长沙：中南大学出版社，2024.7

ISBN 978-7-5487-5577-7

Ⅰ. ①化… Ⅱ. ①张… Ⅲ. ①化学—应用—选矿 Ⅳ. ①TD925.6

中国国家版本馆 CIP 数据核字(2023)第 187268 号

化学选矿

HUAXUE XUANKUANG

主　编　张国范

副主编　岳　彤　宋云峰

参　编　杨　越　张晨阳

□出 版 人　林绵优

□责任编辑　伍华进

□责任印制　李月腾

□出版发行　中南大学出版社

社址：长沙市麓山南路　　邮编：410083

发行科电话：0731-88876770　　传真：0731-88710482

□印　　装　长沙市雅高彩印有限公司

□开　　本　787 mm×1092 mm 1/16　□印张 19　□字数 480 千字

□版　　次　2024 年 7 月第 1 版　□印次 2024 年 7 月第 1 次印刷

□书　　号　ISBN 978-7-5487-5577-7

□定　　价　56.00 元